徽州聚落规划和建筑图录

HUIZHOU JULUO GUIHUA HE JIANZHU TULU

卞利 编著

全国百佳图书出版单位
APGTIME 时代出版
时代出版传媒股份有限公司
安徽人民出版社

图书在版编目(CIP)数据

徽州聚落规划和建筑图录/卞利编著.—合肥 :安徽人民出版社，2017.11

ISBN 978-7-212-09932-9

Ⅰ.①徽… Ⅱ.①卞… Ⅲ.①古建筑-建筑艺术-徽州地区-图集
Ⅳ.①TU-092.2

中国版本图书馆CIP数据核字(2017)第281171号

徽州聚落规划和建筑图录

卞 利 编著

出 版 人:徐 敏 责任印制:董 亮
责任编辑:李 莉 封面设计:宋文岚

出版发行:时代出版传媒股份有限公司 http://www.press-mart.com
安徽人民出版社 http://www.ahpeople.com
合肥市政务文化新区翡翠路1118号出版传媒广场八楼
邮编:230071
营销部电话:0551-63533258 0551-63533292(传真)
印 制:安徽联众印刷有限公司

开本:710mm×1010mm 1/16 印张:27.75 字数:450千
版次:2017年12月第1版 2017年12月第1次印刷

ISBN 978-7-212-09932-9 定价:58.00元

目　录

绪　论

明　代　卷

清　代　卷

民 国 卷

绪论

作为徽学研究三大重要的史料支撑，徽州聚落与古建遗存是指历史上徽州人在物质和精神生产与生活中，经过选择、规划、设计、建造而遗留下来的地面建筑群体及单体建筑设施。其时间范围，上可溯源自秦汉时期，下则为1949年之前；其空间范围，则界定在古徽州一府（州）所属歙县、休宁、婺源、祁门、黟县和绩溪六县地域（含徽州府前身豫章郡和丹阳郡时期的黟、歙二县，新都郡、新安郡、歙州、徽州全境）。这些聚落与古建遗存，是徽州先人留给我们的宝贵文化遗产，文化内涵非常丰富、学术价值弥足珍贵。对其营建与技术理念进行挖掘和关键技术传承具有重要的实践意义，它不仅有助于更好地保护和传承这份珍贵的历史文化遗产，而且有助于加深人们对底蕴丰厚的徽州文化的系统认识。

一、徽州聚落与古建遗存的类型及其数量分布

在徽州近1.3万平方千米的土地上，一座座古城、市镇和村落宛若串串撒落的珍珠，星罗棋布镶嵌在山间盆地、溪流两岸和平缓山麓上。作为徽州人生产和生活的物化空间，徽州聚落与古建遗存经过千余年的历史积淀，能够保存到今天，可谓是价值连城。根据这些聚落和建筑遗存现有的状况，我们大体可将徽州文化遗存依次划分为古聚落（含水口）、古民居、古祠堂、古牌坊、古书院与学校（含文庙、文昌阁、私塾、考棚和书屋等）、古城（含古城墙、城门、谯楼和衙署等）、古街、古园林、古（镇）埠、古桥、古渡、古关隘、古碑刻、古塔、古道观、古庙宇、古亭台楼阁、古戏台、古作坊、古井和古窑址等类型。

徽州地处山区，四周群山环绕、山隔壤阻的自然环境使徽州形成一个相对封闭的地理单元，历史上较少受到兵燹战乱之灾。又由于自东汉末年以来至南宋之初相继接纳了来自中原地区躲避战乱的世家大族，故自唐宋以降即已发展成为聚族而居、经济繁荣和文化昌盛之区，“族大指繁，蕃衍绵亘，所居成聚，所聚成都，未有如新安之盛者”[①]，素来享有“东南邹鲁”“礼义之国”和“文献之邦”的美誉。因此，与相邻地区相比，徽州聚落与古建遗存保留下来的数量为数众多。据不完全统计，在徽州聚落与古建遗存中，较为完整的古村落有2000余处，古民居近万处，古祠堂600余座，古牌坊137座，古戏台30余处，古桥1276座，古书院、书屋、考棚、文昌阁和文庙等130余处，古塔17座，各类亭台楼阁200余处，古碑刻1000余通（处）。其中既有列入世界文化遗产的黟县西递、宏村古村落，也有数十处传统徽州古村落、古祠堂、古戏台、古牌坊、古书院、古桥等古建筑群及单体建筑被列入全国重点文物保护单位。至于省、市、县（区）重点文物保护单位，更

① 乾隆《重修古歙东门许氏宗谱》卷九《城东许氏重修族谱序》。

是多达数百处之巨。

就地域性分布而言，在传统徽州六县中，长期作为徽州(府)治的歙县(含今徽州区)聚落与古建遗存数量最多，种类也最为齐全，几乎涵盖了古村落、古祠堂、古民居、古牌坊、古亭阁和古水利设施等所有类型。

二、徽州聚落与古建遗存的营建理念与文化内涵

由于徽州聚落与古建遗存是历史上徽州人物质生产生活与精神生活空间，反映了自古以来徽州人生产与生活的真实面貌，蕴藏着极为丰富的营建理念和深刻的文化内涵，透视出徽州人精神深处较为隐秘的世界。因此加强对其进行系统而深入的探讨和研究，挖掘其关键技术，对我们复原和重构过去徽州人生产与生活的图景，具有纸质文献和其他可移动文物不可替代的功能与作用。正如俄罗斯作家果戈理所说的那样，“建筑同时还是世界的年鉴，当歌曲和传说已经缄默的时候，而它还在说话”。因此，作为还在说话的建筑，徽州聚落与古建遗存具有极其珍贵的历史、科学、文化和艺术价值。

徽州聚落与古建是千余年来徽州人生产和生活所遗留下来的珍贵文化遗产，而且，更为重要的是，今天大部分文化遗存依然成为当代徽州人生产与生活的场所，尤其是元明清及民国时期的古村落、古民居、古祠堂、古桥、古亭台楼阁和古戏台等聚落及单体建筑，尽管历经了千余年历史的沧桑巨变，仍有不少被保存至今，并仍然在发挥着作用。这些遗存记录了徽州人过去和今天的生活，是历史时期徽州人生产和生活场景和状况的真实再现。它为我们探讨和研究徽州人追求人与自然的和谐相处、徽州宗族动态运行、家庭与民众社区生活、信仰世界的变迁历程，提供了不可多得的连续性素材。不仅如此，庙宇、道观、古路亭和古桥等建筑遗存及其碑刻还为我们了解和洞察徽州人最为隐秘的精神世界提供了很有价值的帮助。中国四大道教圣地休宁齐云山和香火缭绕的祁门西峰寺，还有遍布各地的社屋以及供奉于许多廊桥上的神龛。这些数量巨大、类型丰富的古聚落与古建筑遗存，为我们剖析历

史时期包括宗教信仰在内的徽州人的精神生活提供了最为不可多得的第一手实物资料。

徽州聚落与古建遗存是底蕴丰厚、博大精深的徽州历史文化的集中反映。历史上特别是明清时期，徽州教育发达，私塾、书屋、书院等教育场所遍布各地城市和乡村，无论平原旷野，还是山间僻壤，都出现了“十户之村，不废诵读”[①]的局面，以致“言海内书院最盛者四，东林、江右、关中、徽州，南北主盟，互为雄长”[②]。那么，徽州的书院、私塾和书屋等状况究竟如何？歙县古紫阳书院、雄村竹山书院、黟县南湖书院（以文家塾）和婺源养源书屋等遗存的完整保存，以及婺源福山书院、黟县碧阳书院和祁门东山书院的部分遗存，都在一定程度上见证了当年徽州书院和私塾教育的繁荣境况。而绩溪县考棚的完整遗存，更为我们全面了解徽州乃至全国县一级的考场状况提供了最为直观的物证。

至于徽商文化，我们从徽州各地遗存的徽州商人民居精雕细琢的石雕、木雕和砖雕，以及大量“商”字门的实物中，可以窥见其生活奢侈的情形和内心骄虚的一面。而热心筑路修桥和兴办教育等公益性事业，徽商尤其不惜斥予巨资，徽州各地的碑刻遗存就记载了徽商捐资筑路修桥和教育等公益性事业的事迹。

徽州聚落与各类古建筑所透视出的徽州文化内涵是系统的、全方位的，同时又是具体的、客观存在的。在利用文书、方志和家谱等文书文献资料研究徽学的同时，我们切莫忽视徽州聚落与各类古建筑遗存在徽学研究中的特殊地位。只有将文书文献资料和这些丰富的聚落及古建文化遗存有机地结合起来，我们才能够更加真实地复原和再现徽州历史文化的场景，才能把徽学研究推向深入。

① 光绪《婺源县志》卷四《风俗》。
② 康熙《徽州府志》卷十二上《人物志·硕儒》。

三、徽州聚落与各类古建筑遗存的学术价值

徽州聚落与各类古建筑遗存对徽学研究的学术价值同它的文化内涵一样，也是多方面的。

首先，徽州保存下来的数量和类型如此丰富的聚落与各类古建筑具有珍贵的历史价值。由粉壁黛瓦马头墙等民居组成的徽州古村落随处可见，“遥望粉墙矗矗，鸳瓦鳞鳞，绰楔峥嵘，鸱吻耸拔，宛若城郭”[1]。以完整形态遗存的古村落如被列入世界文化遗产名录和全国重点文物保护单位的黟县西递与宏村，距今已有数百年历史。它宏大的规模、恢宏的气势和精雕细琢的工艺，都给我们真实了解明清以降徽商的生活提供了最为直接的依据和活的标本。而悬挂在西递笃敬堂那幅“读书好营商好效好便好，创业难守成难知难不难”的木质楹联，则使我们真切体会到三百年前徽州人观念的变革。走在当年的徽商古道和两旁店肆林立的古镇如歙县渔梁、休宁万安、婺源清华、祁门侯潭和黟县渔亭等老街的石板路上，则又使我们仿佛回到了当年徽商所创造的繁华时代。徽州聚落和古建筑遗存是徽州人生产与生活最真实的客观存在，它为我们复原和再现徽州历史文化提供了最具说服力的证据。

其次，徽州聚落与古建遗存具有极为重要的建筑学价值。以依山傍水、山环水绕为村落选址，以粉壁黛瓦马头墙、四水归堂为民居标志，以小桥流水人家为标识的古村落、以追求精致古朴为特色的传统徽州村落与园林设计，都是徽派建筑的典型特征。徽州近万处自元至民国时期的各类文化遗存，为我们了解和研究独具特色的徽派古聚落、古建筑营建理念和关键技术提供了最有价值的活的标本。元代遗构的徽州区西溪南绿绕亭、异地移建的潜口民宅等，这些建筑学上的辉煌成就已引起越来越多海内外建筑学和历史学研究者的高度重视。对其进行调查整理、挖掘和研究，不仅有助于加深对徽州地

① [清] 程庭，《春帆纪程》，载《小方壶舆地丛钞》，杭州古籍书店 1985 年版影印本。

域建筑流派的理论认识，而且对批判吸收和继承徽派建筑的营建理念、传承和创新其关键技术也具有重要的实践价值。

复次，徽州聚落与古建遗存还拥有极高的艺术价值。近万处徽州聚落和古建筑遗存几乎囊括了从官府到民间所有聚落群体和单体建筑的类型，尤其是聚落和建筑遗存中整体景观、人与自然和谐与共、天人合一以及聚族而居等理念，体现出了整体的艺术之美。而古建筑特别是古民居、古祠堂和古牌坊上精雕细琢的石雕、砖雕和木雕工艺以及三雕画面中所反映的人物、花鸟、虫鱼和戏文故事等各种内容，栩栩如生，惟妙惟肖，其艺术价值是不言而喻的。

最后，徽州聚落与古建遗存还具有重要的文物价值。南宋至明清时期，徽州宗族组织发达，社会稳定，教育繁荣，人文昌盛。富甲一方的徽商更是斥巨资，致力于村庄、园林、民居、祠堂、牌坊、学校、书院以及各种公共设施的建设，留下了大量丰富的地面遗存。如今，这些地面文化遗存从广义上来说，都已变成了文物。这些珍贵的地面文物，仅跻身于世界文化遗产名录的就有黟县西递和宏村两座古村落，更有包括许国石坊、棠樾牌坊群、渔梁坝、罗东舒祠、呈坎古村、潜口明宅、老屋阁和绿绕亭、龙川胡氏宗祠、西递宏村古村落和屯溪程氏三宅等数十处遗存跻身全国重点文物保护单位之列。这些珍贵的地面文物，不仅具有重要的历史价值，而且具有无与伦比的文物价值。

徽州聚落与古建遗存广泛分布于古徽州六县，其中尤以歙县（含现黄山市徽州区）、婺源（现属江西省）和黟县为最多。这些文化遗存和现存的百余万件（册）徽州文书文献结合起来，直接构成了徽学研究的最基本资料支撑。也正是由于这些最为原始的第一手文书、文献和文化遗存资料，才使我们综合研究自宋以来徽州社会的综合时态成为可能。因此，就学术价值而言，徽州聚落与各类传统建筑遗存对徽学作为一门独立学科的形成与确立，具有其他纸质文书和文献所无法取代的功能和价值，是构成徽学学科最坚实的学术基础。因此，加强对徽州聚落和古建筑遗存的调查和研究，不仅对摸清现有徽州文化遗存的家底提供最有价值的保护方案，具有强烈的现实意义，而且，更为重要的是，通过徽州文化遗存的深入研究，对徽学学科的推进和发展，尤其具有不可低估的理论意义。

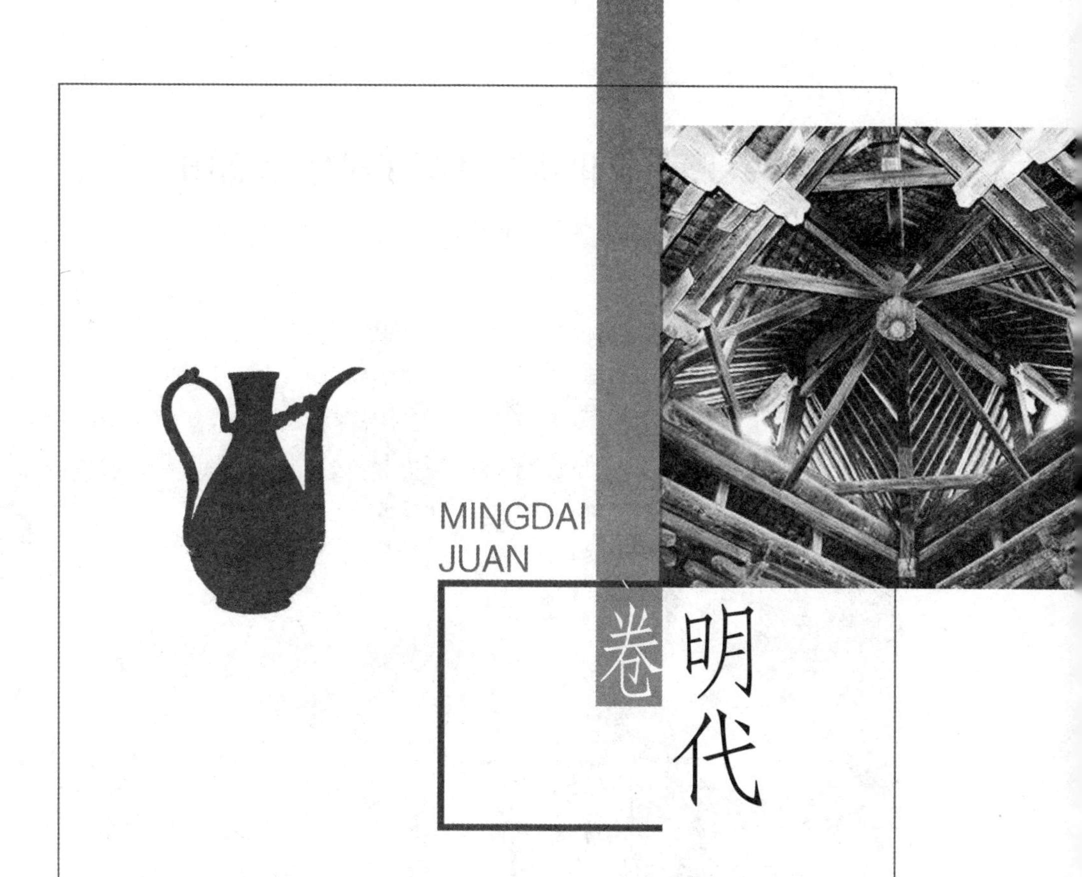

MINGDAI JUAN

明代卷

1. 明成化绩溪登源汪村宅墓庙图

（成化《休宁城北汪氏族谱》卷上《登源图》）

【说明】

“登源，古歙（州）地，唐代宗始析绩溪。宋司马叔举徙居之，名其溪之东曰‘汪村’，世家焉。殁葬金山坦，即登源白杨坑东山也。南去百步许，为越国公庙。汪村之中有王基，西南数步为越国公八子忠祐侯佳城。溪之北为洪村，实彦一公徙居之处也。其宅墓庙貌略备于图，观者详之。”（成化《休宁城北汪氏族谱》卷上《登源图》）

“登源八景并序：吾居去县治之东南十里，前有溪，右有登岭，岭麓有川南流，与溪水相合，应名曰‘登源’。源之南北，峰峦环列，岩洞虚豁，始祖司马公墓、忠烈公庙咸在焉。居之四围，有龙须高峰，石泉飞溜，每见停云；有三岛悬崖，林谷深邃，常若积雨；有隐张之岩，峦阜凌层，蔚然奇特；有富陵之峰，屏嶂层叠，崒然峭拔；有金山之雾，霭乎烟霏；有绿照之波，莹涵秋色，沙鸟浮于清溪；有忘机之情，松风响于埜坞；有翠涛之声。凡若此者，不必出吾之户庭，而幽窗一开，举集目前，亦胜概也。时或幅巾杖药，携琴载酒，望高峰之晴云，沐岛崖之春雨。陟层峦，度叠嶂，浥香雾，浴秋波，倦则随沙鸟咏松风而归焉，充然自得，其乐有不可语人者矣。抑尝闻之潇湘有八景之咏，宗元有八愚之咏。顾余出处，虽不与之同，而玩物适情要之亦无异也，因名其景而系之以八咏云。天顺庚辰八月初吉，橘庄居士汪祐清序。［龙峰晴云］龙峰高高青接空，上有石井腾蛟龙。碧云泼泼霭晴雾，流泉脉脉垂长虹。朝云暮云终不改，人间好景年年在。何当从龙化作霖，润回枯稿苏苍生。［金山晓雾］金山石壁高崇崇，晓来香雾何空濛？初讶轻纱隔寒水，忽疑佳气浮帘栊。曈曈日映丹霞烂，纵有长风不飞散。忽闻玄豹三两声，樵歌一曲难为听。［岛崖春雨］悬崖窈窈深更深，寒云冉冉凝春阴。有时飞出万点雨，廉纤落地皆甘霖。坐来渐觉青山远，微风动处珠帘卷。雨兮雨兮如知时，先我公田及我私。［绿照秋波］一潭秋水青于苔，四围山色同徘徊。波光潋滟流不去，水壶掩映参差开。照我尘容深见底，此处人间能有几？解缨一濯将奈何？临风谩唱沧浪歌。［隐张层岩］碧山嵳峩峰上峰，天边削出青芙蓉。上有芒鞋旧遗迹，相传仙子巢云松。我欲登临发清兴，萋萋芳草埋幽径。梯云蹬石谁相从？一声樵唱来东风。［富凌叠嶂］壁立层层溪上山，山峰半入青云间。氤氲佳气霭虚牖，葱茏翠色偏怡颜。世间百物虽堪玩，过眼烟云容易散。那似此山如好人，依依与我常相亲。［清溪沙鸟］溪头水色浮晴空，沙边好鸟眠秋风。相亲相近飞还止，自去自来西复东。红蓼滩晴应并立，芙蓉洲冷双交翼。鸣音唱和如相求，喧啾白鸟谁汝俦？［野坞松风］幽居栽得几株松，朝朝暮暮来香风。北窗坐卧不知暑，满怀情思何从容。翠涛响处清阴重，几回唤醒丁生梦？世间惟汝耐岁寒，吾侪与尔同盘桓。”（成化《休宁城北汪氏族谱》卷下《诗・登源八景并序》）

2. 明成化年间绩溪县登源村汪氏村落图

（成化《休宁城北汪氏族谱》卷上《颍川平阳图》）

【说明】

“颍川平阳图：颍川，本项地，鲁僖公十七年，季孙灭项，始属于鲁，乃陈郡阳夏县西乡靖仁里也。成公支子汪有功于鲁，食采于斯，因号‘颍川侯’。平阳有两地：其一在泰山之傍，平言地阳言山，汉世为县，晋曰‘新泰’，实汪氏之望也；一载冀之晋州，则今之平阳府有东，距鲁数千里，实非汪氏之望也。”（成化《休宁城北汪氏族谱》卷上《颍川平阳图》）

3. 明弘治休宁县陪郭程氏方舆图

（弘治《陪郭程氏敦本录》卷上）

4. 明弘治休宁县詹氏宗族聚居村流塘村四景图

（弘治《流塘詹氏宗谱》卷四《文翰》）

【说明】

“流塘四景图，乃贵洎族人家山之总图也。而家君之节庵叔父永芳公之风木堂、贵之忆慈庵、竹南书舍，弟岩富之圣山书屋、侄世温之桂坡，皆在其中矣。后知子孙读其记文，诵其诗辞者，油油然想见乎眼底，企慕乎胸中，必能继述之，故笔于图末，俾观感而有兴起焉，则庶乎不颓先志耳。弘治癸亥夏五月既望，竹南居士谨识。”（弘治《流塘詹氏宗谱》卷四《文翰》）

“流塘四景为詹存中题。胡昭，字静夫，号松厓。古之儒者，且读且珍重，幽人在空谷。兹山自昔称有零，秩秩菑畲遍其麓。鸟鸣烟霭春日迟，力耜宛若豳风时。田畯相言但稼穑，岂论相业起莘伊。右［圣麓烟耕］。十亩方塘若明镜，飞者自诩游者泳。午风忽送凉雨过，柳色松阴碧相映。垂竿坐石心自清，轩裳不直一丝轻。世间肉食有荣辱，得鱼沽酒终忘情。右［流塘雨钓］。两山廻环宛如堵，狈鹤相依在深坞。乾坤四时迭相摧，风入凉秋自清楚。先生杖策心悠然，细观物理皆眼前。何物宋玉能为赋，朗吟句句尽堪传。右［堵坞风吟］。青峦秀覆如巨钟，下有深汇居潜龙。平时周览未较胜，一白万象呈奇踪。江村野桥争入眼，大笠缓裘肩耸晚。兴余尤见天地心，不在渔蓑江上返。右［钟峰雪眺］。”（弘治《流塘詹氏宗谱》卷五《诗》）

5. 明弘治休宁县五城镇图

（弘治《新安黄氏会通谱·境图》）

【说明】

“五城八景记：昔柳子厚居愚溪，而愚溪之名出；季愿居盘谷，而盘谷之名显。夫溪山清丽秀美者，必待人而后名，盖得人则显，失人则闇。使愚溪而无子厚，盘谷而无季愿，则虽环列如金城，胜概如玉京，不过为樵夫牧竖之所跻攀，仙翁释子之所踞夺，以取适于一时而已，岂能增重当时，名闻后世哉？大江东，山水明秀者新安。新安为吾朱夫子望也，新安之南当宣、池、衢、饶、严五州，道里之均，曰‘五城镇’。友人黄君思济居之，君间从予游。一日过五城，揽胜之余，得佳境八处，好事者从而咏之，将有拟于愚溪、盘谷也。君与乡族之人聚于斯，志伊尹之志者，耕云金谷子陵之操者，钓月衡溪，庙岭展钟，而数鲸音之八百；阳台夕照而分鸦背之余光，醉闻后岸之松声，坐看前塘之云影。至于五城凿翠、西涌枕流，目寓之而成色，心得之而为趣，恬然自乐，有不知名利之可慕也。我朝皇图混一，南北辐辏，而溪山风俗与代运盛况，新安为文献之邦，五城又儒雅之地，如君辈之出，温粹淳厚，读书好礼，八景之名赖以闻世。此缙绅大夫韦布之士，宁不为之歌咏也？使君他日高名雅望，表白于时，如子厚，如季愿，则五城之景殆亦与愚溪、盘谷而并名后世矣。此非止溪山之幸，缙绅大夫韦布之士亦幸也。”（弘治《新安黄氏会通谱・黄氏文献录外集下》）

“八景【诗】，三山林思和：［五岭梯云］绝蹬萦纡鸟道连，悬崖犹在白云边。行人莫恨跻攀险，更有层梯可到天。［双溪浸月］两溪如玉净涵秋，一片冰轮沁碧流。乘兴相过移小桌，绝胜雪夜剡中游。［西涌钟声］淡淡烟林送晓风，隔溪时听古祠钟。令人深省忘尘累，万事浮沉一觉中。［中洲渔唱］鼓枻鸣榔狎白鸥，歌声款乃起中流。煮鱼沽酒从教醉，白发萧萧不管愁。［梅岭雪晴］花正繁时雪正深，看花时向岭头寻。独怜衰鬓耽诗叟，鹤擎披寒得意吟。［竹山烟晚］万个琅玕碧玉明，烟光冉冉晚尤青。可堪移上柴门月，乱影参差散凤翎。［清漪垂虹］灿烂晴纹亘不收，横桥一带跨清流。应知士子藏修处，时有灵光贯斗牛。［古林巢鹤］苍苍古木锁晴云，上有来巢白鹤群。莫道依棲长不起，乘风一唳九霄闻。五城在孔道之上，水秀山奇，昔人有以拟盘谷愚溪之胜也。好事者即其胜目为八景，以干能吟之士播诸韵语，积至盈卷。予上京师，过其处，登报晖堂，黄处士出以示予，有索嗣题。予以奔走仕途匆匆莫能遂愿，尚俟他日为早归之计，为处士临风赋之，用此以订其约云。星源汪叡书。”（弘治《新安黄氏会通谱·黄氏文献录卷乙》）

6. 明嘉靖休宁县西门汪氏宗祠图

（嘉靖《西门汪氏族谱》附录）

【说明】

题图文字：“西门汪氏宗祠，在休宁县治东山忠烈庙后。弘治丁巳，族众用价赎买八都余舟岩、许友荣、许友忠、许以顺、程得厚、叶备云等业，系岁字九百三十五号山地。东至自地，西至程仲孙田，南至官路及井窟，北至柴山、长山，共作十二契，重新庙宇，后作堂五间，两廊十间，四围缭以砖石，中奉西门始祖讚公神主，世为祭会延邀之所，东西余地、边屋以居。”

7. 明嘉靖休宁县县市吴氏忠孝节义祠图

（嘉靖《休宁县市吴氏本宗谱》卷十《附录》）

吴氏忠孝節義之祠

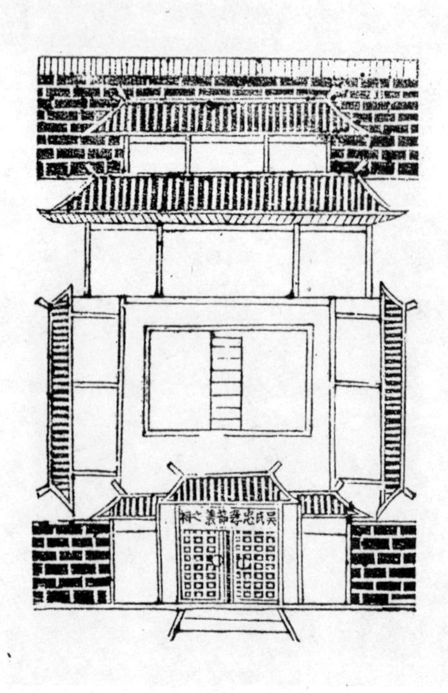

8. 明嘉靖祁门县善和南宋户部尚书祠

（嘉靖《善和程氏宗谱》之《足征录》卷四）

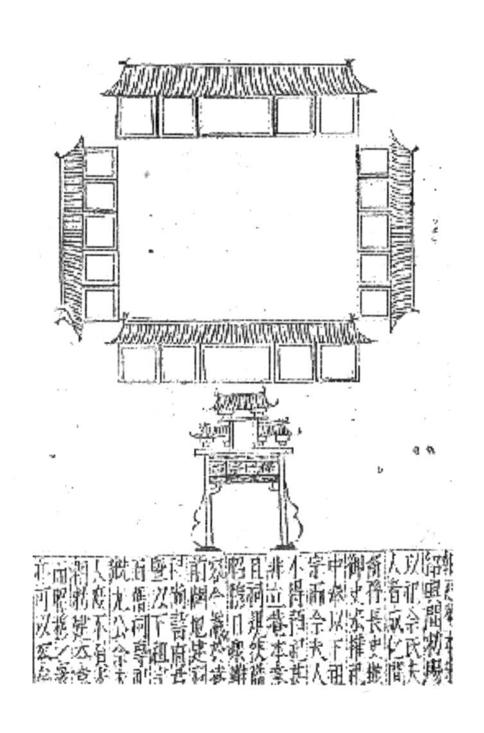

【说明】

题图文字：“报慈庵本宋绍兴间敕赐，以祀余氏夫人者。成化间，裔孙长史显、御史宏权祀中奉以下祖宗，而余夫人不得预记，甚非立庵本意。且祠规狭隘，昭穆日众难容，今议于庵前辟地建祠，祀尚书府君暨以下祖宗，而旧祠专祀兟九公余夫人，庶不负宋朝敕建本意，而昭穆之众亦可以容矣。”（嘉靖《善和程氏宗谱》之《足征录》卷四）

9. 明嘉靖休宁县汪溪村金氏宗祠图

（嘉靖《新安休宁汪溪金氏族谱》卷四《墓图》）

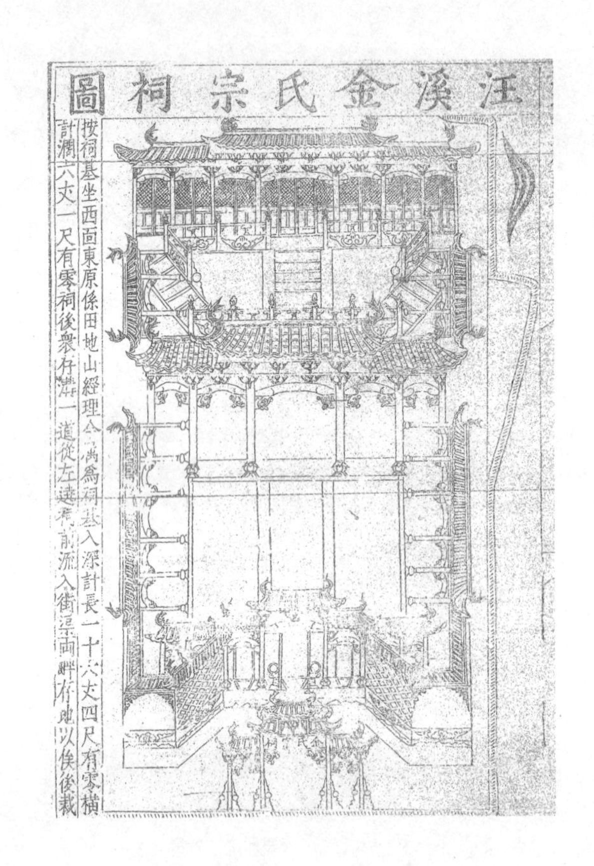

【说明】

题图文字：“按，祠基坐西面东，原系田地山经理，今属为祠基，入深计一十六丈四尺有零，横计阔六丈一尺有零。祠后众存沟一道，从左绕祠前，流入街渠，两畔有地，以俟后裁。”（嘉靖《新安休宁汪溪金氏族谱》卷四《墓图》）

10. 明嘉靖祁门左田村黄氏宗族基址图

（嘉靖《新安左田黄氏正宗谱》卷首《左田基址图》）

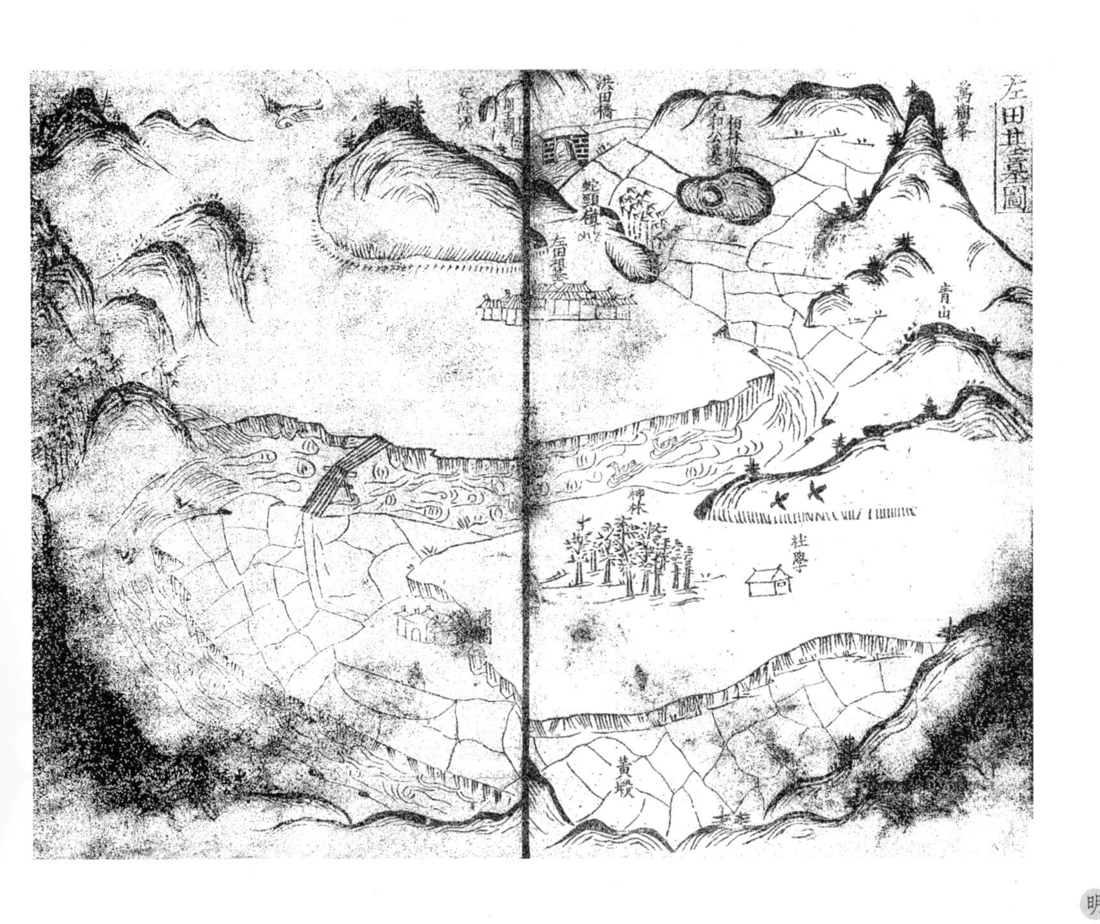

【说明】

“左田基址图说：左田，吾祖基，今之洪田火烧坦是也。公青阳尉时，土贼为乱，改任阊门观左田之要麗，因以家焉。左田之后，有原公思派自安陆，故名‘安陆源’，以示不忘本源之意。夫子墩即佘干段田心，乃吾祖孙尉公之墓也，厥后植柏以荫墓，因而号曰‘柏林墩’。慨夫无本之徒，伪吾左田之黄者，并祖基、祖墓而乱其地，曰此为非，与彼为是与。呜呼，其谁欺？欺天乎？凡环吾左田柏林墩而居者，姓非一家，业非一时，祀非一日，历今八百余载，孰不能指而言之，伪乱之私将奚逞哉？亦不过惑远迁之族耳！瑜详图注于谱，俾观者即图像而识其山川，就山川而别其真伪，是则玉石显明，源流清白，吾宗之大幸也。事伪乱者，良不愧于心耶？隆庆元年，栗树坦逆奴江娇阳冒立左田，牌匾于横路头亭额，犹贼徒脸上刺字，岂不自耻？”（嘉靖《新安左田黄氏正宗谱》卷首《左田基址图说》）

11. 明嘉靖婺源县江湾村萧江江氏宗祠

（嘉靖《新安萧江宗谱》卷二《像图》）

12. 明嘉靖婺源县江湾村萧江江氏书院

（嘉靖《新安萧江宗谱》卷二《像图》）

13. 明嘉靖绩溪灵川戴氏槐溪书院图

（嘉靖《绩溪戴氏族谱》卷六《墓图》）

【说明】

题图文字：“院在狮子潭上，祥以己天易白鹤观洪字等号壹亩贰角零，外砌冲城水岸凑业。税在本户，院载郡志，光泽殿下题匾。”（嘉靖《绩溪戴氏族谱》卷六《墓图》）

14. 明隆庆休宁县珰溪金氏世宦祠图

（隆庆《休宁珰溪金氏族谱》卷七《明宗》）

【说明】

“是观五府君支下所建故祠，向祀五府君支下，不祀五七府君支下。今既推五府君意，上祀六十府君，则五七府君支亦当推六十府君意及之，不得以建观不建观论也。同出一祖，同住此村，同在仕途，中据情酌理，自应如是。姑记此，以俟后之好义者。”（隆庆《休宁珰溪金氏族谱》卷七《明宗》）

15. 明隆庆休宁县珰溪金氏收族祠图

（隆庆《休宁珰溪金氏族谱》卷七《明宗》）

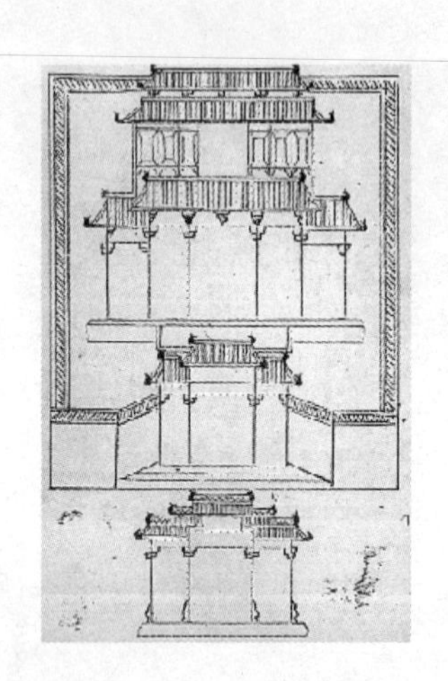

【说明】

“大宗主之，以奉始祖、亲尽之主。大宗者，收族者也，故取以名祠。此祠准古墓祠也，古者始祖亲尽，藏主于墓，立有墓祠，余主埋于两阶，不立祠。迩来士大夫家往往立有此祠，而处所不必于墓堂，以奉始祖之迁祖，而余主当迁，则纳于寝而不埋。制虽非古，而实善体古人藏主、埋主之意。盖古者藏主、埋主，其义则以礼节情，而其制则从乎宜。始祖亲尽，祭数宜杀，必别为之祠以处主，而求其立祠之所，惟墓所为便，则立之墓而已，而不必于墓也。余祖亲尽则不祭，而又不能墓，为之祠，则亦埋之而已。使别有可处焉，又何必于土芥其亲而埋之也？今是祠也，堂以奉始祖，而祭数不敢加，是亦藏也。寝以纳余主，而扃闭之，是亦埋也。程子云：‘事之无害于义者，从俗可也。’夫无害于义，则礼矣，又安得谓之俗？予于此祠亦云。”（隆庆《休宁珰溪金氏族谱》卷七《明宗》）

16. 明隆庆歙县许村山川图

（隆庆《续修新安歙北许村许氏东支世谱》卷二《许村山川图》）

【说明】

“许村：在新安城北四十里，梁新安太守任公昉乐而游之，因名‘任公村’。后知稠公自唐末由黄墩迁于斯，改为‘许村’。《图经》所谓富贤里者是也。”许村有十二景，即文峰接汉、武岳凌云、灵嶂环青、黄山孕秀、昉溪渔唱、箬岭樵歌、平坂朝耕、幽窗夜读、睢阳忠庙、任水钓台、沙堤晚翠、古寺晨钟。（隆庆《续修新安歙北许村许氏东支世谱》卷二《许氏迁徙地里考》《许氏山川考》）

17. 明万历歙县郑氏宗族聚居村郑村世居图

（万历《歙县双桥郑氏宗谱·郑村世居图》）

【说明】

“郑村世居图颂：猗欤我祖，逊迹丘园。卜居兹土，以姓名村。境之旷敞，歙之中原。青山环绕，俨若城垣。施仁尚义，贤哲腾骞。有以功德，庙食于元。有称廉吏，贞白表门。有工理学，鲜经立言。世代久远，子孙衍繁。簪缨接武，文献具存。绘图纪谱，求贻后昆。双桥二十世孙郑九夏写题。”（万历《歙县双桥郑氏宗谱·郑村世居图》）

18. 明万历歙县郑氏宗族聚居村郑村十二景之一——双桥古木

（万历《歙县双桥郑氏宗谱·郑村十二景》）

【说明】

“倚岸架双梁，参霄挺古木。爰自宋初年，始迁居郑族。”（万历《歙县双桥郑氏宗谱·郑村十二景》）

19. 明万历歙县郑氏宗族聚居村郑村十二景之二——西溪回澜

（万历《歙县双桥郑氏宗谱·郑村十二景》）

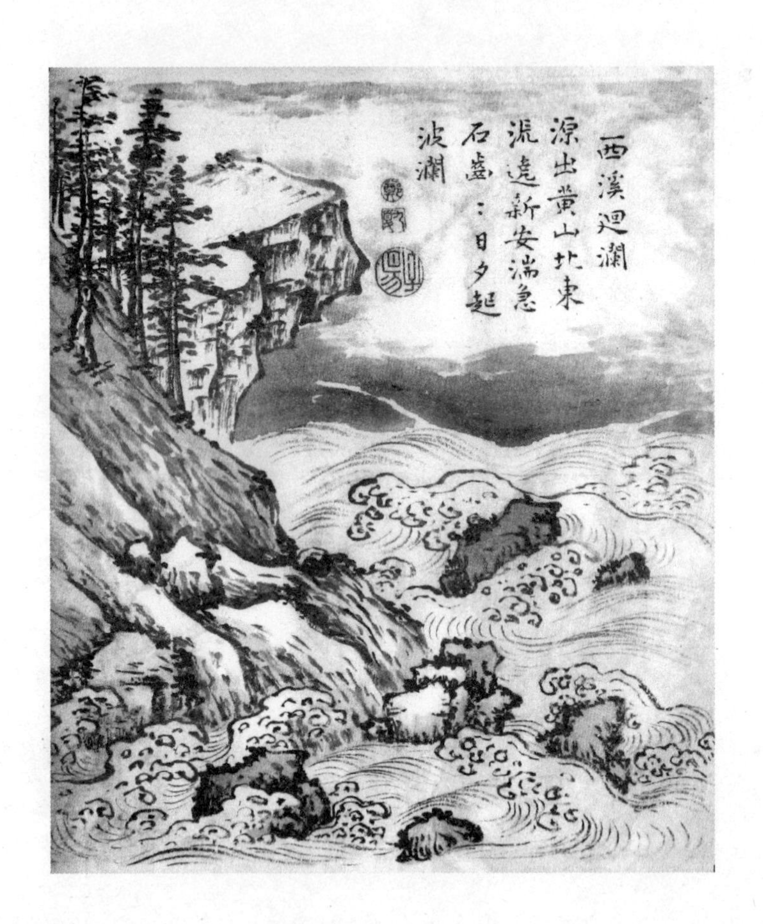

【说明】

“源出黄山北，东流绕新安。湍急石齿齿，日夕起波澜。”（万历《歙县双桥郑氏宗谱·郑村十二景》）

20. 明万历歙县郑氏宗族聚居村郑村十二景之三——师山霁日

（万历《歙县双桥郑氏宗谱·郑村十二景》）

【说明】

“师山峻千仞，中有真儒出。临轩万象明，晴空升白日。”（万历《歙县双桥郑氏宗谱·郑村十二景》）

21. 明万历歙县郑氏宗族聚居村郑村十二景之四——高峰晓云

（万历《歙县双桥郑氏宗谱·郑村十二景》）

【说明】

“高峰孕灵秀，奕世阐人文。突兀环村外，时停五色云。”（万历《歙县双桥郑氏宗谱·郑村十二景》）

22. 明万历歙县郑氏宗族聚居村郑村十二景之五——南堤垂柳

（万历《歙县双桥郑氏宗谱·郑村十二景》）

【说明】

“韶光属仲春，柳覆南堤上。游者盛于斯，襟怀得怡畅。”（万历《歙县双桥郑氏宗谱·郑村十二景》）

23. 明万历歙县郑氏宗族聚居村郑村十二景之六——杲寺晨钟

（万历《歙县双桥郑氏宗谱·郑村十二景》）

【说明】

“梵宇建溪南，传灯自唐宋。侵晓扣钟声，警醒居人梦。”（万历《歙县双桥郑氏宗谱·郑村十二景》）

24. 明万历歙县郑氏宗族聚居村郑村十二景之七——北垅耕耘

（万历《歙县双桥郑氏宗谱·郑村十二景》）

【说明】

“春始事播耕，秋来冀收获。庞公云遗安，俯仰得所托。”（万历《歙县双桥郑氏宗谱·郑村十二景》）

25. 明万历歙县郑氏宗族聚居村郑村十二景之八——三塘灌溉

（万历《歙县双桥郑氏宗谱·郑村十二景》）

【说明】

“久旱望甘雨，农夫时引领。积水盈三塘，灌禾约千顷。”（万历《歙县双桥郑氏宗谱·郑村十二景》）

26. 明万历歙县郑氏宗族聚居村郑村十二景之九——百花台障

（万历《歙县双桥郑氏宗谱·郑村十二景》）

【说明】

“曲折障溪流，崔嵬踞山石。百卉已成尘，森然秀松柏。”（万历《歙县双桥郑氏宗谱·郑村十二景》）

27. 明万历歙县郑氏宗族聚居村郑村十二景之十——飞布晴岚

（万历《歙县双桥郑氏宗谱·郑村十二景》）

【说明】

“岩岩耸飞布，群山莫与伍。烟岚忽有无，望可占晴雨。”（万历《歙县双桥郑氏宗谱·郑村十二景》）

28. 明万历歙县郑氏宗族聚居村郑村十二景之十一——灵金来龙

（万历《歙县双桥郑氏宗谱·郑村十二景》）

【说明】

“灵金北峙屏，峰峦何巀嵲？一脉落平原，毓秀生英杰。”（万历《歙县双桥郑氏宗谱·郑村十二景》）

29. 明万历歙县郑氏宗族聚居村郑村十二景之十二——黄山积雪

（万历《歙县双桥郑氏宗谱·郑村十二景》）

【说明】

“江左有黄山，奇峰三十六。寒冬雪积巅，清光遥属目。”（万历《歙县双桥郑氏宗谱·郑村十二景》）

30. 明万历歙县岩寺镇八景图之一——七墩星列

（万历《岩镇百忍程氏宗谱》卷十一《岩镇八景》）

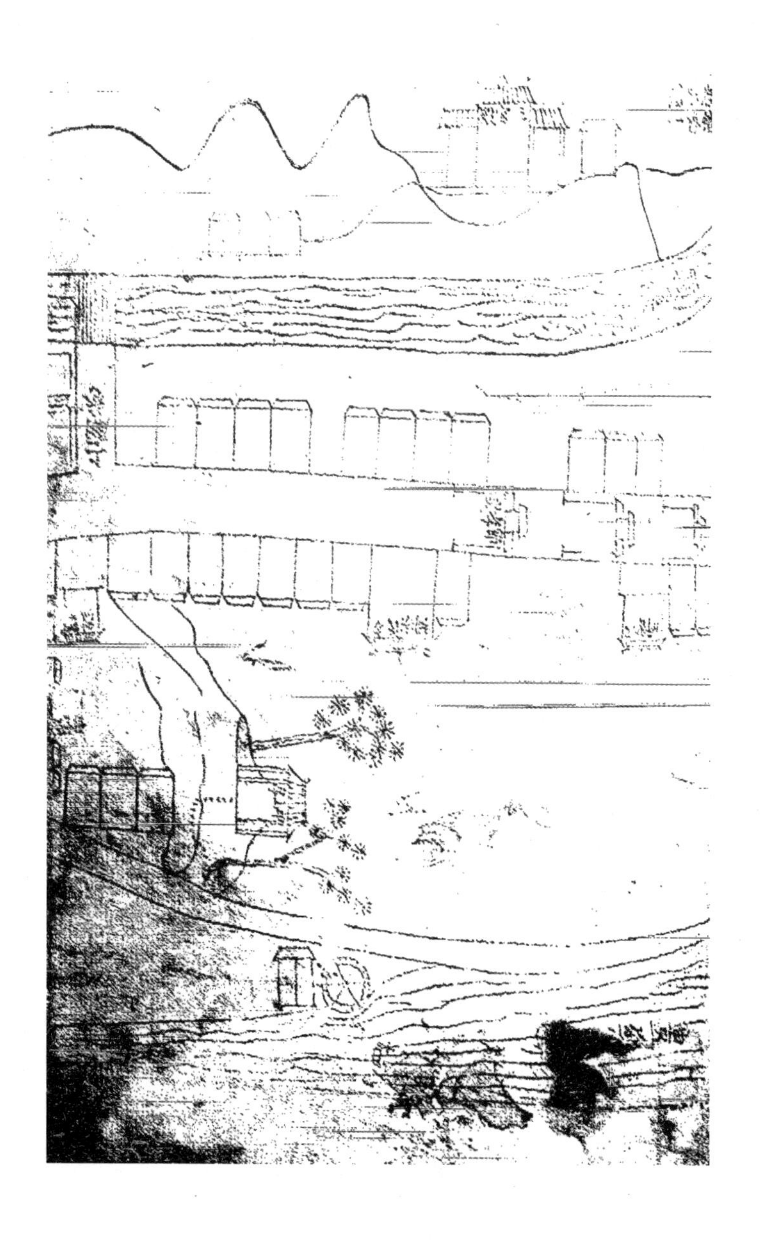

31. 明万历歙县岩寺镇八景图之二——双庙晓钟

（万历《岩镇百忍程氏宗谱》卷十一《岩镇八景》）

32. 明万历歙县岩寺镇八景图之三——双溪水色

（万历《岩镇百忍程氏宗谱》卷十一《岩镇八景》）

33. 明万历歙县岩寺镇八景图之四——两市书声

（万历《岩镇百忍程氏宗谱》卷十一《岩镇八景》）

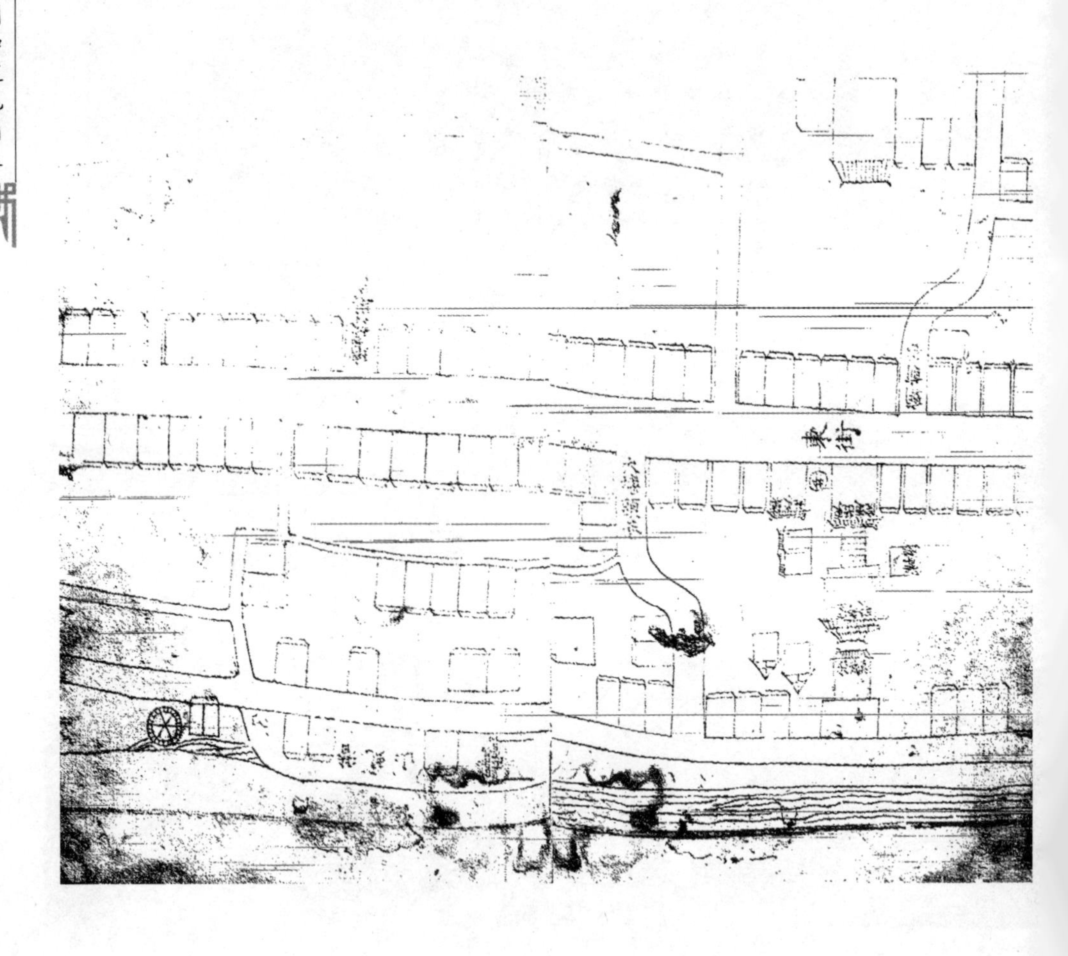

34. 明万历歙县岩寺镇八景图之五——龙池秋月

（万历《岩镇百忍程氏宗谱》卷十一《岩镇八景》）

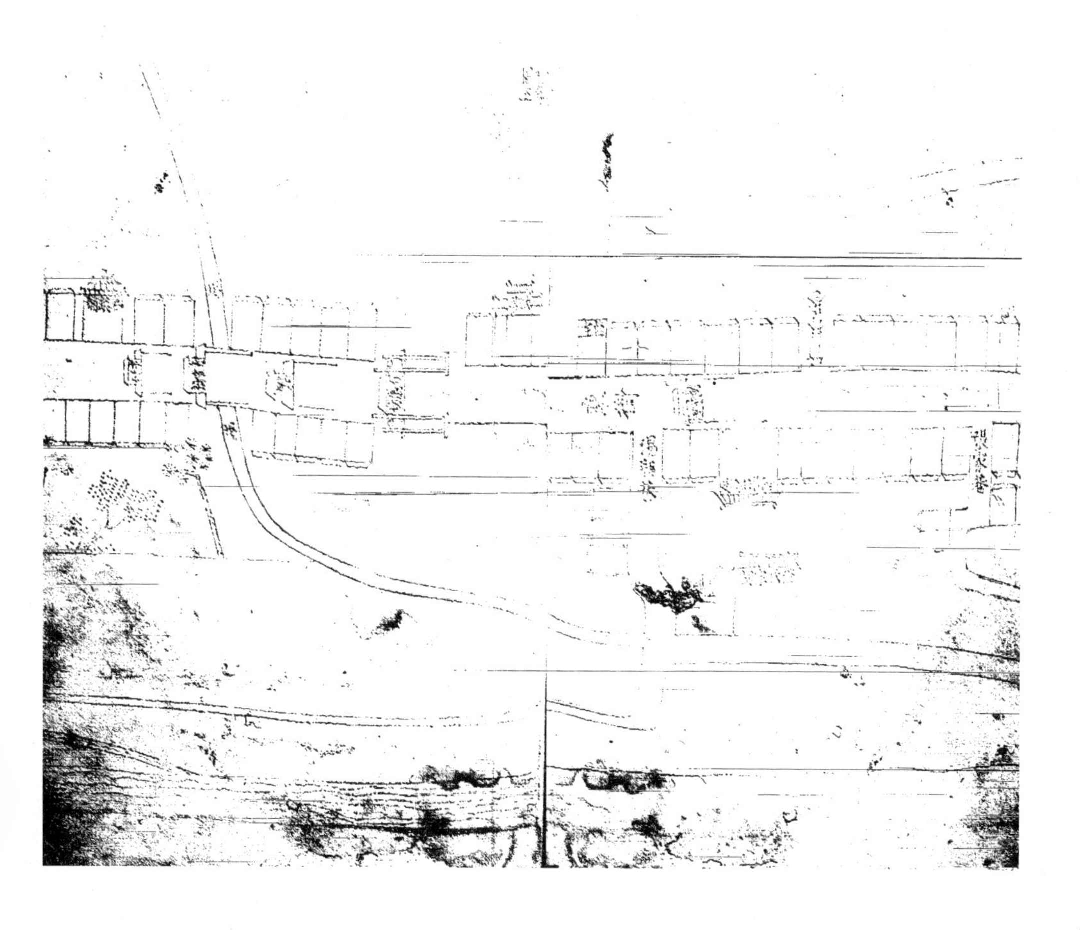

35. 明万历歙县岩寺镇八景图之六——马岭朝云

（万历《岩镇百忍程氏宗谱》卷十一《岩镇八景》）

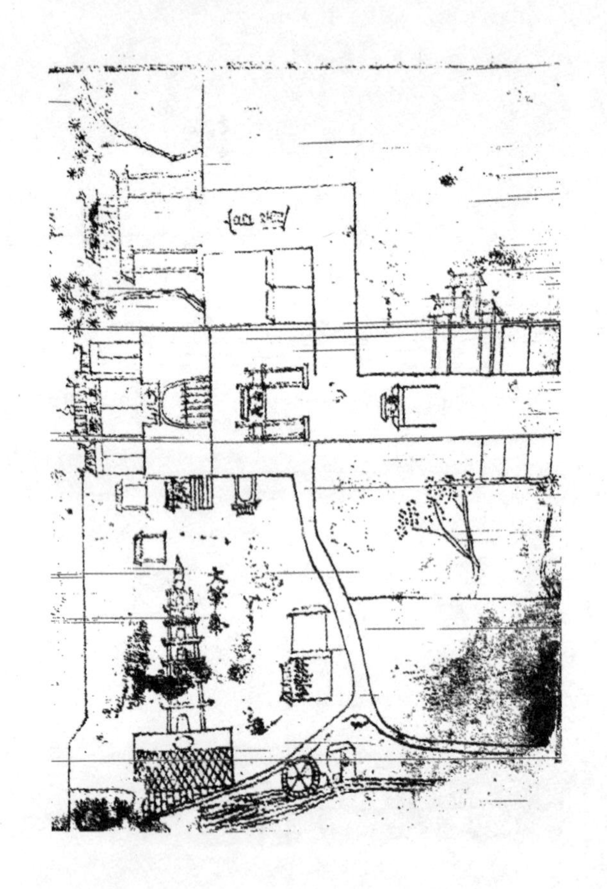

【说明】

“岩镇八景诗序：予至徽方半载，屡持檄按部，道经岩镇，每见山朗水丽，居屋垒次，行积迁易，诵声洋洋，徒于马上过之，初未知有何景也。公余，从事吴让进曰：‘仆世居岩镇，镇之儒先尝名兹镇八景，迄今未经品题，恐遂湮没，愿祈巨笔以张之。’予讯之曰：‘厥景云何？’让对曰：‘七墩星列、双庙晓钟、双溪水色、两市书声、龙池秋月、马岭朝云、紫极丹光、黄罗雪霁。’予耳之，叹曰：‘寓意远也。其曰七墩星列，昭休象也；曰双庙晓钟，示忠义也；曰双溪水色，明自取也；曰两市书声，抑末务也；曰龙池秋月，澄人心也；曰马岭朝云，窥大化也；曰紫极丹光，固本源也；曰黄罗雪霁，坚晓节也。其寓意远哉！’予遂挥毫作近体一律以示之曰：‘七墩星列势何雄，双庙风清度晓钟。马岭朝云迷彩照，龙池秋月浸瑶空。双溪水色分泾渭，两市书声斗征宫。尤有丹光盈紫极，黄罗雪霁玉玲珑。’既而，让复持处士唐邦植所作小序并律诗征予序。予观其铺事典雅，音韵铿锵，玩味咏之余，几案隐隐留遗响。询之，乃元宾之长子子仪先生之侄孙。其家学可谓有自矣。夫地因势而灵，人因地而杰，理固然矣。传不云乎诗可以兴。故用引于首，俾读者有所兴起，异时从容抚景纵眸，忘言相对，收清淑之气，归吾肺腑。天顺七年癸未季冬，徽州府经历、前国子监丞伊洛阎禹锡书。”

七墩星列：墩在镇之东岳道院之北，平地突起七墩，仿佛北辰之布列，故云。

双庙晓钟：庙在镇之西，奉张（巡）、许（远）二忠臣，每清晨，钟声隐隐，来于镇上，故云。

双溪水色：北溪滥觞远，其流清；南溪源近，其流黄。至镇之中会合东注。每当雨霁，清黄相半，界破中流，故云。

两市书声：镇首尾五里许，中横石桥，平分东西，俗尚儒，好读书，每夜深，书声彻于镇之东西，故云。

龙池秋月：池在镇之西北，传因离山峙耸，故凿九池于坎地以厌之，旱祷辄进，寻秋月之，如龙戏珠，故云。

马岭朝云：岭在镇之东南，巍然而峙，象若天马，每清晨之际，云云气□勃，杳霭迷径，故云。

紫极丹光：紫极宫在镇之南，宋仙官齐公焚□建所，至今遗迹□□。每深夜月明，山气郁郁，如丹光之色，故云。

黄罗雪霁：黄罗山在镇之西南，高插云表。隆冬雪霁，恍若琼瑶，故云。（万历《岩镇百忍程氏宗谱》卷十一《岩镇八景诗序》）

36. 明万历休宁县泰塘程氏世忠庙图

（万历《程典》图卷二《宫室图》）

37. 明万历祁门县翠园胡氏基宇图

（万历《祁门翠园胡氏宗谱·胡氏基宇图》）

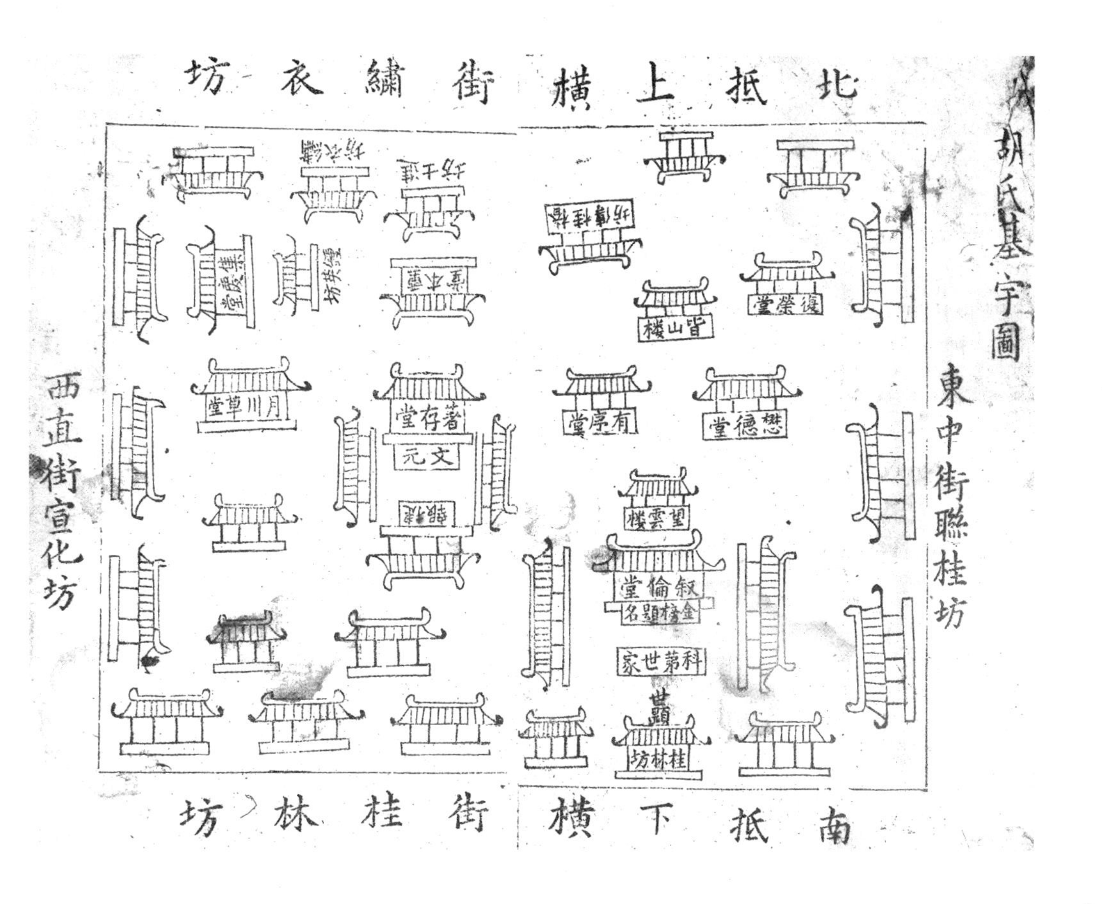

【说明】

“翠园胡氏居址祁川八景诗：［祁山图画］祁山屹立县东头，拔地凌霄境最幽。削出半岩仙迹在，附临小涧玉虹流。千层水墨林峦晚，一片丹青草树秋。我欲乘风升绝顶，海天万里看瀛洲。［芹泮弦歌］殿阁崔嵬倚泬寥，窗明几净隔纷嚣。遥闻琴瑟天机发，静听诗书世虑消。满座春风勤讲诵，一堂夜月恣歌谣。请看金榜题名客，总把文章佐圣朝。［平政长桥］一泓流水绕南门，横架长桥实要津。喜有成梁功济显，岂无题柱志凌云。直猜鸟雀填河汉，惊讶虹霓饮涧滨。却忆当年贤令尹，名标平政至今存。［栖真仙洞］万里岩嵬耸碧峰，孙仙曾隐此山中。林头琪树巢鸣鹤，洞口丹砂养卧龙。过客每闻题妙句，居民犹记说遗踪。我来欲问神仙事，云在青山月在空。［青萝夜月］闻说青萝古寺迷，一天明月照无私。荒台幻出黄金地，曲沼翻成白玉池。夜静悬崖猿独啸，秋高老树鹤孤飞。几回也欲寻幽访，只恐空山魍魉啼。［白石晓云］白石奇峰列翠帏，朝来苍霭拥崔嵬。晴随野鹤冲霄去，阴逐渊龙带雨来。游子思亲情缱绻，幽人搢笏意徘徊。会看喜作明时瑞，五色轮回绕上台。［石壁栏杆］峭壁巉岩不可攀，何人凿石作栏干。险如蜀道天梯峻，隘比函关石剑攒。虎豹夜行应胆落，猿猴昼度也心寒。经过自信行来稳，长啸一声天地宽。［阊门波浪］万崖对峙势凌虚，雷雨波澜分外殊。多少潜蛟曾奋迅，寻常过客亦踌躇。西通鄱水汇彭蠡，东转岷山洩尾闾。最是桃花三月暖，船头跳出化龙鱼。”（万历《祁门翠园胡氏宗谱·翠园胡氏居址祁川八景诗》）

38. 明万历祁门县翠园胡氏宗族椿庄尼源基宇图

（万历《祁门翠园胡氏宗谱·椿庄尼源基宇图》）

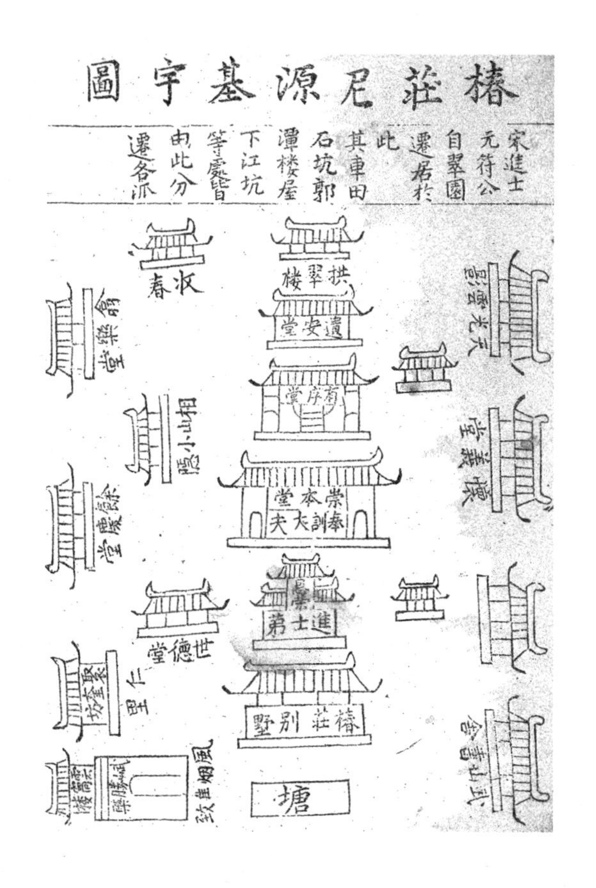

【说明】

“尼源八景：［椿庄别墅］武山深处结危楼，改号椿庄历几秋。风景依然人不见，惟余别墅作贻谋。［栒树罗峰］栒木风生奕世馨，更看水口拥文星。信知麟趾振振日，拟有人龙显地灵。［相公古寨］三山高并顶何平，却忆当年此避兵。谁遣相公为保障，至今排栅尚留名。［夫子名山］秀接三峰

翠作堆，巍巍仰止肖蓬莱。不知当日名夫子，元自尼山一脉来。［石桥架月］宦海归来万虑消，抱琴林下谩歌谣。溪山不识谁为主，月夜空余一小桥。［水碓春云］赢得名犹说到今，追寻无迹意沉沉。隔林仿佛闻舂杵，知是溪声隐白云。［止泉跃鲤］久厄山巅欲诉谁，生民号泣吁天知。止鱼不有神鱼跃，怎得游兵聿解围。［金竹栖鸾］当户群峰拥翠鬟，峰头金竹振琅玕。明时会见栖鸾凤，并作岐山一样看。——时正德五年庚午孟春上元之吉，裔孙道立民表书于椿庄之外斋。”（万历《祁门翠园胡氏宗谱·尼源八景》）

39. 明万历时期祁门县城图

（万历《祁门县志》卷首）

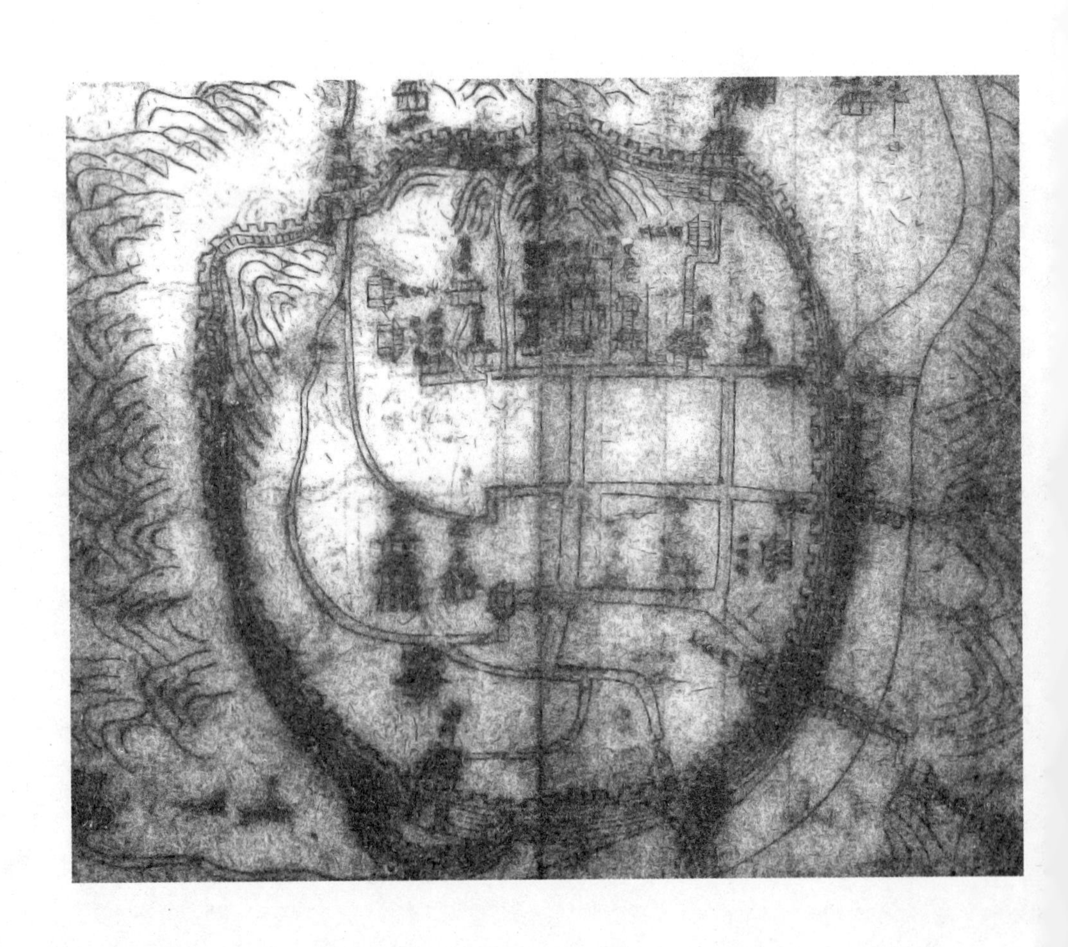

40. 明万历休宁县范氏宗族村庄分布总图

（万历《休宁范氏族谱·谱居第二·同邑各村总图》）

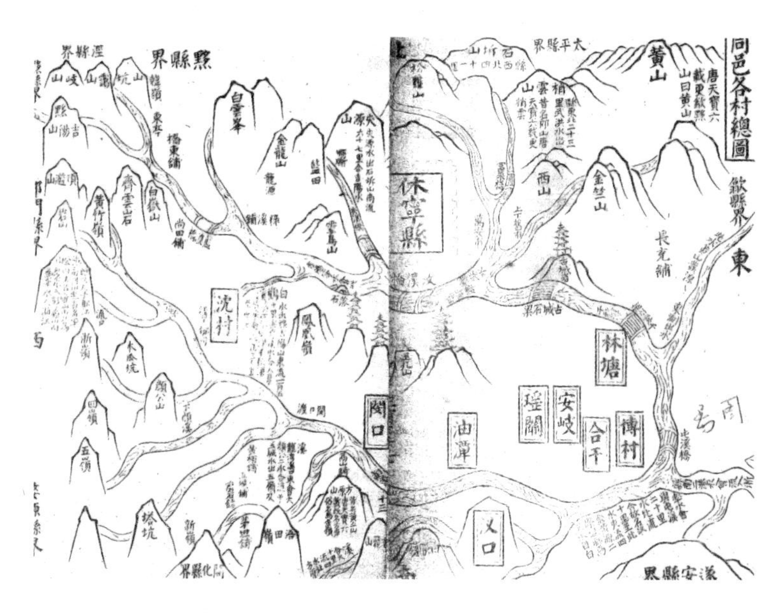

【说明】

“阖邑各村总图：迁居各邑者，山川异域不得图。在本邑者，会食聚首，情同一家，故以村隶邑，复为总图，亲之也。然古今多故，治属无常，吾不观于村而观于邑。按，休宁县境，东西广六十八里，南北二百七十九里一百三十步。东至歙县界观音堂二十八里，西至黟县界四十里，南至衢州府开化县江岭界一百二十里，北至黟县界韩岭六十里。东南至严州府遂安县大夏界一百五十里，西南至婺源县木瓜坑界七十里，东北至歙县湖岭界三十里，西北至宁国府泾县界一百四十里，至黟县邓村四十里。今为徽州府属邑，在《禹贡》为扬州之域，春秋属吴，吴亡属越。战国属楚。秦始皇置黟、歙二县，属故鄣郡。汉武帝元封二年壬申，改‘鄣郡’为‘丹阳郡’。元封五年乙亥，置扬州刺史，隶扬州部。汉献帝建安十三年戊子，吴侯孙权遣将攻郡，分歙、黟，置休阳县，改‘丹阳’为‘新都’郡。次年己丑，定县治灵乌山（在今县西二里）。吴景帝永安元年戊寅，避嗣主孙休讳，改‘休阳’为‘海阳’，徙治万岁山（今万安山）。晋武帝太康元年庚子，更‘新都’为‘新安’，‘海阳’为‘海宁’，徙治南当山麓。又分置黎阳县。宋孝武大明八年甲辰，省黎阳入海宁。梁元帝承圣二年癸酉，复置黎阳县，并割黟县、海宁为新宁郡，与新安并。陈文帝天嘉三年壬午，省新宁、黎阳。隋文帝开皇九年己酉，省黟、歙，并入海宁，更‘新安郡’为‘歙州’。开皇十八年戊午，改‘海宁’为‘休宁’，属婺州，寻属歙州。炀帝大业三年丁卯，更‘歙州’为‘新安郡’。隋末，州人汪华御乱据郡，迁治万安山。唐高祖武德四年辛巳，更‘新安郡’为‘歙州’。武德六年癸未，徙邑治万岁山旧城。玄宗天宝元年壬午，更‘歙州’为‘新安郡’。天宝九载庚寅，徙邑治松萝山之阳（即今县治）。肃宗乾元元年戊戌，更‘新安郡’为‘歙州’。送徽州宣和三年辛丑，改‘歙’为‘徽’。元属徽州路，后属兴安府，寻改‘兴安’为‘徽州府’，以县领乡，以乡领里。自宋始改乡为都，改里为图自元始。明兴，因元之都图而损益之。观一邑之沿革，而各族之治属从可知矣。右同宗之村，列于总图者凡九，而清明会茔祭第云七族，以安岐迁自林塘，都里既同，生齿未盛，沈村路远，未入会故也。

同邑各村总图：总图惟载各族地名，而村居、形胜则族之人才生殖所由出焉，故分图以纪之。图先祖居博村，次汊口，次林塘，次油潭，次合干，次闵口，次瑶关，皆以迁之先后为序，仍以祖居为宗，定道途之远迩云。

博村：十八都由山东乡同化里，距邑城二十五里。

汊口：二十都和睦乡轻财里，距邑城五十里，在博村西南三十里。

林塘：十七都由山西乡嘉禾里，距邑城二十里，在博村西北五里。

油潭：十八都六图由山东乡忠义里，距邑城三十五里，在博村之南十里。

合干：十七都一图由山乡同化里，距邑城二十五里，在博村之西二里。

闵口：十八都四图由山东乡忠义里，距邑城三十五里，在博村西南十里。

瑶关：二十五都由山西乡方潭里，距邑城十五里，在博村之西十里。”

（万历《休宁范氏族谱》卷四《谱居·同邑各村总图》）

41. 明万历休宁县博村范氏祖居图

（万历《休宁范氏族谱·谱居第三·同邑各村分图》）

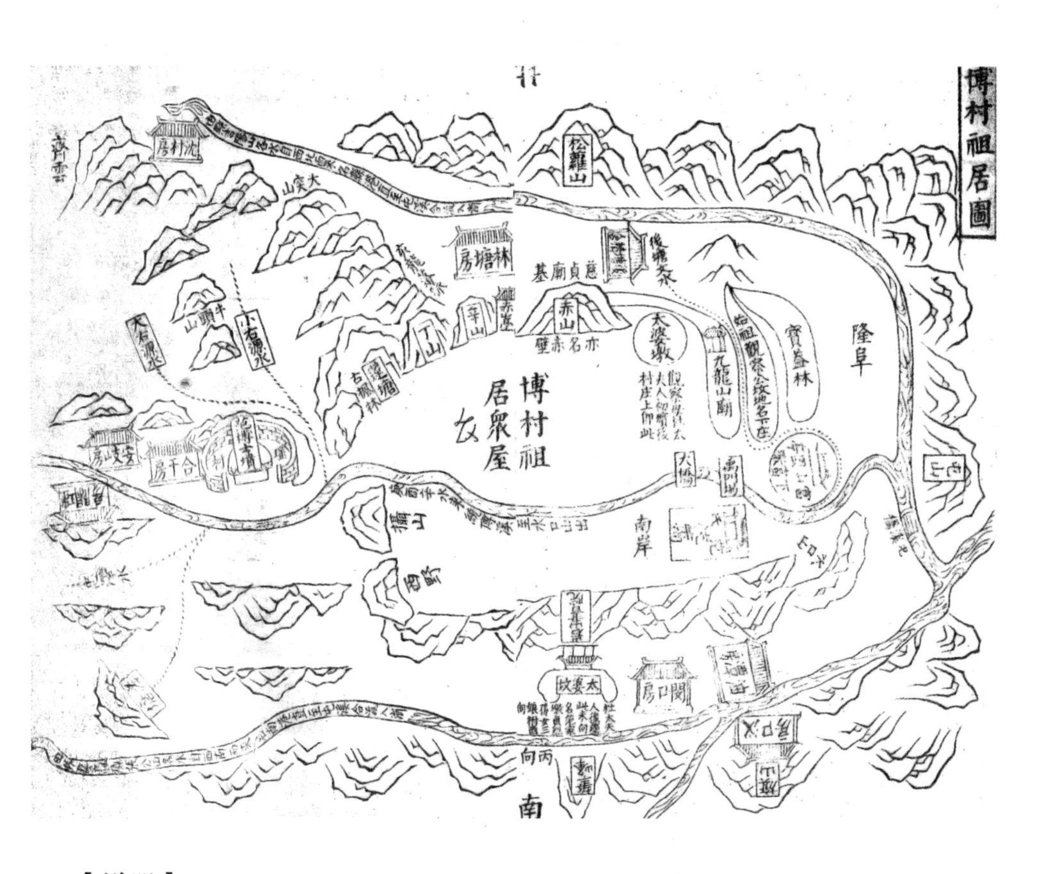

【说明】

“七族村居图说：各村居址虽列图，而剪棘拓基、赞绪肯构，与夫今昔风俗、名贤、叙述有非图之所能括者，以是说而存之。盖质文异尚、成败异迹，劝戒具在，匪以侈闻也。观民风，施家政，抑亦有采于斯乎？博村图说：博村，范姓祖居也，居自唐观察使傅正府君始，时为宪宗元和末年。博者，志清诏使孟博公之后府君自名之，不忘祖也。辟地筑室于村之丁山下，脉落灰龙，局结丙向，自题其堂曰‘止善’，身与道俱意有所属也。村以外，则松萝屏其北，齐云肩其西，笔峰卓其南，率屯镇其东，环向者皆翠岚也；村以内，则赤山、龙山、富山、岩山与丁山相绕，五峰并峙如绣者，皆碧树也。周乡数十里，按方取义，联络而名之左曰‘下庄’，有宝盖林为障，可园，可亭，可丘墓也；右曰‘忠泽’，孝塘派汇右源，潆洄如带，君亲之教常目在之也。后曰‘文水’，塘广地僻，林深田夷，筑精舍其间，优游挥毫，成五采色，及子孙传经翼圣，其在兹也。前曰‘南岸’，亦连范家墩，田畴数顷，土宜青门之种，因而勤植之，魁然斗硕，可以兴思瓜派之训也。词坛哲匠，吊古揽奇，分为忠泽西流、孝水南下、笔峰前耸、文水后环、南岸甘瓜、丁山宰木、富山园亭、后塘精舍者，旧八景也。复有赤壁樵歌、摄峰牧笛、西野耕云、博溪钓月、龙山晓钟、枫林夜读、禹门翻浪、吴岭栖霞之题者，续八景也，皆村居之胜也。今为休宁东南乡，隶十八都，去邑城二十五里，族盛人繁，迁徙不一；庐舍缮废，与时上下。若赤山之慈贞庙（唐奉敕祀观察母杜太夫人及节烈女三娘者）、求迩斋、风月亭、宗绍楼（宋族祖风月处士以之讲学、宴游、聚族者）、颐静阁（处士栎山以之养德者）皆圮，所传者，名也。止善堂，宋元以兵燹毁矣，耕隐公守其故址，洪熙元年，再遭回禄。自是而后，诸房创建亦夥，如长支之宝善（即止善旧基，宣德元年，稼轩公重构），思正（正德四年，起东公房建，未向），庆善（重阳公房建），继善（嘉靖丙寅，宗升公偕侄钦建），启震（大桥头，学公房建）。中支之正己（成化五年冬，庭燎公建。嘉靖乙未重建，丙向），节孝（世珙、珪、珍建），和乐（嘉靖年班公建），明德（嘉靖乙未，理芳公等建），敬义（嘉靖甲辰，联芳公建），诗礼、贻燕（俱世徵建），布新（道立建），乐善（事宪建），贻谷、光裕（俱世球建），一气、双庆、三友（俱衍芳公建），力本（凤鸣公建），各题匾，皆堂也。又如中支爱月（正德年间，威公建），迎晖、萃和（俱世宪建），春晖（道通建），余庆（友洋公建），一经（时学建），各题匾，皆楼也。斋又有以缉名者（国初长支再公建），续卿公倦勤归老所也，卫武耆年交儆之谊也。有以蹇名者（嘉靖甲辰，中支庭曜公建），文晦公自汉口复居博村，读书所也，盖蹇于足而亨于心也。书院有‘岩山’名者，址在村南之巅。又其南为社，为杜母太夫人茔，谚言‘范家墩’，其北则对慈贞庙，皆古迹也。遥望南岸，拖寅向申，美轮美奂，巍然钜构于水口山之内者，范氏统宗祠也，祀唐观察也。祠经始于嘉靖丙寅，定制于万历癸巳，其宗彦重义繁费者，族人祔于祠祀之，亦以示劝也。由祠西逶迤而北，即下庄，丰碑南向者，观察公暨配夫人墓也。由下庄而上之北，即九龙山，南即禹门竭，诸处皆唐宋先宗墓也。又上之为博村心，中支世祖徵父府君墓也。又上之为瑶村，墓去居庐一里许，七世众祖翰林博士吉壤也。大都村居之地广播，而风气沕厚，人物众盛，财用赢饶，诗书节义，家袭流芳。在唐宋间，科第胄英，且代济其美，尤非他族所可及矣。峙而为山，流而为川，未尝改也。昔醇而今漓，岁异月迁，渐非其旧。或以操戈为雄，或以舞文为智，或竞侈角奢，为虚靡之习，而忠信礼让视前辈殆倍蓰远焉。闾阎雀鼠，潜耗实多；霄汉雕鹏，每摧劲翮。岂可独归于地哉！醇和之气，酝酿在人，志一神岁，机转祥发，天且弗违也。《语》曰：‘人杰地灵’，亶其然乎？”（万历《休宁范氏族谱》卷四《谱居·七族村居图说·博村图说》）

42. 明万历休宁县林塘范氏村居图

（万历《休宁范氏族谱·谱居第三·同邑各村分图》）

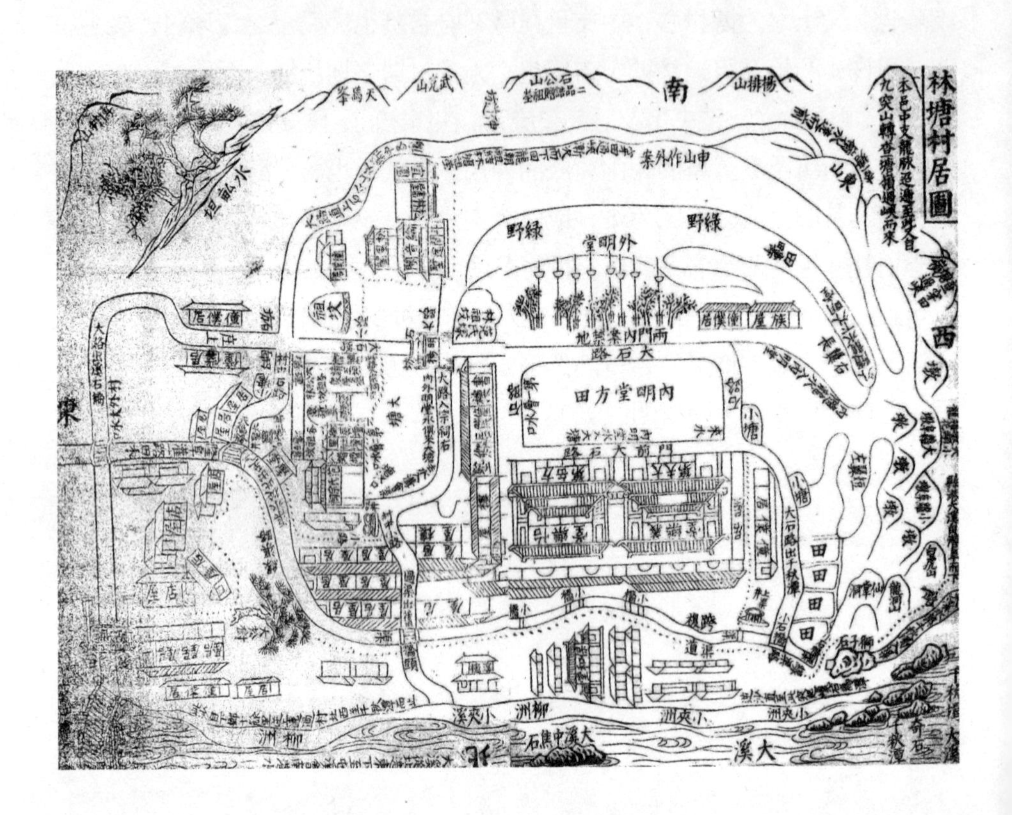

【说明】

“林塘图说：林塘村在博村祖居西北五里，去邑城二十里。当休邑龙脉中支，远自率山而下，或起或伏，迭拥屏障，约二百里，抵村。复结芦鞭梅花点，起大、小萝阜诸墩，分修短两翼，中干迤东，出势平衍，为本村。两门共居横龙，坐南向居，外为低田，田外以修翼作内案。案外有高岗，名‘申山’，即发自萝阜，蜿蜒绕南，折而东，作所居。

外案：申山周回三里许，与居址合，形家谓‘回龙朝祖’。其平敷处为中干余枝，岗内外皆沃野可耕。回龙合处为方塘，大可十亩。塘上为丘，有苍松千百成林阴，翠贯四时，‘林塘’之得名以此。表里案山诸水，悉汇于塘，从塘汊口東为沟而出，其声潺湲，与松风响应，潜达于渠。渠抱村之北，上接县港大溪，下�本村，注灌东南，畴百千顷。渠北为护砂，由下乡十余里迢递逆而上，直至村居西北包墩之短翼，仍远过沙尽突起，石骨秀峦，疑虎豹蹲伏然。两旁皆奇石峭壁，远近错落，水滨有若飞者，若走者，若龙而蟠者，若棋秤、钓台者，若仙洞者，洞有若仙掌者，令人应接不暇。峦之北，深下为千秋潭，相传潭底有岩若石室，渊沉不可测。善泅者曾隐隐见巨鳞戟鬐守洞口，谓为‘龙湫’，理或有之。潭即县港大溪，中并村，洋洋东下，舟筏络绎如织，宛亦暗拱云。自观察使公十五世中支孙上舍千九府君乐兹庄地，遂迁自博村居之，时为宋理宗景定五年甲子。初筑室于案山外东向，今仍呼祖宅。后以啬生育，遂改今居，庐舍犹朴。数传则有成德公、仲德公、俊德公三兄弟出，子若孙日繁，风气益开，规模渐广，撤故庐为新室，三房各居，参差建造，所置田产，滋倍于前人。布德施惠，邻里贫者，咸赖以植立。村中旧有一二小姓，皆以所居售厚价，俱如数给之无恡。自是环村以居者，南而山，北而溪，皆范姓矣。今观宋元契墨与国初务印税单，所存百余纸，及洪武六年、建文三年各阄书分关，祖宗积累勤劳，犹可想见。先是，俊德公多男子，以左右址居，伯仲兄自取中址竖屋。后屋圮，其孙乃徙村之东隅，而中址分属于伯、仲公二支，为今两门，各改堂构。伯氏则创义乐堂，堂前夹以左右厅，左扁‘一乐’，右扁‘和乐’。堂后两腋，一藏先世神主，一祀土神。西建最乐堂及仓屋、游息之所，堂北各构楼阁，有芸牕、梅轩、竹所、友恭轩、朴庵、西庄别业、一斋、复斋、思轩等处，广邃相乘，直抵渠而止。仲氏则创怡乐堂，堂后创祀先阁，左创东阁。阁之前，今为继善堂；阁后为声二公东楼，右为声五公西楼，各连楹重复相属，中各以垣界之。东楼后为屋三脊，各五楹如翼。楹背稍东即后乐楼、如水堂及诸室，又有飞甍而起，咸栉比于东。甍前近大塘，周庐筑墉，散处童仆为守望，内有村径一迢，递夹户宇，自东而北，其北皆渠斜绕之。循渠磊石若堑，险峻不可攀。俯视渠巷，行道逶迤，水曲如鞶带焉，是皆本村之依中干而居者。

内案：右有广厦，则景弘公房娶篁墩程学士女，苦室隘，特创以迎昏（同‘婚’）。案中，两门禁约为旷地，惟子孙科第挂旗者，皆于此竖之；案左则明扬坊，横列四柱，文石坚緻，为奉直大夫世元公立坊，侧为本族书楼，额曰‘环秀’；有小学，额曰‘乡塾’，皆西向，在义乐、怡乐二堂之左，为第一重水口。案外即祖宅自改，今居后悉为园。嗣有汝砺公造永慕祠，今亦废。众议此处皆本村外明堂，不得治屋，即有治者，不吉，抑堪舆之理固然耶？外明堂从东湾下，为第二重水口，则观察公宗祠在焉，其规划详具祠制中。祠前即方塘，可蓄巨鱼数千头，每岁取佃租，助祠公用。遇大比，士有达者，塘辄起风浪，为瑞兆，人皆灵之。祠北水沟下，注若泉滴，旧有琴阁临其上。祠左为八蜡坛、里社坛、乡厉坛，同宗遵《会典》，虔供岁事者。祠之东北，皆祖茔，墙垣数十丈，墙外大小室楼高下相望，有竹窝、四勿轩、二佩斋。或有堂构未题识，或有额扁近改园亭称是。其东望而矗起小楼，为两门巽峰，兼可登眺者，松林书屋之纶音阁也；旁拥竹木，苍蔚堪憩者，宜园也。松林，先大夫别号，昔尝结阁林阿，与叔父竹窝居比，舍阁之内，杂贮古器、书法帖经典，前后圃植嘉树，日奉王父盼云翁徜徉其间。今食指众，以阁为居、为仓厢，因创小楼于此，仍镌以旧扁，存先子孝友遗迹，犹谢安石之东山会稽、金陵两志之扁，字出祝京兆笔。又有八分书‘松林’二字隶。‘盼云轩’三字，亦京兆及文待诏笔，皆极遒。古识者以拱璧宝之，并嵌于墙。楼有神智巢，藏经史子集，最上为松风阁，楼下为辅仁馆，子姓诵读于斯，旁设一扃，通宜园。天之逸我以老者，园地仅亩余，盘回�径，有卧榻，有茅亭，有台有轩，有池有洞，研露点易，知交啜茗，悠然一丘焉。自宜园右折而南，而西，新构数架，辟辛门者，斗间逸墅也。中有罗兰堂，取罗含退居以阴德兆瑞之义。又题晚香堂，有晚香楼，有朝夕松云阁。墅后有成趣圃，莳花果、杂木，内筑一小山，亦结亭容膝，与松风阁错望，且以衾新墅。自宜园左折而北可百武，当茔墙十字通衢，树四面石坊一座，书本族乡举、进士、岁贡、封赠四者，以彰君恩。由衢而下，转北即渠，以南与祠北相犄角，其间，左右皆榱栋鳞次，无隙地，形家谓之‘外水口’，交锁不厌密。近左复有高坡，众议建文昌阁、纶音新阁，与四面坊厢辉映。渠之北即逆沙堤矣，跨渠而梁者凡七，为复道二，为石楯五，自渠北之溪，雕础、层簷、园圃、台榭，隆隆竞爽。其最宏钜壮丽者，则保和堂、东溪草堂、东溪楼、晚秀楼、石山楼、逊庵及诸房燕寝环除，东溪即族兄昭勇将军浩囊以数十万资雄于淮扬者。暨七梁尽而东，则皆阛阓之肆旁列胪分，以达村之内外，盖要地也。肆之东北，平原绿野，或塈而椽，或砌而场，或以堨转水而舂，农末户牖骈集，出作入息，见太平之风。其沿溪数十楹，以篙筏为业者，则本村各仆所栖，亦以之捍卫焉。是皆依中干余枝护沙横缩，绕村而居者，又一村之大水口也。溪外长桥虹卧，达于北岸，居安里通远近诸村行人，为一邑东南孔道。近岁易木桥以石梁，凡十一洞，工费不赀，请于邑大夫及各善士种福田业，有桥碑记，仿蔡端明故事矣。在昔，桥南一带皆深水，数十年来，沙壅为大洲，洲产杨柳，苍翠成荫，屏护村之上下，顿成伟观，说者谓气有所钟。夫流湿就燥，理以类从，世德之后，其殆承之。

总其村之景，旧传有八：曰萝阜牧歌，曰申山樵唱，曰春野耕云，曰秋潭钓月，曰方塘鲤跃，曰焦石龙蟠，曰琴阁听泉，曰书楼环秀。后琴阁之下凿塘底圳，水鲜泉声。环秀楼障于石坊，逼居屋，二景失。今补以四：曰松壑风涛，曰柳洲烟雨，曰洞开仙掌，曰阁捧纶音，合前为十景，皆村居所实有，亦舆情所共赏者哉！抑尤有感焉。

七族称富厚显达者，率以林塘为巨擘。然志业由于人才，人才成于风俗。粤稽祖父以行上操修，儒雅倜傥，阴行善，正直守礼。四礼之中，尤重丧纪（应为'祭'——引者注），养生送死，悉守文公仪节，不惑浮屠，为各乡所推。富不骄贫，贵不凌贱，闺门贞肃，邻里承风。岁时，内外庆贺及宗族酬酢，情文毕至，平居子弟恂恂受约束。即或为不义，众有月旦评，不义者亦窃悚惕自耻，名教维系，和气致祥。以故冠盖相望，丰积蝉联，其所养者，素也。近习则有一二不然者，强暴弱，智绐愚，殴詈生，户庭追呼，烦郡邑。状友搏师，鸱张蛊惑，昼酣夜赌，不务治生。嫉心胜，则以直为曲；党心胜，则以媸为妍。交游匪类，邪慝易兴，视尊年之训诲，乡约之叮咛，如风过耳，甚且仇之。罹罪孽，颓家声，甲颜不悔。噫，是何心哉？独不念同此祖父行，同此积善来也，特自斫其根。既有祸，则培其根，根必有福，理也，数也，只在自己一念转移之，何难之有？此立图之旨，敢衍其说以代吾宗之欲告其子弟者。"（万历《休宁范氏族谱》卷四《谱居·七族村居图说·林塘图说》）

43. 明万历休宁县汉口范氏村居图

（万历《休宁范氏族谱·谱居第三·同邑各村分图》）

【说明】

“汉口图说：汉口族在博村祖居之西南三十里，地属二十都，去邑城五十里。观察十五世中支孙震公，字可起者，为汉口程少师洺水先生之甥，渭阳义笃，教育毕至，乃于宋宁宗庆元六年庚申迁自博村，依外家居焉。基址祖龙发自金岭方原山，山有三支：左支止于鸡笼峰；右支结仰山宝公圣迹，止于淳安；中支蜿蜒高耸，奇削而奔，止于岐阳山，为汉口一村之望，即坐山也。其形如盖天展旗，下平原，亦曰‘旗山’。其平原上下并阔，中稍狭，村分上中下，长亘五里许，通婚姻者十余姓。余族今居上村，即唐都使程公澐、宋少师程公珌宅，故基龙脉自坐山左转而上，至万松山复下巽、巳、丙，入首众厅屋，庚向，左右住楼，或南向，或西向，惟所宜。后至村心大路，前临大溪，又名‘紫云溪’。宋时，溪上紫云现，程少师应瑞而生，故名。而溪水出自璜源，南下绕西至北，与珮琅水西会，二水远夹岐阳而来，交于村之水口，合流注东北十里，汇于临溪。村在水口交汉之上，故又名‘汉口’。

村之胜景，相传有十：曰旗山，曰鼓石，曰笔峰，曰砚岭，曰云溪，曰阳谷，曰龙山，曰凤林，曰乡约，曰吟社。震公始迁时，居岐阳山之湖头墈，为今中村。洪武初，以旧居隘，悉弃其故业，更置之，合族遂居今地矣。地之周回属范业者，步约之以四千计，庐舍栉比，新故错处，故有寿传堂（‘寿传’二字，汪仁峰书，径尺二寸。‘寿传堂’三字，状元施公槃书，径尺八。又陈雨泉书径二尺余——原注）。子姓同堂出入，历经四百余年。昔少师与甥可起书有‘汝子暨孙，必寿其传’之语，甥后胤佩义因以之名堂焉。堂之左右前后，或楼或轩，曾经名公题赠，可据而知者，有病懒轩、养正斋、逸晚轩（即‘知足轩’——原注）、永感轩、安恒斋、枕清楼、癯庵、蹇庵、宝书轩、东湖亭、孺慕堂、迎熏楼、静轩、守斋、继明楼、存忍轩，虽年久缮废不一，而名犹著闻。其家世以习儒为业，耕与贾佐之。在男子，峨冠博带，传经受徒，以诗文结社，且承前代工部公理学绪余，各以礼义束身，即交游皆冠盖隽彦，妇人、女子亦多节概，知宝爱。先世文字以勤俭辅其君子，遗醇朴之风，第一二百年间，林泉为政，未有显者，其将有所待耶？乃迩年式微未振，俗习益颓，纤芥生隙，掉舌内哄，甚至借力于外姓，嫁祸于本支。异哉！况比邻为汪、孙、程众姓，虽笃姻谊，贤愚不齐，甚至互相睥睨，幸衅乐灾，岂其无之？将何以自固？语曰：‘维礼固国，维和固家。’往事已矣，亡羊而补牢，未为迟也。可起公在天之灵能无望于子孙之贤智者？”（万历《休宁范氏族谱》卷四《谱居·七族村居图说·汉口图说》）

44. 明万历休宁县油潭范氏村居图

（万历《休宁范氏族谱·谱居第三·同邑各村分图》）

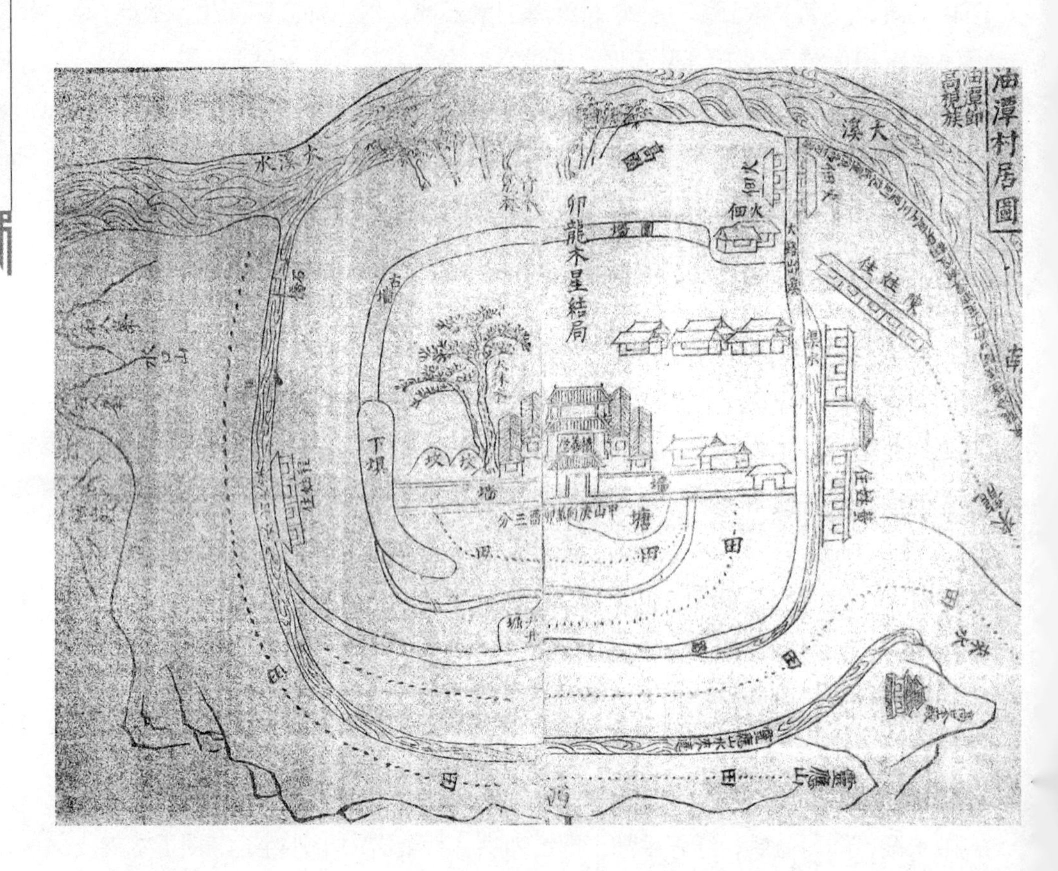

【说明】

“油潭图说：油潭，即高枧族，隶十八都，在博村南十里。观察长支十八世孙茂公赘油潭徐氏，乃自祖舍迁居，盖元代时也。宅有前朝旧屋二所，皆宋淳祐年间建者。余释褐后，犹及见之，今撤其一，欲鼎新未成。元时建有积善堂，背甲面庚，兼卯酉，聚居子姓，迄今相守，同出入。其颇饶者，各随宜营造，庐桷亦相依，屋后蓄竹木，苍翠成林；屋右有古墙及坝，内有大株木一，可二丈围，罗汉松一，可三四尺围，荫蔚甲于一乡，相传宋时物，乔木故家，人共宝爱矣。门前为膏腴田数十亩，外为高峰殿、灵应山，来水从左绕田而前，而右，而后，汇于大溪。村之水口有石人峰，双起插天，形家谓‘木火星辰，不易得者”。其居址龙脉远自南来，沿瑶溪、闵口而下，至油潭湖，复翻跳，直上二里许，迢递为平地，及大路，左盘右旋，或起或伏，名‘瓜藤龙’，到范姓屋后，为高园，乃卯龙木星结局，乙水且环向焉。屋之左近后，为火佃房。而先世丘垅，则莲花塘、檡子前乃其著者，并去居畔不远也。村之同居有黄、程、徐、吴、陈、师诸姓，范之居又东邻于黄，南抵古路渠，亦与黄为界。黄之迁祖不先于范，而黄姓之人之财乃富强远甚，抑地气之所钟有不同欤？人之言曰：‘五星之行有迟速，善可恃，富强不可恃。’范之父老、子弟累世安分，忍让行善，孝弟力田，兼治畦圃，不习江湖商贾，不识城市。幼而慧者，自四书、古文之外，不治经，生言庞厚真率，犹水未波而璞未琢。游盛世之天，积蓄已久，况祖宗余庆，各族均被，冥冥之中，自有司其循环之柄者。凡我宗彦，其益自信自勖以俟之哉！”（万历《休宁范氏族谱》卷四《谱居·七族村居图说·油潭图说》）

45. 明万历休宁县合干村范氏村居图

（万历《休宁范氏族谱·谱居第三·同邑各村分图》）

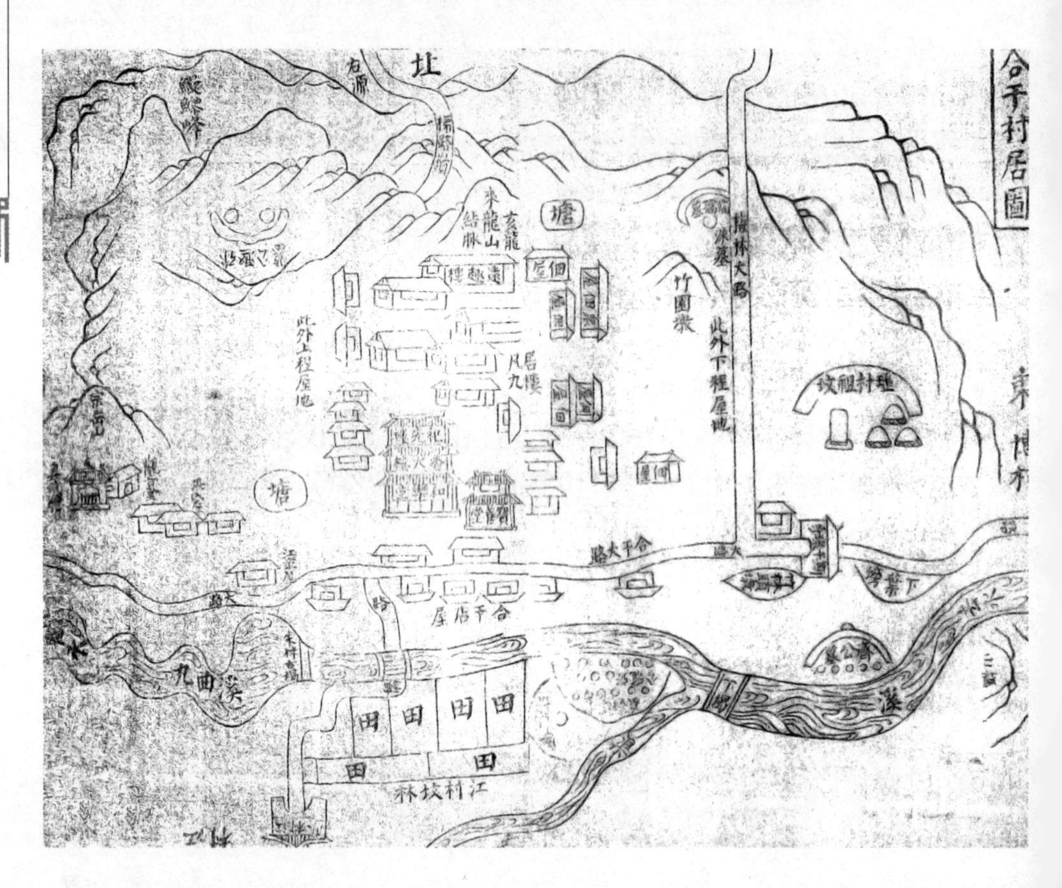

【说明】

“合干图说：合干族在博村祖居之右，相隔二里许。洪武二十八年乙亥，观察公二十世孙齐公自祖居迁是地，实长支远公第四子也，字叔齐，初赘合干程君华保女，相得，遂移居。今则人渐繁，青衿诗礼，犹籍家声。隐于贾者，每以廉、以义、以忠直闻。其妇人、女子亦多贞节可征，故家遗俗矣。奈何叔季之子弟或不其然，习尚稍殊，意气便戾，抑地运之推迁以时耶？是在奋志者自勉耳！其地势属庚龙，发脉鳗鲡山，青峰为之拥秀，结局于亥宫。所居背壬面丙，丁水环而东为下叶塝，西为宗岳山，南为江村，北为右源，此其大较也。

国初，屋庐从简陋，后因时鼎建，日以增加，弥宠公率众造者，有和乐堂（嘉靖二十年造——原注），有中堂，有祀先楼，有香火楼（皆隆庆年间造——原注），其楼凡九（有万历辛巳年造者——原注）。背后远趣楼，则从来久矣（正德年间造——原注）。和乐之左有宝善堂，水口有斯干环秀亭（万历丙戌年造——原注）。缘路而上为店肆，如小市然。又其南为溪，自九曲水而下，逶迤绕村落，复有摄山障之。相传有四景：东山吐月、西岳鸣钟、南浦六水、北岭千松，皆形家称胜云。村右有观察公二十一世中支孙显茂公字伯盛者，亦以赘合干程君宗茂女，因迁自安岐居之，基址稍高，有厅堂，有楼，有口庿蔬圃，历今仅六世，基未辟，生育未众，依长支子姓为唇齿，而形家之胜，彼此同之，椎朴之俗则犹有古风焉。”（万历《休宁范氏族谱》卷四《谱居·七族村居图说·合干图说》）

46. 明万历休宁县闵口范氏村居图

（万历《休宁范氏族谱·谱居第三·同邑各村分图》）

【说明】

“闵口图说：闵口族在博村祖居西南十里，属十八都。观察二十一世中支孙闵生公母、节妇吴氏，闵口人，永乐十一年，以遗腹生公，遂自博村迁外家住焉。历世以孝友节义为家政，生齿虽未盛，而风俗淳厚，勤俭相尚，有耆旧隐德，非积弱也。居址起于西，辛龙抱壬辑丙，横阔不逾十亩，大河水环之，佥称秀紧。有志仁堂，建于永乐初年，诸子弟同堂出入，今且七世矣。居之东南邻戴姓，西北临古路。山川之形胜有四：闵川三松、枧水扁舟、高峰胜境、灵应钟声云。”（万历《休宁范氏族谱》卷四《谱居·七族村居图说·闵口图说》）

47. 明万历休宁县瑶关范氏村居图

（万历《休宁范氏族谱·谱居第三·同邑各村分图》）

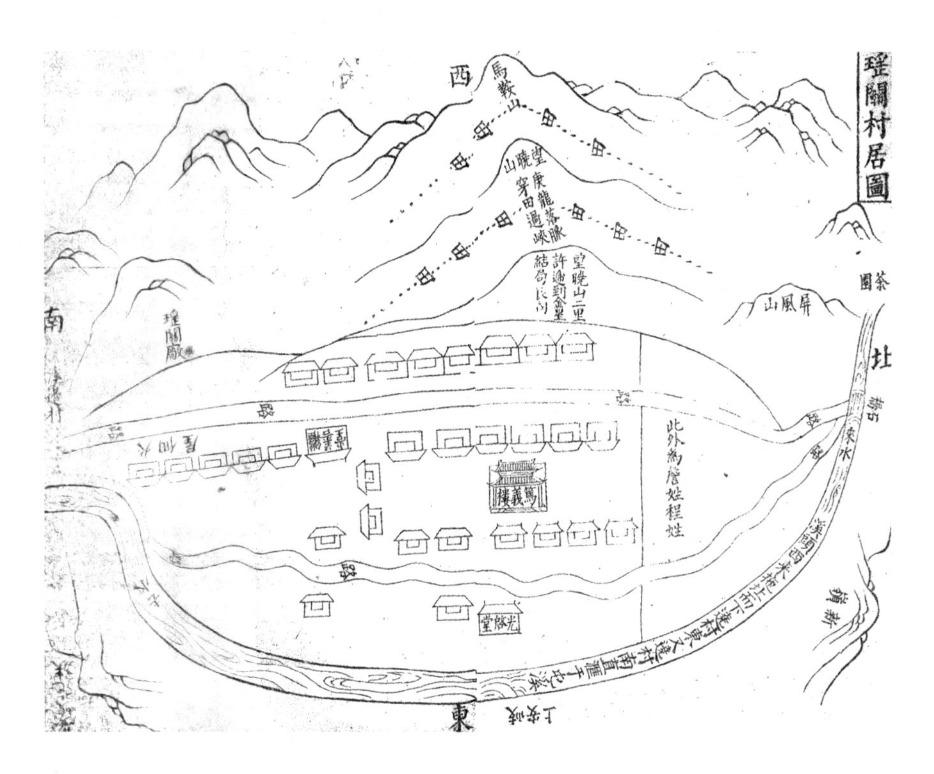

【说明】

“瑶关图说：瑶关族在博村祖居西十里许，属廿五都。观察二十二世小支孙昙公配瑶关程氏女，因于洪武十七年甲子徙自里坑，家其地。里坑，昙公父弼公自博村迁居者。弼公生二子，长曰昭右，仍守父故庐，历四传而止，独瑶关一派云仍相续，与长、中二支鼎足称焉。本支在博村时，有处士弥发公，儒林称‘求迩先生’，以理学重郡邑，誉闻于朝，锡‘风月’嘉号，而家之殷厚，好施予，亦甲于一乡。第生齿不繁，今昙公以后，视祖代食指稍加盛，而财赋虽裕，尚不及曩昔称雄，或盈虚之数也。然累世孝友，忍让下人，和气满庭除，风俗淳朴，且有隽才，子弟能袭书香，蓄极流光，以食祖宗之报者，将有所在，抑亦盈虚之数必不爽者乎？

其村居地脉，自西而来，为马鞍山，递为望晓山，又穿田二里许，递为金星，结局艮向，旧屋存十之一二，新构翼如，耸起者视昔加数倍。村内前后为大路，二路之中，前后为范氏宅基。宅有笃义楼、光启堂联楹，翚革稠集。居其间，迁祖有旧堂一区，在村之中，岁时聚首团拜，咸于斯。逶迤而右，为继善堂，是堂西向，火佃房星列卫之。村有程姓、詹姓，并在路之北，与范为邻而护村。溪水则远自溪头茶园屏风山，拖北而下，绕于村东，又环于村南，直汇于屯溪，尤形家之所善也。地善而以积善者乘之，不患无其时矣。”（万历《休宁范氏族谱》卷四《谱居·七族村居图说·瑶关图说》）

48. 明万历婺源县三田李氏宗族村落图之一

（万历《三田李氏宗谱·理田十二景图》）

【说明】

“理田十二景诗：［双峦耸翠］崔嵬高出青天外，并欲摩空争咫尺。松桧犹泛古洞烟，薜萝常挂悬崖石。药崮深锁阮郎踪，樵径多埋王子迹。入揽岚光尽绿华，晚晖还带春云碧。［两涧流清］一脉涓涓浑不竭，派分河洛图书泄。晴沙漾秀更波澄，寒濑浮光还底徹。吟咏欲赓沂水春，丝纶漫展渭川雪。源头已有高人扆，爱濯沧浪歌未阕。［仙桥毓秀］危崖若断飞虹续，欲向天台从此渡。织女几教鹊翅□，□□空把马蹄驻。扶摇有路接玄池，碧落成梁□沙圃。之子相将瀚漫游，连镳已是瀛洲步。［天马钟灵］形如侍立昂云势，待卸扳鞍长自系。历块非因造父衔，行空应有孙阳契。羲图象拟河滨呈，武乐章从渥水制。欲价千金台已悬，星精一出真名世。［锦屏西拱］嶂列晴云悬绝壁，回环如扆当空塞。岐山祥发耀文明，函谷光浮藏道德。高锁翠华似霭铺，满笼丹绚疑霞织。分明佳丽昼中开，太白于今多气色。［华盖东呈］层峦掩映云多处，晴荫团团光若曙。盘谷深如紫炁浮，崇阿隐有赤文著。瑞笼宝顶仙人居，祥结碧幢帝子御。为兆图书钟已隆，秘府今为太乙署。［金峰北峙］一岳亭亭立更特，冲云欲上还垂翼。晴烟映带碧为光，旭日辉泛黄是色。灿若长庚绕紫薇，端如王母扆玄极。窿然气象自严严，采杞孤予陟其侧。［玉几南横］有凭如案向空峙，高绕危楼端可倚。一幅云霞列若图，数行星斗罗如绮。苔痕满锁薄青帷，石凳微封泛碧水。几回翘足傲苍冥，长与太微争坐起。［学山静读］小筑云巅尘已断，爱看周易对檠短。藜吹青烟空帷悬，草积玄光常座满。兀坐几忘烟月侵，吾伊独有星辰伴。北窗隐隐卧羲皇，纸帐应饶孔席暖。［道院钟鸣］蓬莱长锁碧云里，数杵铿声醒里耳。朝杂松涛点玉经，暮和竹韵清玄史。唤回白鹤嘹烟寒，惊起青牛窥炁紫。独有山人怀好音，黄庭一卷分作止。［椒塘浸月］隐隐古岩浑凿隧，金波满注回光腻。浴丹空拟泻瑶池，泛碧还猜飞羽觯。钩坠应无潜鲤惊，珠悬疑有游龙戏。汲来皎洁湛冰壶，饮得秋华不觉醉。［柳堨飞琼］古堤锁玉千条箕，乱点横桥回袅娜。野叟寻梅蹇策回，封翁垂钓披裘坐。瑶华拂若舞章台，素练翻如拖

青琐。遥听学山孤鹤鸣，更阑犹自窥灯灭。——理田裔孙学阳居士应祥题。”（万历《三田李氏统宗谱·理田十二景诗》）

“十二景总：青献双峦涧两流，堨边月桂柳梢头。锦屏华盖东西美，玉几金峰南北幽。静读学山烟色曙，钟鸣道院籁声悠。仙桥待渡飞天马，笑取椒塘水上毬。——理田裔孙幽谷山人爵著。”（万历《三田李氏统宗谱·理田十二景总》）

49. 明万历婺源县三田李氏宗族村落图之二

（万历《三田李氏宗谱·严田十景图》）

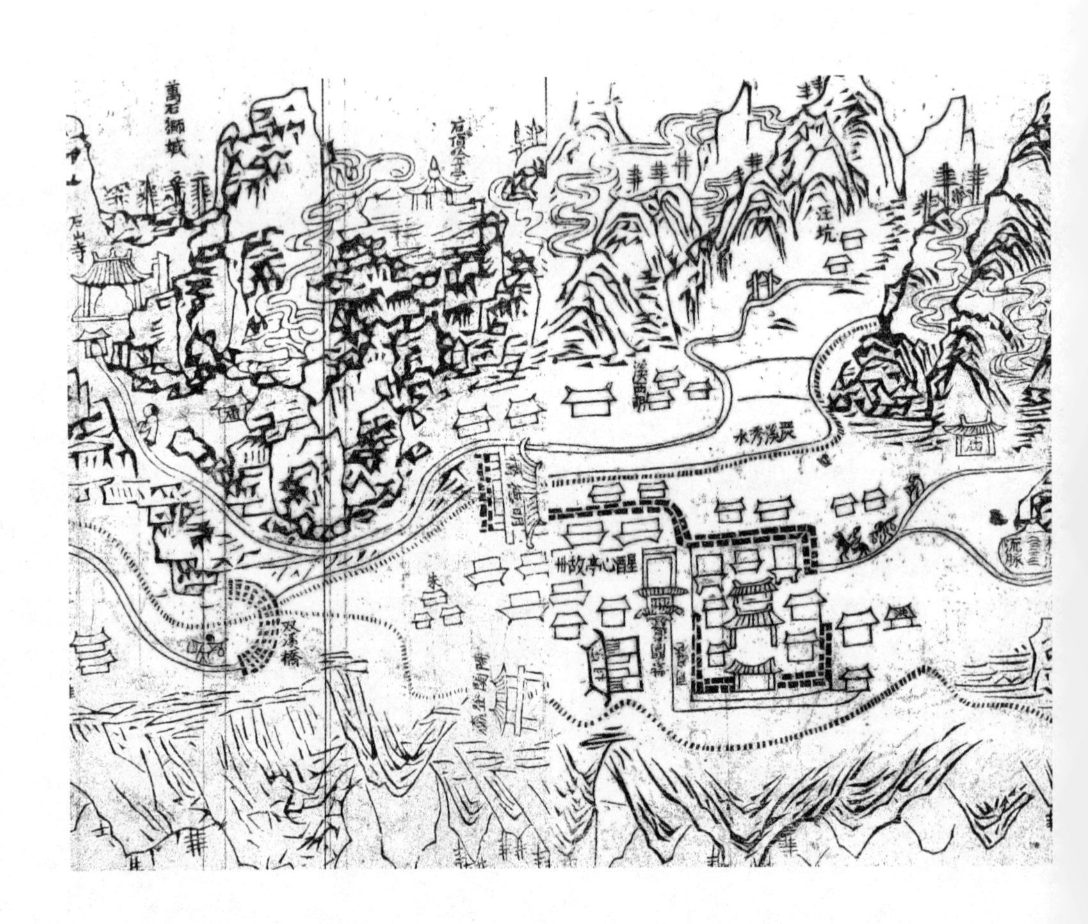

50. 明万历婺源县三田李氏宗族村落图之三

（万历《三田李氏宗谱·严田十景图》）

51. 明万历婺源县三田李氏宗族村落图之四

（万历《三田李氏宗谱·严田十景图》）

52. 明万历婺源县三田李氏宗族村落图之五

（万历《三田李氏宗谱·严田十景图》）

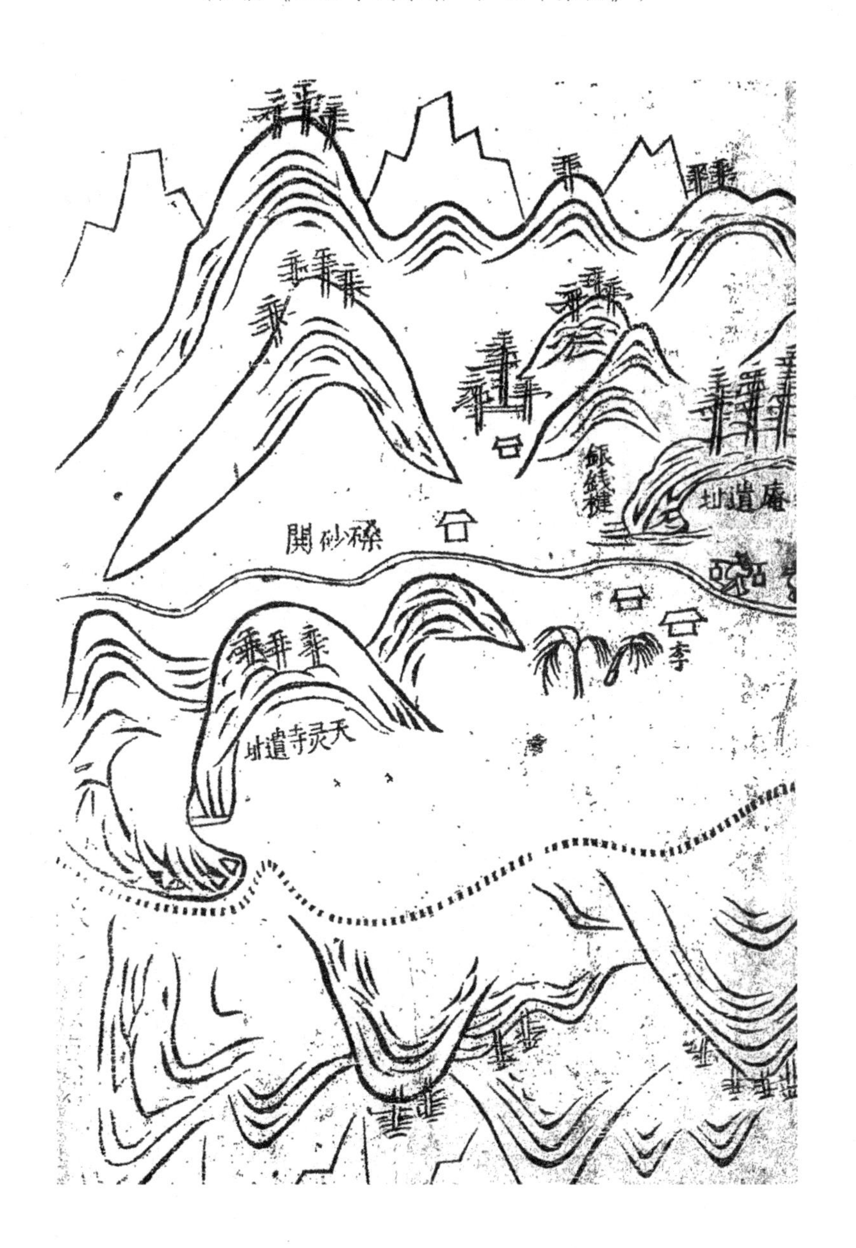

53. 明万历婺源县三田李氏宗族村落图之六

（万历《三田李氏宗谱·凤田八景》）

【说明】

“凤田八景诗并引：圣主再锡鸿恩，召还放黜，循赐归省慈帏，暇日，携侄世美登眺远近山川，经邻娅凤田李君北岩信宿。君邃于诗，因共玩佳致，为赋八景以赠之。［凤山春色］丹穴喈喈鸟自灵，曾阅仪羽在虞庭。朝阳更现文明瑞，春色岧峣拥锦屏。［月塘秋霁］长空月皎白云孤，金色委波乍有无。静倚夜栏看兔魄，一池清影印冰壶。［襟经拖带］清溪曲曲抱村流，绿绕千家景更幽。不数吴门拖疋练，争夸环带玉长浮。［玉象吸波］只说当年饮马泉，今看玉象吸长川。何如不向金门立，偃卧泾头拥暮烟。［古松挺翠］秦封犹挺翠千寻，摇映房栊十里阴。夜半涛声翻作雨，空闻拟是老龙吟。［仙桂传香］仙花移向月宫来，岂是姮娥手自栽？南国丛生歌兢发，天香飘粟满蓬莱。［五岗龙蟠］西望层峦隐郁苍，五岗龙聚脉非常。山头不彀真人气，咫尺卿云护帝乡。［双潭鲤跃］夹流神鲤跃跋蹭，三月桃花浪万层。龙门正值春风暖，扬鬐碣石快先登。——万历丁酉秋，玉笥山人潘世泰题。”（万历《三田李氏统宗谱·凤田八景诗》）

54. 明万历婺源县三田李氏宗族村落图之七

（万历《三田李氏宗谱·环田景图》）

【说明】

“环田八景诗：［金岭漱珮］半岭漱泉声，铿锵出于石。东下会钱塘，万顷连天碧。［辟楼夜月］楼起四山中，环阶绕流洁。偏宜秋夜中，开窗来好月。［前林戛玉］满谷轻阴布，千竿绿浸寒。琳琅声入耳，疑佩侍金銮。［文峰晓云］如笔横联岫，端然冠众峰。分明云际里，秀削玉芙蓉。［环翠松涛］一室松峰下，松环几仞高。萧然发仙籁，如接广陵涛。［瀛寨流霞］瀛山迴际虚，疑是神仙宅。霞建赤城标，焕然成五色。［潜岩阴雨］岩石俨如磐，岩深知几许。中有老龙潜，或起为霖雨。［古刹晨钟］万籁正空寂，窥牕月犹皎。古刹起鸣钟，鞫然一声晓。——紫阳山樵朱大同题。”（万历《三田李氏统宗谱·环田八景诗》）

55. 明万历婺源县三田李氏宗族村落图之八

（万历《三田李氏宗谱·蓝田十二景图》）

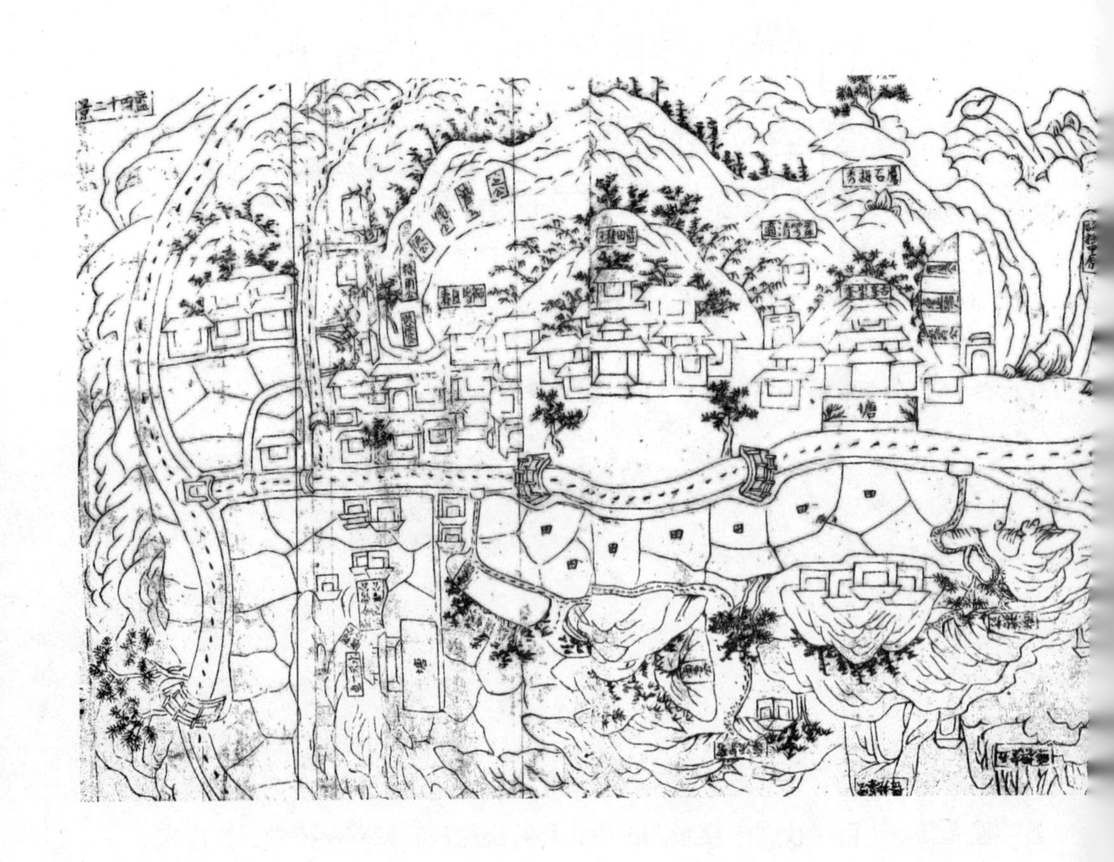

【说明】

“蓝田十二景诗：［蓝田种玉］朝出耕蓝田，勤劬终日夕。举眼何累累？疑是当年璧。［鹰石挺秀］维石山之阳，亭亭而独立。长松覆四围，深冷苔花湿。［琴案横嶷］平皋偃如琴，终日对幽赏。隔坞起松涛，忽听琴声响。［狮坞涵春］囗入涵春坞，幽深寂不喧。到来迷处所，疑在武陵源。［水天一色］水色接天光，一鉴空无碍。微风蹴浪卷，苍荡玻璃碎。［五老拱照］五老啸风烟，嶷然出天巧。一自向虞庭，何年重入昂？［云峰独耸］云峰插青冥，屹立一何峻？宁知五岳尊，直与三天近。［砥柱中原］天柱耸鳌簪，穹窿数千尺。夜半鹤飞来，上有吹笙客。［古学聚奎］主人辟高斋，宛是图书府。终夜望南天，丘里星文聚。［舞雩清适］舞雩足幽赏，童冠日相徉。为客咏歌者，何人是鲁狂？［碧泉流蜜］石流声滴玉，天酿味如饴。汉瑞移来近，荣应草木知。［松泉清荫］苍烟封怪石，寒玉度鸣琴。缨濯盟新结，幽歌和鸟吟。——蓝田八十九翁应辰题。”（万历《三田李氏统宗谱·蓝田十二景诗》）

56. 明万历婺源县沙堤李氏宗族村落图

（万历《三田李氏宗谱·沙堤八景图》）

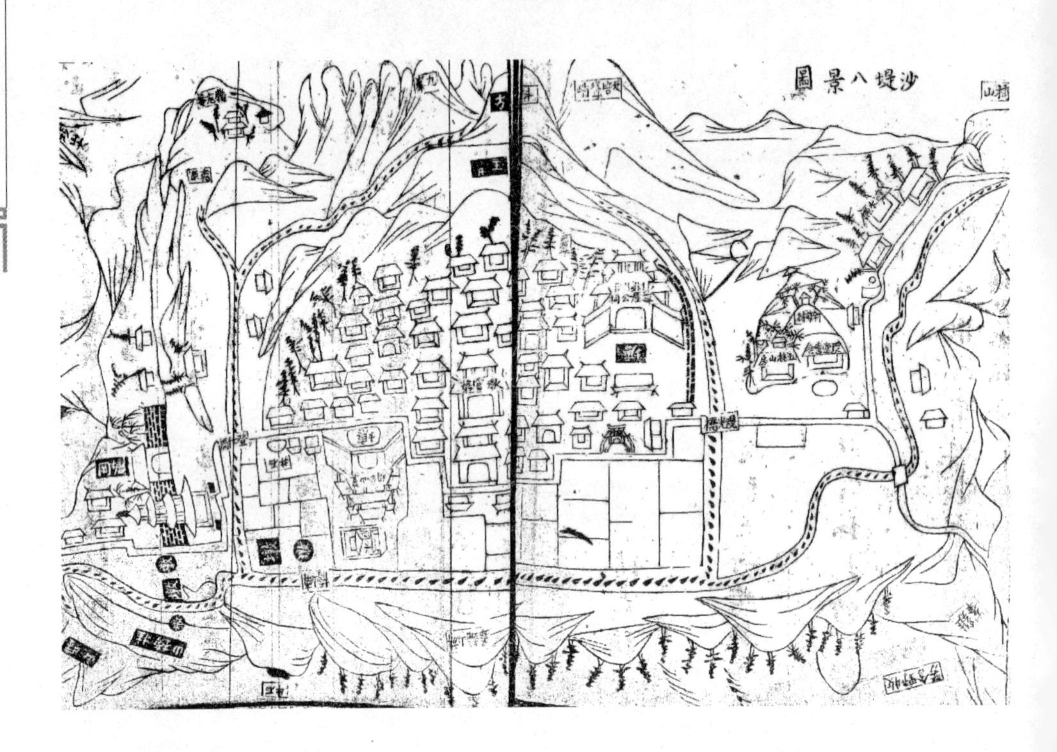

【说明】

“沙堤八景：［仕路荣登］脱迹衡一赴庙堂，纷纷车马过桥梁。请君桥上题名姓，异日观谁有耿光。［观光上国］作宾王家出故乡，亲囦祖饯送观光。叮咛此去无他语，勿口君王致小康。［幹林先声］山如拳石和缠襟，卓卓清清曰幹林。松竹交加无点俗，其命应为凤凰吟。［大培耸峭］一璧横空接上台，谁从平地起天阶。问渠哪得高如许，千仞峰头更大培。［石井留香］玉井渊渊不可量，寒泉洌洌恻行肠。殷勤寄语以天客，荐与王明润四方。［仙牛恬息］好个青牛卧石眠，牛郎终或不加鞭。岂其展土无弘力，只为商君废井田。［牧野觅芳］姮娥二月嫁有孙，经过平原堕缘裀。寄语人生须爱惜，一飞一展一翻新。［旂山铺絮］尺砾旂山当户列，参差卉木四时春。何年大展我龙口，蔽目翻蹁起主人。——裔孙旂山球题。”（万历《三田李氏统宗谱·沙堤八景诗》）

57. 明万历婺源县清华胡氏宗族村居图

（万历《清华胡氏统会族谱·清华八景古县图记》）

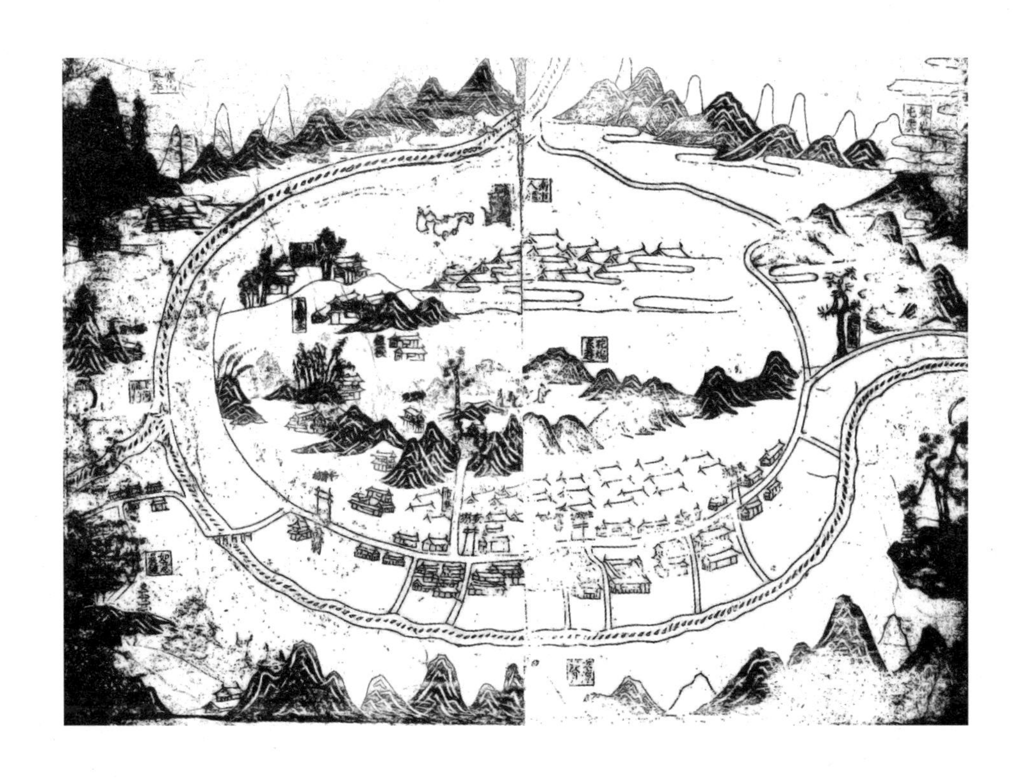

【说明】

“清华八景古县图记：（编校公升旧修《星源志》，云‘县在清化一百四十二年’，故今名清化者，此也。——原注）唐玄宗开元二十四年丙子，歙州地西南接饶州界，有土人洪珍反，去县遥远，民不自安，奏乞置县。至二十八年，立县于清华以镇之。吾始祖散骑常侍公时年十八，事父曈公游婺源，灵观烧香，道经清华，见其地址清溪外抱，形若环璧，群峰叠起，势嶂参天。曰：‘住此，后世子孙必有兴者。’遂由古歙黄墩而徙居焉。街修五里，列为四坊。环街之上下，有九井十三巷。古有御书楼，以藏宠命诰敕，今建统宗祠，以奠始祖神位。又即其奇绝之最可爱者，分为八景：曰洙岭屯云、藻潭浸月者，言云聚于绝顶，而月印波心也；曰花坞春游、寨山耸翠者，记地胜之足娱、山高之呈色也；曰东园曙色、南市人烟者，非纪其日之出而人之居乎；曰上河脱钓、如意晨钟者，非纪其金声之足听、临流之可乐乎。此皆地之最灵者也。由是山水之精英，钟而为豪杰之挺出。历唐而宋而元，以迄于我国朝，甲第蝉联，簪缨奕叶，担好爵，登膴仕者，靡可胜纪。又有道德显名当世以隐德耽乐泉石者。人才英发，不亦杰乎，信乎！人杰于地灵，而清华之胜，诚可以媲美于成周之岐山也。谨记之。嘉靖辛亥孟冬吉旦，常侍廿二叶孙邑庠生襄思赞书。”（万历《清华胡氏统宗族谱·清华八景古县图记》）

58. 明万历婺源清华胡氏勋贤统宗祠

（明万历《清华胡氏统会族谱·清华胡氏勋贤统祠》）

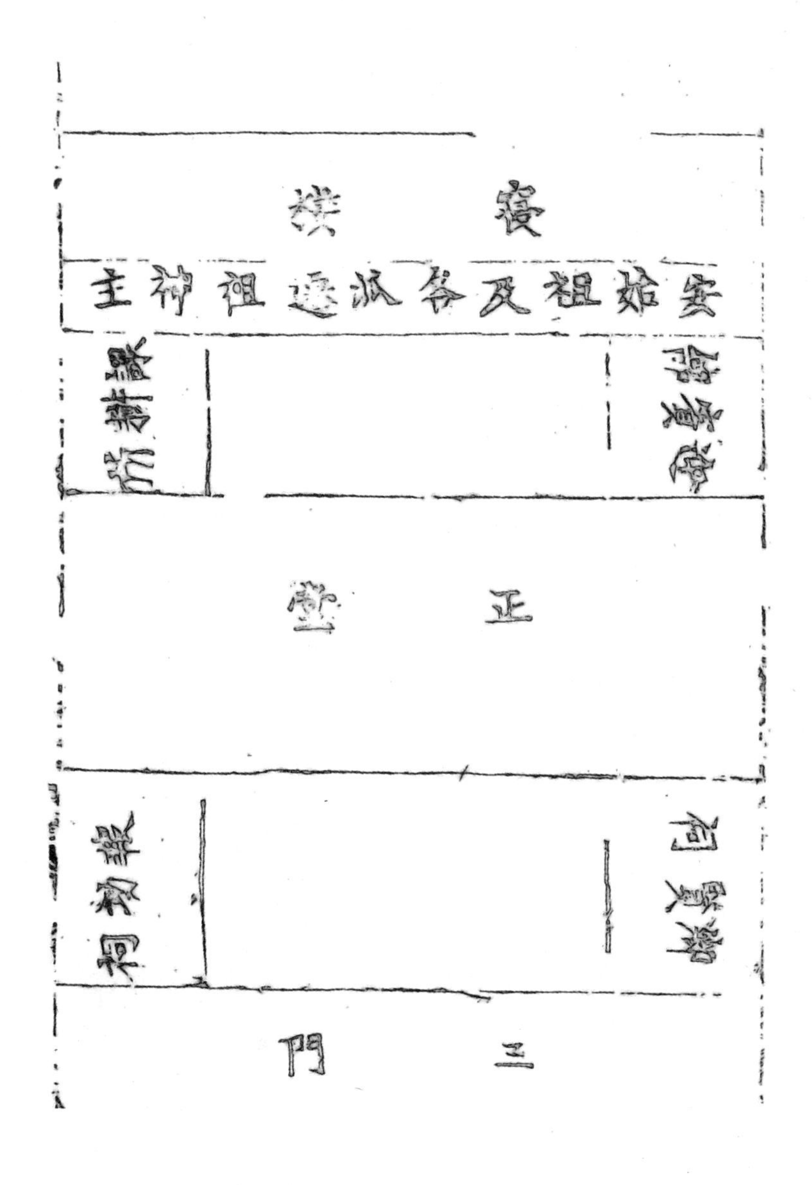

59. 明万历婺源县许村胡氏仆射公祠堂图

（万历《清华胡氏统会族谱·许村仆射公祠》）

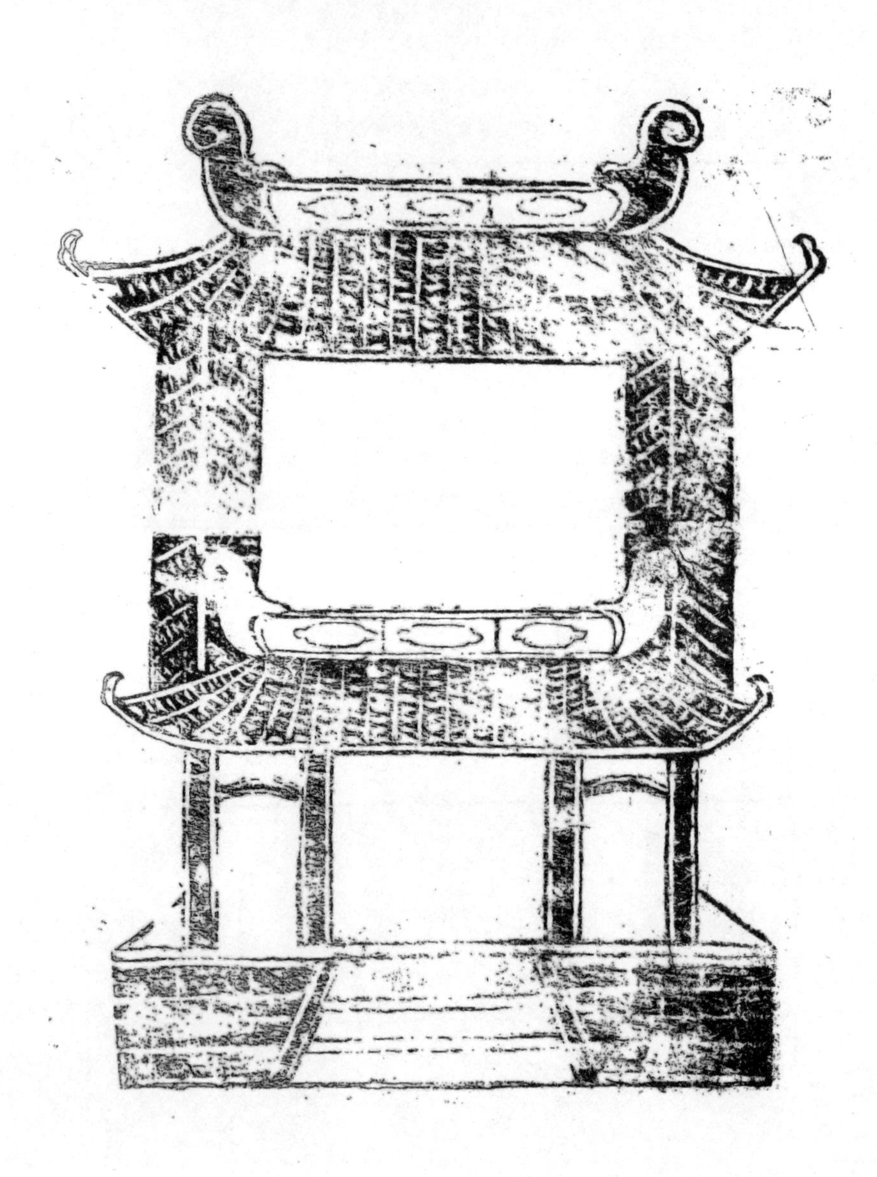

60. 明万历婺源清华胡氏宗族双湖书院图

（万历《清华胡氏会谱·清华胡氏双湖书院》）

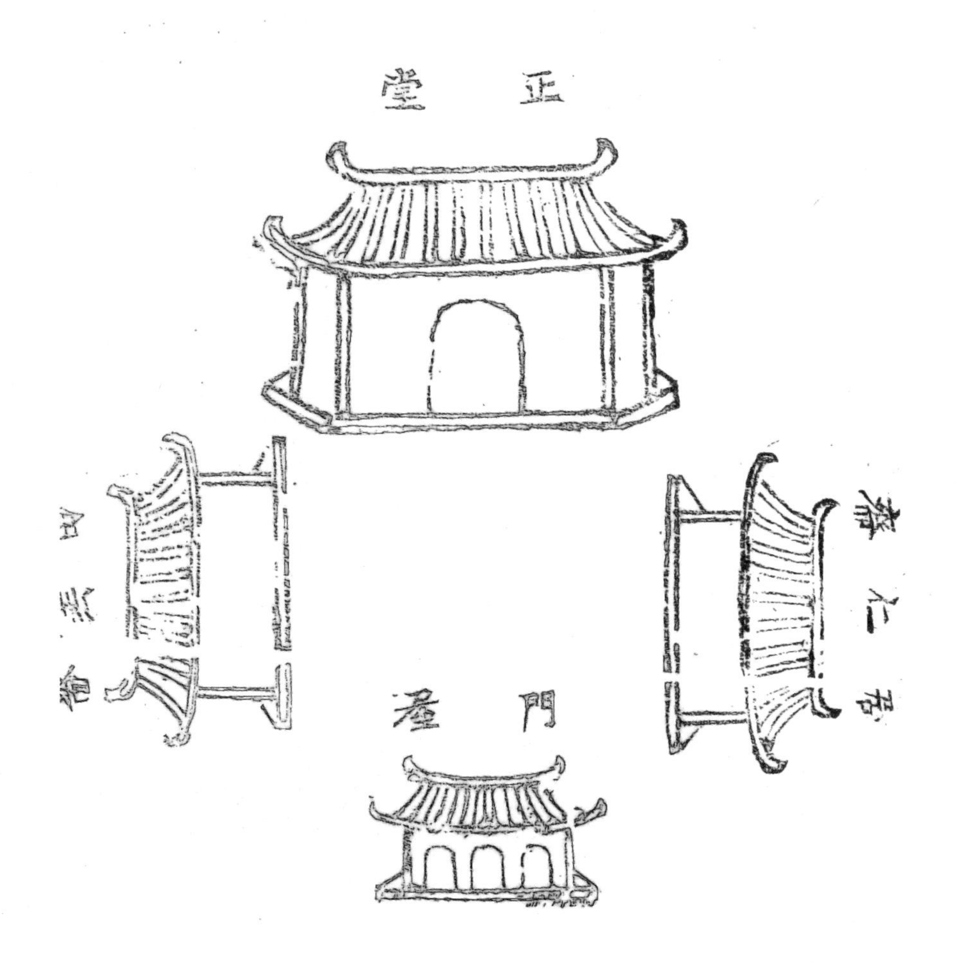

61. 明万历祁门贵溪胡氏宗祠图

（万历《清华胡氏统会族谱·祁邑贵溪宗祠》）

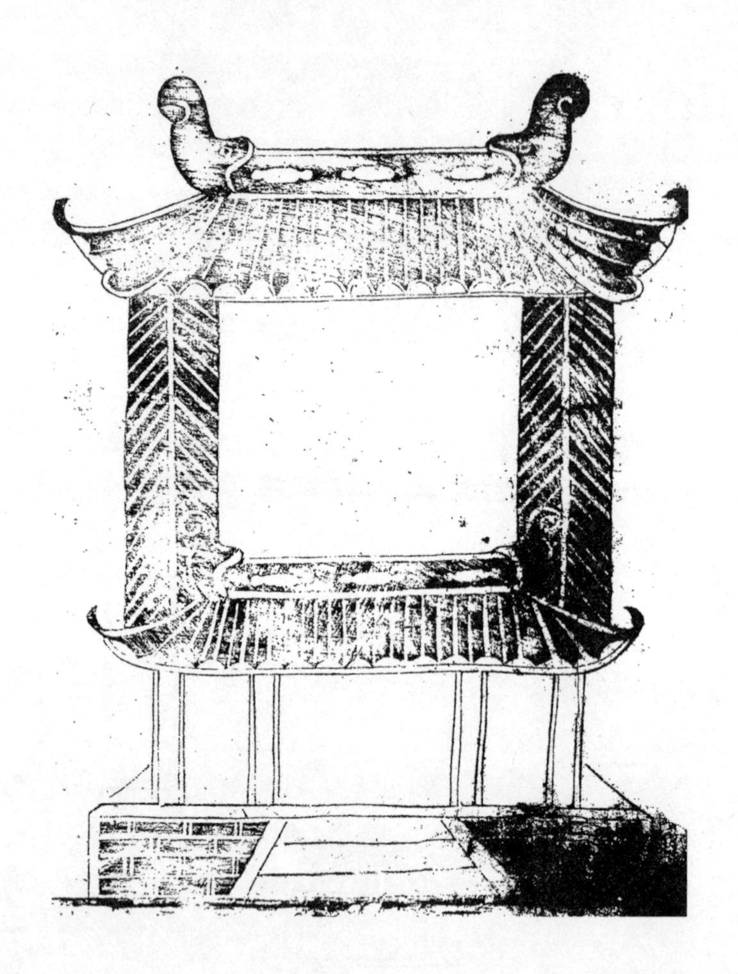

【说明】

“贵溪八景题咏：［夫子名山］郭外名山麵卷阿，先儒曾此结行窝。曩时凤逸龙蟠处，文献于今似口么。［将军峻岭］英雄消息已何如，岭上峰峦恨有余。底事烟云长不散，似应犹为护储胥。［孤山梅雪］朔风吹白满孤山，飞入梅花共岁寒。可是诗人知品藻，蹇驴踏雪几回看。［五岭松风］五岭长松□□□，清风吹动蛰龙唫。山翁自得弦歌趣，褦襶时来听好音。［青岩晓云］仙山高处曙云稠，阴琐晴岩昼未收。懒向海东扶旭日，却随鱼艇下中流。［白杨夜月］兰若无僧草树平，降龙飞去海天深。年年惟有筛林月，不惜清光为布金。［平峰列翠］溪头山色拥螺鬟，山上峰峦积翠间。焉得谢公双蜡屐，烟霞幽处共跻攀。［大桥卧虹］百尺高桥势若飞，画栏杆外柳条齐。有时搔首烟林际，浑讶晴虹卧碧溪。——裔孙中斋题。”（万历《清华胡氏统会族谱·祁邑贵溪宗祠》）

62. 明万历歙县西干山大阜吕氏宗伯吕公祠图之一

（民国重印万历《新安吕氏宗谱》卷一《里居图》）

63. 明万历歙县西干山大阜吕氏宗伯吕公祠图之二

（民国重印万历《新安吕氏宗谱》卷一《里居图》）

64. 明万历歙县西干山大阜吕氏宗伯吕公祠图之三

（民国重印万历《新安吕氏宗谱》卷一《里居图》）

65. 明崇祯休宁县隆阜戴氏村居图之一

（崇祯《休宁戴氏族谱》卷一《隆阜村居图》）

【说明】

“隆阜在［休宁］县东迤南二十七里，周环皆大陆广川，形势圹埌，吾家聚处于此垂七百七十余年。其间，沧桑递更，隶属不一，而今之户口阡陌则甲于他镇焉。盖休［宁］在五邑之中，隆阜又在休之中，风土居其最胜。富教得之屡朝。浏览斯图者，亦可以思世泽矣。”（崇祯《休宁戴氏族谱》卷一《隆阜村居图》）“题隆阜戴族村居：凡厥有生，一气所属。维源之水，维支之木。粤稽戴氏，原夫殷躅。由汉历唐，著勋荣禄。从此茂蕃，发先秘畜。嗣家隆阜，居临剡曲。于兹地灵，矧是土沃。流水在门，青山在屋。余时佳期，景阳浓郁。异花云锦，修篁雨绿。牙签满车，文藻丽幅。礼乐是崇，仁义是笃。兄弟和怡，子孙训育。尊卑不紊，步武相续。孟氏芳邻，卫公淇澳。猗欤名宗，盛哉令族。斯言者何？积善是足。维禮有灵，实祐多福。庶永生安，鲜克颠覆。振振来裔，如金如玉。——弘治己未仲春鹏源汪循进之数。”

66. 明崇祯休宁县隆阜戴氏村居图之二

（崇祯《休宁戴氏族谱》卷一《隆阜村居图》）

67. 明崇祯休宁县隆阜戴氏村居图之三

（崇祯《休宁戴氏族谱》卷一《隆阜村居图》）

68. 明崇祯休宁县隆阜戴氏村居图之四

（崇祯《休宁戴氏族谱》卷一《隆阜村居图》）

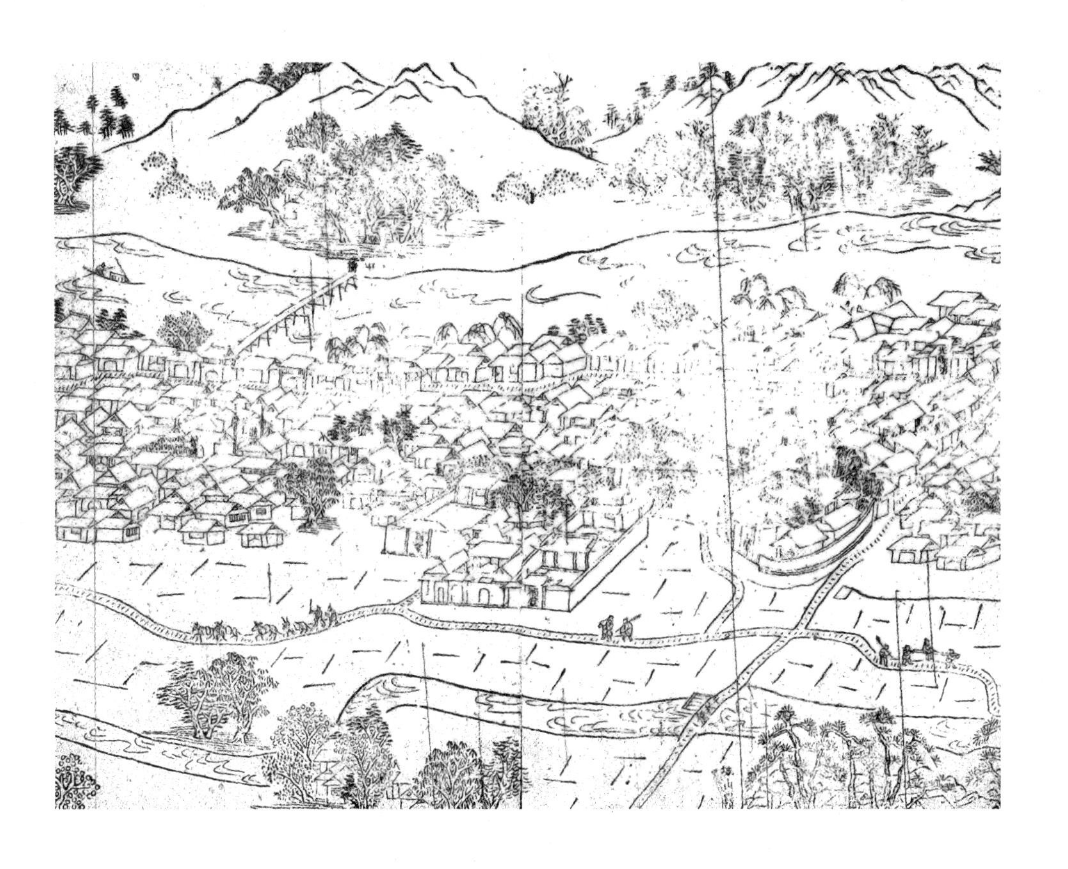

69. 明崇祯休宁县隆阜戴氏村居图之五

（崇祯《休宁戴氏族》卷一《隆阜村居图》）

70. 明崇祯歙县城东许氏敕建御书楼图

（崇祯《古歙城东许氏世谱》卷一《敕建御书楼》）

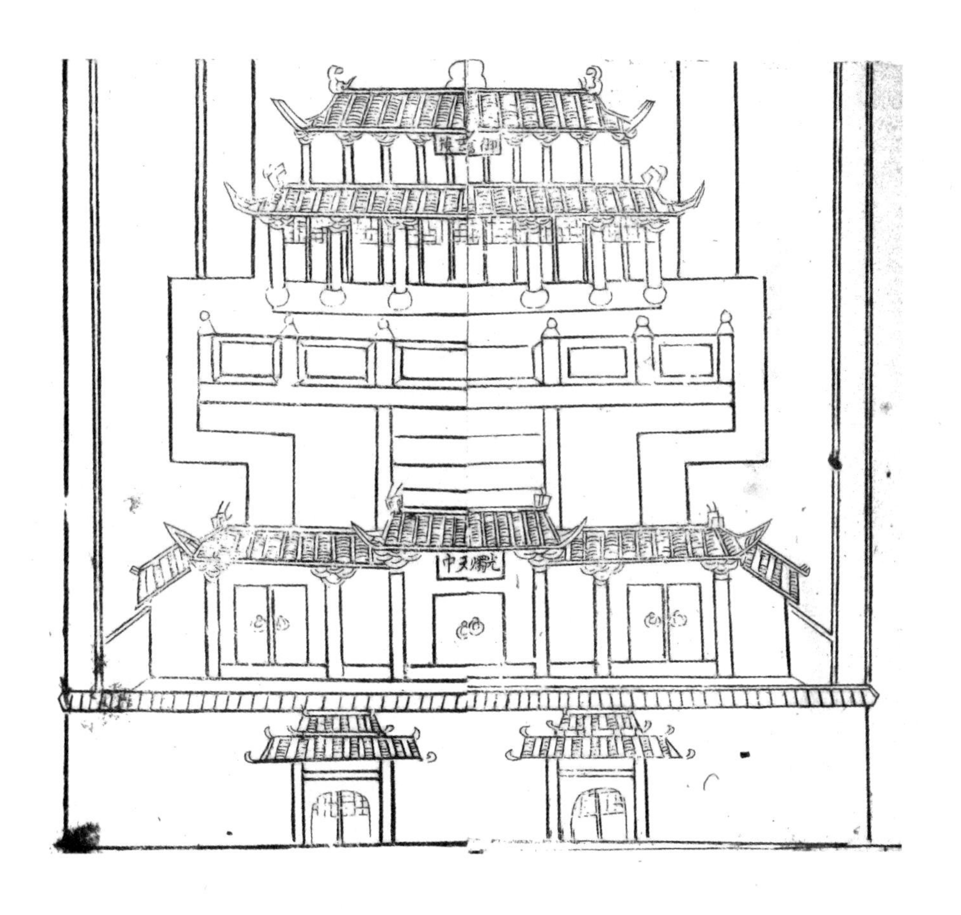

71. 明崇祯歙县城东许氏宗祠图

（崇祯《古歙城东许氏世谱》卷一《城东许氏宗祠图》）

【说明】

“宗祠祀典条录：祠祀，社祠之右入，大厅五间，中堂为演祀之所，亦敬宗睦族礼聚之地也。寝正室，侍立始祖考妣各祖神主楼，名‘旌义’，上亦侍合族各支祖考妣遗像神主。后一楼，上侍睢阳远公、会公二神像。先世置有祀田三百余亩，岁之谷利三千余斛，及外之山塘屋舍之子利若干。族有百分，每岁轮以十家，为首首年收共田屋之资，次岁春秋仲月望日，备仪陈设正堂，启椟迎出始祖七暹公、孺人骆氏，左昭大宣义公、孺人王氏，右穆三进士公、夫人万氏配享，文穆公、夫人汪氏、汪氏各位神主。所有司礼者进茶捧帛，读祝三献，饮福。各礼毕，计用豚胙五十余口约二千斤、鸡百只、鱼百尾、枣栗时果各百斤、蜡烛百斤。焚帛百端，香楮、蔬肴、羹醢之类，不及悉纪。谱有成规，各分分受胙肉九斤，各收献卓仪品分献之胙，上妥宗祖之灵，永享蒸尝之祀，下荫子姓之蕃，世守不易之规也。”（崇祯《古歙城东许氏世谱》卷一《宗祠祀典条录》）

72. 明崇祯歙县城东许氏宗族城阳山图

（崇祯《古歙城东许氏世谱》卷一《城阳山图》）

【说明】

“城阳山图纪：城阳山，在歙城南五里，以居城之阳，故名。山据六水之会，脉来自天马，迤逦丕东北，至丰隆岭过峡，复逆而西，三面主水，其主山曰‘南山’。其支东北行三四里，尽乎练江之汜，为紫阳诸山。东行七八里，尽乎歙浦，为将军诸山。南行三四里，尽乎渐江，为蹑松峰诸山。其西即丰隆岭，蜿蜒蝉联，指列条敷，绵亘四十里，高三百余仞。大彰在东，白岳在西，南有石耳，北有黄山，渐江绕练江右环，宛然中处，迴异众山。有巍峰修岭，插汉穿云；邃壑悬崖，幽奇窈窕。处处挺长松古桂，山山茁瑶草琼芝，诚新安之奥区，神仙之洞府。”（崇祯《古歙城东许氏世谱》卷一《城阳山图总纪》）

73. 明崇祯休宁古林村落基址图

（崇祯《古林黄氏重修族谱》卷一《古林基址图》）

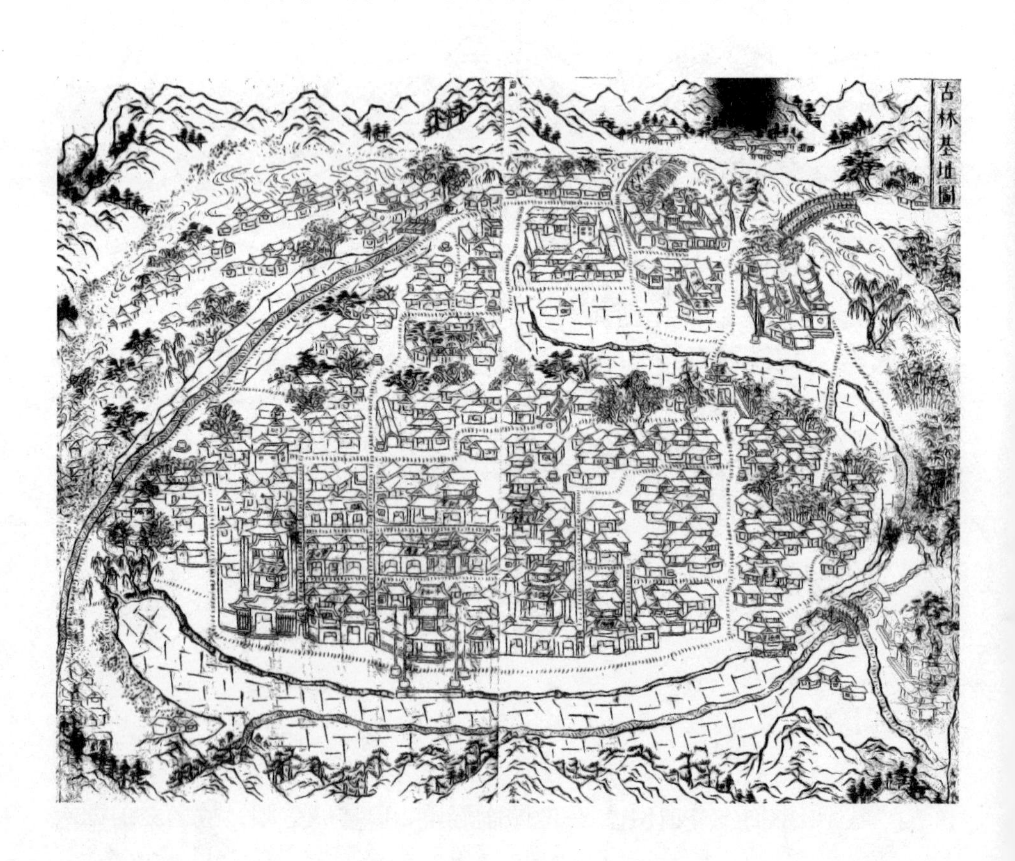

【说明】

“基址图记：明尝读《新安名族志》，氏族迁徙无尝（‘尝’应为‘常’字之误——引者注），郡邑所属不一。苟非志书所著，往事湮没，孰得而镜焉？因是感吾祖肇基之业，山水钟灵，笃生俊彦，继承兹土，七百余年，消长多番。往迹无由以考，今值家乘之续，基址、宅舍得无著乎？于是首绘《黄墩基址图》，以记太守公之始居也；次绘《左田基址图》，以记县尉公之迁居也；次绘《古林基址图》，详载七门之宅舍，使后人知前人之业有自来也。

古林之地，去邑南五十里，役充二十九都一图、七图、八图、十二图之贡赋。基之来脉自十八�从西南奔舞，而东起青龙寨，委（‘委’应为‘逶’字——引者注）迤转西起，钟山落下，结撒地梅花；过胡塘脱下平田起，土阜如船形。庚、酉、辛入首，负壬、丙面，前有腴田数百顷，为之内明堂；田之南，有张充、里充二源之水，八渠环抱，东流出转桥，注于方塘。基之外，有梅源之水入古溪，绕基之北而东下方塘，前后之水，汇于方塘而出大溪。往日水口之下，潭水深注，迩来砂壅成洲，杨木、荻草参差争荣，为水口之壅塞。大溪水由黄茅、塔岭而出，从西南绕基之北东流，汇浙源之水而下桐江，溪之上有石梁，有清漪堨。

基（址）之前，有岑山秀丽，为近朝；有十八坎，有寨峰，有文笔，有天马罗列，为远拱。

基址之后，有护砂平地数千顷，太守公祠建于其上。北市之路东通西，为萃秀街，市肆广置南北之货，四方朋来，交易于其间。市廛稠密，基址赖以为屏。大溪之北，有岩山，土屏为远托。颜公山、阳台山西隅而耸秀，考坑源、金谷源东隅之幽深；南跋峻岭，有云谷庵；北涉漪水，有西涌寺。

基址之东，有南通北之巷，显达荣归、迎亲遣嫁之通衢，古墨曰‘邦达巷’；北首巷口墙门，伯兄刺史题额曰‘乔木世家’。

基（址）之中，有南通北之巷，额曰‘永宁巷’。其余南通北之巷有六，基后东通西之巷，一巷之折中处，有额曰‘中林里’。邦达巷折中处，有古株木一株；基后巷东首，有古株二株丈余、樗木一株。基之上下，公汲井十

有一口，私室井有十口。南谷之中，有胡塘、新塘、茅塘、里小白塘、外小白塘、呈塘、里瑶塘、外瑶塘、绕塘，众蓄水以溉禾苗。南通小贺、璜源，北通伦堂、月潭，东通龙湾、溪口，西通山斗、黄茅，境内阡陌广，土山丰，上通闽广，下接吴越，士商往来，车马舟筏，络绎如织，山川之胜，旧有名公诗咏八景之传。至于故庐旧址，世远事湮，间有文字存于谱牒，汇入文苑，以志旧迹，兹弗复载。

今之宅舍，有远近创建，杂处于其间，如友恭堂、存雅堂、中和堂、诚正堂、怀德堂、友于堂、敬义堂、宠锡堂、素履堂、爱日堂、正谊堂、延有堂、复一堂、太和堂、丽泽堂、明德堂、明远楼。堂之左右，寝室燕翼，弗克备载。有书舍闲适吟咏之处，如丛桂馆、天香书院，如芥子居；燕居如怡怡亭，如仰岩楼，如看剑斋，如修竹；门墙如云月楼，如听蕉居，如宜尔居；别墅如雪亭，如倚翠亭，有池蓄鱼，有砌种竹。南亩园如虚游室，如四宜阁；西园如成德堂，如凝华轩，堦前培植花木，时有不断之香。萃秀街之西有楼，额曰‘警视’。市之上，有平楼三进。水口之上，有文昌阁，有听松亭，有书舍，有尼庵，松篁苍翠之阴阴。名公序记，汇入文苑，以记一时之隆盛。

村之同居，为叶，为二俞，皆吾族之赘婿，依外家而家焉。社仓相共，庆吊往还，敦姻雅，世结朱陈。前有旧邻程氏，延祐签业，多与吾祖业共，奈何生齿不广，迨万历间，惜乎后裔而止矣。伙佃屋星列宅之左右，为外卫。

兹记宅舍之大略，而吾黄氏世承厥土，振振绳绳，非前人种积之深而能至乎？《书》曰：‘天道福善’，其斯之谓欤？为子孙者，当念祖宗一脉，共此土，同此居，礼让相尚，有无相周，患难相援，挽回浇漓之风，谨守先人之业，在天之灵庶妥而慰之乎！敢布愚悰，惟冀共勉。谨述是记，俾后得有考云。文明撰。”（明崇祯《古林黄氏重修族谱》卷一《古林基址图·基址图记》）

74. 明崇祯休宁县黄氏宗族古林村宗祠图

（崇祯《古林黄氏族谱》卷一《谱宗祠》）

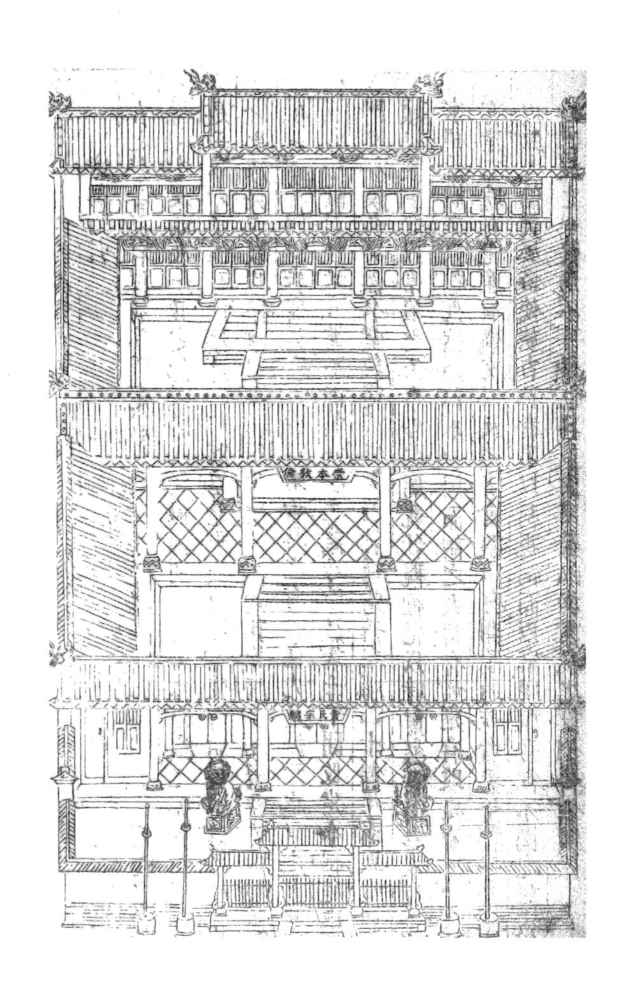

【说明】

“宗祠图引：古制祭者，以名位别其所，是以有祭庙之异。后宅为祠制，凡有生者俱得报本反始，展一日之诚敬于几筵、榱桷间，典至重也。祖宗之声容笑语于是乎萃，孝子慈孙僾然肃然，陶陶遂遂。若或使之先后幽明精神相接，构祠之意深矣。夫岁时修举，祀事孔明，牲醴肴蔬，致其芳洁，于以徼灵于肸享。是在主之者明信告虔，毋容置喙。明考古林之有祠也，先是创于水口之上，基楹稍隘。嗣而族姓日繁，不能无狭小之议，乃于嘉靖壬午间改建今祠，庭庑门垣，规模弘矣。然有堂无寝，族伯讳渡者捐橐构之。越二十余年，而正堂颓坏，族议重造，以崇祯之壬申告竣。庙貌壮观，禋祀以时，灵爽集而孝享备，此宗祠后创之大端也。然则何取于图而谱之？夫祠有始建，有改建，有建之人，有建之时，有祀产，有仪文，以及读法会。议事有关于通族者，悉于祠乎是集，以厚人伦，美风俗，使族古林者不以祠规视祠而以家规视祠，吾欲不图之谱以公吾族之一览焉，不可得也。其望向、四至、亩步、业税之详，例得备载。”（崇祯《古林黄氏族谱》卷一《谱宗祠·宗祠图引》）

QINGDAI
JUAN

清代卷

75. 清康熙歙县程氏黄墩湘湖图

（康熙《新安程氏世谱正宗》卷首《湘湖图》）

76. 清康熙婺源县王氏宗族聚居村——中云村阳址图

（康熙《婺南中云王氏世谱》卷四《阳址图》）

清代卷

77. 清康熙婺源县王氏宗族聚居村——中云村王氏宗祠图

（康熙《婺南王氏世谱》卷五《宗祠图》）

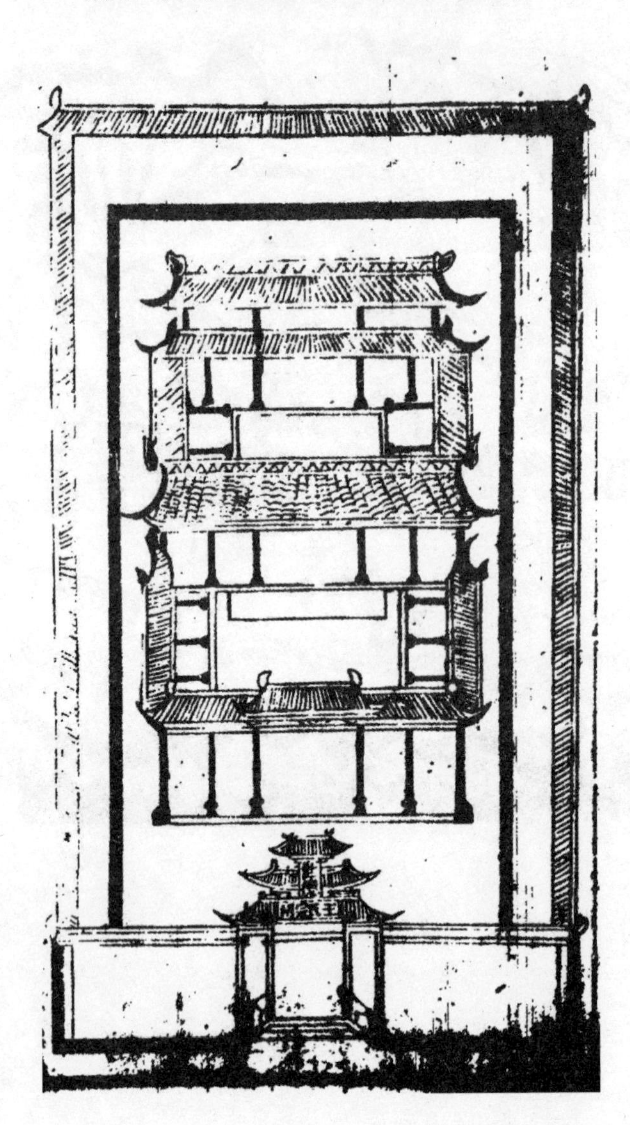

78. 清雍正歙县黄氏宗族聚居村潭渡村落图

（雍正《潭渡孝里黄氏族谱》卷七《潭渡村落闾里全图》）

79. 清雍正歙县黄氏宗族聚居村潭渡大宗祠图

（雍正《潭渡孝里黄氏族谱》卷七《潭渡村落閭里全图》）

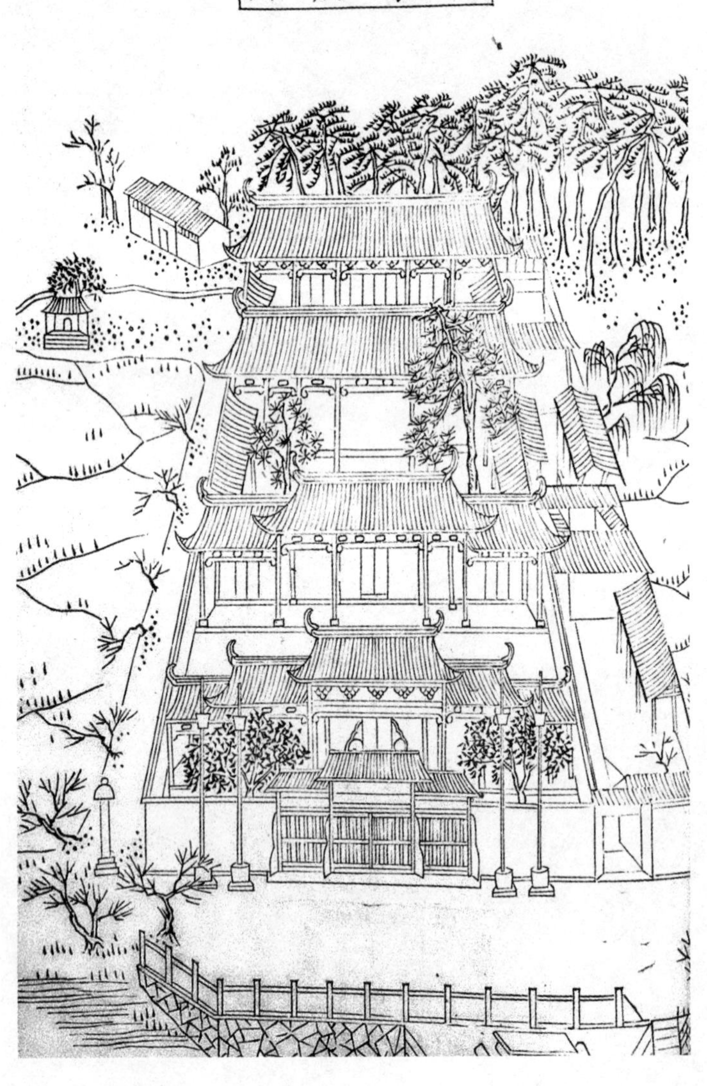

80. 清雍正歙县黄氏宗族聚居村潭渡大宗祠图平面图

（雍正《潭渡孝里黄氏族谱》卷六《潭渡各祖祠堂图》）

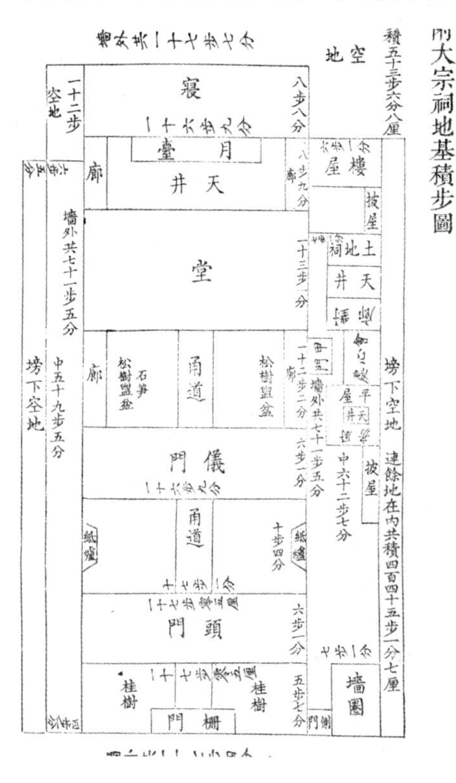

【说明】

“潭渡孝行里黄氏大宗祠碑记：生民之德，莫大于孝，是故古帝王之于孝子，生则表其闾，殁则崇其祀，史册所载，盖代有之。

我皇上御极之初，首以孝治天下，表湮阐幽，敦世善俗。三年春，又诏江南设两督学，分上、下江，俾使者得以徐按所部，延访德行，鼓励风教，典至渥也。余承乏上江，使车所至，见郡县内俗之近古者，惟新安最。其世

家巨姓多聚族而居，谨茔墓，修蒸尝，考谱牒，得追远之意，笃本之思。盖新安乃子朱子故里，流风遗教渐渍使然也。歙邑之西十余里，有潭渡黄氏，其原出于江夏汉孝子香。香之裔有积者东晋时来守新安，因家焉。殁葬于黄墩之阳，至今千年，松楸无恙。其自黄墩迁黄屯者，则自唐处士璋始。三传而有孝子芮，当贞元时，以父丧庐墓有灵芝、瑞木之异，德宗诏旌其门，子孙依庐以居，因号其里曰‘孝行’，遂成巨族。屡朝以来，皆冠盖甲第相望，而支分派异，皆以别子为祖，共建一祠，以祀孝子芮，其芮以上皆阙焉。

明崇正时，有嗣孙孝先者，慨然念曰：‘古者别子为祖，继别为宗。小宗亲尽则绝，而大宗则同姓皆尊其始祖为百世不迁之宗。我黄氏远有代序，其自江夏而新安，始祖、迁祖皆有谱系，班班可考。今芮公以上皆无祠，是有小宗而无大宗也。且汉唐两孝子前后相望，今祀芮公而不祀香公，亦非远宗近守之义。’因谋于族之贤者，有其采本、耀二人，相与度地相原，市材伐石，为建统宗之祠，由芮而溯璋，由璋而溯积，且上及于香，俾子孙瞻望前烈，景行遗徽，油然而生孝弟之心，庶几其善乃。未几，兵燹交仍，未竟厥事。迨康熙年间，孝先之子崇庆牧尔类，克继父志，倡捐巨资，重兴大役。时则又有族之贤者家珮、家珣、应先诸人赞成之，前后凡阅数年而工始竣，一切门堂、寝室、斋庖之制，与夫边铏、锜釜、筐莒之器无不备具。岁时祭祀，则黄氏子孙昭穆毕至，以世计者十数，以人计者千余。登降拜兴，献爵饮酬，悉中仪式，跻跄雍穆之盛，为一郡最。呜呼，岂不美哉！夫两孝子名炳史册，揆之崇德报功之典，朝廷犹将世享之，况其苗裔乎？而大宗之制又子朱子所讲明而切论，以为敦本睦族之法者。今黄氏能举而行之，可谓能私淑大贤之遗教者矣。且黄氏以孝世其家，千百年而后，如孝先之追思祖德，尔类之善继父志，以及其族之贤能，共襄大举，皆可谓孝子慈孙！里名‘孝行’，岂不前后一揆哉！歙之人举以为法，由是而推之，他郡皆然，而圣天子化民成俗，较之唐虞黎民，时雍三代，百姓亲睦，何多让焉？

夫导扬美善，以风世励俗，使者之责也，故乐得而为之记。他如工费如千数，捐资如千人，经始断手之年月日，具刻之碑阴，兹不悉载也。

提督安徽学政、国子监祭酒孙嘉淦撰。”（雍正《潭渡黄氏族谱》卷七《祠祀》）

81. 清雍正歙县黄氏宗族聚居村潭渡壶德祠图

（雍正《潭渡孝里黄氏族谱》卷六《潭渡各祖祠堂图》）

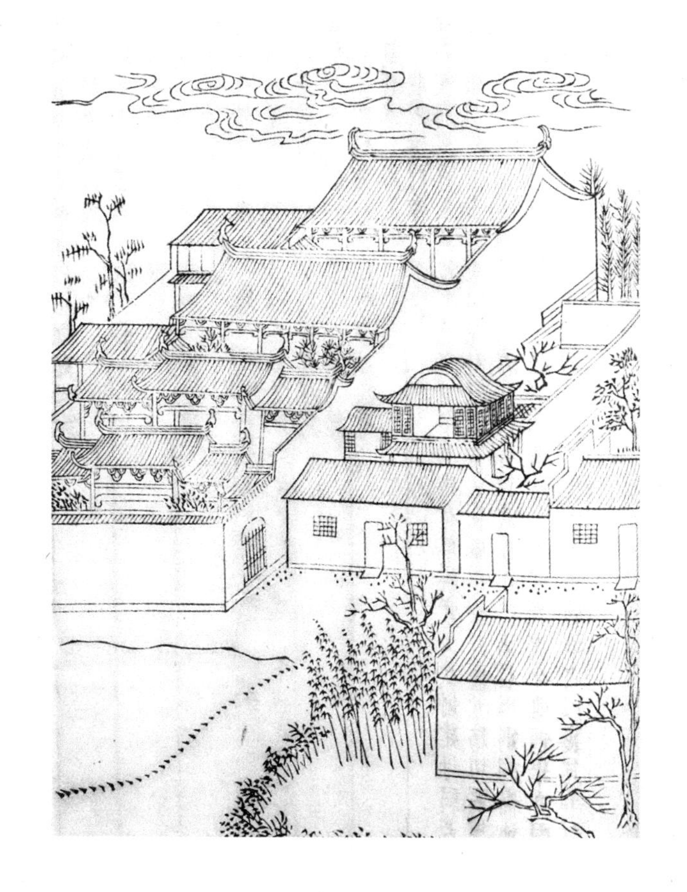

【说明】

“吾族敦尚族谊，最隆报本。统宗祠宇聿建有年，族彦又欲创建母祠，苦无基址，相其攸宜，在里东偏，规制宏敞，需地甚广，中堂、井灶尤为切要。族弟虞在之业，约几二亩，适当其处，佥以善贾请。虞在曰：‘诸君因创祠需地，而以贾何也？昔吾先子于统宗祠不遗余力，幸观厥成。今虽创举，亦祠宇也，尺寸之土，焉以贾为？’遂即检其业之税若干，尽数输之，以襄其事，而祠克告成，则是地之有裨于是举也岂浅鲜哉！克吕补注。

［新建享妣专祠记略］昔先王事父孝故事天明，事母孝故事地察，又曰：‘资于事父以事母而爱同，资于事父以事君而敬同，故母取其爱，而君取其敬，兼之者，父也。则是父母之恩，同于天地，本无分别。’

窃见吾乡设立宗祠，敬祀其先，统之以鼻祖，于报本追远之意可云得也。然所祀祖而不及妣，蒸尝时祭，子孙入庙。顾瞻座位，母氏之祖咸阙，如于私心，每有未安者。诗云：‘哀哀父母，生我劬劳。欲报之德，昊天罔极。哺之育之，推干就湿。晓夜靡宁，忧心孔棘。’母氏之劬劳有倍切者，而吾乡僻在深山之中，为丈夫者或游学于他乡，或服贾于远地，尝违其家数年、数十年之久，家之黾勉维持，惟母氏是赖。凡子之一身，由婴及壮，抚养、教诲，从师、受室，以母而兼父道者多有之。母氏之恩，何如其深重耶！正幼恃母慈，长承母训，以有今日。不幸而不逮养，风木之悲、杯棬之感，未尝少释于心。至王母年二十五而矢志守贞，抚先君子五岁之孤，至五十有八而终，毕生苦节，当未邀旌典之前，先君于易箦之际，谆谆以旌门、建祠二事惟谕。先君子之欲报于王母，与正之欲报于母，其情均也。矧吾宗出自江夏，聚族新安，里以孝行名，地以庐墓著，故前人于尊祖敬宗之道无不至焉。丁卯年，宗祠告竣，即有意于建祠，以终先君子未遂之志，且以伸正鸟鸟之私，因循未即举。丙戌岁，先王母幸蒙恩诏，得与旌门，独是建祠之志蓄而未及为者，已二十余年，而正年已五十有四，不可以复待。丁酉之春，爰集族人，共商其事，而叙升诸君皆欣然从事，互相倡和，凡支下之子孙，则听其力之有无与助之多寡，其余皆正任之。庀材鸠工，为堂五楹，前有三门，后有寝室，与祠门而四。堂之崇三丈五尺，其深二十七丈，其广六丈四尺，前后称是，坚緻完好。凡祠之所应有者，亦无不备，阅载而后成，计白金之费三万两。由璋公之先妣而下，敬作三十六世，主诹吉日而奉安于寝室，宝鼎俎陈列，焚燎氤氲，凡属后人莫不欢忭，正岂敢言孝思，亦以慰先君子于泉下耳！维是创始者固艰，而继其后亦非易，后之人瞻兹庙貌，当思前人仰报先妣之诚，与尊祖敬宗之意实相辅而行，俾与祖祠同其悠久，春秋荐飨，勿徒视为具文。宜时加修葺，毋致为风雨所侵，期以五年，则一加葺，十年则工倍之，成而无毁，隆而不替，是所望于支下之贤孝子孙耳。

是略述数言，以纪其岁月，并以明建祠之本旨云。

大清康熙辛丑日长至日，诰授通议大夫、候补员外郎加五级、前候补主事、光禄寺署正光禄寺典簿、迁歙西十二世孙以正薰沐百拜谨述。”（雍正《潭渡孝里黄氏族谱》卷六《祠祀》）

82. 清雍正歙县黄氏宗族聚居村潭渡宋逸民祠图

（雍正《潭渡孝里黄氏族谱》卷六《潭渡各祖祠堂图》）

宋逸民祠圖

83. 清雍正歙县黄氏宗族聚居村潭渡黄氏济宋逸民祠弓口图

（雍正《潭渡孝里黄氏族谱》卷六《潭渡各祖祠堂图》）

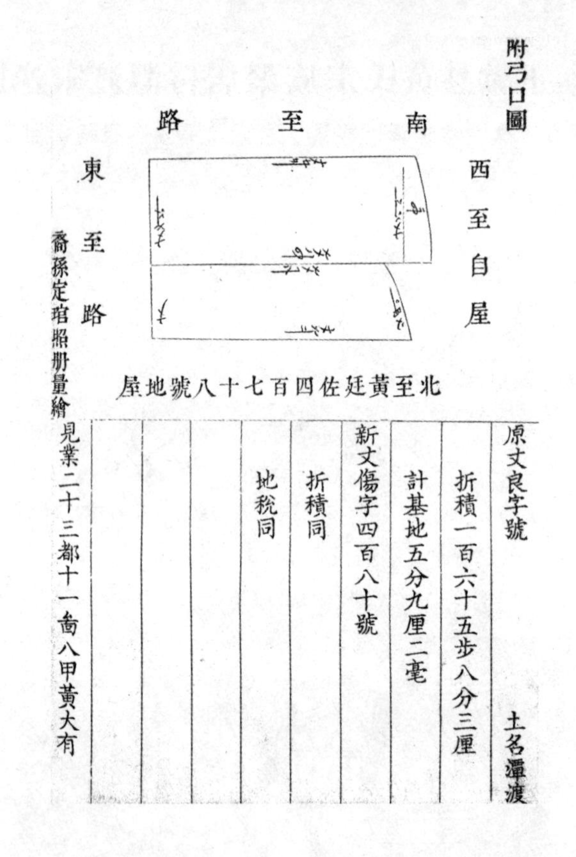

【说明】

“德庵公祠堂（即逸民祠——引者注）详说：宗庙五世之泽以序而迁，其有百世不迁者，非德与功不与也。吾宗先达诸君子专祠追祀宋祖德庵公，尚德也。配享者，质其素行，允合乡评，乃得从祀，慎其礼而难其人，尚贤也。

后之为子若孙追尊其祖考者，宁不知其所尚而重其礼哉？知其所重，则当崇其祭祀，爰表时思，以尽报本之诚，礼所生也。夫何建祠于嘉靖丙申，迄今五十七载，而仪制未备？殊非尊祖敬宗之礼，有乖前烈追祀之盛心，是诚可慨也。且吾宗子姓振振，簪缨接武，非力之不赡、才之不逮，率皆诿诸众事，略不经心，以故逡巡，日复一日。食稻衣锦，于心安乎？双员公虽藉湖田，少供粢盛，亦不过爱礼存羊之意。公逝世，梗者以其田复归赡茔，而祀典益旷矣。

万历乙酉，泓公外归，追祀其曾祖士道公，以其银易蜈蚣形来龙山地，征租稍备祭祀，而任事者漫无统纪，轮值者又多侵渔，未免无斁思之诮。己丑岁，予与叔嘉禄、体钦、允嘉、士魁等轮值祠事，因册籍未立，地佃租额概不可稽。况值岁凶，多为佃负，各助祭仪以完祠事。惟德公观感，乃蒐辑遗文，得思敬公手笔。虽详述其建祠之由，而庙貌不修，祀典不备，遂慨叙其略，以风群彦。明年，惟德公殁。又二年，而祠祀仍循故习。每夙夜兴思，空言无补，乃持前说，遍告群英文会。建中、如槐、士达、衍庆、明德等毅然为《继述图》《群从录》，允武、士魁、从武等询谋佥同，赓倡迭和，集众会议，以南面基地尚未属祠，乃广从祀，易其基，开南向正门，高垣墙，饰堂宇，移碑铭于前庑，植木于中庭。雕梁画栋，门第焕然。由是更清疆界，召开荒，易佃人，定租额，慎交代，稽收支，酌损益，严条约，以身先之吁迹，其用心亦勤矣。所谓亢宗之俦非与是，诚可嘉也。已使后之来者能存是心，以孝敬为念，以继述为图，聿修厥德，毋忝尔生，推广其所以行，增修其所未至，丕显丕承，光前启后，则黄氏之门益昌大矣。予日望之。

万历壬辰春，裔孙允新谨述。”（雍正《潭渡孝里黄氏族谱》卷六《祠祀》）

84. 清雍正歙县黄氏宗族聚居村潭渡济美祠图

（雍正《潭渡孝里黄氏族谱》卷六《潭渡各祖祠堂图》）

濟美祠圖

85. 清雍正歙县黄氏宗族聚居村潭渡黄氏济美祠弓口图

（雍正《潭渡孝里黄氏族谱》卷六《潭渡各祖祠堂图》）

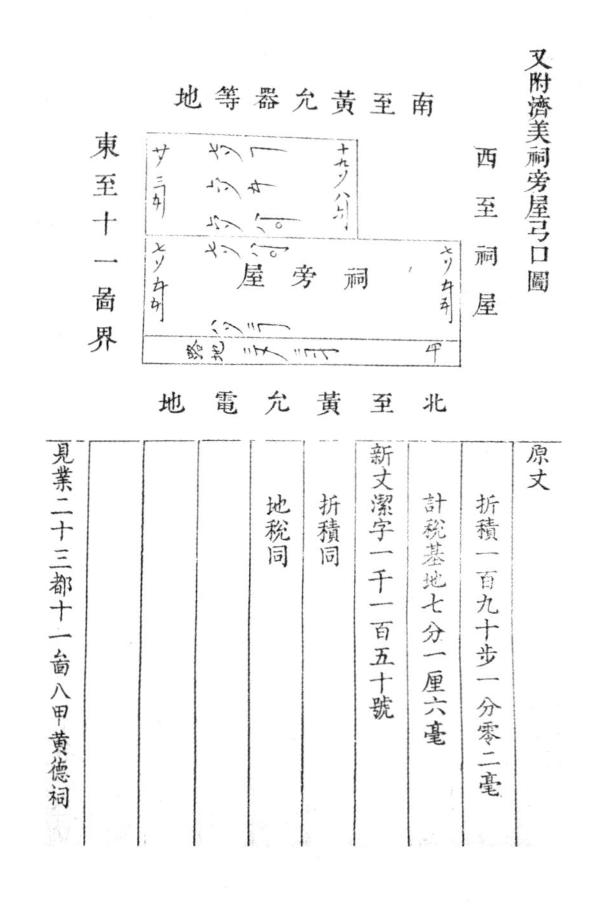

又附濟美祠旁屋弓口圖
南至黃允器等地
西至祠屋
祠旁屋
東至十一啚界
北至黃允電地
原丈
折積一百九十步一分零二毫
計稅基地七分一厘六毫
新丈潔字一千一百五十號
折積同
地稅同
見業二十三都十一啚八甲黃德祠

【说明】

“济美祠为东山公之后乐轩，旁有黄山楼，土名‘方家坦’。东山卒而为祠，遂名。少参后人售与文会，始易名曰‘济美’云。按，今济美祠即昔少参公祠也。或曰：少参为人纯笃好学，少年已见于商文毅公。长而游宦，练达清慎，又器重于马钧阳、刘华容二公。既而名成身退，见机明决，筑室寓情，不忘君亲，修族谱，饬先茔，表扬先美，启迪后进，可谓仁人君子矣。语云：'有德之士，百世不迁。'何少参专祠未几而归众，易以济美？岂公德之未优欤？抑天之报施有未合欤？自予论之，此正少参之德之厚，而天之所以报少参者，实深且长也。夫世之荐绅先生生祠于任，没祠于乡，或一二传，或三四传，彼生祠化为瓦砾之场，固无论已，即乡祠之告无恙者，亦不少概见。公则我族斯文之长，凡斯文之祔入祠者，皆其后进，春禴秋尝，偕宗祠而共永。骏奔执事，集族俊以钦承，非德厚者而能享是耶。吾故曰：'此正天之所以厚报少参也。'孝子二十六世孙观谨识。"（雍正《唐都黄氏族谱》卷七《祠祀》）

86. 清雍正歙县黄氏宗族聚居村潭渡孝子祠图

（雍正《潭渡孝里黄氏族谱》卷六《潭渡各祖祠堂图》）

【说明】

“孝子祠堂记：新安名天下者以人物，人物之秀杰，汉晋犹未显也。至梁而有忠壮程公灵洗，至隋而有越国汪公华，至唐而有孝子黄公芮，此三公者，振誉垂休，孙枝繁衍，积成钜族，而乡邦人物日盛，儒先名士辈出，岂扶舆清淑之气蓄之久而发至必盛耶？其端自三公始，则此三公者非新安之元气耶？抑程、汪以功而黄公以德，德莫大于孝。孝者，天之经，地之义，而百行之本、万善之原也。黄公以孝名，其人道之表率耶！公生唐上元庚子，幼有至性。建中初，继母洪氏病，刲股以愈之。贞元中，父没，号泣不绝声，庐墓终身，致有灵芝、连理木之瑞。刺史卢肇以闻，诏旌其门，词旨优渥，子孙至今宝藏。

当唐之世，太宗逼父禅位，元肃亦急于代父，永王璘以子叛朝廷，风化之原乃如此，人道几乎泯矣。公居东南荒僻地，仅一布衣，独超然以孝彰，岂易得乎哉？在当时，固有以歆动于天下，闻者莫不起敬，况其乡之亲迩者乎！在后世，仰余光而被下风者，亦景行之无已，况于其家之子姓乎！此祠所为建也。先是，督学御史陈选檄徽建企德堂，以祀先贤，公居第一。成化纪元乙酉，裔孙辈构祠堂于居第之东。祠成，每岁元旦，子孙群谒，遂行家人礼，具有伦序坐而饮，必周春秋之仲，行祀礼，尊祖合宗，和气交畅。墓故有田若干亩，凡祭物皆资之以出。

呜呼！孝根于天性，人心之固有者也。公之孝能格天地、孚草木、动古今者，亦本于人心之固有者耳！秉彝好德，孰无是心哉？后世子孙承公之遗脉，席公之遗休，其能已于享慕哉？此祠实不容后，是亦公之心也。其居土名‘潭渡’，本公庐墓地也。子文瓒公因之，子孙遂为世居，余八百年矣。孟子曰：‘君子之泽，五世而斩。’故五世则亲尽，亲尽则服穷，服穷则庙祀亦止。岂如公传世至今二十有余，年逾八百，犹祀之如旧，岂不以孝无古今而盛德者必百世祀耶！祠虽屹于里闾，而过者必式，瞻者必恭，闻者必悦，孝心油然而生，不独黄氏子孙也，于教化不为无补。作此者，其知务哉？今

职方君实夫有声于时，注意谱牒二十年，类分派别，悉有所据。又属余记，是祠丕昭先德，其亦不泯公之心哉！

弘治甲寅冬十有一月既望，赐进士及第、詹事府少詹事、翰林院侍讲学士、经筵官、文华殿日讲，盱江张昇撰。”（雍正《潭渡孝里黄氏族谱》卷十《记·孝子祠堂记》）

87. 清乾隆歙县徐氏宗族聚居村傅溪村落全景图

（乾隆《傅溪徐氏族谱》卷四《傅溪图》）

【说明】

“傅溪图引：《诗》云：‘维桑与梓，必恭敬止。’《传》称：‘桑梓为父母所植，必加恭敬。’旨哉，斯言！非孝思无穷，何以至此？吾徐氏之聚族于傅溪也，自十八世祖铨公始。其地去郡城二十里，西达岩镇通衢，故又名‘路口’。练溪堨水，萦带左右，广袤仅三四里许，非有大山深林风气廻合，而族盛丁繁，往来行人无不指为名区，岂非地以人重哉？旧谱原载图本，不无舛略，今当载笔重修，得族叔之琏更加增改，俾览者如身在其间，而恭敬之思亦油然以生，未必非教孝之一助也。至其景物，则原静公图志已详，兹不复云。”（乾隆《傅溪徐氏族谱》卷四《傅溪图引》）

“傅溪图志：家史氏曰：余考地舆，歙，秦初所置，属鄣郡，以县南有歙浦，故名‘歙’。汉改‘鄣郡’为‘丹阳郡’，而丹阳都尉分治。晋属新安郡。梁属新宁郡。隋初，县省后，复置为歙州治。宋为徽州治。元仍旧。本朝因之，属徽州府，附府郭。去府三十里而近，为路口，居歙西上流，古三保地，山川环绕，宛若傅岩，故名‘傅溪’。父老相传十里砖街，后易以石，皆先人所辟除。路通驿道，编民夹居，比次鳞集，无虑千门，而徐氏最著。徐居上保，历街而下，曰‘下保’，庐舍相半，中衡以堨，引溪水达鲍潭，为‘鲍南堨’，堨为石梁，曰‘睦乡桥’。由桥而下，民居联络，直抵烧船墩界，盖乡人傩在焉。其东南吴塘千田三千七百余亩，故有塘池不足灌溉，乃自陈潭导水入渠，经岩镇，跨洪桥，从东岳后山而达新甽，以至于田，为‘永丰新堨’。上有长坦山、苦株山以至庄上塘、小郑村，皆为马鬣封；下至六亩墩、松柏墩，古有民居，今亦废为茔。墩前居民为龙田，东去村居，则曰‘芭蕉坦’，曰‘桑林’。至千贯坦，横一小径，通窑村，径外则田茔布散，直抵鲍潭而止。路西出大溪，自石桥而下，溪滩湫溢，筑沙堤封植为防。就上爽垲，建文昌阁，为文会所。阁前创舍利庵，居比邱，修不二法。由舍利下行里许，至大圣堂，杂民居数十家，路分三歧，由中道北去二里许，至梅村，折而东出大道，复合下保为一乡。语人民则鸡犬相闻，闾井相望；语形胜则练溪环带，堨水交流；修祀典则有贤节祠、龙潭社、江山社、太子堂、忠烈会、鬼神坛。近而平冈叠阜盘踞于内，远而层峦万壑环拱于外，诚一方奥区也。吾宗居斯地者，往往迁徙无定，顾山川形胜自祖考以来，未之改也，用是为志，以俟后之从迁者考焉。家史氏原静著。”（乾隆《傅溪徐氏族谱》卷四《傅溪图》）

88. 歙县徐潭徐氏宗族墓祠平面图

（乾隆《新安徐氏墓祠规》）

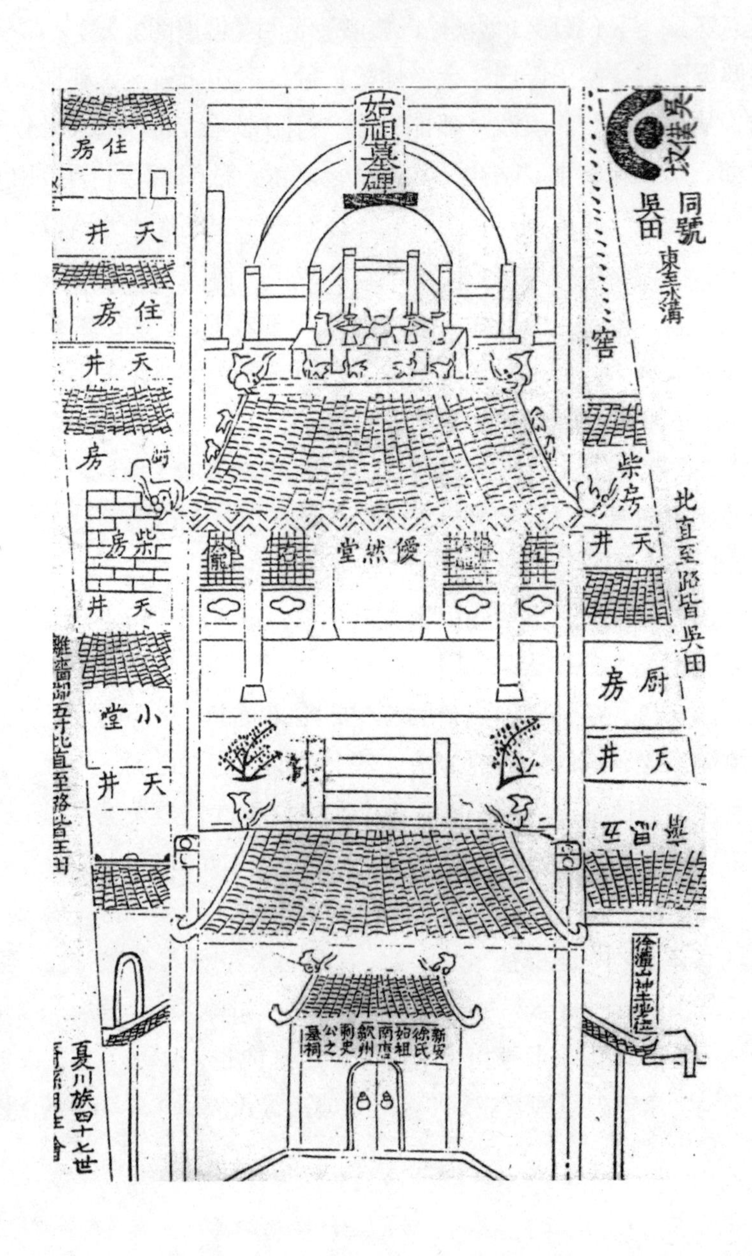

89. 清乾隆初歙县城东许氏宗祠图

（乾隆《重修古歙东门许氏宗谱》卷八《宗祠图》）

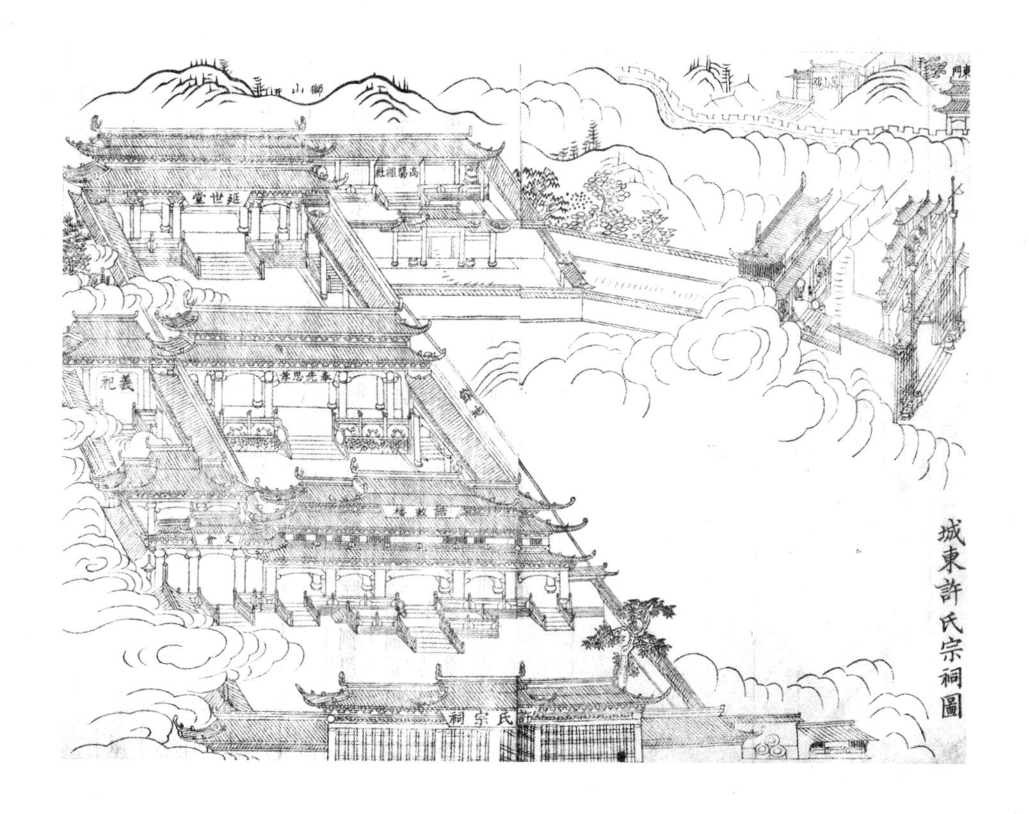

90. 清乾隆初歙县东门许氏宗族城阳山许仙宫图

（乾隆《重修古歙东门许氏宗谱》卷八《城阳山图记》）

91. 清乾隆初歙县东门许氏宗族御书楼

（乾隆《重修古歙东门许氏宗谱》卷八《御书楼图》）

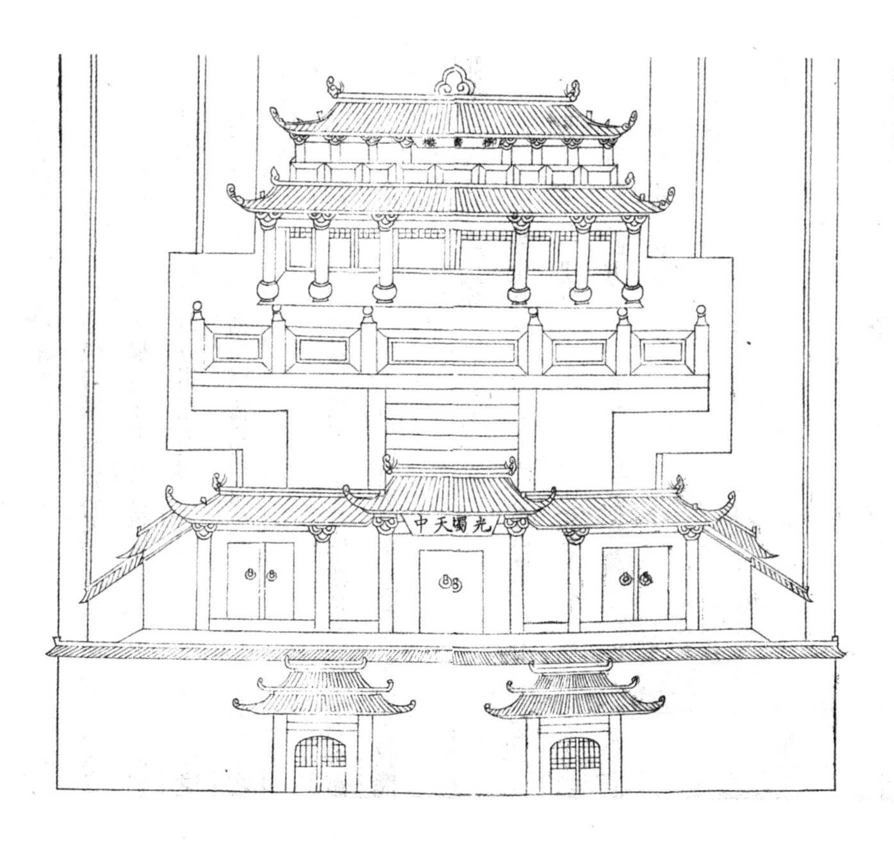

御書樓圖

92. 清乾隆歙县黄墩程氏世忠庙图

（乾隆《新安程氏统宗补正图纂》卷首《附图》）

【说明】

“庙在歙县仁爱乡长沙里二十五都黄墩，洪武经理是字八百九十四号，庙基贰亩九步，东至路，南至自地，西至自山，北至程兆胜住地。又是字九百七号来龙山壹角，东至庙基，南至江彦正山，西至岭尖，北至江彦正山业。世忠庙，宋嘉定间，裔孙休宁汉口学士珌同会里枢密卓、大乡覃越、槐塘知录旂、休宁陪郭掌书璋、将士瑜六人，买地创庙并舍，休、歙二处田六十五亩四十八步供祀。元泰定四年，罗田上市裔孙、副使思敬因范提领侵占告，复给榜，重建庙宇。思敬子添有，洪武初给领世忠庙户由，置邑人方子高为神祝，领户由，管庙产歙田上六十余亩，休庄田塘十四余亩。”（乾隆《新安程氏统宗补正图纂》卷首《附图》）

93. 清乾隆歙县王充东源洪氏宗祠图

（乾隆《歙西王充源洪氏宗谱》卷九《祠图》）

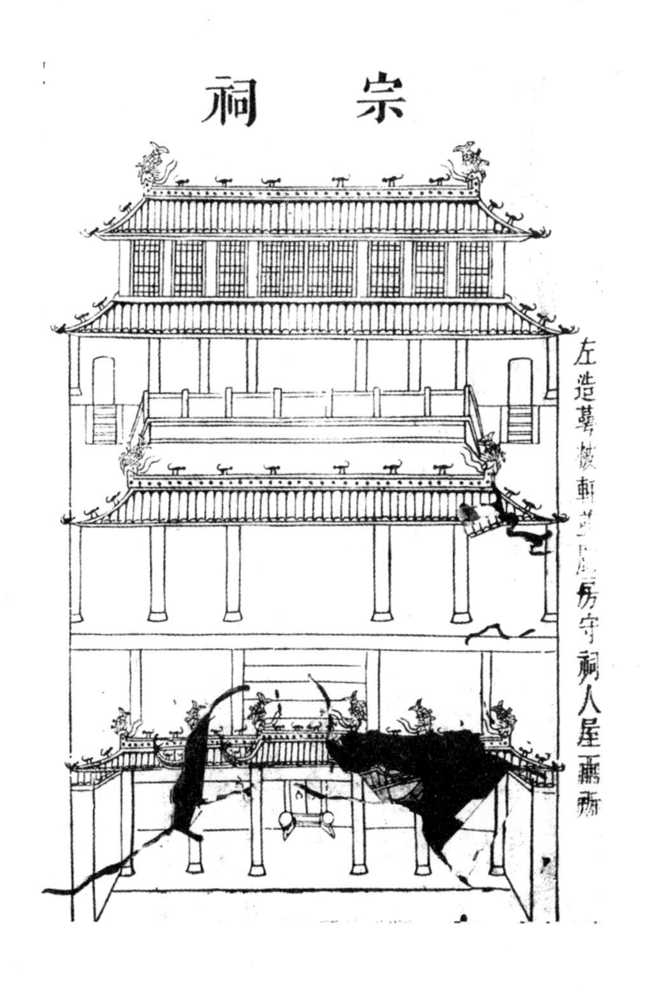

【说明】

“王充东源洪氏六派祠记，曹学诗撰：歙西王充东、西两源，乃洪姓聚族而居之地也。其山清以旷，其水环以幽，其风俗孝友朴诚，谦柔而好礼。

洪姓出神禹后，至唐室，始祖经纶公为观察使，出镇婺州，忤权相，遂弃官不仕，爱新安山水，因家焉。其后历传至玉公，迁江右之乐平。至俊公判歙州，复迁于歙之东源。簪缨相望，代有闻人。其后分为六派，祠之建于兹，由来久矣。乃颓垣碎瓦，倾圮无遗，故老传闻，以为明季兵燹之余，不幸而毁于火也。厥后数十余年，族姓不遑创建，诸前人皆有志未逮，恻恻于怀。裔孙慎斋、育万诸君慨然曰：'礼经不云乎君子将营宫室，宗庙为先，居室为后。'又云：'祭器未成，不造燕器。古人之立庙，以礼祀其先也，将以萃祖考，既涣之精神而使之合也。将以聚幼子童孙于寝室而忾闻僾见，以展其追远之诚也，其汲汲不遑而仁且孝也有如是。今吾子若孙皆有阛庐以蔽风雨，而蒸尝祠禴无以虔俎豆而妥祖灵。燕麦兔葵，荒烟弥望，霜悽露怆，祀典缺如，其无乃使在天之灵咸怨且恫欤？于是，聚族而谋修复，始基之矣，尚未观成也，二君先后即世。慎斋之嗣君实夫、育万之嗣君文波等各体厥父志，审曲面势，庀材鸠工，竭力疲神，分董厥任，而裔孙文表等亦各输其土田以扩祠基。其他之贤孝者，又莫不捐资踊跃，以襄厥成。丹雘塗茨，朝营夕画，风潆水聚，宰木郁葱。祖若妣分为两祠，东西相望，觚陵金碧，有翼有严。始于戊辰，而落成于丁丑，盖其谋之也久而督之也勤矣。

予观歙邑诸乡，大都型仁讲让，宗法肃然，子若孙皆虔修夫祀礼，而慎斋、育万诸君子更能销沉剥落之后，焕然力复其初。即输助，诸宗人亦能以孝思缠绵，鼓舞其乐事劝功之想，可不谓难欤？且夫妥祖灵，孝也；体父志，仁也；其宗人各乐事而劝功，义也；祖若妣分为两祠，礼也。孝以倡之，仁以成之，义以风之，礼以肃之，一举而数善，该将于是乎在。初，洪姓族谱之修，予既考厥源流，为文以序之矣。今祖祠告竣而祀礼聿新，灌奠有堂焉，胙饮有室焉，祝告以孝，嘏告以慈焉。牲肥酒香，登降拜跪皆如礼。其老者俨乎而对越，其幼者恻乎而动容，吾知祖若妣必有欢然陟降而默庇其后昆者。《诗》曰：'以妥以侑，以介景福。'洪姓之兴，殆未有艾也夫！"（乾隆《歙西王充东源洪氏宗谱》卷十《祠记》）

94. 清乾隆歙县王充东源洪氏宗族母祠图

（乾隆《歙西王充源洪氏宗谱》卷九《祠图》）

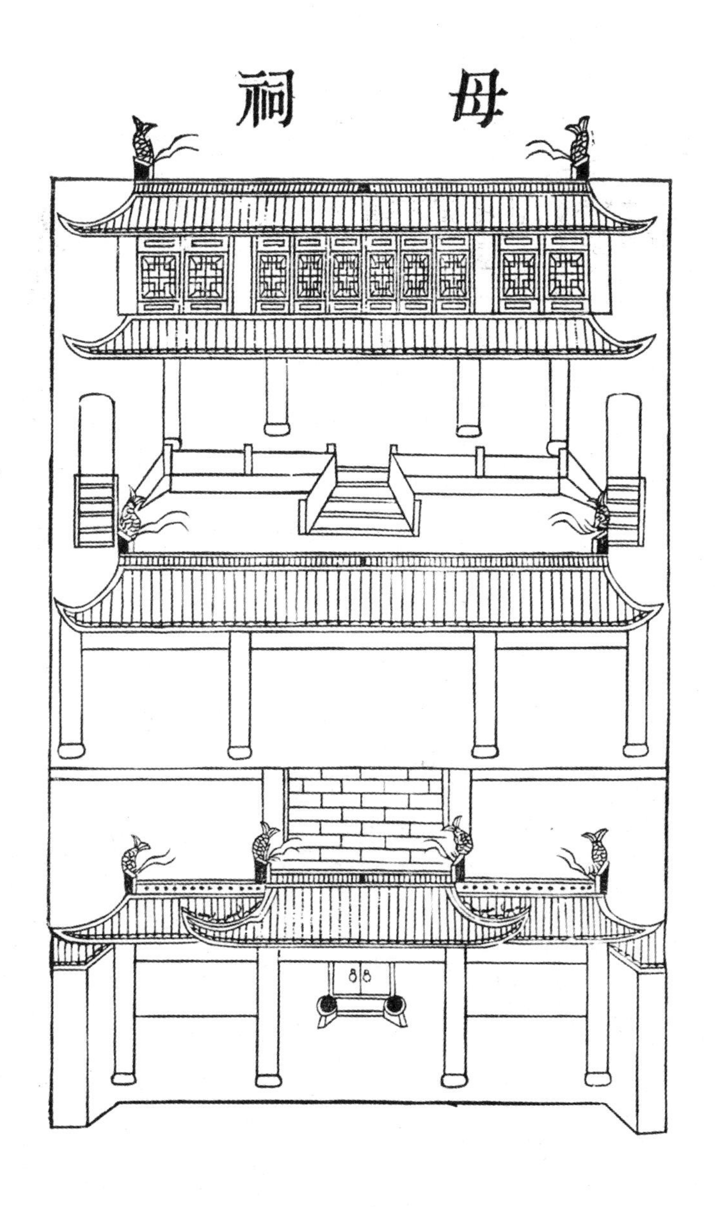

95. 清乾隆歙县王充东源洪氏宗祠图附属建筑草图之一

（乾隆《歙西王充源洪氏宗谱》卷九《祠图》）

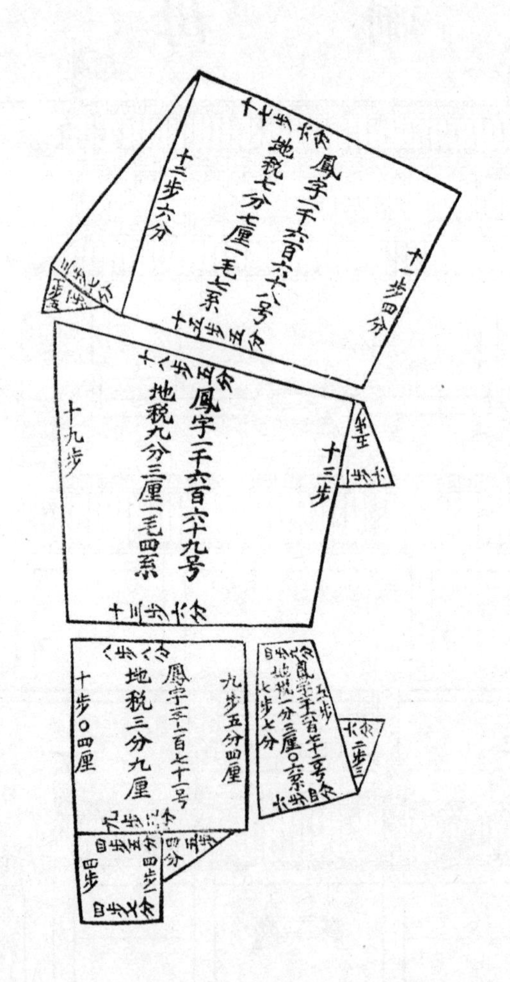

96. 清乾隆歙县王充东源洪氏宗祠图附属建筑草图之二

（乾隆《歙西王充源洪氏宗谱》卷九《祠图》）

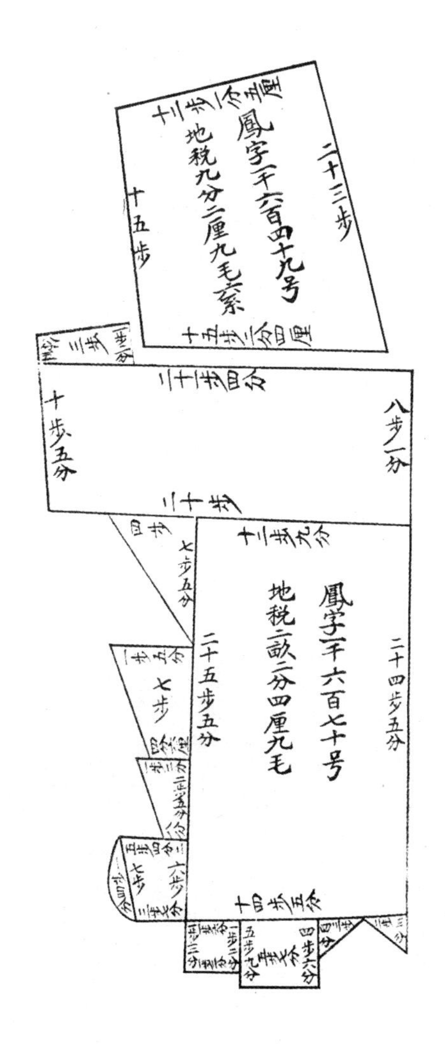

97. 清乾隆歙县王充东源洪氏宗族女祠附属建筑草图之三

（乾隆《歙西王充源洪氏宗谱》卷九《祠图》）

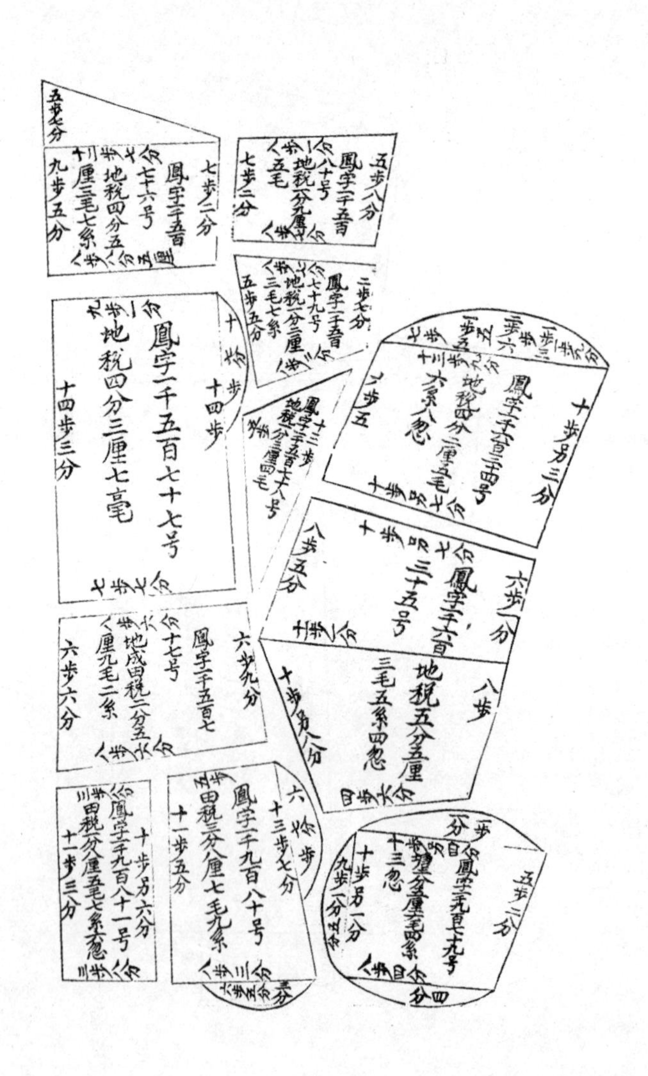

98. 清乾隆歙县王充东源洪氏宗族女祠附属建筑草图之四

（乾隆《歙西王充源洪氏宗谱》卷九《祠图》）

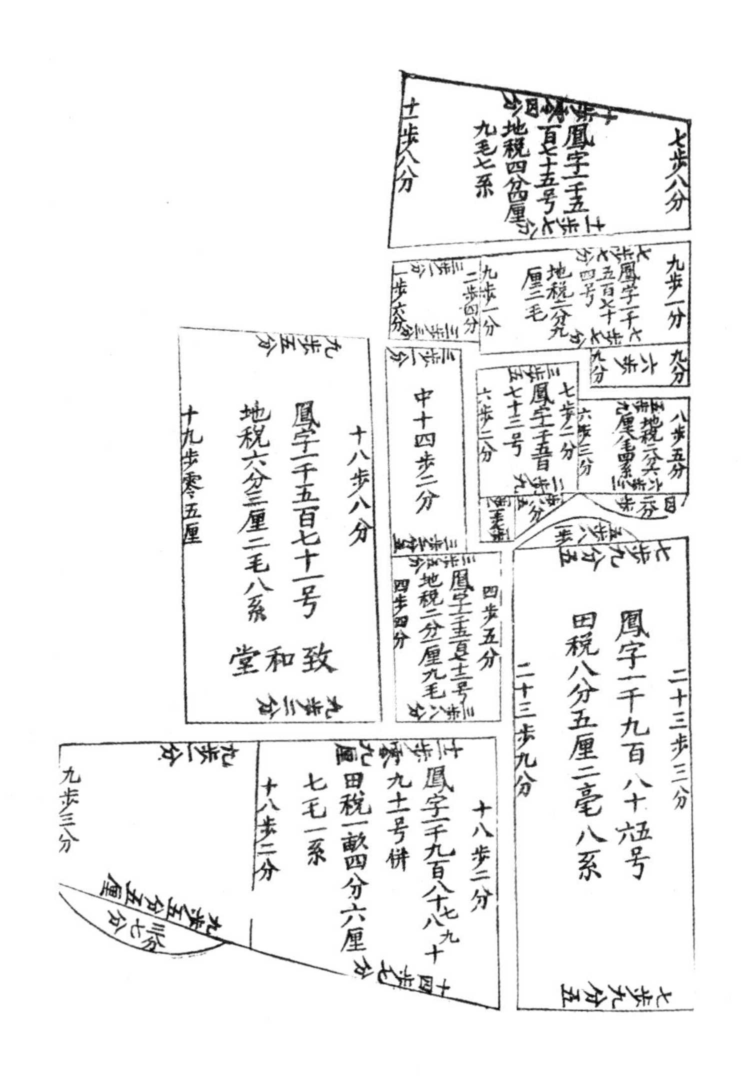

99. 清乾隆歙县鲍氏宗族聚居村蜀源村图

（乾隆《重编歙邑棠樾鲍氏三族宗谱》卷一百八十三《蜀源图》）

100. 清乾隆歙县鲍氏宗族聚居村棠樾村图

（乾隆《重编歙邑棠樾鲍氏三族宗谱》卷一百八十三《棠樾图》）

101. 清乾隆歙县鲍氏宗族聚居村黄山桥村图

（乾隆《重编歙邑棠樾鲍氏三族宗谱》卷一百八十三《黄山桥图》）

102. 清乾隆歙县岩寺镇图

（乾隆《重编歙邑棠樾鲍氏三族宗谱》卷一百八十三《岩镇图》）

103. 清乾隆婺源县庆源詹氏宅基图

（乾隆《庆源詹氏宗谱》卷二十四《庆源基图》）

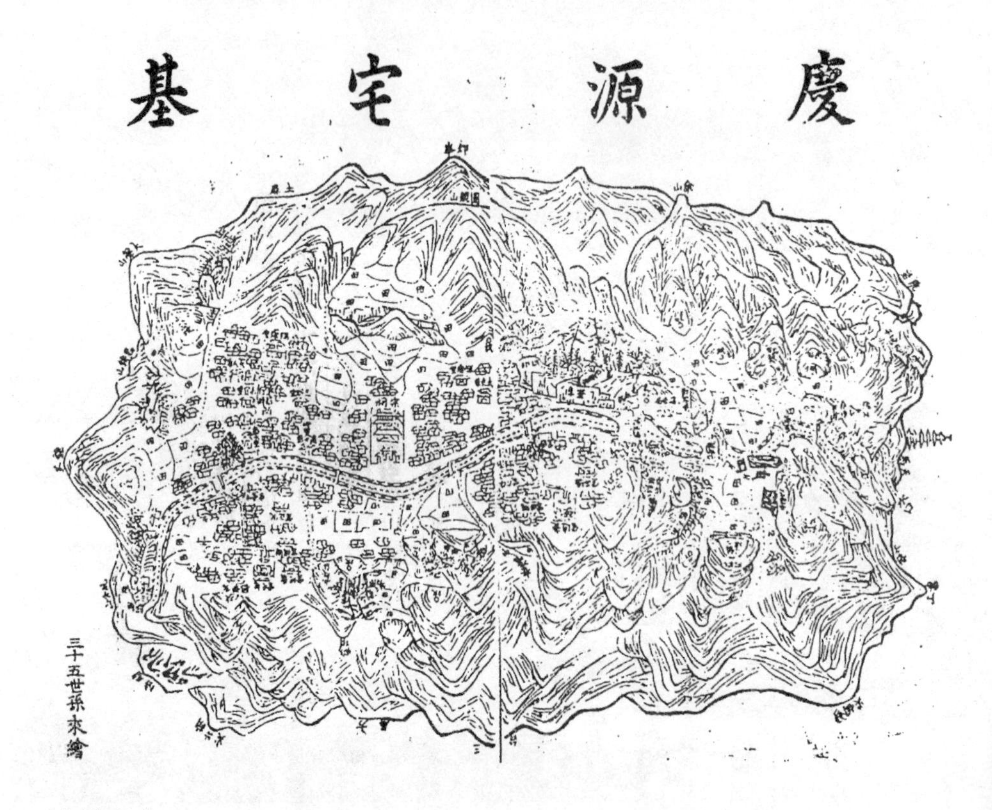

【说明】

“庆源幽胜地也，山水秀丽，甲于一邑。我祖宗昌公始家焉，阅千余年而子姓蕃衍，簪缨弗替，可不谓有山水之鉴者耶？水源木本之思，当罕然于披图之际矣。三十七世孙镇川谨识。”（乾隆《庆源詹氏宗谱》卷二十四《庆源基图》）

104. 清乾隆婺源县溪边西边詹氏耕礼堂基图

（乾隆《庆源詹氏宗谱》卷一《溪边西边耕礼堂基图》）

溪边西边耕礼堂基图

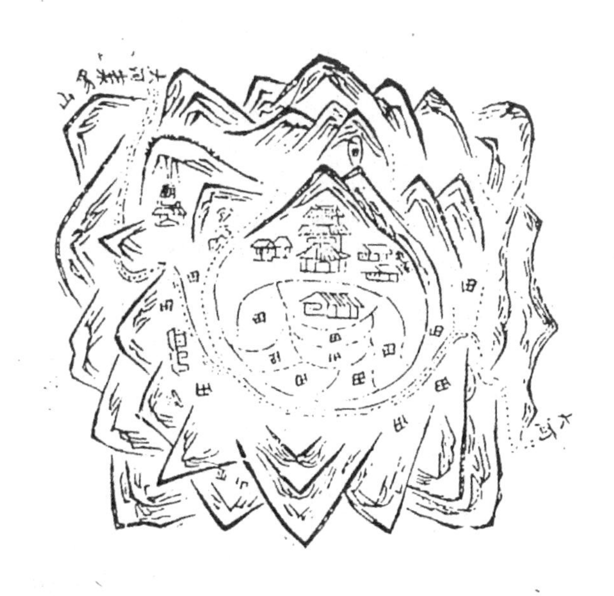

【说明】

“右基图，离村八里，土名‘村心’，先达问石先生寄读于此，颜其居曰‘勤业乐善之家’。”（乾隆《庆源詹氏宗谱》卷二十四《庆源基图》）

105. 清乾隆婺源县庆源詹氏唐始迁祖小八府君祠图

（乾隆《庆源詹氏宗谱》卷一《小八府君祠图》）

【说明】

“旧祠原在村西塘坞口，系裔孙坤厚、坤宁、坤庸、坤柔、坤正捐地创造，主事程广记。后因耀、佳、玺、赦四房将本股索木坵地对易井弯荫木造屋。嘉靖癸巳，裔孙滋、清等复移祠于此，以旧祠基变易工费。未几，门垣倒塌，汉伯相重造三门照墙，经理四至详契，不述。”（乾隆《庆源詹氏宗谱》卷二十四《庆源祠图》）

106. 清嘉庆歙县鲍氏宗族聚居村棠樾村落图

（嘉庆《棠樾鲍氏宣忠堂支谱》卷十八《图迹》）

【说明】

“右棠樾村图：村在歙县西乡二十二都九图，东至城十五里，山水明秀，川原沃衍，为我鲍氏世居之所。先是，宋时，始祖荣公创建别墅。南渡后，公曾孙居美、居安二公自城之西门徙焉。山西北来，自灵金山，水循山脉，直过鞭桥，出西沙溪。元至正间，伯源公倡宗人截流，筑石堨，引水入村，环绕如带。村居背山，其南平旷，为田凡六百亩，得堨水以时宣泄，旱涝不

饥。田以南，有山如屏，是为‘富亭山’。元征待制郑师山与景曾公《友善集》中所云：‘棠樾距予居相望咫尺。尝与景曾携酒登蒲亭之山，论天下形势、古今治乱者’，即此。明正德间，时莹公结宗老会讌游，于其上筑亭，曰‘清逸’，李空同、程篁墩俱有诗文纪之。村之西为先达祠，自文学荣公而下，凡以文章行谊、政绩见称于世者，莫不在祠祀。东为封侍郎鄣山公墓，其旁有监察御史坊，公始封也。东为申明亭，令典所立，以书民之善恶而劝惩之。又东为绍一公祠。又东为慎余堂，竹溪公晚岁居此，与族之同庚者，为同老会，有图及诸名流题赠诗歌数卷。又东为诚孝堂，空同有记，祀明旌表孝子、赠兵部侍郎时明公，其门北与宣忠堂相向。宣忠堂居村之中，为尚书思庵公所手建，取制诰中‘柱下宣忠’语为颜。东为尚书公家庙。庙东为宗岩公慈孝之门，门南向有曰‘南园’，西枚公幼失母，尝绘《望云图》于壁以写哀。又有爱日山房，公所筑以奉父者也。门后北行，迤东曰‘燕斋’，为仲安公故居，即今乡士大夫举以配祀紫阳书院讳元康者。门东为父子登科第。又东为翰林祠，旧名‘耕读堂’，伯源公主讲师山书院，与朱枫林、赵东山、唐白云、胡石邱、张子经为文酒之会，盖在斯堂。循堂而东北，有进士厅，厅以南有地官坊。坊南曰‘中门巷’，是为谧斋公居。公《辨正天原发微书》，朝廷纂《四库全书》，采入子部，其书实成于祠。入巷再进，为叙廉公居。公刲股疗父者三，父没，榇在堂，榇首左墙三茁异葩即其地。循巷而南过渠，西曰‘绿野园’，东曰‘希大公书院’。由地官坊而东，为老诚孝堂，旌表孝子逢昌公生于此。又东曰‘井巷’，为元季元凤公居，公遭兵乱，弃妻子，负母逃避山谷。乱定还乡，妻子俱无恙，人以为孝感所致。逾巷为存爱堂，明周懿王所题以赠时明公者。又东为掌书园，始祖妣墓在焉。墓南有桥，曰‘复古’。过桥，旧称‘五马第墓’。墓北为同仁公状元坊址，公中泰定蒙古书第一。由状元坊东折，为藏书楼，郡守彭幸庵题额。楼外横路塘有桥，曰‘进贤桥’。度桥入栅门，为‘亦政堂’，郑师山慷慨就义时，犹为作记。再入土名‘社屋坦’，地空阔，村人春秋祈报演戏乐神之所。上有世济桥，桥之东为大和社，村人以祀土神，社后古柏苍然。直上，是为古柏园。社社而东，是为敦本祠，即明之登仕公祠也。祠右建文会，自始祖以下暨八世祖栗主，奉于文会之后寝。文会之右，为世孝祠，宋元迄今，凡棠樾鲍氏之以孝行著者，咸袝焉。敦本祠左，曰‘西畴书院’，为故宋漕解云松公与元曹泾方回讲学地，此皆祠宅之有名称可纪者，他居室不与焉。由祠而东南，有坊六：曰孝子；曰‘慈孝’；曰‘节孝’，凡二；曰‘孝子’，曰‘尚书’。间二节孝坊有亭，曰‘骢步亭’。在堤上，即堤为路，路两旁植梅，掩映如图画。东行，堤尽，有庵，曰‘三元’，旁为绍潜公暨配方节妇墓，有墙围之。墓北有冈，明洪武初，布衣頫公被荐入尚宾馆，编修《元史》，于其行也，士大夫祖饯于此，名‘饯贤冈’。冈西北有桥，八月望日，自桥上视水中，左右见月各半，曰‘半月桥’。尚书坊之东南，有尚书祠基，往时欲改三族统宗祠未果。其南有墩七，曰‘七星墩’，墩上树木丛杂。其尽处为一村，诸水尾闾，水石相激声，潺潺可听。跨水为桥，翼桥为亭，胥名曰‘义善’。过此，则往贞白里道也。村东北有山特起，曰‘龙山’。山故不高，登其巅眺远，群山皆居其下，黄罗、天马诸峰亦隐然在目。上有坛庙，远近祷祀者踵相接也。山腰旧建慈孝堂，后移于山顶，即宗岩公父子遇贼争死处。有二松，世传寇缚公于上，大者虬枝龙甲，有受缚状；小者俯身诘屈，若乞哀者然，至今呼为‘慈孝松’，明成祖御制诗碑尚在，我朝圣祖仁皇帝采其事，入《古今图书集成》。棠樾之名‘慈孝里’以此。”（嘉庆《棠樾鲍氏宣忠堂支谱》卷十八《图迹》）

107. 清嘉庆歙县棠樾鲍氏云南生祠图

（嘉庆《棠樾鲍氏宣忠堂支谱》卷十八《图迹》）

108. 清嘉庆歙县棠樾村鲍氏宣宗堂图

（嘉庆《棠樾鲍氏宣宗堂支谱》卷十八《图迹》）

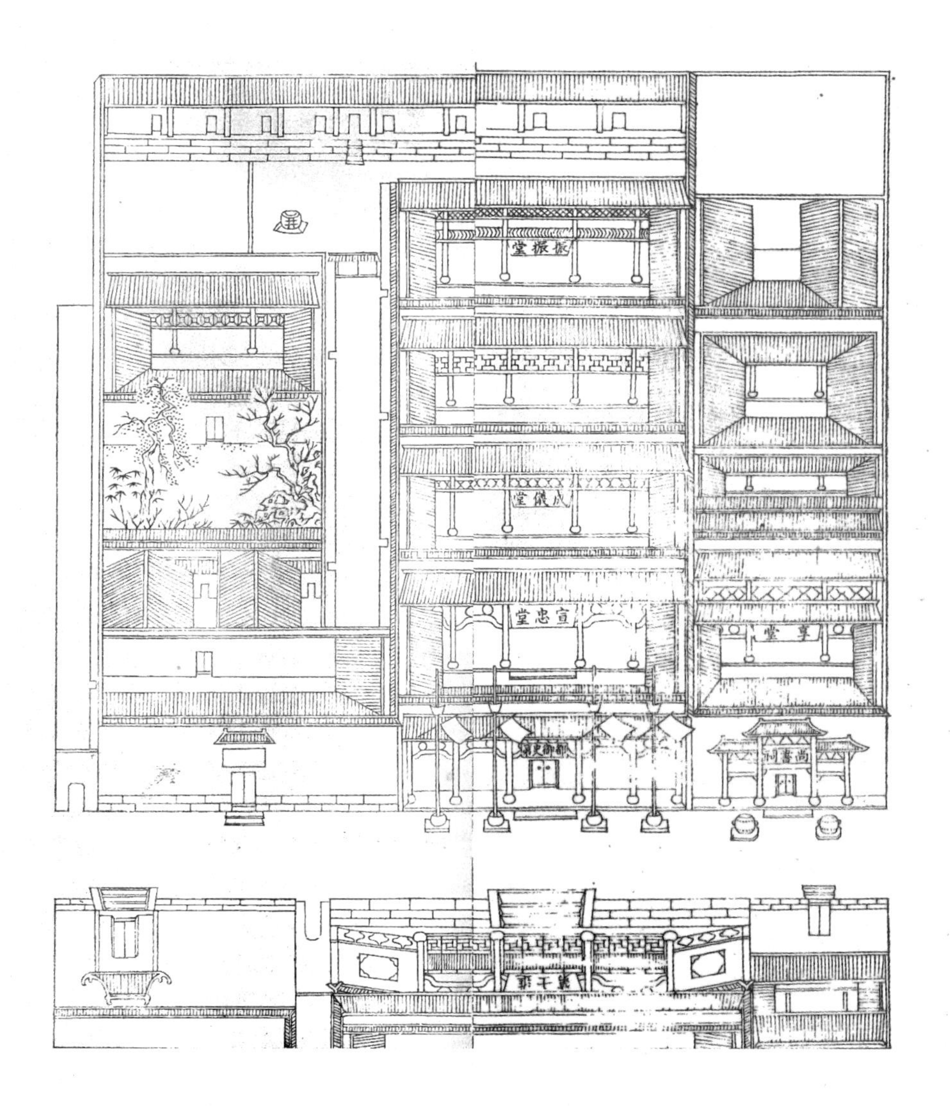

109. 清嘉庆歙县桂溪项氏宗族聚居村落图

（嘉庆《桂溪项氏族谱》卷二《桂溪图》）

【说明】

“图说：桂溪，古贵溪地。唐隐君辞吴越王聘，负琴书走贵川，爱其山水幽秀，由歙州转徙至此，为项氏世居村土，又曰‘小溪’者，袭淳安茶园小溪之名，不忘先世籍淳之意，犹文公颜考亭厅事曰‘紫阳’者是也。地处歙之上南，群峰环翠，之流潆洄，林木丛茂，土地肥美，中夷广而外扼塞。路有五，出皆通大衢，西北出村口，至王村，达郡城及浙之严州府；东北踰源岭达浃川；西自古溪通瑶田，至休宁界；西南由上村至坑口，通遂安界；东南过岭口、长陔，通街口、浙江界。水之源有二：一自严岭二十五里出坑口，一自双尖七里过丛林寺。前水会于七亩桥，并流南下，过岑山，东偏由祠堂后绕而西注，复盘北而南，经岑山西偏折而又西，迂回北泄，出本村，达王村，汇入大河。一村之中，水流三曲，宋贤朱子题岑山之巅曰‘三面潆溪，得桂溪之胜’。概而其同流异名者曰古溪、后门溪、碧坞潭、岑山潭、烈女潭，

则各有所志也。又有曰‘涌泉’者，相传井有伏龙，故泉水时出而寒冽。‘涌泉里’之名以此，此不仅为桂溪之胜迹，而实为全歙之名泉也。其山之著闻者，曰金盆，曰银硃，曰岑山，曰壶山，曰上坞，曰下坞，曰东山，曰西山，曰箨龙，曰五峰，曰文笔，曰辛峰，曰镇子，屹峙四塞，分布于东西南朔间，而为一村之屏障。曰莲华，曰涌堙，拱卫于数十里外，与桂里诸峰遥相掩映，益增此村雄秀，乃若望衡对宇，栉比千家，鸡犬桑麻，村烟殷庶。祈年报本，有社有祠。别墅花轩，与梵宫佛刹飞甍于茂林修竹间，一望如在锦绣，而文苑奎楼腾辉射斗，弦诵之声，更与樵謌机杵声相错杂，风庬近古，彬彬乎质有其文，出者鼓吹休明，处者恬熙乐业。敦九族之谊，而联同井之欢，益知扶舆清淑，储孕有灵，而太平时雍之盛亦于斯见矣。”（嘉庆《桂溪项氏族谱》卷二《桂溪图》）

110. 清嘉庆歙县桂溪项氏宗族宗祠图

（嘉庆《桂溪项氏族谱》卷二《祠图》）

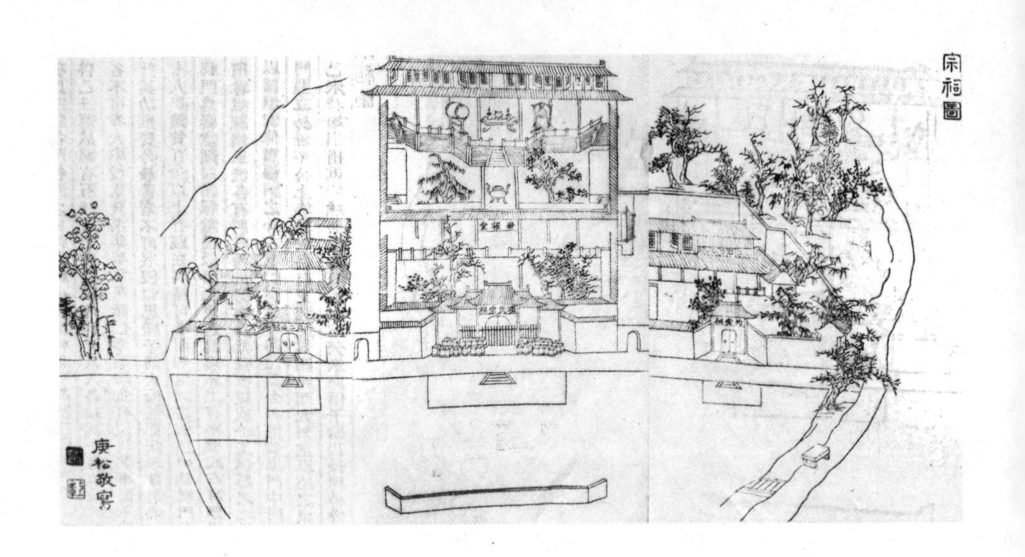

【说明】

“项氏宗祠，各门各派之公祠也。祠在桂溪村北，明万历乙巳年肇建，迄天启乙丑落成，有石柱四十又八，相传四十八人各输其一，为始基创，而名不可考。大率役重费繁，集事者众，诸仁孝悉助金有差，为其事而不欲计其功，惟贤劳最著者不可泯没，如思礼、子尚、大伦、凤韶、秉厚、自荣、荣生七人与输资百金以上者，载在祠籍，可考而可知也。祠之制，正中为祠门，进祠门为享堂，颜曰‘崇报堂’。历级而上，更进为寝室，上有岑楼，左右有庑，祝帛尊俎、陈馔盥洗各有所。门内两旁有房，为斋宿、更衣、伶工休憩之地。周以围垣，宏伟肃穆。祠之外，左为均安祠，右为元二公祠。他若上门、中门、下门圣立，易魁，裕公，上族嘉会，各有支祠祀其门祖，而大祠堂以统之。康熙己未，时端倡捐重修，继则志发葺治寝室。癸未，宪偕子纶以长栋易叠棁之制，兴钜工十载，改建祠门、享堂，益成巩固之绩。雍正甲辰，絪改建寝室，面筑长垣，以为屏障。乾隆甲戌，理孝、理忠大修祠门，广拓祠路，平夷爽垲，庙貌增新。乙亥，文涛以左偏平屋数椽输助入祠，为治馔房，规模完美，典祀有常。春秋子姓行事，穆穆对越，如在洵足，揭虔妥灵于无极也。至祔食祧迁之节，礼仪、器物之数，与夫牲醴、福胙所出，岁租所入，基税亩之界，则祠祀籍中具载之矣。”（嘉庆《桂溪项氏族谱》卷二《祠图》）

111. 清嘉庆黟县叶氏宗族聚居村南屏村图

（嘉庆《南屏叶氏族谱》卷一《村图》）

【说明】

“屏山崒嵂，武水漪涟。丁峰契岫，左峙右旋。祠宇俨翼，居室云连。园亭掩映，桥梁架川。先茔依道，吉壤铺毡。天钟灵秀，地出醴泉。松苍竹翠，点染云烟。俗敦古处，代产英贤。图之家乘，文采斐然。星源胡炳然题。”（嘉庆《南屏叶氏族谱》卷一《村图》）

南屏村内单体建筑：

“祠堂：［叙秩堂］祀始祖伯禧公。成化年间，思聪公派建于南屏村心正屋基，坐东朝西，系经理称字号，于康熙十三年改造祠楼。乾隆十五年重修，三十九年又重修。乾隆四十六年，殷瑞府邑侯名濬哲以‘安分乐业’匾额表闾，其跋云：‘余初莅黟山，探问风俗，闻治南有叶氏，四民各务本业，绝不妄为。黟士请志之。余留心细察，迄今五载，不见村民片纸入公，而士人更讲求诗书，益信人言不虚，因乐表之，以志其里之美云。’［敦本堂］祀始祖伯禧公。康熙二十八年，思明公建于胡村，坐南朝北，系经理号字号。［奎光堂］祀四世圭公。弘治年间，六世廷玺公等建于南屏村心，坐东朝西，系经理称字号，于雍正十年改造祠楼及大门。乾隆五十二年，重建前堂，并改门楼。［永思堂］祀四世文兴公。乾隆三十年建，坐东朝西，土名‘焦家巷老土库’，系经理称字号。［钟瑞堂］祀九世元善公。乾隆三十九年重建，坐东朝西，土名‘浲头’，系经理称字号。［德辉堂］祀八世善述公。乾隆三十五年建，坐东朝西，大门朝南，旁有碧梧轩，土名‘培下’，系经理称字号。［敦仁堂］祀九世元魁公。乾隆五十五年建，坐东朝西，门楼内有古井，今易新井，系经理称字号。［尚素堂］康熙年间，日晓公建，坐东朝西，土名‘上南园’，系经理称字号。［继序堂］祀十世日蓁公。嘉庆七年建，坐东朝西，土名‘浲头竹山下’，系经理称字号。［仪正堂］祀十一世万睿公。康熙三十五年建，坐南朝北，土名‘柜木林’，系经理阙字号。［念祖堂］祀十三世长春公。嘉庆十五年建，坐西朝东，土名‘浲头桑园’，系经理称、阙二字号。公于堂左先构有别业，额名‘培芳’。后建此堂，因移原额于座。”（嘉庆《南屏叶氏族谱》卷一《祠堂》）

“书馆：［南屏书屋］前有曲水园，上有魁星楼，乾隆二十九年，魁星会重建。自昔生童肄业其中，争自濯磨，前载县志。四十六年，复兴文会，每月会文，历久不懈。董观桥中丞名教增、曾宾谷廉宪名燠、黄牧原郡博名本骐俱有序，载县志。［梅园家塾］枝彩公别业也。孙峰年读书于此，因以‘梅园’为号。时庚戌，梅园游皖江，晤敬敷书院王西园山长名宽，朝夕论文，甚加矜赏，临别，赠诗二章。江宁陈郡博名尚志步韵诗二章。［西园］乾隆五十六年，华年公于宅西构造书屋二十余间，为子弟读书之所。钟山书院姚姬传山长名鼐有记，载县志。［芷园］嘉庆二年，荣楠公建于宅东，有应奎堂书屋数间，为子孙课读之所。”（嘉庆《南屏叶氏族谱》卷一《书馆》）

“庙宇：［岭岗社坛］在埄上，经理称字号，有连理古枫，左、右各一株，合抱参天，为地灵之胜。［财神庙］乾隆五十七年，财神会建于万松桥亭北。［水口庙］嘉庆十七年，族中各会乐输建造庙宇、围墙及庇头观音阁，另勒碑书名。［万松亭］在南屏山下村心金家墩高基，下有醴泉，味甘如醴，四时不竭，载县志。”（嘉庆《南屏叶氏族谱》卷一《庙宇》）

“桥梁：［聪公桥］在城南五里，三世思聪公建，并买地开路，载县志。［允公桥］在万松桥之南，嘉靖年间，善允公建。乾隆五十八年重修。［三分桥］在杨家园，敦本堂建。［曲水园东边桥］叙秩堂建，在金家墩之东。［万松桥］在水口万松亭之北，嘉庆七年，本族叙秩堂支丁乐输建造。越五载，桥成，三洞，长十二尺，高一丈六尺，广一丈二尺。桐城姚姬传有记：徽州之县六，其民皆依山谷为村舍。山谷之水湍悍，易盛衰，为行者患，故贵得石桥为固以济民。吾至徽州，观其石梁之制，坚整异于他郡，盖由为之者多石，工习而善于其事故也。黟之西南有叶村，村北大溪东流，达鱼亭，以合新安江水。村东西各有小溪北流，入于大溪。两小溪上有石桥四，皆叶君有广芥一先人之所为也。而大溪当村口，有万松亭，亭侧架木溪上为桥，时为大水决去，村人病之，欲易石久矣。然其工巨不可就。乾隆五十三年夏，徽州蛟水发叶村之南，山崩阤，坏田庐，毁桥岸。其后数年，民修田庐既饬，而山崩坏未复，地脉亏败，叶氏以为忧，群出财修之。众举叶君掌其事，垒石培土山之形势，不逾月而完。余银数千两，众喜，复请君董为石桥于村口。当昔蛟水之发，山陨一巨石于地，方三丈余。叶君视其质坚而理直，取为桥材。

嘉庆七年九月，桥成，长十二丈，广丈二尺，高如其广，名之曰‘万松桥’，以在万松亭畔故耳。犹有余石与银，叶君使工，复为石桥于溪之上流，曰‘西干桥’，而村之左右，旧桥尽修而新焉。当蛟起之年，余适在歙，见被害者之远且巨，甚可伤痛。今叶君为桥，乃反因其陨石之力，因祸为福，转败为功，岂非智乎？余嘉叶村之族不吝财以营公事，而又得叶君之诚笃而明智，善任其事以督之，故众工无不举，是足书也。嘉庆八年六月，桐城姚鼐记。［西干桥］在村之西北，嘉庆十一年，叙秩堂支丁乐输建造，与万松桥先后落成，俱载县志。族内原有桥会，今仍轮流值年经理。［曲水园西边桥、柏西桥、下洪桥］俱长春公建并造石路，自百尺塅至胡村千余丈。子正华、华年又造西干及万松亭之西石路二百余丈，俱载县志。［西园桥、泽上桥］俱华年公建。［齐巽桥］荣楠公建并造村东石路二百余丈，载县志。”（嘉庆《南屏叶氏族谱》卷一《桥梁》）

112. 清道光初年黟县西递村图

（道光《西递明经胡氏壬派宗谱》卷一《西递村图》）

【说明】

"西递离城十五里，居邑之东乡，自石山至幕虞，数十里之中，为一大村落。其东为杨梅岭，其南为陆公山，其西为奢公山，其北为松树山，山皆环拱，高不抗云。水二派：前仓之水发源于邦坞，后库之水发源于龢祥坞，涧澜双引，皆向西流入。夸山水之钟灵，堪称桃源之胜壤也。自北宋皇祐间，五世祖士良公由婺来黟，遗荣访道，占行望势，爰筑室于仁山，燕子贻孙遂移家于福地。是目树联蕃衍，瓜派联延，建祠宇于村中，曰'敬爱堂'，奉支祖士亨公神像，祠乙辛向，对汉耳之峰，收西流之水，因守暗纳之说。祠前目石桥盖于溪上，其时之人皆不知暗纳不如明收之为善也。迨二十二世世仁公读书稽古，精究青囊，知金带之回环为石桥所掩隔，于是谋诸父老，审形除去。虽前此贤豪辈出，代不乏人，肰自除溪桥之后，而宗枝茂盛，浸炽浸昌，殆叓加前一等矣。其功不亦伟与！今绘祠墓、村居之图于谱首，因识其事，目示后人知祠前溪水不可复溺暗纳之说也。"（道光《西递明经胡氏壬派宗谱》卷一《村图跋》）

113. 清道光初年黟县西递村水口图

（道光《西递明经胡氏壬派宗谱》卷一《水口图》）

114. 清道光黟县西递村八景之一——罗峰隐豹

（道光《西递明经胡氏壬派宗谱》卷一《八景图》）

115. 清道光黟县西递村八景之二——天井垂虹

（道光《西递明经胡氏壬派宗谱》卷一《八景图》）

116. 清道光黟县西递村八景之三——狮石流泉

（道光《西递明经胡氏壬派宗谱》卷一《八景图》）

117. 清道光黟县西递村八景之四——驿桥进毂

（道光《西递明经胡氏壬派宗谱》卷一《八景图》）

118. 清道光黟县西递村八景之五——夹道槐阴

（道光《西递明经胡氏壬派宗谱》卷一《八景图》）

119. 清道光黟县西递村八景之六——沿堤柳荫

（道光《西递明经胡氏壬派宗谱》卷一《八景图》）

120. 清道光黟县西递村八景之七——西馆燃藜

（道光《西递明经胡氏壬派宗谱》卷一《八景图》）

121. 清道光黟县西递村八景之八——南郊秉耒

（道光《西递明经胡氏壬派宗谱》卷一《八景图》）

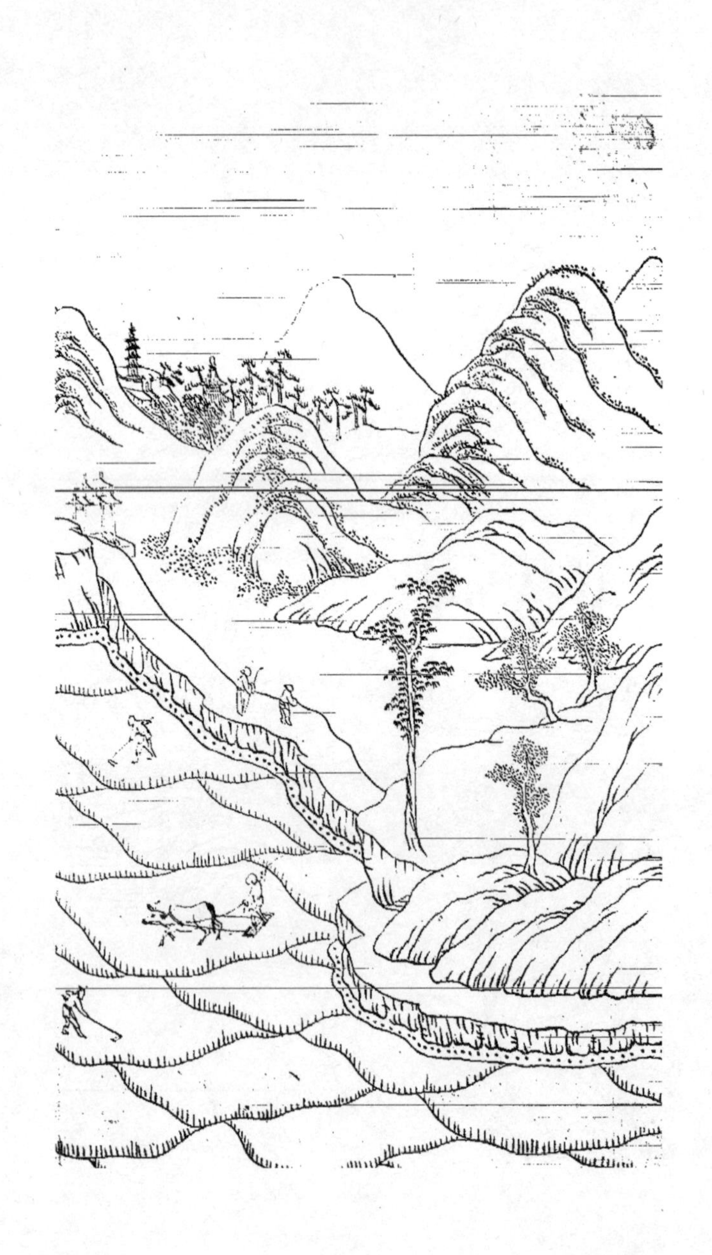

122. 清道光新安汪氏统宗祠

（道光《新安汪氏宗祠通谱》卷一《新安汪氏统宗祠图》）

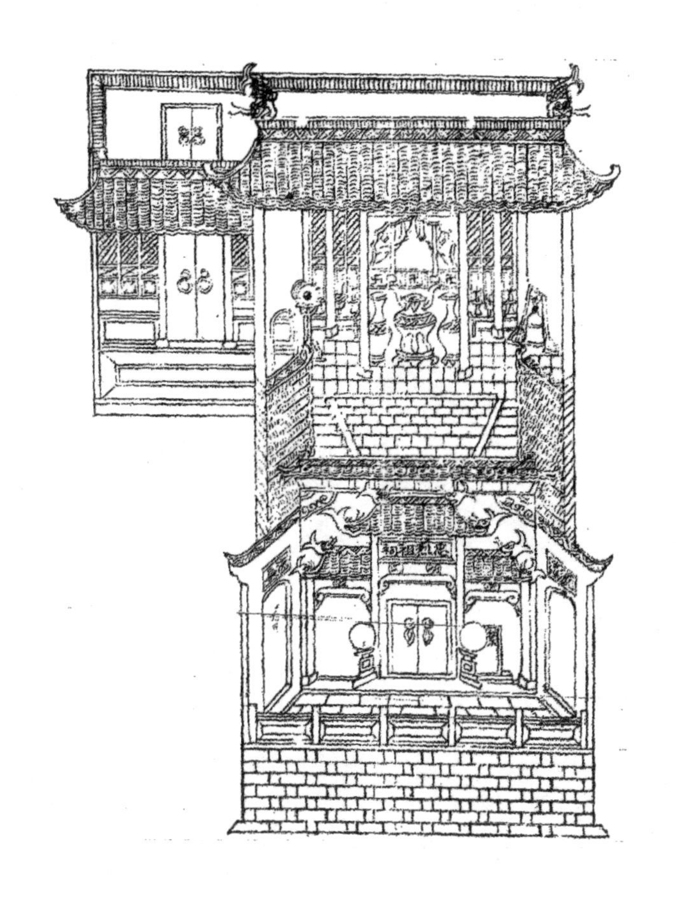

【说明】

“重修新安统宗祠纪略：吴清山统宗祖祠，道光三年，霉雨浸渍，殿角、门亭倾圮塌泻。双溪师潭族倡首，监生之遴、莲川族职员文翥公共议修，出单批输，随邀追远族。原任上元教谕熚、宏村族廪生澍等诣各派批输。赖各族皆踊跃捐输，刻日兴工，重修大殿，并增建头门栅杆、围墙旁屋。六年起工，七年告成。……重修吴清山统宗祖祠详选吉期列后：一、选二月十四日寅时，兴工大吉；一、选二月十九日卯时，下石墙脚大吉；一、选三月十九日辰时，上石门岩大吉；一、选三月十九日申时，折旧大吉；一、选四月十三日未时，平水定磉大吉；一、选四月廿五日寅时，竖柱排列大吉；一、选四月廿五日申时，上梁大吉。丙戌年，癸巳年，丙子年，丙申年。道光六年正月 日公局知单。”（道光《新安汪氏宗祠通谱》卷四《重修新安统宗祠纪略》）

123. 清道光祁门县王氏宗族聚居村插坑阳基图

（道光《新安琅琊王氏宗谱》卷八《插坑基图》）

124. 清道光祁门县王氏宗族聚居村新溪筲箕荡基图

（道光《新安琅琊王氏宗谱》卷八《新溪阳基图》）

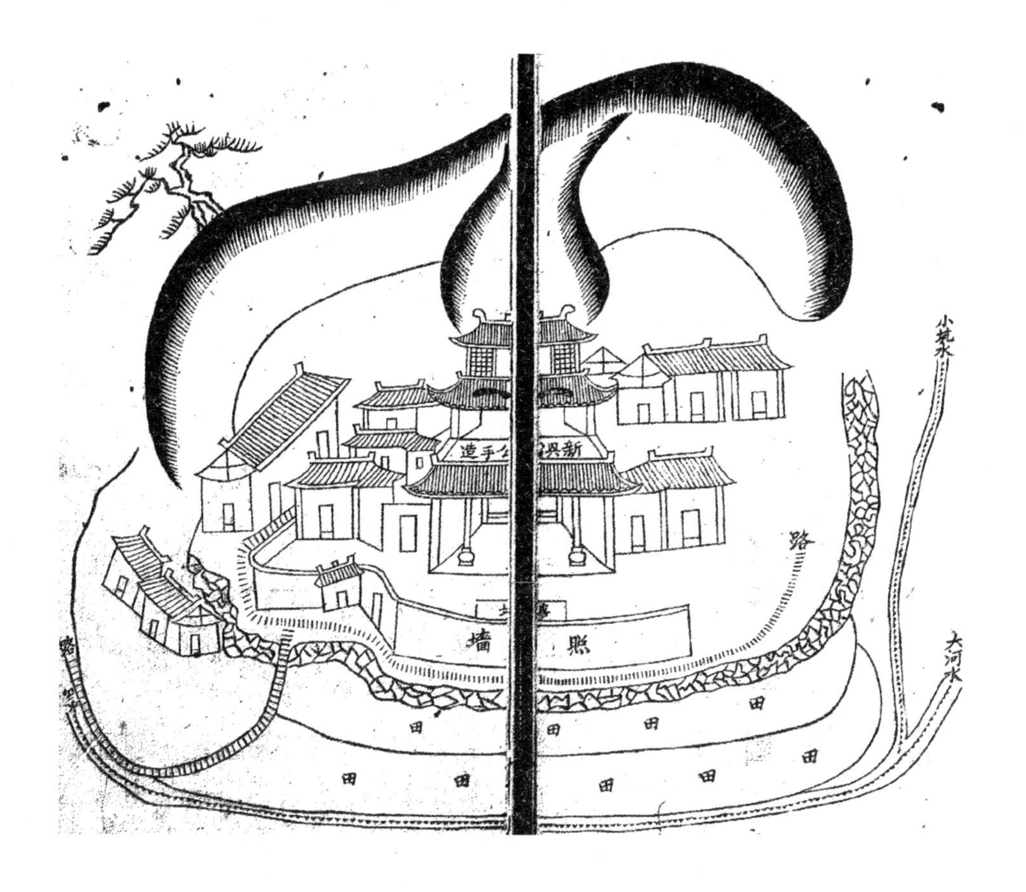

125. 清道光祁门县王氏宗族聚居村沧溪怀德堂家祠图

（道光《新安琅琊王氏宗谱》卷八《沧溪祠堂图》）

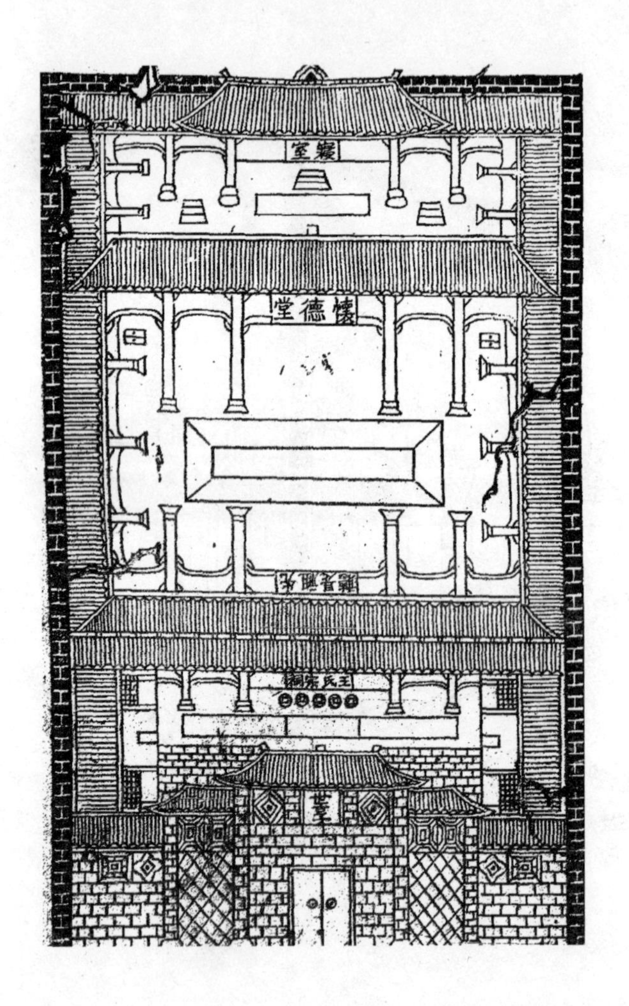

【说明】

“沧溪八景诗：［溪桥落虹］未倩山头云火烘，劈空染就一溪红。却疑石壁翻斜照，那识山桥落彩虹。饮涧惊开垂钓客，拖霞妒煞醉归翁。高楼直上凭栏眺，景与宣城约略同。［风亭返照］风亭潇洒占晴川，添得斜阳射眼前。玳瑁梁间霞欲染，琉璃瓦上月将悬。漫疑戈反如三舍，伫看山衔已半边。明日扶桑初出候，辉光料亦使人怜。［鱼沼莲香］寻芳得得到方塘，满眼红蕖色异常。出水轻盈娇欲语，迎风绰约远流香。观游鱼戏知心乐，听采莲歌引兴长。渔叟临池虽有意，此间莫谓网能张。［龙山松古］开门瞥见翠千重，深羡山林杂古松。节劲真同君子操，高标足受大夫封。枝撑落日看栖鹤，岫出闲云欲化龙。纵遇严寒侵岭畔，依然不改旧时容。［雪岭玉梅］庾岭从来博美誉，梅开斗雪亦相如。格高直并孤松秀，骨傲奚同百卉舒。六出花粘仙客履，一钩月映玉人梳。此间风景堪题咏，日暮浑忘返旧庐。［云庵金竹］参差金竹偏东西，绕住茆庵色色齐。风弄声和钟鼓韵，云排食惹凤凰栖。侭教节励如松劲，不是枝柔似柳低。最是黄昏门闭后，僧敲月下影离迷。［月馆书声］非琴非瑟亦非筝，时抑时扬韵最清。荒野那思探月色，兰斋惟喜有书声。三更稳梦频惊破，五夜孤灯独放明。此际纵多门外汉，能知倾听总关情。［烟峦樵唱］朝烟密密锁岩阿，伐木声中杂啸歌。有口山皆知响答，能言鸟亦助音和。料无樵客担书史，可遇仙童烂斧柯。唱罢归来休恨晚，得柴换酒兴偏多。［溪桥落虹］烟消雨霁画桥东，溪上横拖两脚虹。一带波流低映处，却疑水门折天弓。底事霞烘与日烘，石矼横架画难工。怪他烟雾空濛后，错认飞来送雨虹。［风亭返照］一样斜阳照牖樠，风光端的让长亭。若逢骚客从容过，把酒相偎醉不醒。送客桥边柳色青，夕阳斜照好风亭。更添千尺霞成绮，满幅天然一画屏。［鱼沼莲香］芙蓉出水喷清香，水底游鱼意态狂。寄语潜蛟休率侣，恐伤莲花与莲房。莲开清沼益生香，惹得群鱼戏水忙。纵有儿童偷下饵，鱼游水面不来尝。［龙山松古］秀拔山冈百尺条，年年霜雪不能凋。鬣鳞底事如斯簇，欲化虬龙上九霄。龙山高插入云端，种得青松耐久看。老干最怜鳞甲满，任他风雪那知寒。［雪岭玉梅］严寒天气雪成堆，雪里争开几树梅。藉问岭头风满处，可留高士卧云隈？玉貌仙姿岭上梅，枝枝斗雪一齐开。怜香那怕寒侵骨，多少诗人索笑来。［云庵金竹］白云庵外竹千竿，俗态能医不厌看。料得山僧知此意，管教日日报平安。重重云锁此山庵，金竹迎风舞翠岚。最好数竿遭雪压，折腰低首拜瞿昙。”（道光《新安琅琊王氏宗谱》卷八《沧溪八景诗》）

126. 清咸丰祁门县王氏宗族聚居村历溪村基址图

（咸丰《历溪琅琊王氏宗谱》卷一《基址图》）

127. 清咸丰祁门县王氏宗族聚居村栗里王村基址图

（咸丰《历溪琅琊王氏宗谱》卷一《基址图》）

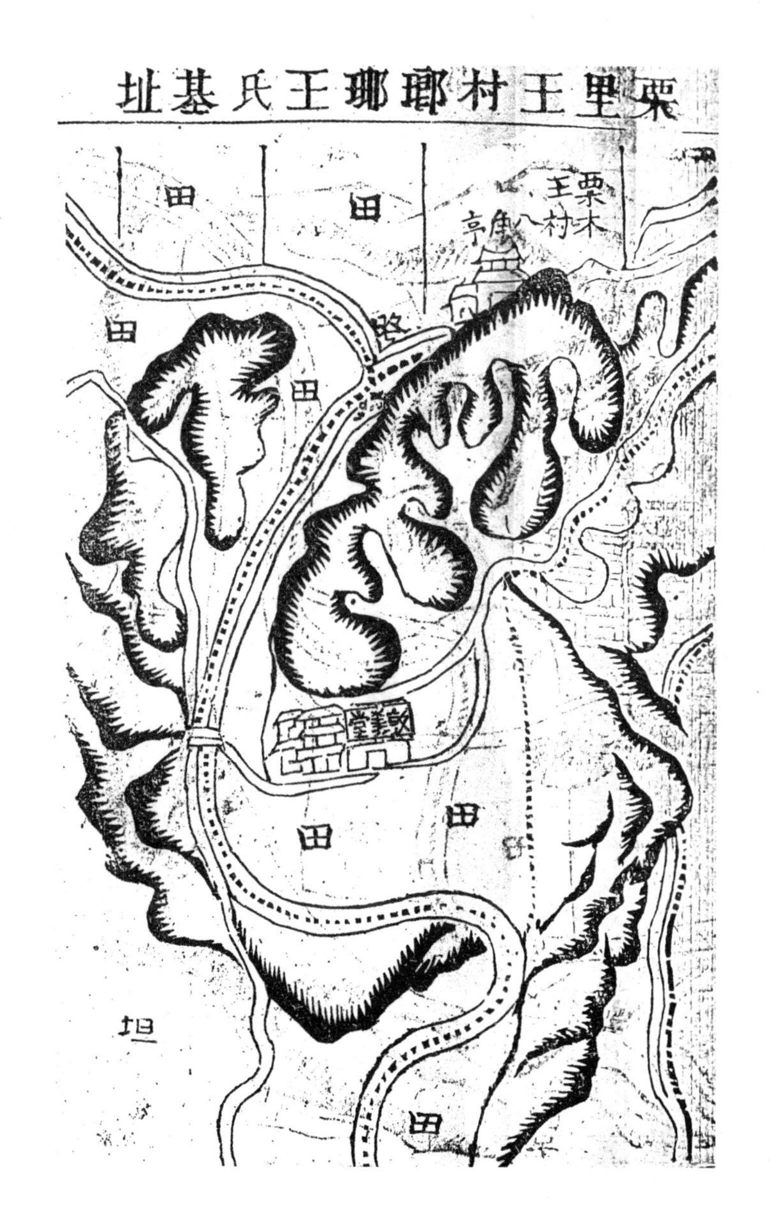

128. 清咸丰祁门县王氏宗族聚居村潘村基址图

（咸丰《历溪琅琊王氏宗谱》卷一《基址图》）

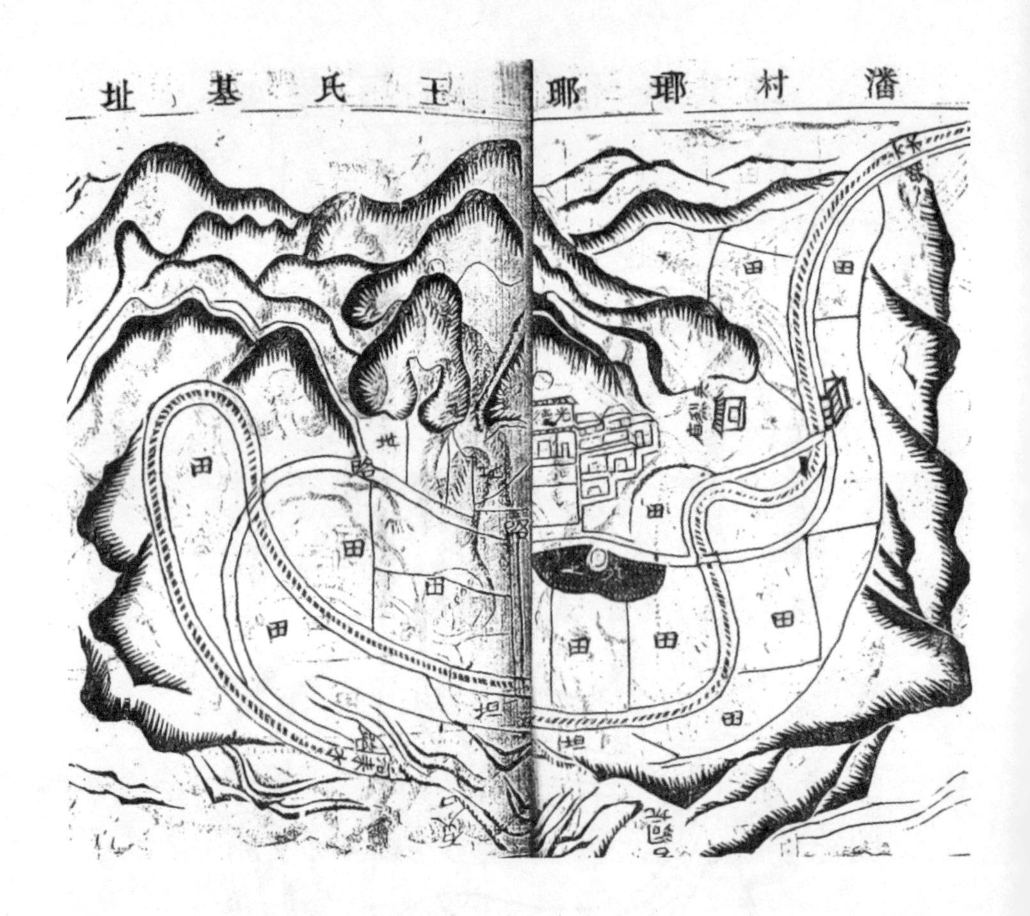

129. 清咸丰祁门县王氏宗族聚居村徐家䃉村基址图

（咸丰《历溪琅琊王氏宗谱》卷一《基址图》）

130. 清同治歙县歙南金山洪氏里居图

（同治《金山洪氏宗谱》卷二《里居图》）

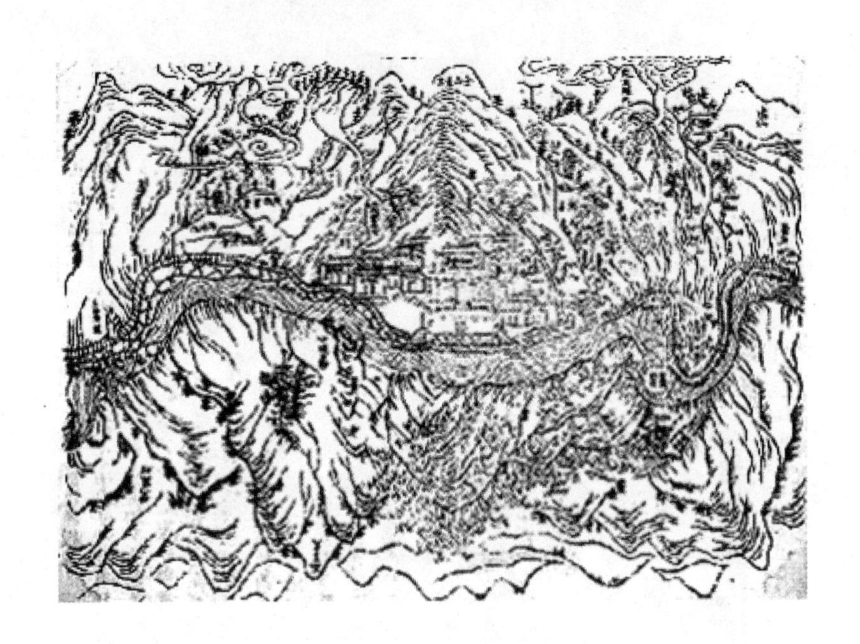

【说明】

“金山里居图引：从来豪杰挺生大器，何关地轴？山川毓秀，穷闾亦产人文。是故地以人灵，人以地灵，古今相传，良非偶也。洪氏自显恩公肇基兹土，雅号名区。地属新安，境连浙水，青山排闼，龙冈崱屴而壮雄图；绿水临门，蟾石谽谺以安乐土。杉坪观瀑，覩面垂虹。瓜坦燃藜，当头得月。碧潭钓雪，闲观飞跃之机；茂阪犁云，静获耕耘之乐。虽非胜地名区，抑是幽棲佳壤，松篁掩映，樵牧謳歌。既八景之纪胜，复四韻之成章，因绘一图，并题小引。佐仕郎宏川鲍家佐识。”（同治《金山洪氏宗谱》卷二《里居图引》）

131. 清同治祁门县方氏宗族聚居村营前基址图

（同治《祁门营前方氏宗谱》卷一《营前基图》）

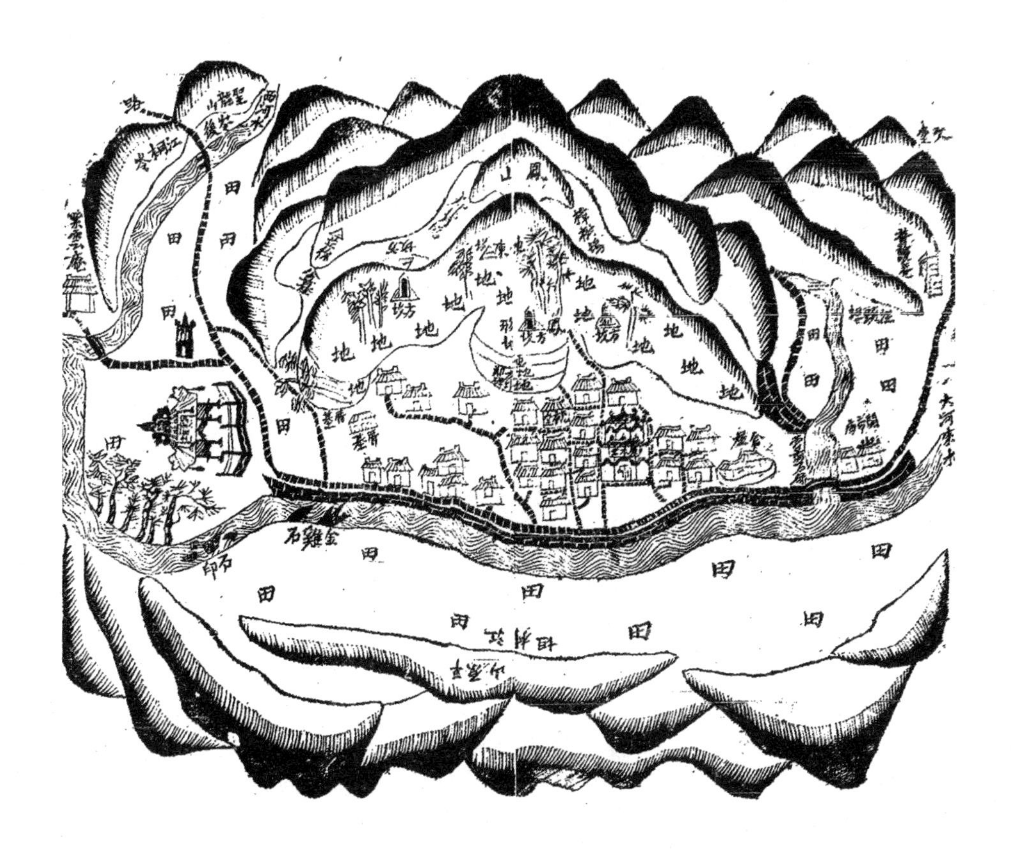

【说明】

“营前八景诗：［风来桐岭］桐岭层层级似梯，岭头亭阁并山齐。惠风和畅人欣憩，阵阵浑然两腋跹。［花满平原］春来淑气到平原，锦绣花开蝶乱掀。香气腾空盈六合，营前影映一花村。［雪凝凤山］住后来龙凤势名，雪花飞絮玉光明。山中若有花梅见，必遇高明细踏平。［月挂龙山］龙山古庙显神通，庙外森森有巨枫。明月团圞悬树杪，俨然金镜照当空。［钓垂溪口］锦鳞游泳实悠然，溪口渔翁似野仙。钓得鱼儿沽酒饮，醉眠沙地草为毡。［樵歌岭后］遥闻岭后唱高歌，知是樵夫乱击柯。日入夕阳肩觉重，枝头枝叶白云多。［耕满湾头］趁晴趁雨好耕田，犁起泥翻云乱颠。莘野湾头虽异地，荷蓑荷笠识谁贤。［牧唱江村］营前隔岸坂铺张，无数儿童唱夕阳。牧罢骑牛吹笛返，余音嘹亮尚飘飏。文堂献功陈凃题。”（同治《祁门营前方氏宗谱》卷一《原八景诗》）

“重修营前思本厅堂引：盖闻思本厅堂自康熙丙寅年间创造，缘我营前始迁第五世祖思禄公兄弟同子侄六七人踊跃乐成，以妥先灵，四时礿禘，尝蒸俎豆而习礼仪焉。传至第七世祖廷玺公、第八世祖维精公、维权公、维本公、维棚公、维机公、第九世祖士谦公、士词公，以及合族人等，见夫瓜瓞绵绵也，于今思本厅堂众等咸云：蜗庐甚难祭之礼也。是以合族商议，务要各支各祀乐输钱文，并各户各丁乐助杂工，同心协力，另立肯构堂，以安先祖。会于嘉庆辛未岁，维精公、士谦公等经手，挤树、烧砖、兴工一切等事，齐心建造崇本祖堂祠宇，至道光壬午岁，创造已毕。道光己丑岁，予同国述等经手，合修族谱，于庚寅岁照谱牒名目，自始祖雷公以后，同支共派，以前祖灵曾安于思本厅堂者，今众等诚心迎接先祖神位，尽安于崇本祠内，设座奉先思孝，寝成孔安耳。于春夏秋冬之际，以便于子孙陈俎豆而祭以礼也。思当日木本水源，须重慎终追远，迭年习四时之礼。自此迎祖入祠，以后合族人等见夫思本厅堂之内，并左右二门，为合村来往通行众路，二门不能关锁。此厅堂也，无关无闭，以至漏烂倒坏，无人葺之，岂不废先人之苦心乎？试思前人甚寡，纷纷有志建立于思本厅堂，以妥先祖，供奉祭祀而已。今也，子孙众多，岂肯将此堂安于不问乎？兹合同众等踊跃成之，将配祭冬至二祀，乐输钱文，一一公同修整，在左右二门内取一字天井，周围封墙摭闭，内左开一艮门，由户出入，墙外存一小衕作路，以便来往通行，两得其便。我族人等齐心协力，各发善心，将此堂修整，改作合村书室及客馆厅堂，庶不负先人之志创立于此堂矣。故为人子者，当念前祖苦心一片，功成而告竣耳。身等俟后世子孙，望其立志如此，而光仪又如在焉。是为引。本考公秩下三十七世孙士诚书。”（同治《祁门营前方氏宗谱》卷一《重修引》）

“重修营前住基门前园埲通衢大路引：窃闻人生斯世，虽碌碌无能制作，而于先人创利人利己之事，莫不尽力奉行，非敢邀名，亦尽其为子为孙者分之所当为耳！试观予村风土人物，古道犹存，敦庞之气不亚于他邻，而环顾予村之各事，尽皆荒瘠肃瑟，则不及远，甚夫他能，其气象何不同如此？因此而问诸予村父老。父老告曰：‘原前此基址，面前河水迅急，下流直泻，不但为基址有忌，且为往来行人亦多受累矣。自予祖迁居此地之后，集族人等创基前河埲大路。自后，合村人文济美，来往行人无危，岂非先人种利人利己之根苗乎？近因年湮日久，屡被洪水冲损，基埲大路大半倾泻，水复迅急，直行扫脚，人丁弱寡，是非多端。兼之下手又无庇财丁，讵能久积。吾村之弊，因此之由，予闻此言，于集合村人等，急劝诸公先将此埲此路修整，陞高三尺有零。后再劝输下手大小田租，后在输田内蓄养树木，以作庇荫，永为合村利已利人之计，岂不甚幸？凡子孙者，分所当为，不敢诿躬退缩。履其地，计其丈尺，度其广狭，工费非数百金不能落成。爰合村公议，劝各家乐输钱文、杂工，踊跃兴工造成，以复先人之旧志，永保合村之丁粮也。况乎来往堪舆先生所云：‘此住基面前，果能重修此埲路，再加高数尺，下手培补，庇荫抱护，又将基址西边血脉之水尽归，从坤方入离、震二方而去。基前青山绿水环绕之，可以钟灵毓秀。’予又闻此言，为俟后世合村家家户户多多益善，丁满丰盈，礼义家声，希圣希贤，以视夫炫耀一村，降福一方，其功之大小，随人意耳。今予諵諝等二三人何能居领袖之名？仰望合村忠义之士，公同乐助钱文、杂工，齐心协力，将此埲路一一造成，俾当时承蒙合众输心。降福既多，后来子子孙孙兰桂滕芳必不可少耳。士诚书。”（同治《祁门营前方氏宗谱》卷一《重修基埲引》）

132. 清同治祁门县方氏宗族聚居村祁南路公桥柯源基址图

（同治《祁门营前方氏宗谱》卷一《基图》）

【说明】

“柯源始迁：五公本是伟溪源，柯岭新居又一村。若问重迁何地好，路公桥处著高轩。营前崇本堂裔孙以真、国进拜题。”（同治《祁门营前方氏宗谱》卷一《柯源基图》）

133. 清同治祁门县方氏宗族聚居村中村基址图

（同治《祁门营前方氏宗谱》卷一《中村基图》）

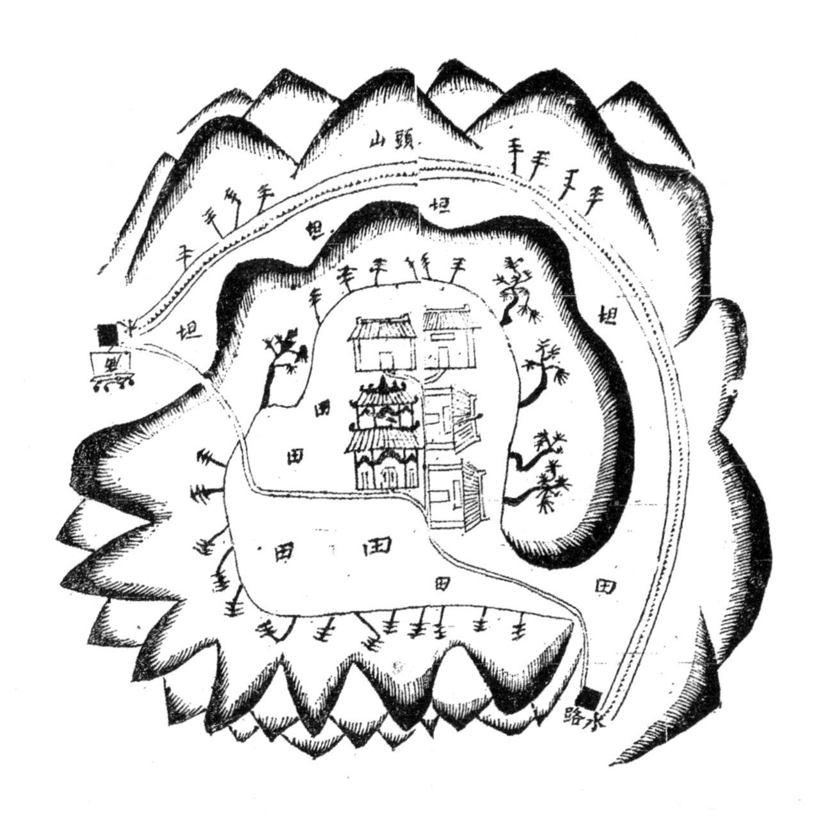

【说明】

“中村始迁：德宁复徙向中村，由五公支合本原。派衍赤桥来脉远，依然传子子传孙。营前崇本堂裔孙以真、国进拜题。”（同治《祁门营前方氏宗谱》卷一《中村基图》）

134. 清同治祁门县陈氏宗族聚居村黄坑坞基图

（同治《武溪陈氏宗谱》卷四《基图》）

黃坑塢基圖

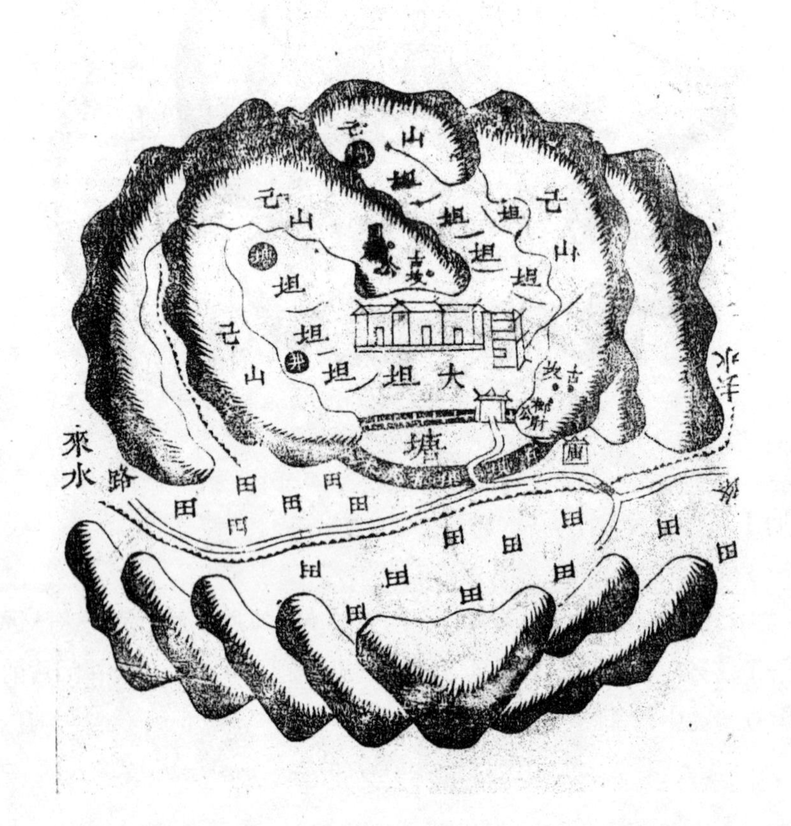

135. 清同治祁门县陈氏宗族聚居村纸房前基图

（同治《武溪陈氏宗谱》卷四《基图》）

紙房前基圖

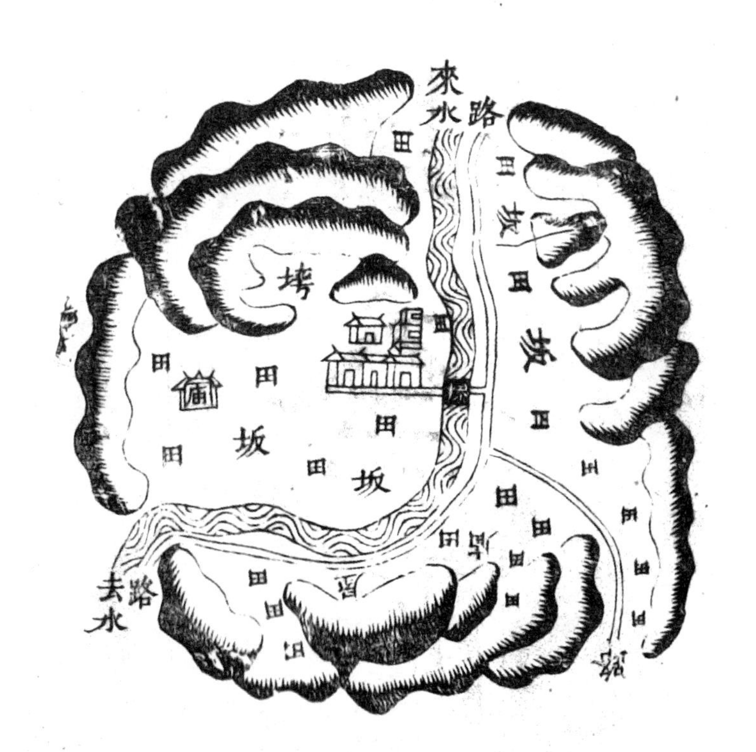

136. 清同治祁门县陈氏宗族聚居村纸房前基图文字说明

（同治《武溪陈氏宗谱》卷四《基图》）

宅基坐落十三都七保律字三百九十號土名四畝坵係買受呂姓四股之三仍一股亦典與身位下

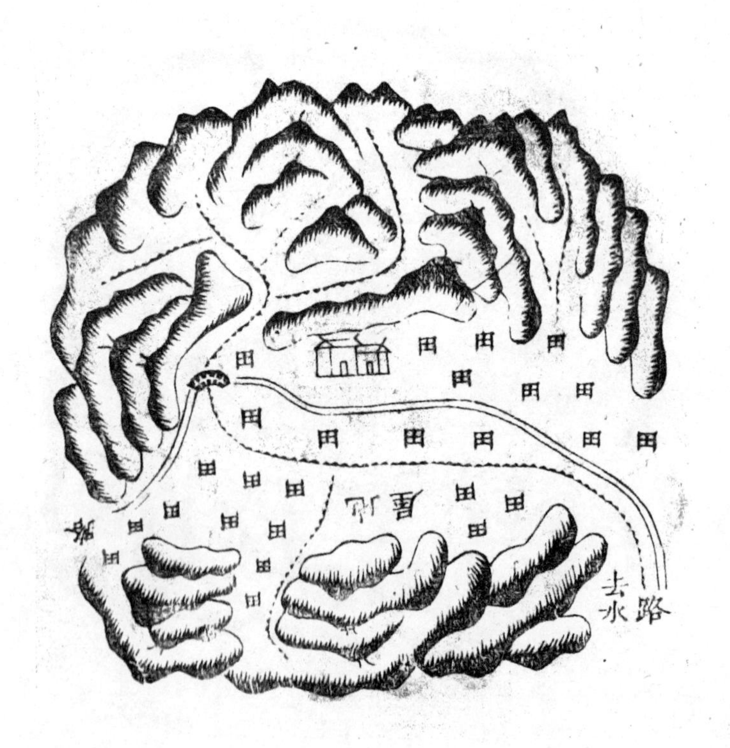

137. 清同治婺源县湖溪孙氏宗祠图

（同治《湖溪孙氏宗谱》卷二《祠图·本仁祠图》）

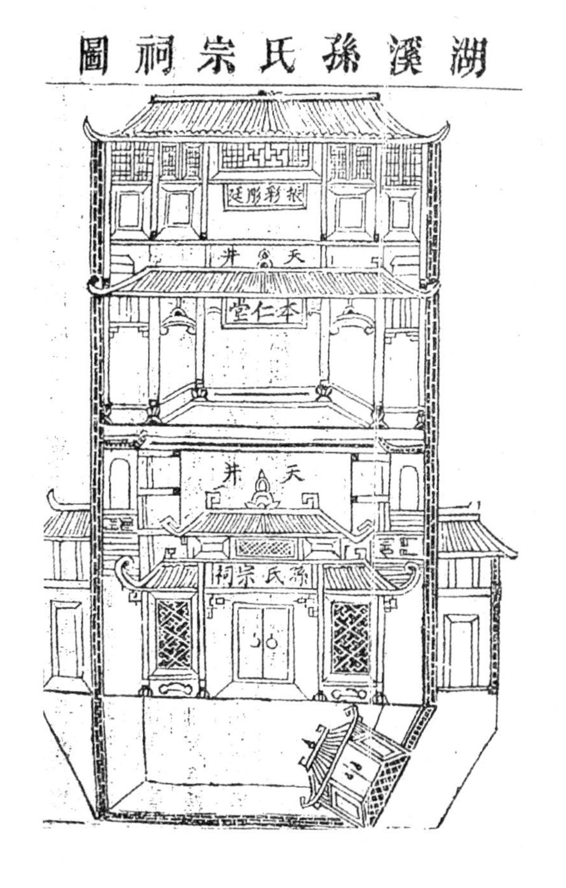

【说明】

“祠在十都四图五甲龙湖坦，经理系坐字贰仟肆佰陆拾捌号，计地税捌分伍厘叁毛。又坐字贰仟肆佰柒拾号，计地税壹亩陆分陆厘柒毛。正堂内地贰佰柒拾伍步，外余地肆步壹分又肆拾捌步肆分。东至高磅下抵俱基允圭地，曲尺直进，随路直下；西至孙、汪两家地，随磅直上，至汪家坟山抵本户山；南至祠洋沟，抵云辉地；北至本户坟山及路。大明万历十五年，岁次丁亥造。”（同治《湖溪孙氏宗谱》卷二《祠图·本仁祠图》）

“本仁祠记：龙湖在晓川之南流，带河负山，其搏厚昌大亦犹邑之地形，若蟠龙也。水自北而南，来之逶迤，去之廻还，东有木，西有金，南有火，北有水，中则浑成方平为土，且巍巍然出万山之上。有珠美峰者，古志之矣，此天之闲气所锺，聚五星而位之一处，诚生贤生圣、可卿可相之地，盖尝见之于此也。我祖宣议念六公所为觇其形胜而来家与墓焉。人之所居，斯神之所依，孰谓在天之灵不即亯于兹土欤？万历间，岁在丁丑，诸公动木本水源之思，立庙以聚散合族，诸人卜吉佥同，庀材鸠工，当龙湖祖墓之右，爰建一祠，盖取诸此也。度其工料用费，计资不下数千金，一罗于丁，一获于输，二载而功成。级堦有度，高卑有制，堂庑有辩，深广有数。俎豆可陈，宾延可会，登降可列，昭穆可序。以祭以亯，于兹具举。规模如此，其宏远也。继有诸公承绪余而缵之，数十年来，补阙漏，增未逮，权之以子母，益之以土田。牲杀器皿，粢盛丰备，前此未尝有也。如数公者，实任且劳矣。因沸乱及之，不数年倾废几尽，祠之瓦甃、墙垣、门楹、簷庑风雨摧颓，半为茂草。人方以兵燹自危，置之勿问。壬辰岁，时方安堵，请事父老，谋及宗人，获诸公议为修葺，逾月而是役竣。虽一时事出艰难，此上安祖灵，下遗子孙，亦继志述事之大端也。惟收簿籍、持筹划，公之力较饶焉。年近百世，人文之盛，豪杰之多，几废几兴，几亡几存。歌斯哭斯，聚族于斯也。既久，若夫光大而显扬之，以俟后之君子。且世有室即为命名，古今皆然，将使子孙顾名思义，相率亲亲、长长而家道正，乃吾族颜祠之堂曰‘本仁’，意已至矣。以是为子，以是为臣，以是为弟，以是为友，其庶几乎果若斯之，人人自仁，其于家国天下也何有？凡我宗人，惟在相勉，夫为仁而已。苏子有云：‘论事易，作事难；作事易，成事难。’子孙其勿忘艰难也。此记之之词，即记之之意欤。顺治九年，岁在壬辰一阳月谷旦，裔孙裳百拜谨撰。”（同治《湖溪孙氏宗谱》卷二《祠图·本仁祠记》）

138. 清同治婺源县湖溪王盈坦伯七公祠图

（同治《湖溪孙氏宗谱》卷二《祠图 · 伯七公祠图》）

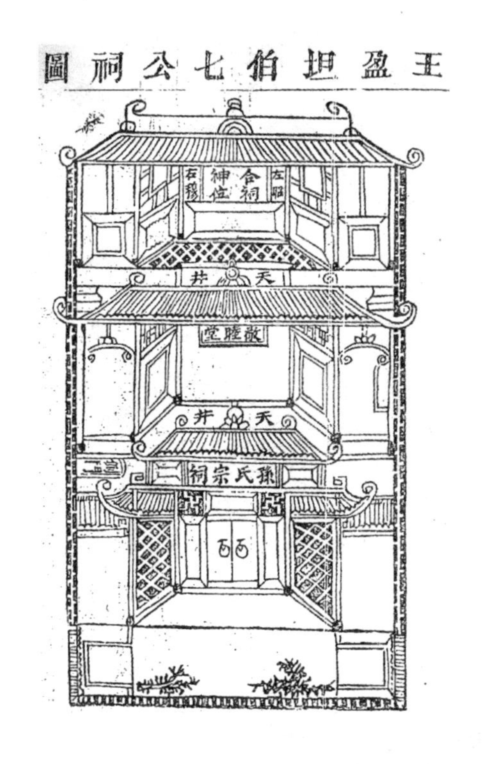

【说明】

“祠在四都王盈坦下源，经理系号字壹佰伍拾壹号，计丈积伍拾步，计地税贰分叁厘壹毛正，东至路，西至本户地，南至路，北至路地。又号字壹佰伍拾贰号，计丈积玖拾捌步，计地税肆分零柒毛正，东至路，西至本户地，南至石磅，北至田，其税粮存各户交纳。大清道光元年，岁在辛巳造。”（同治《湖溪孙氏宗谱》卷二《祠图 · 伯七公祠图》）

139. 清同治祁门县方氏宗族聚居村葛流源村基全图

（同治《方氏宗谱》卷末《基址全图·葛流源基图》）

140. 清同治祁门县方氏宗族聚居村溶溪村基址全图

（同治《方氏宗谱》卷末《基址全图·溶溪基图》）

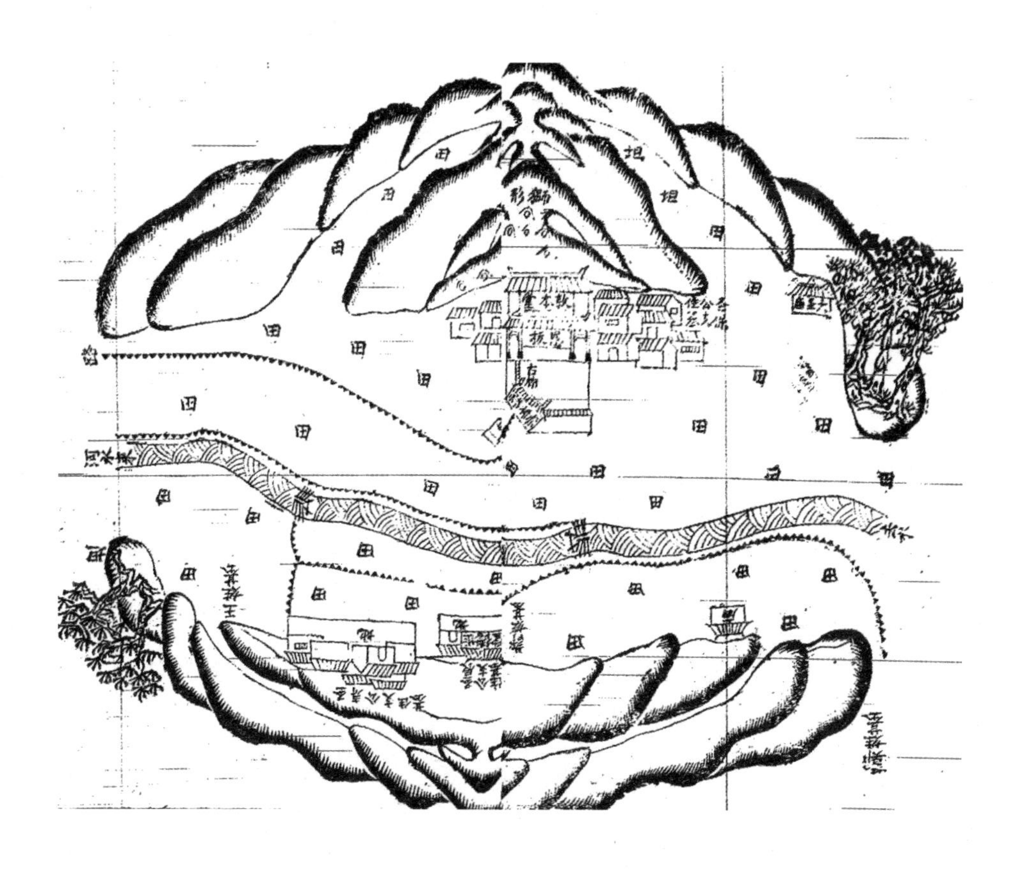

141. 清同治祁门县方氏宗族聚居村赤桥村基八景全图

（同治《方氏宗谱》卷末《基址全图·赤桥基图》）

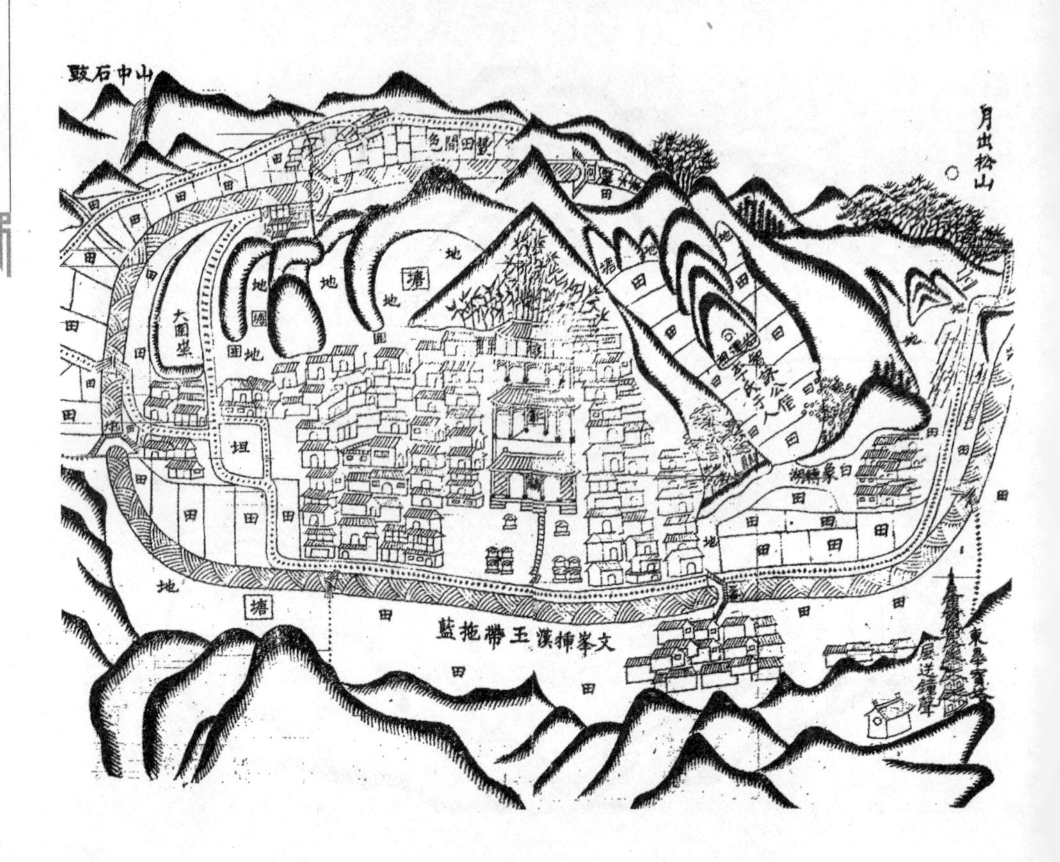

【说明】

“赤桥八景诗并序：余族处万山之中，周环数里，川原林壑，秀出天然，多有引人入胜者。先君子手加培植，更足以壮观瞻焉。爰择其名胜之尤者，汇定八景，俾□游目骋怀，吟咏其间。惜乎相沿日久，当时之丽句绮章，杳不可得，而风景犹然，依然在目也。余当课徒之暇，即景生情，勉成八律。

第腹枵句俚，未足当大雅之一哂云尔。

［东皋宝塔］巍巍宝塔势雄豪，突兀峥嵘气象高。远接群峰浮翠霭，低环曲水涌波涛。临风宝铎琮琤响，插汉金锥结构牢。峭顶凌处如画里，千秋永镇此东皋。［风送钟声］轻风拂拂隔帘侵，送得钟声杂远砧。月夜随飏飘逸响，霜天和籁发清音。如悬玉盘传消息，似挂金铃识浅深。满耳闻来真洒落，凭栏相赏起狂吟。［文峰插汉］文峰高插白云巅，面面玲珑象万千。排戟海中螺竞秀，列屏天然黛分妍。三枝妙笔凌云表，万仞华屏近日边。绝顶巍巍浮翠色，科头凭眺兴飘然。［玉带拖蓝］赤溪流水碧潺湲，婉转浑如玉带环。绕屋波光涵潋滟，临岩柳浪映斒斓。四围岸曲迷青霭，百尺潭心拥翠鬟。羡煞山村风景好，天然练色满乡关。［山中石鼓］峦光叠叠复重重，水击空潭似鼓鼕。雨后扬声浑简简，风前击响更溶溶。恍疑□吼传幽谷，不辨雷鸣杂远钟。如此钟灵真罕匹，有时静听豁心胸。［月出松山］为爱云开月影斜，苍松掩映景堪夸。虬枝郁郁披清荫，兔魄溶溶耀素华。听得涛声穿碧岫，升来玉彩透林桠。悠然乍启疎櫺望，惬我吟怀分外嘉。［丰田间色］丰田丽景久相亲，嫩绿轻黄鬭暮春。簇簇花疎铺似锦，芃芃麦秀望如茵。连畴色间能超俗，隔陇香浮亦可人。正是一番佳趣好，啣杯赏玩乐天真。［白象转湖］山名白象景清幽，眺望湖光一色秋。威势魁梧廻野浦，高形突兀立芳洲。云崑似鼻环螺拂，石笥张牙耸翠浮。拟作荆山当日放，天然胜迹古今留。裔孙琴山炽昌拜稿。”（同治《方氏宗谱》卷末《基址全图·赤桥八景诗》）

142. 清同治祁门县方氏宗族聚居村里源基址八景全图

（同治《方氏宗谱》卷末《基址全图》）

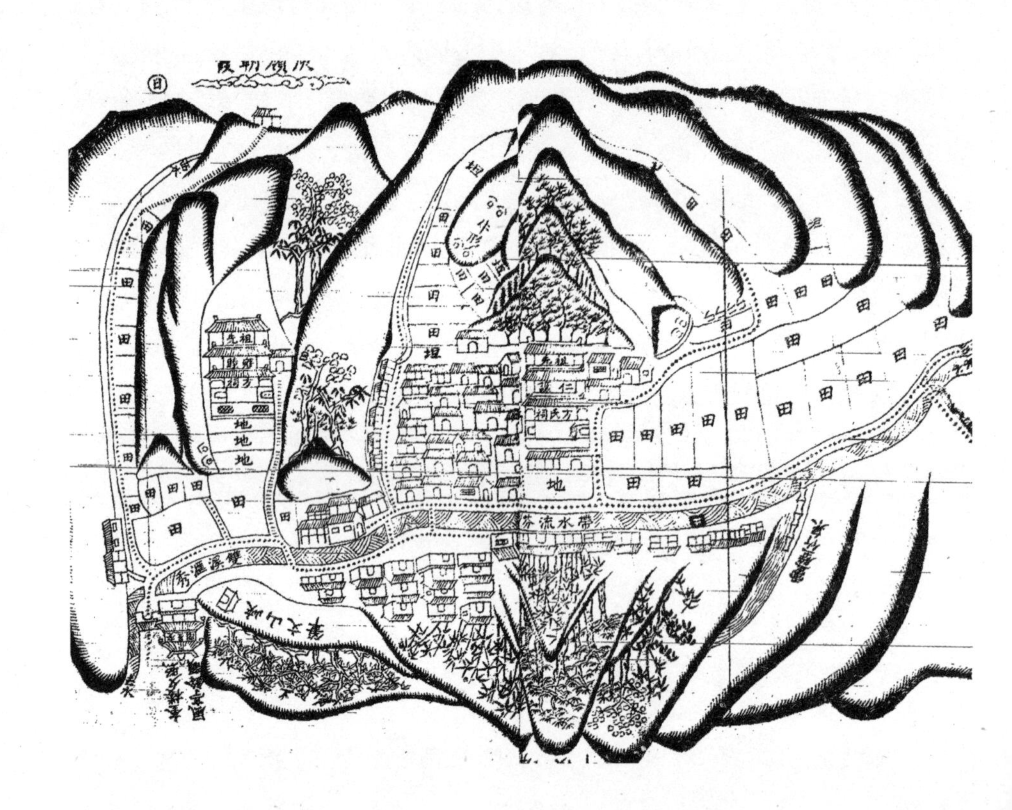

【说明】

“里村源八景诗：［带水流芬］青葱竹木荫门闾，泽荷先人妙卜居。西水廻环东水绕，烟村两岸爱吾庐。［屏山积翠］春秋佳日任晴阴，屏展南山鉴古今。一种厚青浓绿处，有人能画不能吟。［灵壁珠泉］接竹灵岩引石泉，四时盈耳响涓涓。何须槐火清明煮，味配香茶日日鲜。［奎楼夕照］翼然高阁欲凌空，面面疏櫺面面风。好水好山看不厌，夕阳相映趣无穷。［双溪汇秀］

溪分燕尾使人怜，隐向池头奏管弦。夜静月凉闲听去，无心重问武陵川。［风亭铃韵］铁马宵来响趁风，冷和莲漏户丁东。山人一自山居后，别有情怀听不同。［峡山文笔］巨灵遣下一枝笔，春至能开五色花。共道砚田无恶岁，儿孙珍重好生涯。［庾岭朝霞］庾岭高高欲到天，早行会此立峰巅。佳哉一气清空里，万叠霞光耀眼前。云峰朝墩拜稿。”（同治《方氏宗谱》卷末《基址全图·里村源八景诗》）

143. 清同治祁门县方氏宗族聚居村南门西村基址八景全图

（同治《方氏宗谱》卷末《基址全图·南门西村基图》）

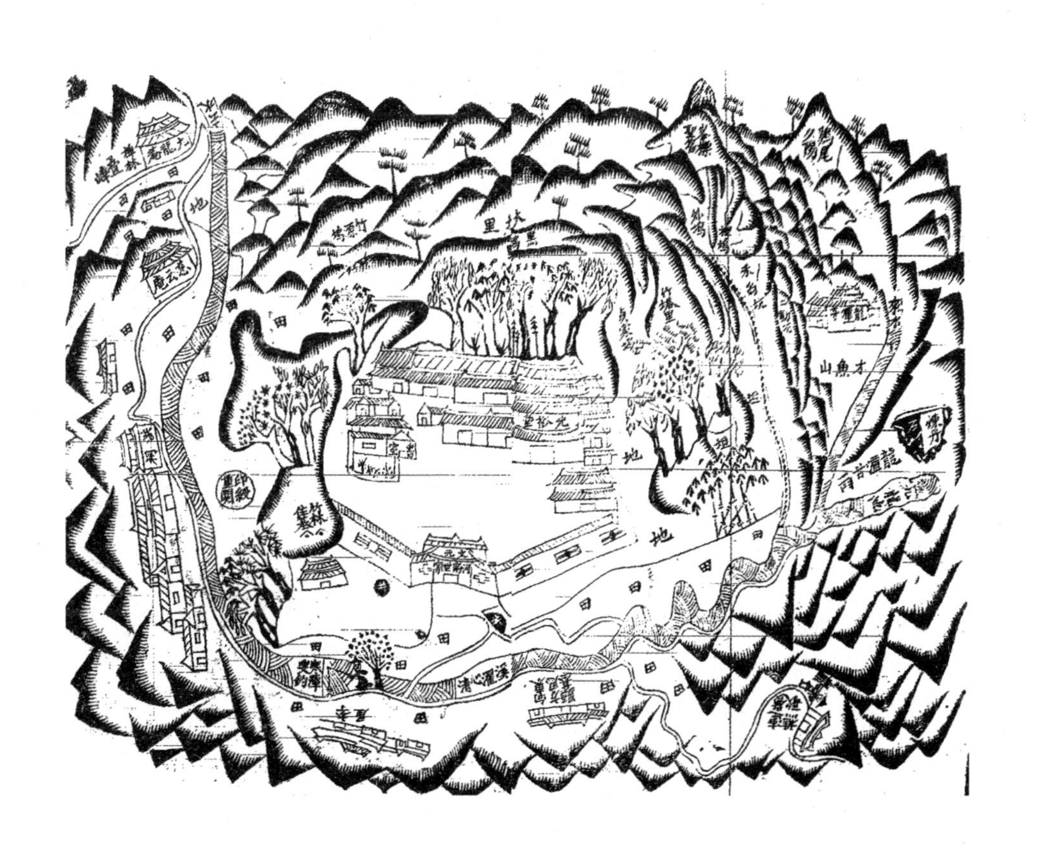

144. 清同治祁门县方氏宗族聚居村黄杨基址八景全图

（同治《方氏宗谱》卷末《基址全图·黄杨基图》）

【说明】

“黄杨八景诗：［宅基景迹］栋宇十间甲第开，翚飞阀阅叠徘徊。朝东绿水基所绕，障北青林雨后栽。［朝山秀峰］几层峰岫映墀前，秀色由来葎翠连。春日莺鸣修竹里，仙家犬吠白云边。［狮形水口］铜头铁额水东关，钩爪锯牙类活颜。虎豹亦亏烟扑面，熊罴惟幸不同山。［象形古迹］铁蹄山色宅基边，银齿形容觉地眠。声唤不闻谁识物，假成兽类倚关前。［柳荫凉亭］翠色垂阴亭几间，含烟带雨画图刊。柳逢春至千丝舞，莲弄秋香万絮盘。［水口神庙］神威永镇绿杨村，庙宇堂堂庇院门。圳水护田围大宅，四山排挞绕黄墩。［戏台楼阁］蹁跹妙舞庆楼台，明月清风乐日催。彩绘檐枋遗旧韵，数层山水映新雷。［古井长泉］大宅村心有井泉，凿穿渊水泽长存。取来炊稻千家仰，用煮新茶万户传。”（同治《方氏宗谱》卷末《基址全图·黄杨八景诗》）

145. 清同治祁门县方氏宗族聚居村稠源基址八景全图

（同治《方氏宗谱》卷末《基址全图·稠源基图》）

【说明】

“稠源八景诗：［宅基虎山］虎伏北山宅地宽，奂轮栋宇起风光。高峰左右层环障，水溪东西锦绣开。［朝山峰秀］高嵌峰岫两三层，翠映窗前绿榇门。百户巅岚霞影影，千重岖峙似辚辚。［水口眠犬］东关山色茂林丛，绕护人烟爱古风。夜静不闻声吠吠，日明时见树浓浓。［象形古迹］隔溪一象庇村居，长鼻高形向我闾。静看高峰临玉座，缓观山水绕浮迹。［石桥来往］几洞桥连宅门东，半陵半峻叠层空。客至岭边堪贺水，村儒闲饮乐其中。［馥桂凉亭］桂色丛丛倚亭前，时维八月落无言。往来攀折人堪赏，馥郁飘香庆此年。［稠木秀岭］层层叠叠起高峰，秀岭溪东伴小冲。殊觉前山同耸峙，稠源帷障更重重。［虾蟆石迹］石蔽溪头不类他，东溪保障伐冰家。云浮绕屋连新绿，日映窗前带碧涯。”（同治《方氏宗谱》卷末《基址全图·稠源八景诗》）

146. 清同治祁门县赤桥方氏宗族云平殿基图

（同治《方氏宗谱》卷末《云平殿基图》）

【说明】

“云平殿诗：赫濯神光庙貌辉，肃雍永镇泽咸施。六州保障唐封敕，数位尊灵合社依。双溪左右重重遶，一水东西渐渐归。我祖建修今已古，绘图远保免遗疑。稠源振錩题。”（同治《方氏宗谱》卷末《云平殿诗》）

147. 清光绪歙县新馆鲍氏宗族著存祠图之一

（光绪《歙新馆著存堂鲍氏宗谱》卷三《祠图》）

148. 清光绪歙县新馆鲍氏宗族著存祠图之二

（光绪《歙新馆著存堂鲍氏宗谱》卷三《祠图》）

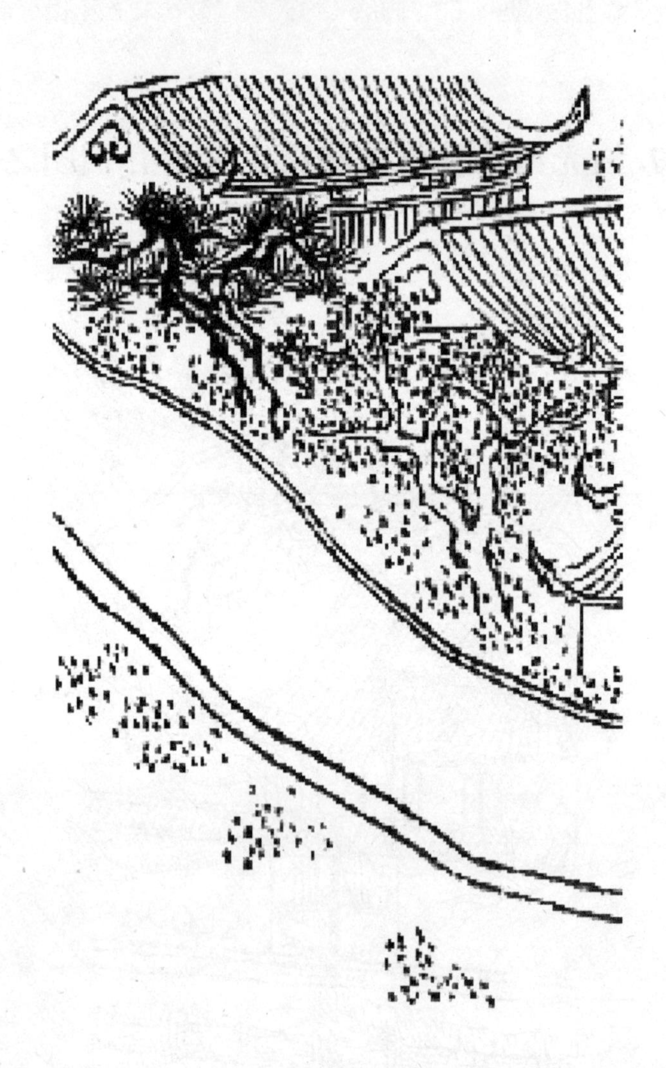

149. 清光绪绩溪县梁安高氏横城村图

（光绪《梁安高氏宗谱》卷十二《村图·横城村图》）

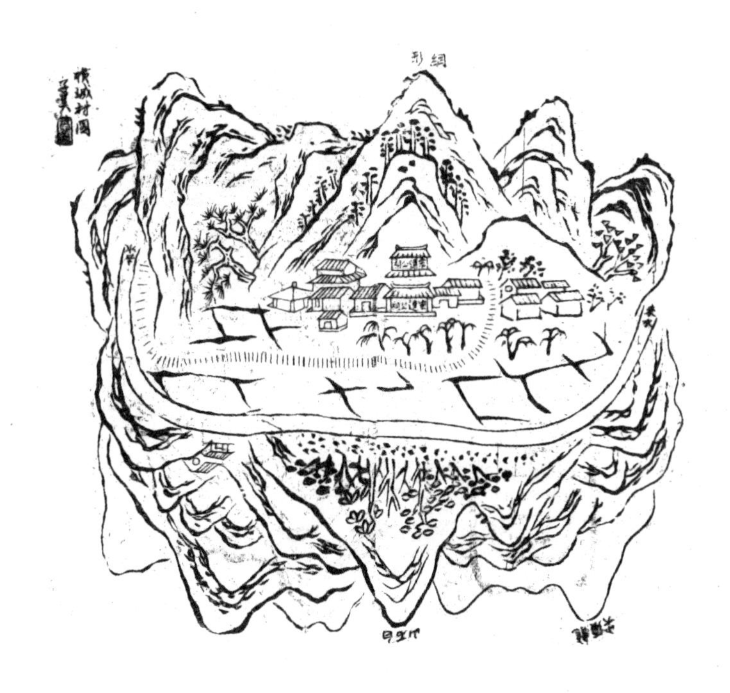

【说明】

“横城四景，宁国辛酉拔贡、甲子举人、拣选知县周赟：［网水流花］网山围绕网溪环，溪上莺歌尽日闲。却笑落花难自主，竟随流水到人间。［马岩夜月］山势昂昂天马行，米颠、韩干画难成。中宵风雨来深谷，疑似争先万马声。［金井梧月］金井生寒旧挂瓢，秋河横影夜迢迢。曲阑坐倚梧桐月，不酌清泉渴已消。［砖巷茶烟］深巷清阴二月天，迟迟花影度银砖。翠篁欲借山厨色，绕榻茶香散午烟。”（光绪《梁安高氏宗谱》卷十二《八景诗·横城四景》）

150. 清光绪绩溪县梁安高氏青山塘村图

（光绪《梁安高氏宗谱》卷十二《村图 · 青山塘村图》）

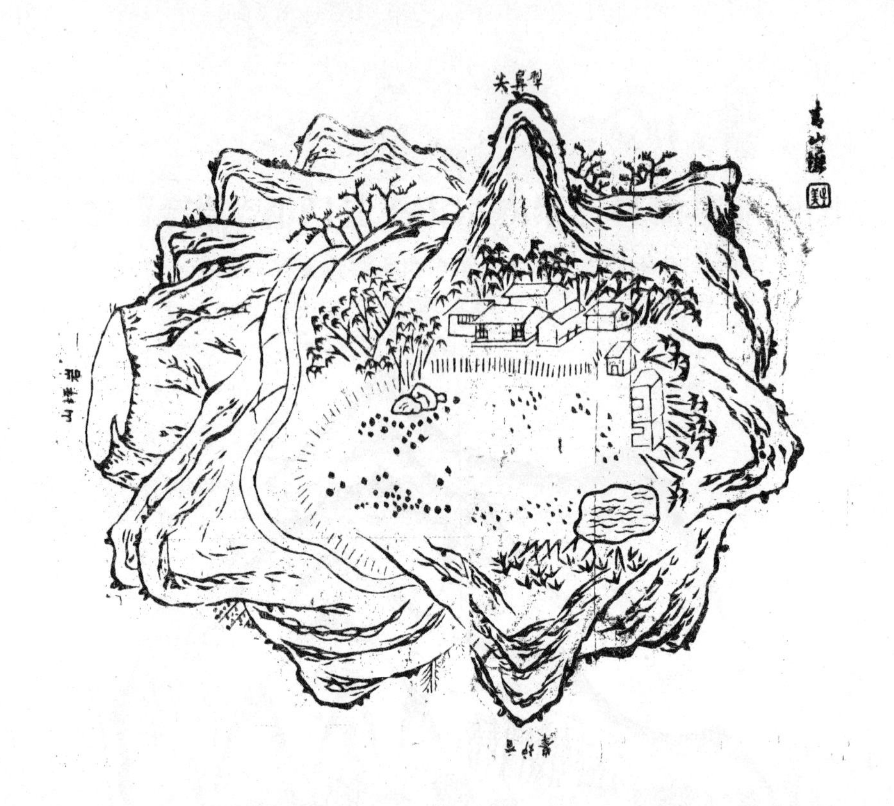

【说明】

“青山塘四景：［青山塘］青山青似染，山色满塘青。鱼跃动山影，清光荡草庭。［香炉峰］千丈香炉顶，朝来生紫阳。秋高桂花冷，香散入诸天。［岩平山］山势不能平，岩巅忽有坪。仙人着棋去，忘却卷楸坪。［犁尖降］削木帝为耒，山形亦肖之。年年春雨足，曾不害三时。”（光绪《梁安高氏宗谱》卷十二《八景诗 · 青山塘四景》）

151. 清光绪绩溪县梁安高氏下朗坑村图

（光绪《梁安高氏宗谱》卷十二《村图·下朗坑村图》）

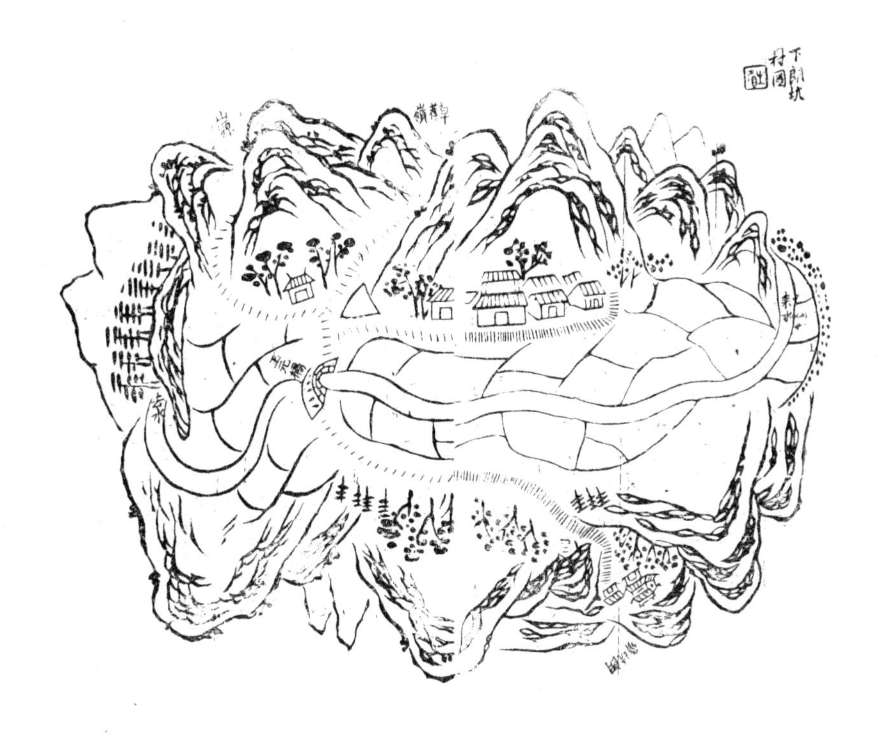

【说明】

“下朗坑四景，周赟，字子美：［曲溪浣月］茅屋参差碧霭间，野梅香匝水廻环。牧童骑犊归来晚，踏破清溪月一湾。［重岭飞霞］秋色晶荧鸟道斜，枫林曲折几停车。半空试拂云根坐，前岭廻看后岭霞。［玉元卧虹］绿杨烟锁玉元桥，三月春晴雪影飘。为爱溪边风日好，游人半晌立虹腰。［山源叠翠］闲向深山问水源，犬声遥在落花村。仙翁采药云无迹，冷翠千峰静掩门。”（光绪《梁安高氏宗谱》卷十二《八景诗·下朗坑四景》）

152. 清光绪歙县歙东子夷滩高氏子夷滩村图

（光绪《梁安高氏宗谱》卷十二《村图·子夷滩村图》）

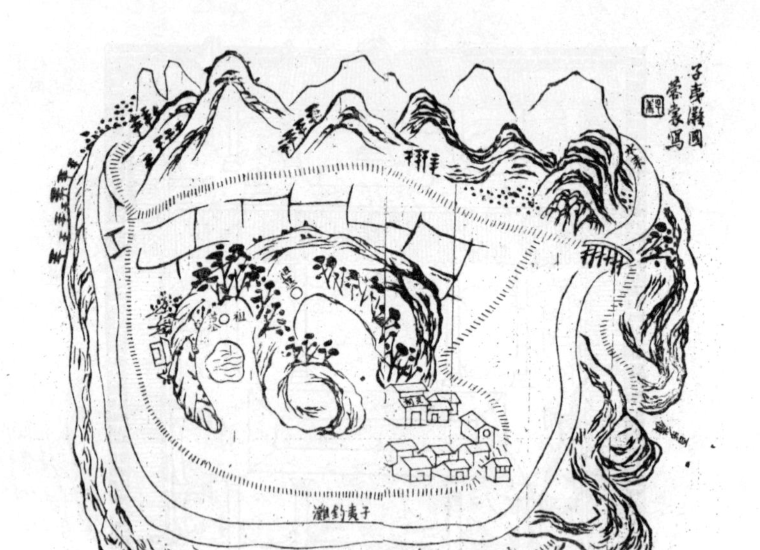

【说明】

“歙东子夷滩四景，周瓒，字子美：［钓滩秋月］（原注：子夷者，不知何代人，隐此垂钓，故名）水落秋潭澈底清，千秋不改子夷名。高人一去苍苔古，垂钓滩头月自明。［环水春波］山如城郭水如池，水绕山环绿四围。淡淡春波流不尽，游人闲向镜中归。［百步云梯］西岭岧嶢上界连，丹梯百步倚云边。忽闻笑语因风落，多少行人在半天。［五峰星聚］何年五老降天庭，玉杖万瞳认五星。聚讲至今忘归去，常留形影插云青。”（光绪《梁安高氏宗谱》卷十二《八景诗·子夷滩四景》）

153. 清光绪歙县梁安高氏承旧岭村村图

（光绪《梁安高氏宗谱》卷十二《村图 · 横城村图》）

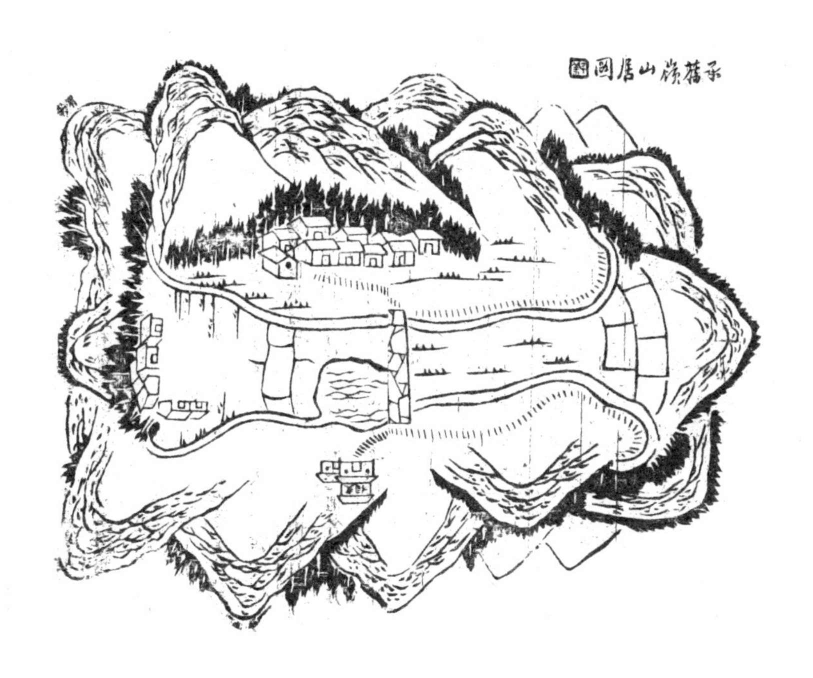

【说明】

“歙东承旧岭四景，周瓒，字子美：［眉峰晚翠］天际眉峰翠晕开，银塘窥见影低徊。阿谁淡扫娥弯罢，终日凝妆倚镜台。［榜岭朝霞］榜岭晴晖碧涧东，朝阳初出印霞红。轻笼十里空无迹，缥缈人行锦帐中。［春谷兰香］滋兰九畹旧生涯，（原注：山家皆艺兰为业）春露瀼瀼好种花。日午微风生谷口，清香来处有人家。［锺山梅月］锺山云敛暮锺残，静掩柴扉鹤梦寒。绕寺梅花千万树，老僧让与月明看。”（光绪《梁安高氏宗谱》卷十二《八景诗 · 歙东承旧岭四景》）

154. 清光绪绩溪县梁安高氏上草坦村图

（光绪《梁安高氏宗谱》卷十二《村图》）

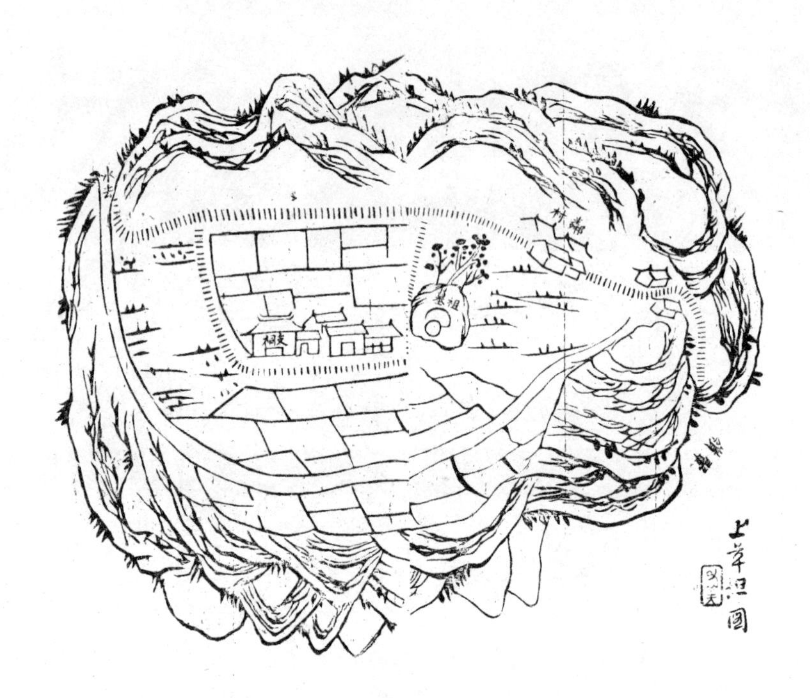

【说明】

“上草坦四景，周赟，字子美：［草坦桑麻］芟草当年入坦途，桑麻四面水萦纡。垂髫戴白熙然乐，一幅桃园活画图。［翚阳松竹］翚岭岧嶤度远空，千重松竹响天峰。红尘鹿鹿往来客，徒羡田间白发翁。［乳溪漱玉］双溪廻合乳交流，照岸清光碧玉秋。傲世幽人闲漱石，肯将风味让巢由。［天井涌珠］古井谁开小洞天，汲来修绠不知年。烹茶酿酒无穷味，何必嘉祥问醴泉。”（光绪《梁安高氏宗谱》卷十二《八景诗 · 上草坦四景》）

155. 清光绪绩溪县梁安高氏二都东山村图

（光绪《梁安高氏宗谱》卷十二《村图》）

【说明】

“二都东山四景，周赟，字子美：［东岩待月］东华仙侣罢敲棋，石室书声月到迟。坐久浑忘云袂冷，冰轮一片挂松枝。［北嶂卧云］山势蜿蜒自北来，凌空翠嶂拥仙台。石床一觉华胥梦，洞口碧桃花自开。［醴泉涌珠（原注：太公塘）］凿石为池号太公，珠泉滴沥古今同。儿孙共沐先人泽，不改陶唐击壤风。［带山横玉］前山如带抱村平，恰似围腰碧玉横。南望翠螺千万点，秋高倚槛倍分明。”（光绪《梁安高氏宗谱》卷十二《八景诗·二都东山四景》）

156. 清光绪绩溪县梁安高氏杨家岸村图

（光绪《梁安高氏宗谱》卷十二《村图》）

【说明】

“杨家岸四景，周赟，子美：［杨岸烘晴］春晴两岸柳飞花，拂拂东风燕剪斜。门巷尽为高士宅，芳邻三月记杨家。［珠石涵碧（原注：水口二石，圆莹如珠）］莹圆双影画桥阴，月映层渊不肯沉。想是出游神女倦，长留珠佩照波心。［仙泉漱玉］山中古井溢灵泉，玉液开从寿世仙。品第不劳经陆羽，黄庭一卷共忘年。［灵寿清锺］灵寿香台境最清，每从静里听铿鲸。四更敲破红尘梦，月冷霜天第一声。”（光绪《梁安高氏宗谱》卷十二《八景诗·杨家岸四景》）

157. 清光绪绩溪县梁安高氏祝山村村图

（光绪《梁安高氏宗谱》卷十二《村图》）

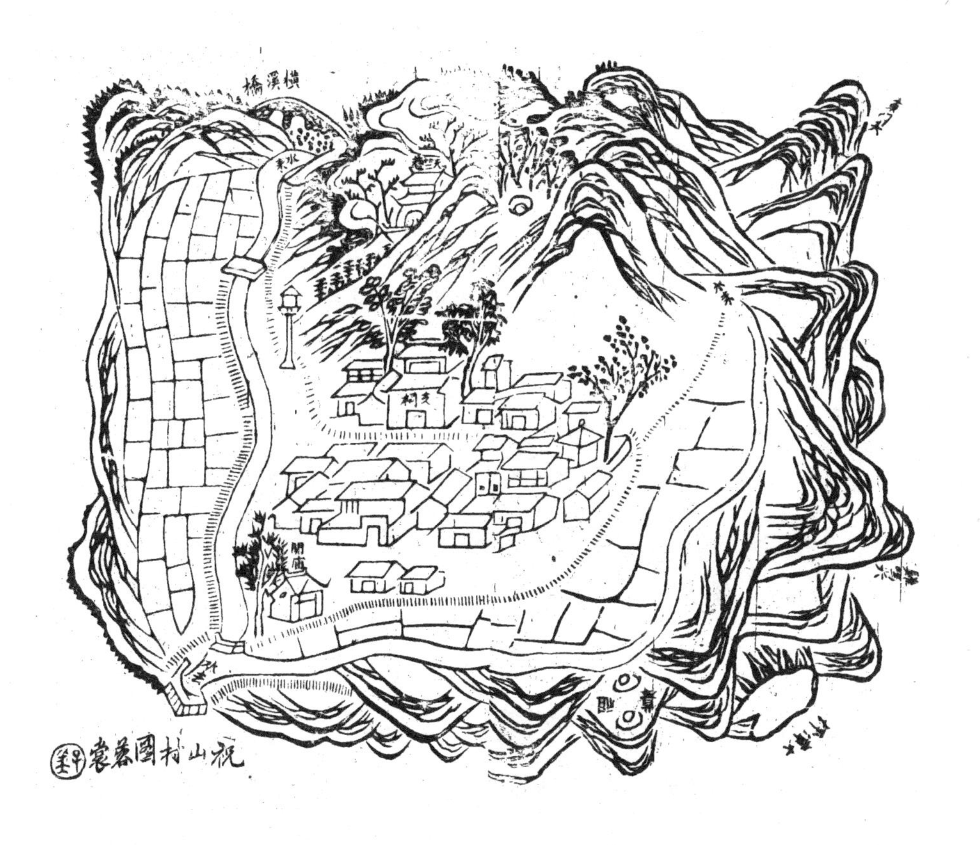

【说明】

“祝山六景，周赟，字子美：［鸡山晓色］月落参横夜渐阑，鸡鸣峰顶曙光寒。石楼人起凭危槛，一朵芙蓉带露看。［鲛潭剑影（原注：俗名‘鳗鲡潭’，有石如剑，插潭口）］羽仙飞剑插岩阿，倒影寒潭岁月磨。秋水常如新出匣，蛟龙不敢起风波。［东门撞鼓（原注：东门山有三门，傍有钟鼓

二石，声肖其形。咸丰间，居人登此山，以碾石御寇，寇不能上）］三门东辟势天成，钟鼓天然石有声。百万生灵资保障，山中木石尽奇兵。［遥岩管钥（原注：遥遥岩，石门天成，咸丰间，居民于此设关，上书‘新安管钥’四字）］卅里遥遥百折岩，东陲管钥壮新安。山翁当日鏖兵处，闲引儿孙曳杖看。［石龛慈像（原注：石龛中，有大士影）］松龛清净结慈云，石影犹存面壁身。故现昙花空色相，好凭静里悟前因。［天竺书声（原注：寺傍有书屋）］寺傍精舍小窗明，尘梦萧疏夜气清。贝叶披残鱼韵歇，满山梅月读书声。”（光绪《梁安高氏宗谱》卷十二《八景诗·祝山六景》）

158. 清光绪绩溪县梁安高氏中央山村图

（光绪《梁安高氏宗谱》卷十二《村图》）

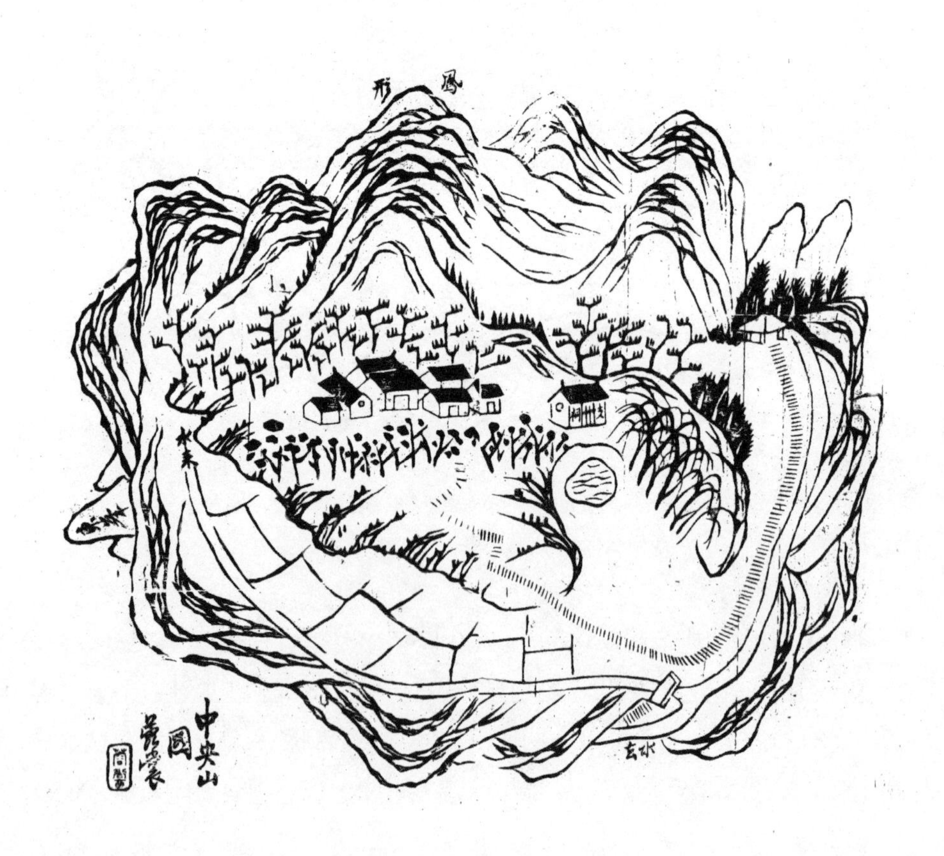

【说明】

“中央山四景，周赟，字子美：［中岳凤鸣］五峰飞舞下中央，最是中峰肖凤凰。灵淑长锺多吉士，梧桐千尺荫高冈。［曲池鱼跃］清池一曲涌灵泉，闲瀹能消六月炎。料得游鱼知我乐，灵机跃破水中天。［东峰朝旭］芙蓉峰瘦挂铜钲，竹树烟开万壑晴。永昼老农无个事，好携柑酒听春莺。［西亭夕阳］茅亭闲坐翠微中，春月秋风景不同。获稻西畴归路晚，一肩高唱夕阳红。”（光绪《梁安高氏宗谱》卷十二《八景诗·中央山四景》）

159. 清光绪绩溪县梁安高氏五都古塘村图

（光绪《梁安高氏宗谱》卷十二《村图》）

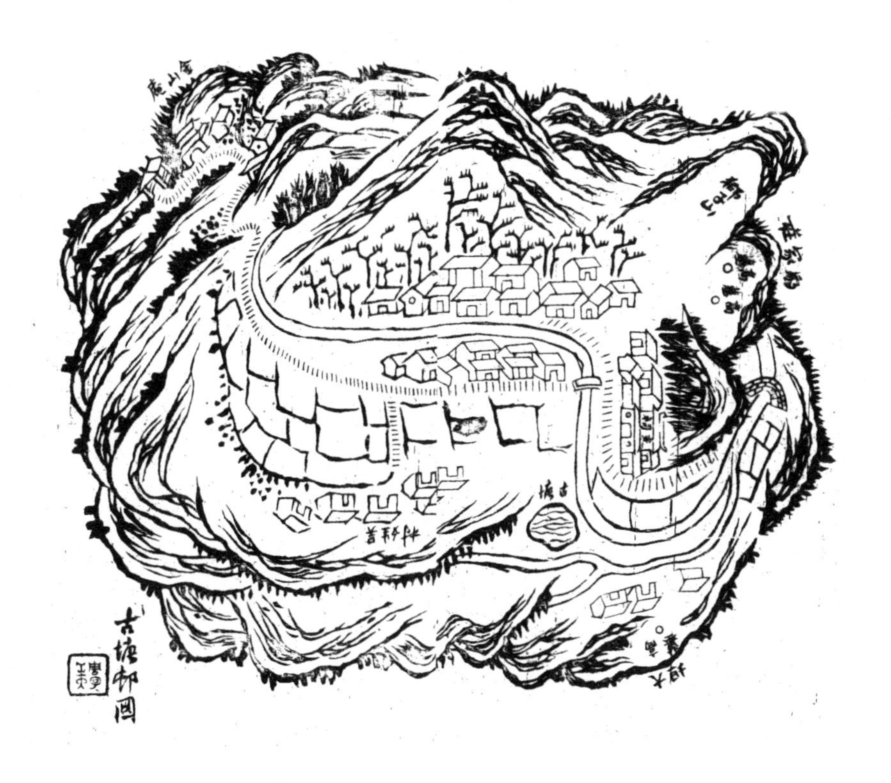

【说明】

“五都古塘四景，周赟，字子美：［狮岩翠霭］古塘烟树杪，突兀见狮岩。松径迷晨霭，千重冷翠嵌。［豹麓丹霞］元豹何年隐？山庄处士家。似嫌春雾暗，万树照秋霞。［金山晚钟（原注：金山庵）］古寺问金仙，西山晚色连。鲸铿一声静，敲破虎溪烟。［珠溪晓月］溪水环金镜，溪光湛玉壶。空潭寒印月，处处见骊珠。”（光绪《梁安高氏宗谱》卷十二《八景诗·五都古塘四景》）

160. 清光绪绩溪县梁安高氏柏节坦村村图

（光绪《梁安高氏宗谱》卷十二《村图》）

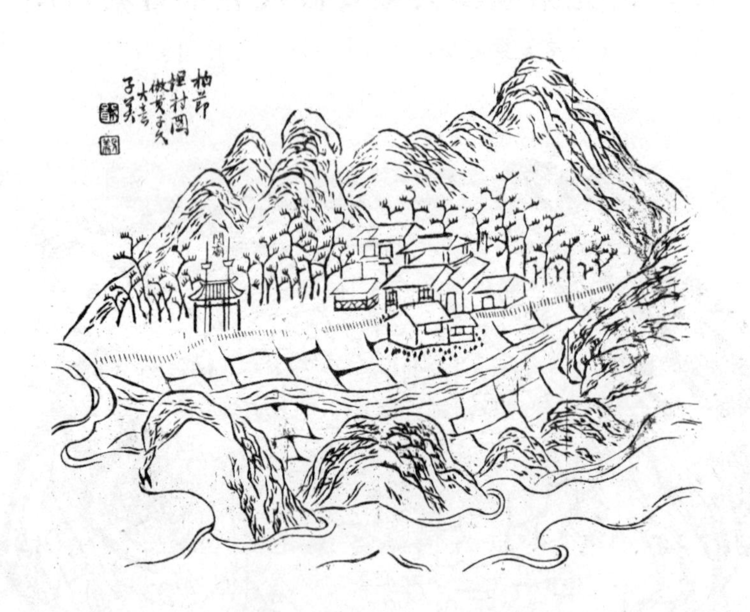

【说明】

“柏节坦四景，周赟，字子美：［屏山列翠］山色望中青，廻环面面屏。云霞都入画，寒翠湿空庭。［带溪环碧］一带清溪水，环村曳碧罗。欲知风土胜，隔岸听渔歌。［板桥烟柳］岸柳拖烟绿，依依过板桥。本无离别恨，偏系万千条。［古庙虬松（原注：庙祀武圣）］古庙空山冷，虬蟠荫古松。几回风雨夜，涛韵和苍龙。”（光绪《梁安高氏宗谱》卷十二《八景诗·柏节坦四景》）

161. 清光绪绩溪县梁安高氏十五都上村村图

（光绪《梁安高氏宗谱》卷十二《村图》）

【说明】

“上村四景，周赟，字子美：［一线天］盘空鸟道上危巅，石室云深古洞天。偏向暗中通一线，凿开混沌问何年？［双溪水］双溪交锁绿杨堤，分合原来学绩溪。（原注：绩溪县以二水分合得名）应喜清流合南北，免教沟水怨东西。［山云庵］山僧镇日坐山门，静看山头起白云。却笑白云闲不得，要为霖雨慰耕耘。［伏魔殿］几阵神鸦集晓坛，田家祈报肃衣冠。日斜人散秋风急，古柏森森殿宇寒。”（光绪《梁安高氏宗谱》卷十二《八景诗·上村四景》）

162. 清光绪绩溪县梁安高氏一都东山村村图

（光绪《梁安高氏宗谱》卷十二《村图》）

【说明】

“一都东山四景，周赟，字子美：［东山游咏（原注：邑建东山书院于此，中有朱子堂）］东山云树读书堂，千载遗徽仰紫阳。童冠偕游春服灿，武雩归咏落花香。［川上渔歌（原注：在村上流）］飞虹百尺跨长川，逝者如斯翠浪延。傍晚渔歌何处是？几湾垂柳隔苍烟。［玉屏晚翠（原注：村东屏山，为邑十景之一）］屏山环列画楼东，鸟语人歌翠影中。樵径苍茫混不辨，悬崖迴映夕阳红。［古庙晨钟（原注：庙在屏山之半，祀武圣）］千家山阁梦初廻，风送清锺枕畔来。多少痴迷都唤醒，桃源一幅画图开。”（光绪《梁安高氏宗谱》卷十二《八景诗·一都东山四景》）

163. 清光绪绩溪县梁安高氏凤池湾村村图

（光绪《梁安高氏宗谱》卷十二《村图》）

【说明】

“凤池湾四景，周赟，字子美：［凤池甘醴］凤凰山下凤凰池，一勺甘泉冷心脾。道是凤凰曾饮去，玉津清噎寿无期。［羊石晚烟］学道深山牧白羊，白羊化石满山冈。方平一去驱不起，烟草迷离卧夕阳。［大会松涛］山来大会尽昂头，万壑松涛带月流。小屋似船真不系，梦中疑卧广陵秋。［朝阳竹影（原注：山正圆，在村前）］凤山延颈对朝阳，日暖层阿竹实香。烟露漙漙森万玉，风吹冷翠芰衣凉。”（光绪《梁安高氏宗谱》卷十二《八景诗·凤池湾四景》）

164. 清光绪绩溪县梁安高氏浣沙溪村村图

（光绪《梁安高氏宗谱》卷十二《村图》）

【说明】

“浣纱溪四景，周赟，字子美：［浣溪漾月］片石临溪旧浣纱，夜深月漾水纹斜。游人误认西施笑，两岸春风放杏花。［睡岭横云（原注：岭在村南，相传明太祖行军经此昼睡，因名）］南天雄岭锁乔林，曙色千崖鸟弄音。中有高人呼不起，落花满榻白云深。［石峰晚霞（原注：在村北）］危峰北峙白云生，石势孤高削不成。天际忽惊霞五色，林梢斜映夕阳明。［柳桥晴雪（原注：村口石梁三门）］寻春闲度小红桥，烟雨迷离柳万条。飞絮因风吹作雪，晴晖三月不曾消。”（光绪《梁安高氏宗谱》卷十二《八景诗·浣纱溪四景》）

165. 清光绪绩溪县梁安高氏万富山村村图

（光绪《梁安高氏宗谱》卷十二《村图》）

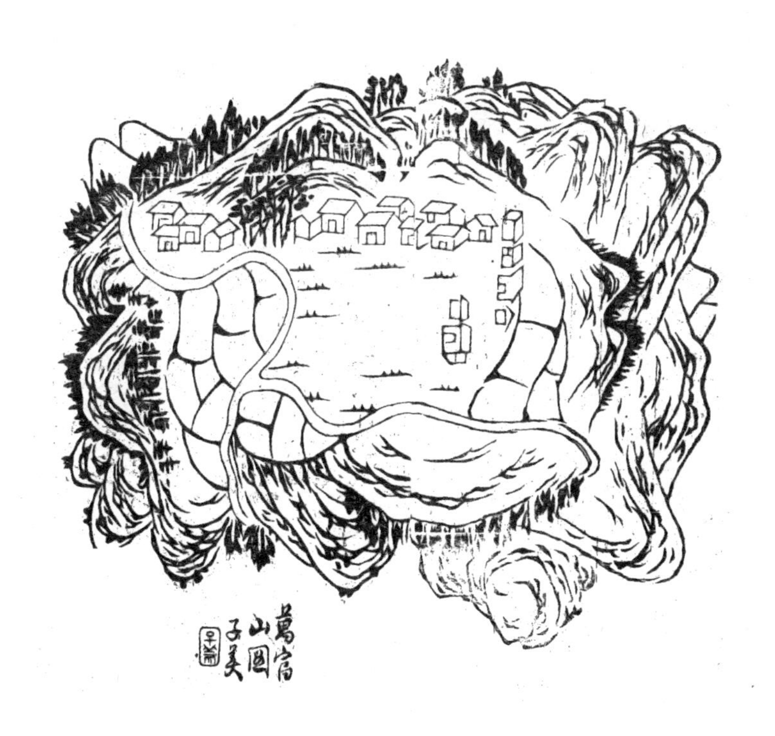

【说明】

“万富山四景，周赟，字子美：［瀑布泉］山中群壑汇崖巅，半壁飞流瀑布悬。万古水晶帘布卷，月钩空挂玉峰边。［圣水岩］仙岩琼液吐华滋，清影莹然满玉池。但使尘氛能洗涤，何劳刮目借金篦。［六门山］山势玲珑启六门，烟云出入变朝昏。大人六合为庐舍，长笑庸庸虱处裈。［太阳坪］陡绝悬崖顶忽平，危巅顿作坦途行。瑶台时有飞仙集，月夜常闻鸾凤声。”（光绪《梁安高氏宗谱》卷十二《八景诗·万富山四景》）

166. 清光绪绩溪县梁安高氏里外横坞村图

（光绪《梁安高氏宗谱》卷十二《村图》）

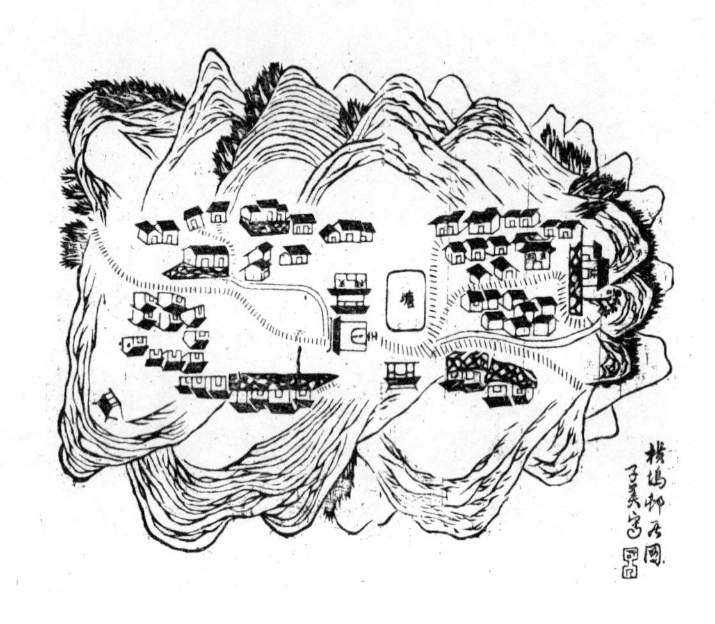

【说明】

“横坞八景，周赟，字子美：［里门怀古（原注：里门有‘朱子古里’四字，不知所自然。地近紫阳，殆有名贤）］仁里流传慕古风，高阳直与紫阳通。莫嫌遗迹难征信，景仰高贤百里同。［旧第纪恩（原注：支祖七周公以医上病，恩授顺天府巡捕，此厅其旧宅也）］昔年妙术拟岐黄，医国何惭相业良。第宅至今临峻路，岿然犹是被恩光。［凤石朝晖（原注：村东有石如凤）］奇石凌空势欲飞，冲霄凤翅展朝晖。九成若应箫韶奏，长毓皋夔上帝畿。［马岩烟雨（原注：俗传山中有白马神见，云出如马，天必雨）］瑶池天马走崇冈，烟雾空濛鬣尾张。战罢龙媒还作雨，三农岁岁报馨香。［宝冈虎踞（原

注：宝冈亦名‘白虎山’）］宝冈崱嵂枕溪东，山势迴环虎踞雄。竹坞夜寒猿啸月，花村春暖鸟吟风。［金池鱼跃（原注：村后之山，四面有金鱼池）］四面金波荡影圆，金鳞横跃水中天。夜深时送寒声到，知有书窗人未眠。［西峰延爽（原注：此峰尖厉如火，相传锄掘必有火灾）］拄笏西来爽气收，西风落木万山秋。孤高独让危峰秀，几处诗人晚倚楼。［南塘涵波（原注：在两山间，广可十亩，明胡少保梅林公所开水利）］十亩南塘淡绿波，忽看烟水截岩阿。自来濬得灵源活，不道人间利泽多。”（光绪《梁安高氏宗谱》卷十二《八景诗·横坞八景》）

167. 清光绪绩溪县梁安高氏霞间村村图

（光绪《梁安高氏宗谱》卷十二《村图》）

【说明】

“霞间十景，周赟，字子美：［凤台朝旭］中天积翠玉为台，西出华阳异境开，百尺梧桐千个竹，一枝常待凤凰来。［龙池暮雨（原注：相传昔有龙马浴池中，化为龙）］当年龙马洗池波，马化为龙布泽多。收拾神功无迹象，黄云万顷起农歌。［霞岭春晖］霞间岭接半天霞，燕语莺歌处处花。怪底过来人尽醉，醇浓如酒任人赊。［枫桥秋月］清溪一曲古枫桥，月印空潭夜寂寥。烟锁前村人尽睡，凉风草阁听吹箫。［凝云夕照］短长亭畔路西东，凝睇归云度远空。樵唱一声人不见，隔溪千树夕阳红。［汶水晚烟］夕阳明灭下平田，溺溺垂杨拂水边。渔唱樵歌归路曲，千家晚色一溪烟。［后坞寻花］深溪石径锁苍苔，日暖岩花几处开。满坞白云藏不住，黄莺啼处有香来。［前山踏雪］岩溜无声耸玉山，琼瑶踏碎不知寒。一枝春早休轻折，留与林逋雪里看。［沧浪渔笛（原注：双塘，一水流通，清浊迥别）］一水平分左右塘，风吹渔笛过沧浪。濯缨濯足无心遇，清浊全凭自主张。［古社农歌（原注：在村南，盛暑无蚊）］桑麻十亩乐闲闲，社散春郊带醉还。笑指吾庐何处是？歌声遥入彩霞间。”（光绪《梁安高氏宗谱》卷十二《八景诗·霞间十景》）

168. 清光绪绩溪县梁安高氏西坑村村图

（光绪《梁安高氏宗谱》卷十二《村图》）

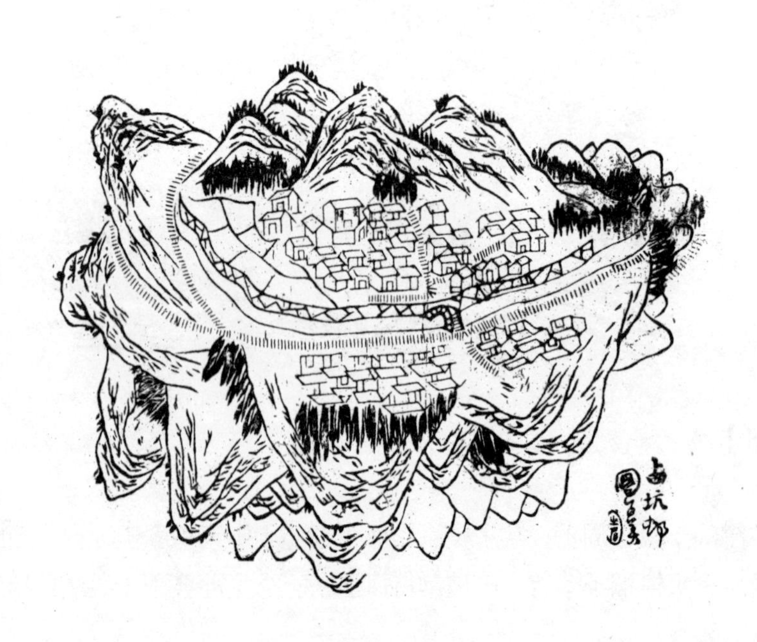

【说明】

“西坑四景，周赟，字子美：［中流砥柱］一水中分异境开，家家杨柳隔河栽。虹桥日永波光淡，牧笛农歌自往来。［石洞飞云］百丈龙眠石洞深，寸云触石卜甘霖。笑他出岫空归岫，止为群芳作昼阴。［寒门秋声］寒门双石自天成，闻说当年此驻兵。且喜升平空设险，但收笳鼓入秋声。［镇墩烟霭］镇墩初日碧烟寒，萧寺苍茫古木间。晴霭四围浓欲滴，老僧尽日掩松关。”（光绪《梁安高氏宗谱》卷十二《八景诗·西坑四景》）

169. 清光绪绩溪县梁安高氏上朗坑村村图

（光绪《梁安高氏宗谱》卷十二《村图》）

【说明】

“上朗坑四景，周赟，字子美：［螺峦拥翠（原注：又名大小石珠）］

双鬟对拥佛头青，雨后层峦翠满亭。闲倚山楼如读画，高低螺影映银屏。［狮麓廻澜］峡口狮山当水来，惊波欲去更潆廻。人间此境谁堪对？万里瞿塘滟滪堆。［七水鸣弦］清溪横弄七条弦，太古遗音属响泉。借问子期何日遇？弹成流水曲天然。［三峰拄笏］云外三峰不肯齐，一峰高耸两峰低。森然共秉朝天笏，迎日东升送日西。”（光绪《梁安高氏宗谱》卷十二《八景诗·上朗坑四景》）

170. 清光绪婺源县凤山查氏住宅图

（光绪《婺源查氏族谱》卷首下《查村住宅图》）

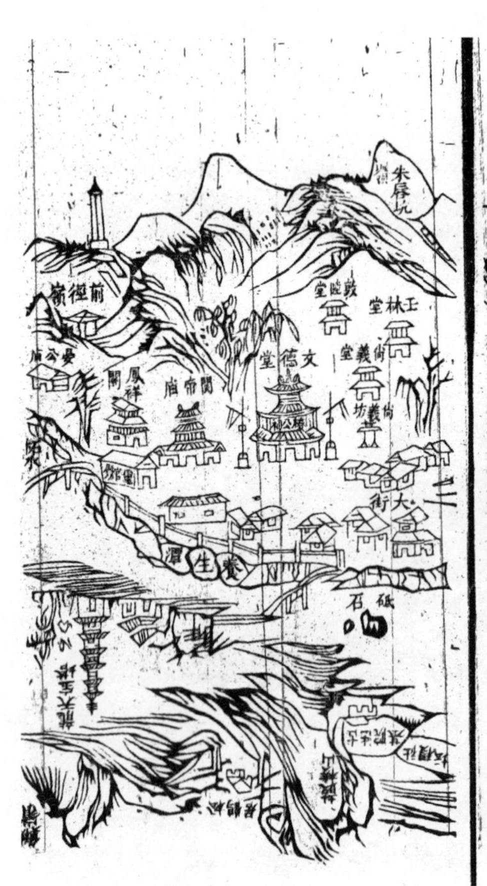

【说明】

“斯图也，聚族而居，保世滋大，襟山带水萃浙流；灵秀之钟，成艮归坤耀婺宿。光辉之兆，奕祀诒谋，迭衍数村，衡宇相依。既选胜以搜奇，八景之观备矣。复星罗而棋布，众美之列具焉。爰志构造，以示来兹。

家庙

孝义祠：祀始祖南唐观察使文征公，郑太守题词额曰‘孝义’。康熙三年，二十七世孙公艺创造。甲寅，流兵过，祠毁。至甲子年，族人捐建寝室，俾公艺子兆鶱董其成。嘉庆乙亥，室复颓，族众集资修葺，不克规其旧制，今留遗憾焉。孝子祠：祀宋龙图阁待制道公。祠建凤凰山下报德桥，见《宋史》《明孝顺实录》并县志。文德堂：祀廷椿公，康熙七年建。喻义堂：祀公齐公。彝叙堂：祀立政、立泰二公。祇遹堂：祀留叟公。敦叙堂：祀华卿公。亲睦堂：祀以钊公。尚义堂：祀永辉公。壬林堂：祀元纁公。思敬堂：祀良玉公。敦睦堂：祀永显公。忠孝堂：祀宽仁公。经义堂：祀震轩公，即忠孝世家。彝训堂：祀文泾公。世德堂：祀惟宾公。树德堂：祀晚用公。孝思堂：祀万里公。清立堂：祀元裕公。叙伦堂：祀安祥公，沱口支派瑺、仪、瑢、玹四人共建。按，仲远公生五子，三子瑊志阔大将，自建世德堂，故独不与云。

学舍 桥 亭 井附

第一楼：家塾也，族前辈读书处，以《论语》第一章‘学而时习’意命名，址在黄喜源储秀庵山门前，今废。凤鸣山房：缘第一楼倾圮，集腋以造，乐输为植，三润、三二兄弟，昆玉、家耀、仙伯、烈斋叔一人，若曾助资薄而用力尤俭，因人成事而已。工兴于光绪元年乙亥仲冬月，明年秋落成，迄今已十有八年，捐名未表于石，故详纪之。松鹤居：不知何房、何人造。按《总住宅图》，基在鼓楼山，今呼其地为‘书堂坞’，其即以此耶？特存其名焉，而废置亦云久矣。清隐亭：在报德桥下，始祖退隐婺源，二世祖来隐凤凰山，后人思先泽以建。凤凰亭：址在凤凰岭头。憩仙亭：址建仙姑桥头。继善亭：在前径岭。种福亭：在后径岭。仙姑桥：原名‘绍兴桥’，相传何仙姑莳药于此，故名，有记，载《文翰》。报德桥：在孝子祠下。余庆桥：在东坑坞口。

聚秀桥：在里门水口。东村桥。西村桥。迎宾桥：在查村。花桥：在上市，花桥春涨，八景之一。凤凰桥：址在青山坞口，今废。万缘桥：址在斗潭湾口，今废。喜源桥：在黄喜坑口。涌泉井：在村心，明董德章浚。西村井：坞头喻义堂支众浚。庙下井：在下市。

神宇

关帝庙：二：一在青山坞口，一在里门水口。玉佛寺：祀玉佛慈尊，村人祷，多见灵应，有序，载《文翰》。张王庙：祀唐睢阳侯张公。祝将军庙：方坑岭上。元坛庙：在茅山塊。相公庙：半山会下。龙王庙：址在南亭山，今废。晏公庙：在青山坞口。汪帝庙：二：一在埕上，一在郑公山岭脚。文昌阁：在东村段，今废。凤翔阁：祀梓童帝君，在本村关帝庙上。魁星阁、罗汉堂、观音阁：均在关帝庙上。灵官殿：即王灵公亭。土地庙：均在关帝庙下。储秀庵：在黄喜源，详余绍祉先生碑记。汇源庵：在斗潭湾茶亭，畔公艺建，有碑记。嘉庆庚辰，族人重造。琪琳庵：在水竹坞，大亨、大高、大亭合建，后废，遂移其窗檽于凤翔阁。社公庵：在通灵桥，沱口顺孙建。明慧古寺：址在凤凰山，今废。冲元法院：原建东坑坞，今移东村桥头。社公坛：在胡村上店。祈雨坛：东村桥头。茅司徒庙：在双路口。五谷仙庙：在葛岭降上。泗洲庙：村人多自奉者。

古迹

龙天宝塔：高七级，在南山坵，族人捐造。同治年，信廷植三修葺。文笔：在半山会下，公艺建。砚石：文笔下，今被人窃取，故废。仙姑墩：有庙在仙姑桥山麓墩上。斗潭：在文笔山下。纱帽石：在新碣头。砥石：在柘溪。印石：在寒溪。鲤鱼石：在龙岩潭碣下。龙岩：潭水澄澈，村祷雨，多著灵异。养生潭：在本村关帝庙前。

睹山川之秀丽，喜风俗之敦庞。堂构蝉联，人文鹊起。承先启后，本高曾积累之仁；食德服畴，保孙子无疆之祚。《诗》曰：‘佑启我后人。’《易》曰：‘受兹介福。’观于此而知地灵人杰之谓，信不诬也。”（光绪《婺源查氏族谱》卷首下《凤山形胜》）

171. 清光绪婺源县严田李氏上宅村基图

（光绪《星江严田李氏宗谱》卷十六《村基图·上宅基图》）

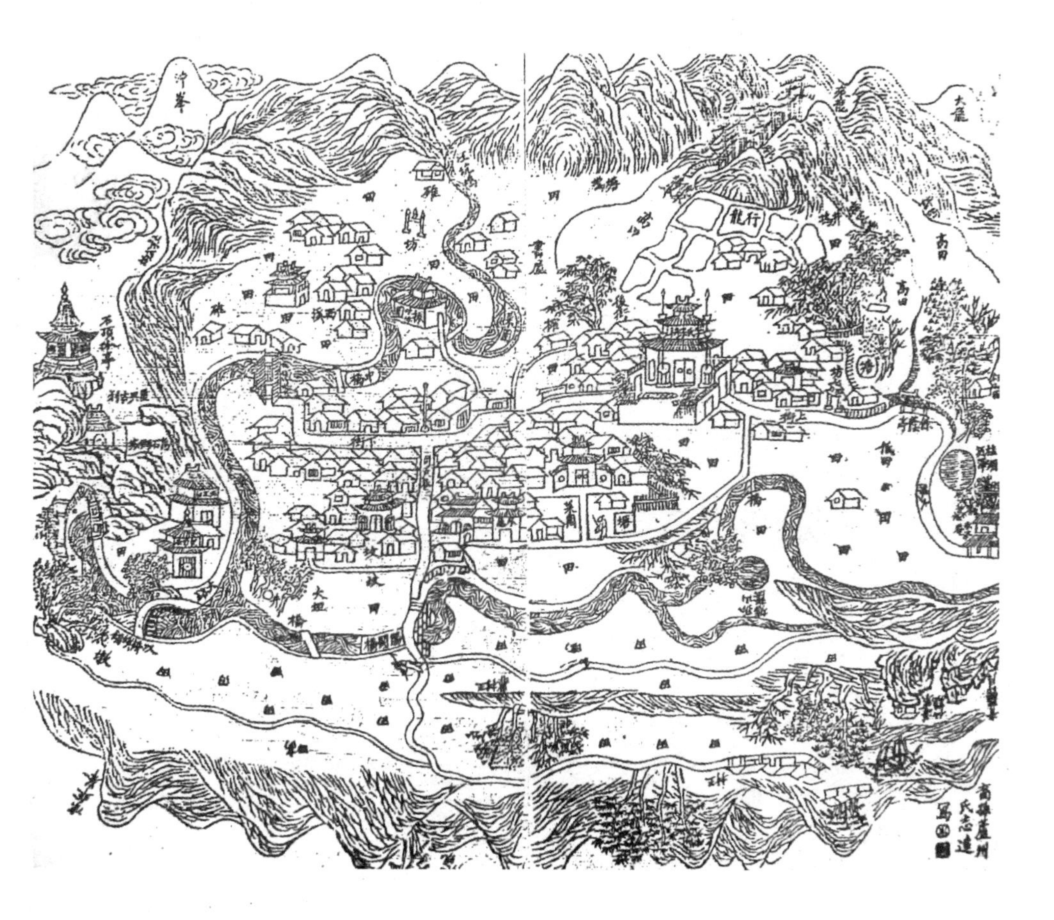

172. 清光绪婺源县严田李氏下宅村基图

（光绪《星江严田李氏宗谱》卷十六《村基图·下宅基图》）

173. 清光绪婺源县严田李氏高沙下市村基图

（光绪《星江严田李氏宗谱》卷十六《村基图·高沙下市基图》）

174. 清光绪婺源县严田李氏兴安李村基图

（光绪《星江严田李氏宗谱》卷十六《村基图·兴安李村基图》）

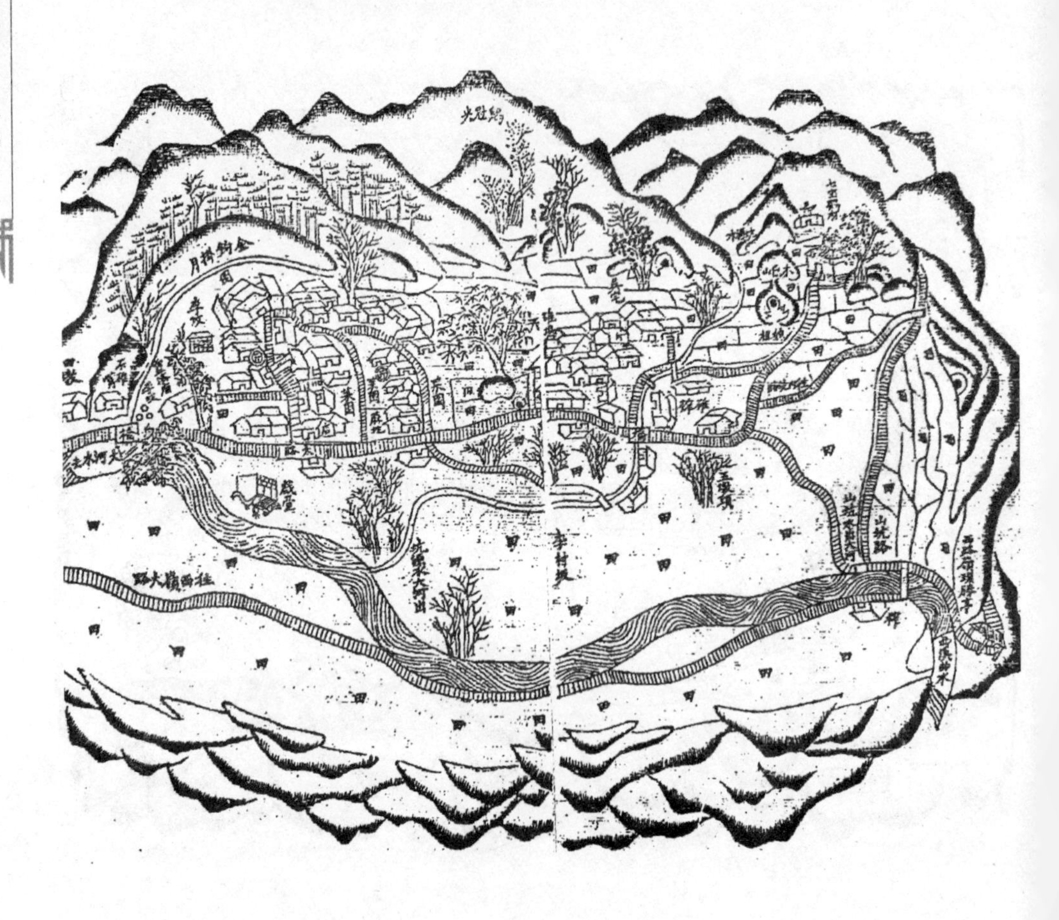

175. 清光绪黟县珠川查氏东村基址图

（光绪《婺源查氏族谱》卷首下《珠川住宅图》）

【说明】

“珠川在黟城东，距县治十里。相其地脉，发自屏峰山，聚于青岩山，至珠川，开为阳基。此间风藏水聚，岭复峰廻，自九万公为县学掌书，始迁于此。公殁后，即葬青岩山中，松枥成围，楸梧百尺，春秋祭扫，罔有间时。夫源远流长固可考诸家乘，而宅居形势亦宜志向图经，庶披图而马鬣无遗，展卷而鱼鳞可考云尔。”（光绪《婺源查氏族谱》卷首下《珠川住宅图》）

176. 清光绪绩溪县荆川上胡家村八景全图

（光绪《荆川明经胡氏五义堂宗谱》卷十二《荆川八景全图》）

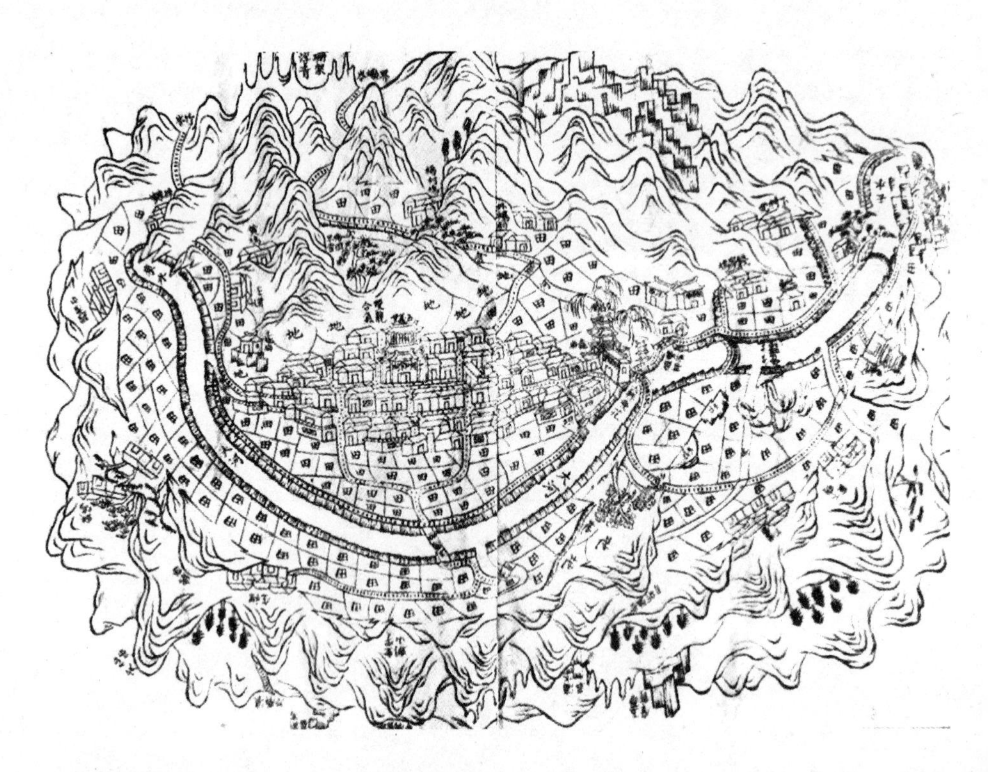

【说明】

“阳宅八景总图题词：一卷图书，莫漫拟，嘉陵山水。几曾见，葛磊瓜绵，万家成市。族聚冈头丞相宅，宗开泽底新昌里。愧挥毫，落纸异烟云，徒尔尔。溪九折，翔麟趾；山万叠，招凤峙。统八景，描摹林峦旖旎。玉笏峰撑银汉转，晶盘岫涌冰轮起。爱堂登，锦绣百花洲，纾青紫。满江红。”（光绪《荆川明经胡氏五义堂宗谱》卷十二《荆川八景全图》）

“题咏八景七律八首并小引，邑庠生伸雅公北堂：攀藤选胜，长吟而猿鸟俱欢；叩竹呼朋，清唱而松楸共舞。屐蹑北山之北，高盘六六峰巅；筇扶西岛之西，远步三三径曲。遥情云上，雅兴飙流。眄江流于白鹭洲前，淼淼咏青莲之句；赋草色于黄鹤楼外，萋萋歌崔颢之诗。则有十里琼洲，千家锦第，水秀山青之地，物华天宝之居。转到晶盘，涌冰轮而贮月；撑将玉笏，倚贝阙而凌霄。几枝梅放冈头，香浮早雪半岭。花笼石齿，绮散晴霞。笔架峰排青酣几席，屏风岫列翠滴扉龄。两水夹明镜之溪，烟□则丝丝柳动；六桥落彩虹之涧，春晴则处处花飞。挥素士轸于林间，倒青樽于渚畔。王摩诘诗中之画叵可描摹，宗少文枕上之游奚堪比拟？鄙也讥同贾瘦，愧甚郊寒。芳寻石壁崖前，偏觉诗囊满载；胜赏金阶水上，凭教砚匣常随。吟八景之烟霞，与松鹤联吟最熟；咏六桥之风月，伴沙鸥分咏恒多。爰竭鄙陋，聊疏短引。

[晶盘贮月]暮云收尽转晶盘，月上东山夜未阑。金粟分身来汉表，冰壶濯魄到林端。浑疑宝露承双掌，莫误明珠走一团。十二楼台看咫尺，姮娥是处舞仙鸾。[玉笏摩霄]碧汉迢迢影动摇，悬空一笏接奎杓。星辰指画朝丹阙，岩壑身腾立玉霄。岭树如簪横岫顶，山花作珮系林腰。灵钟珂里衣冠盛，远胜金张珥汉貂。[横岗早雪]冈平梅放两三枝，蓓蕾新开听雪时。高士正眠孤月夜，骚坛尚咏小春诗。轻舍细华香弥远，浅压疏花影乍敧。踏碎琼瑶休问讯，满园蓉菊是芳期。[石岭晴霞]雨霁烟收放晚晴，九盘石岭绮霞生。光凝绝涧浮汀远，彩彻长虹隔岸明。锦绣纷披花万树，胭脂乱落水双泓。疎钟响咽斜阳外，目送千山暮霭横。[珊架浮青]秀绝三排玉笋尖，珊瑚一架万茎兼。窗南爱伴蟾蜍注，砚北欢亲翡翠奁。尺木天酣云叆叇，千峰石喷雨廉纤。梯青定许登瀛客，镂管生花梦早占。[蓉屏翠滴]天然叠嶂作屏风，牲笏闲看绮槛东。无限浓情排锁闼，漫孔活翠入雕栊。重霄俨对芙蓉阙，百幅如游锦绣丛。艳说南山当户好，悠然佳气郁葱茏。[双溪烟柳]舍南舍北绕溪流，柳带溪烟暗自浮。河畔雌雄开燕尾，水分廉让起龙头。双双眼注春痕乱，两两眉含雾影愁。短笠轻蓑来钓叟，溟濛何处下鱼钩？[六桥飞花]六桥风景仿西湖，踏尽飞花兴不孤。两岸平分断绿蘸，重栏底碍乱红铺。繁华未改三春境，金粉如观六代图。最喜前村迎酒帜，香魂招到客当炉。”（光绪《荆川明经胡氏五义堂宗谱》卷六《八景诗》）

177. 清光绪绩溪县北门张氏家庙图

（光绪《绩溪北门张氏族谱》卷二《庙图》）

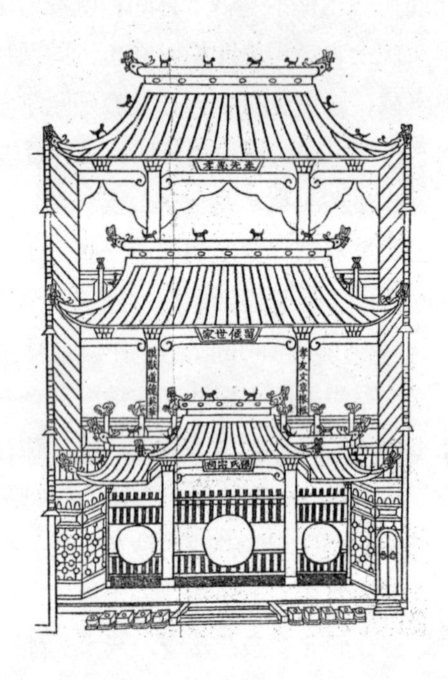

【说明】

“祠在绩邑大北门，坐西朝东，酉山卯向，加庚甲，前至街，后至观音堂；上至白鹤观，下至本姓住屋。天字二百四十一二号，基地二亩四分一厘，祠基；天字号，基地三分零七毛，留侯祠；天字号，基地二分四厘，文昌阁；天字号，基地四厘，同后；天字二百四十二号，基地四分六厘，寝室后余地；天字二百九十八号，基地三分六厘一毛，留侯祠前坦；天字号，基地二分八厘，留侯祠后坦。其税在市一图七甲张敦伦堂内完纳。”（光绪《绩溪北门张氏族谱》卷二《庙图基址》）

178. 清光绪绩溪县北门张氏家庙平面图

（光绪《绩溪北门张氏族谱》卷二《庙图》）

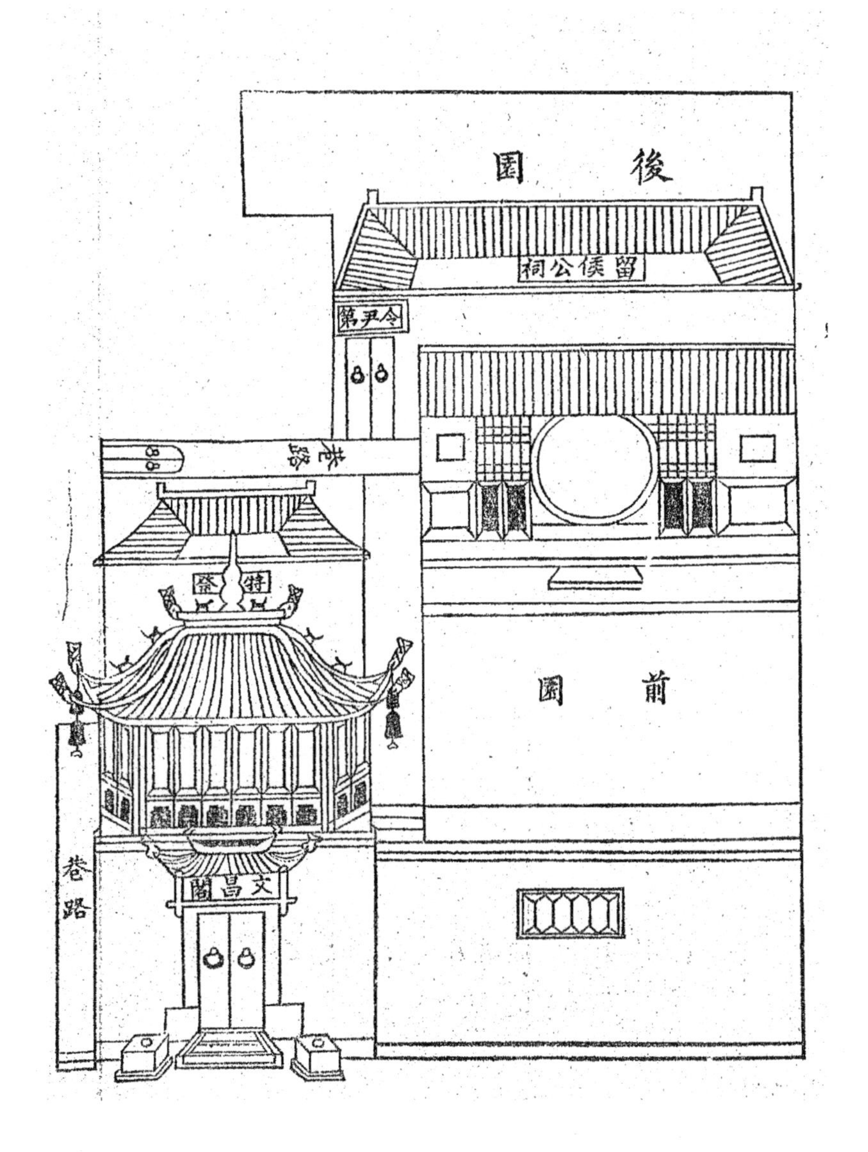

179. 清光绪绩溪县南关许氏宗族祠堂图

（光绪《南关惇叙堂许余氏宗谱》卷九《祠堂图》）

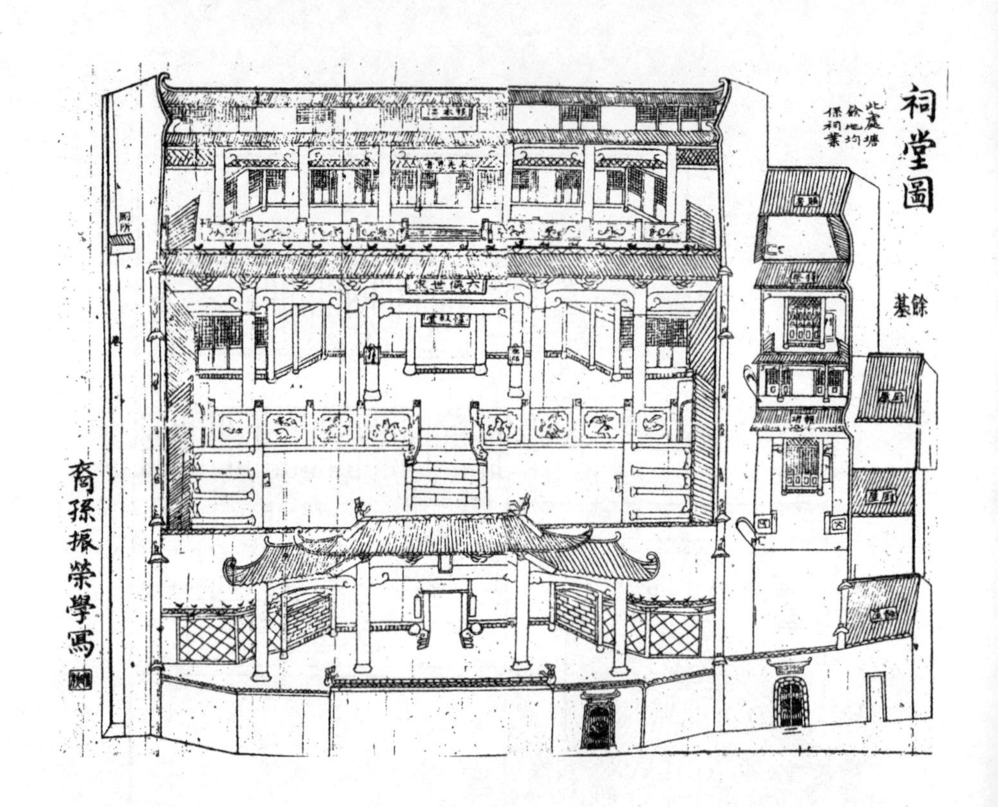

【说明】

“附祠堂联匾：

中堂前檐匾额：六侯世家。（原注：玄祯公房派裔孙家彦所书）

中堂后楹匾额：惇叙堂。（原注：太傅许国所书，‘裔孙国’三字题款，‘食粟颍州’四字图章）

寝室龛座匾额：奉先思孝。

头门联句：孝友忠贞门第，神仙宰相人家。

中堂前中石柱联句：踵留鄚之侯封鼎峙增荣彼此功高齐拜爵，缔宣成之姻戚带鞶锡宠弟昆望重并分茅。

中堂中中柱联句：循吏政治经术文章擅众长于一姓，忠力公评德行至性具四美于两朝。

中堂后中柱联句：功勳唐陛绩佐虞廷昭世德于中天锡姓肇权舆隐隐隆隆勿替衍神农之绪，爵亚齐侯位随申伯谱宗支于二国膺封由继起绵绵奕奕无疆延泰岱之传。

中堂前边柱联句：千万众流户铭恩出守夷陵留德政，前后时边庭殉节突逢胡虏著忠忱。

中堂中边柱联句：殿撰文章大小骈称妙腕，胪传姓字叔侄竞占先声。

中堂后边柱联句：力策雷南气吞安史，功昭今古泽及云礽。

寝室上前中柱联句：父子舅甥似续一堂无异体，伯叔兄弟流传百世亦同源。（原注：源句父子舅甥继序一堂无尔我，兄弟叔侄流传百世罔亲疏）

寝室上后中柱联句：奉俎豆以告虔聿怀明德，值春秋而匪懈合展孝思。

以上皆旧贻定制，所有头门进士匾、七叶衍祥直匾、报功祠新悬颂扬匾，不关宗祠，故不录载。”（光绪《南关惇叙堂许余氏宗谱》卷九《祠堂图附祠堂联匾》）

“祠堂碑记：礼，诸侯五庙，二昭二穆。许本太岳之胄，周武王封文叔于许，后以国为氏，则许氏之先固尝有五庙也。周衰，许为楚并，诸侯子孙降为黎庶。汉兴，许氏以功臣封侯者三人：曰柏至靖侯，曰宋子惠侯，曰严敬侯。宣帝朝，以外戚封侯者三人：曰平恩侯戴公，曰博望侯顷公，曰乐成侯敬公。王荆公谱其世家，所谓六侯，今许氏称‘六侯世家’是也。汉之列侯，犹古之诸侯也。蜀汉时，文休公为昭烈太傅，古之三公，位在侯上。唐之中叶，功臣惟郭、李封王，而睢阳太守令威公与张公仅以死节赠官，论者谓二公死守睢阳以保全江淮而济中兴，其功不在郭、李下，郭、李封王而二公不得追封侯爵，此千载所不能平者也。然令威公赠荆州都督，唐之荆州，提封千里，以视周之制，则方伯连师之职虽无侯名，秩亦在诸侯上。今绩溪南关许氏，实都督公苗裔。《绩溪县志》载：南门外许氏宗祠，许德仁建是也。都督公裔至唐末，有讳儒者，不义朱梁，始迁歙州，实江南许之始祖。其下六世攀云公讳琦者，实始迁绩溪。祠既以攀云公为始祖，而仍以迁歙祖为一世者，绩本歙地之分县也，德仁乃十六世。明初，裕民公讳所谓斗保公也。公娶余舜钦公女。舜钦公，饶之德兴人，有学术而不遇，避伪汉之乱，来绩溪，有大造于许焉，所谓洪仁公者也。子艮英公无禄，裕民公之次孙汝舟公以弥甥奉太舅祀，于是汝舟公一脉遂为余氏。县志称许氏宗祠，而祠无'许氏宗祠'额，以许、余同祠也。许与余不分祀，以许与余皆裕民公后也。然则许与余皆六侯世家也。夫以令威公之伟功奇节而不封侯，自公至今不复有封侯者矣。《周礼》祭用生者之禄，许余氏安得以侯礼有事于庙哉？然正惟令威公之伟功奇节而不封侯，故许、余二氏科甲连绵，簪缨济美，位通显者，代不乏人，而守令至今不绝。今之县令，皆不止百里，视古大国，况郡守哉！自咸丰庚申粤寇窜绩邑，焚掠几无虚日。及同治甲子贼平，各姓祠宇多为灰烬，而许余氏之祠岿然灵光。然神座壁衣无复存者，以同治丁卯重修，光绪元年竣工，然祠尚无碑记也。戊子夏，族人以宗谱见商，因复为记其源流，叙其本支，俾许、余一族岁时聚会而摩挲之。因其流之所以分而知其源之合，因其枝之所以茂而知其本之深，则孝弟姻睦之心油然而生，忠贞廉节之风毅然而起，以延侯泽于无穷焉。光绪十有四年，岁次戊子孟秋，钦加同知衔、赏戴蓝翎、拣选知县管青阳县训导事、宁国周赟子美甫拜撰。

计开祠基：

祠堂以明洪武年裕民公讳德仁建在绩溪县城南门外，坐西朝东，辛山乙向，基前至大街，后与故容县知县胡士俊公墓门交界，左前为本祠旁屋，外与章姓基地毗连，后亦本祠旁屋，外方塘及余地皆本祠业。右巷与章姓基地毗连，四至之内，计东西拾壹丈八尺，南北前捌丈玖尺，连店屋，后柒丈玖尺，余地塘在外，其税于许、余宗户完纳，其步额另载祀产内。

制度：后堂为寝室，系楼屋五间。中堂厅屋五间，阶下两廊环中霤，为十四间，头门一进五间。”（光绪《南关惇叙堂许余氏宗谱》卷九《祠堂图附祠堂记》）

180. 清光绪绩溪县南关惇叙堂许氏宗族小东门支祠图

（光绪《南关惇叙堂许余氏宗谱》卷九《支祠图》）

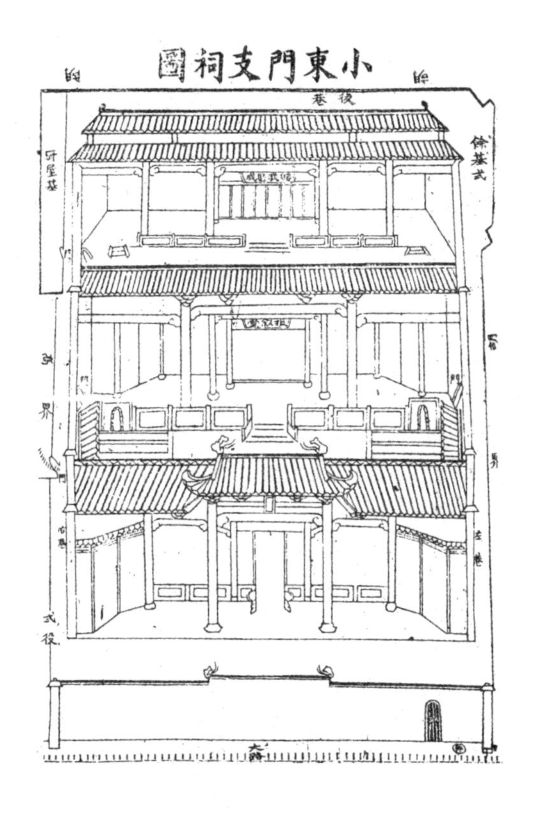

【说明】

“祠在宾阳门内，西与东作门接壤。祠临大路，前有沟渠，清流廻绕。门首有古井，传言支干配合，所凿以舒地脉，后人不得妄行涨塞。建祠伊始，已佚不可考。道光时，集众捐助重修，广大其规模。祠之向指，坐北南朝。祠之四至，图内注明。祠之阔狭，南北拾七丈贰尺零，东西前五丈二尺，后八丈。东有湾曲余基，图内绘成湾式；西有厨屋，直四丈二尺，横二丈，巷

内有耳门，通庆丰坊。祠之字号、税额，见祀产内。咸、同间，粤匪蹂躏我绩，祠宇摧残，祀产陵替，至今向未修葺。荣愧一寒酸，徒兴望洋之叹。兹值大宗修谱，忝列附骥，勉出《宗人祀产谱》，附刊谱内，并绘写祠图，略述颠末，亦剥菓蒙泉之意云尔。三十二世孙振荣谨识。”（光绪《南关惇叙堂许余氏宗谱》卷九《支祠图附支祠记》）

181. 清光绪绩溪县许氏宗族聚居村横塘村图

（光绪《南关惇叙堂许余氏宗谱》卷一《阳基图》）

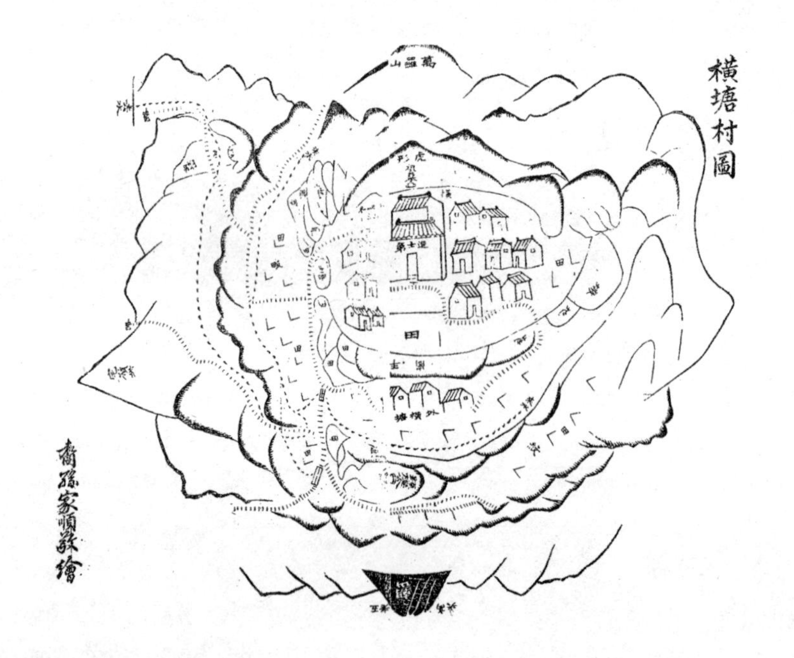

【说明】

“地舆有图，由来尚矣。群书绘天下舆图，冠于卷首，由是省府县志皆如其地绘之。矧宗族必有祠堂，祠堂必在名区。即一族发祥之地，谱牒之间，可不绘乎？绩溪古名‘良安’，析歙之华阳镇所分置。东北距南京五百六十里，西北距安庆省五百四十里，西南距徽州府六十里。其地风俗敦庞，故多名族。我祖琦公，宋时来迁。明初，德仁公始建祠于南门外，颜曰‘敦叙堂’，刊于图内。盖本源之地不可忽也，使散居四方之子孙展阅斯图，如游其地而登斯堂焉。今得志仁侄绘之最明，而家顺侄附绘横塘村图岂非以横塘为父母桑梓之地，见横塘之一树一石皆有情乎？绘之亦固其宜。光绪己丑，祺祯公房三十一世裔孙积卿识。”（光绪《南关惇叙堂许余氏宗谱》卷一《阳基图》）

“游南关题绩溪十景，宁国周赟蓉裳：宣、歙大姓，聚族而居，类皆冠山带水，灵淑所钟，故巨族莫不有谱，即莫不有十景诗焉。绩溪南关一族，为唐睢阳太守赠都督许公苗裔，固绩城巨族，以城居独无十景诗，非城居无十景也，以十景乃一县之景，非一族所得私也。夫天下惟山水风月部分疆界，未闻买山而游。余观续志诸名胜，惟小苏诗耳。至其十景，有所谓‘文峰雅会’者，而绩溪之水不与焉。夫以巽方之峰为文峰，此形家言，不可为典，要以会课为雅会，则情中景耳。且与东屏实为一山，亦觉重复。夫绩溪一水分而复合，此舆图之所仅见，而县治之所以得名者，一县之景，莫重于此。今为绩溪一县写景而反遗绩溪，可谓忘本者矣。宗谱以报本也，此予为南关作十景诗，所以改‘文峰雅会’为‘双溪绩月’也。以余观绩溪十景，欲改而无由，一旦于南关十景改之，岂非一生快事哉！嗟乎，茫茫尘世，谁是知音？吾安得起小苏而与之言诗，且与之言景乎？然文章之事，寸心千古。倘赏心有在，则予今日举一县之景而私诸一族，安知异日不将举一族之诗而公诸一县耶？

大会晴峰：云开大会雨初晴，无数奇峰透杳冥。图画天然新著色，近山嫩绿远山青。（原注：尝登高望远，见近山嫩绿，远山深青，欲写为图而未果，不意于此境出之）

鄣山叠翠：《山海经·海内南经》有三天子鄣山，郭注：在今新安歙县东。《海内东经》：浙江出三天子都，今大鄣山属绩溪县，晋时本为歙县一县而未分也。鄣山东西之水皆下为浙江，然则《山海经》‘三天子鄣山’与‘三天子都’乃一山，而‘鄣’字即‘都’字之讹耳。秦之名‘鄣郡’，未必定以此山。即以此山是秦，亦沿山名之讹以名郡。后人复因鄣郡之名以名山，此自然之势也。论者据秦有鄣郡之名，遂定此山为‘鄣山’，可谓不揣其本矣。且自来辨此山者，博采旁稽，聚讼不已，令人读之欲睡，亦祇各矜淹贯，力

辨山之所在，而于三天子都之名终不可解，予谓此固不待淹博而后见者。予观黄山正脉至绩北丛山关之南，为一大收束，形家所谓过峡也。向东特起为鄣山，由宁国、昌化之界蜿蜒北行，如龙栖凤阁，势极雄壮，形家谓干龙也。至宁国东境分一支脉，东折为浙之天目诸山，至海而尽，以开杭州都会，形家所谓结局也。其正脉之北行者，分为左右二支，左支为紫金诸山，至大江而止，开金陵都会；右支为林屋诸山，至太湖而止，开姑苏都会。临安、建业、姑苏皆可建都，而此山为三都会之祖山，所以名‘三天子都’也。徽人好言地理，于不当言地理处，或斤斤言之，独于此山古来偏无一人言及地理，殊不可解。或谓明太祖都南京真天子之都，南宋偏安、夫差僭号，何足当之？不知此特言其形胜，如谶纬之说，在古人名此山及作《山海经》时，岂论夫差、南宋哉？然昔之志地舆者，志安徽者，志徽郡及绩邑者，于此山皆未有是言也，乃余特为南关一族之十景言之。有三天子此山都，古迹空寻山海图。一气苍茫东北走，临安、建业与姑苏。

东屏雪霁（原注：县志作‘大屏积雪’，居第八，今移第三）：平山横截华阳东，积雪晶莹界碧空。一夜寒光满城郭，翠屏风换玉屏风。

双溪绩月（原注：丝枲分而复合曰‘绩’。绩溪一水，分而复合，故以名县。县志无，今补此景，不以居首，山为水源也）：溪流如绩得名稀，石照山前问绩溪。一水自分还自合，赚他明月印东西。

石照清晖（原注：小苏‘雨开石照正新磨’，此名软腰句，名家必无此病。余谓‘正’当作‘镜’，镜与石照，并不重复）：深山花鸟镜中春，曾照洪荒太古人。若说三生曾入照，照依形影那回真？（原注：予八岁时，游吾乡崇果寺，览石镜，明者仅如掌大。余命从者洗开全壁，于高处又见一片可照人面。僧大惊，谓余前生曾游。《宁国县志》云：‘石镜能照人三生’云云，今绩志于石照亦然。委巷俚谈，摭入志乘，无怪其说之同也）

翠眉春色：翠扫双蛾两道开，故山名借小苏来。烟浓雨淡都成态，羞向东山借镜台。

飞云天池：拔地云根忽化云，云还化石势氛氲。若教移置天池上，石影云踪两不分。

苍龙瀑布：苍龙岩下白龙飞，百尺冰痕裂翠微。欲问真源无路上，半天珠玉湿云衣。

印石廻澜（原注：县志作‘石印’）：南出华阳水自清，潭心片石印空明。中流砥柱嫌孤峭，只好低低与水平。

祥云洞天：寻得祥云小洞天，云多曾不碍幽眠。烧丹辟谷只多事，出洞书生入洞仙。”（光绪《南关惇叙堂许余氏宗谱》卷一《十景诗》）

182. 清光绪绩溪县南关惇叙堂许氏宗族余溪口支祠图

（光绪《南关惇叙堂许余氏宗谱》卷九《支祠图》）

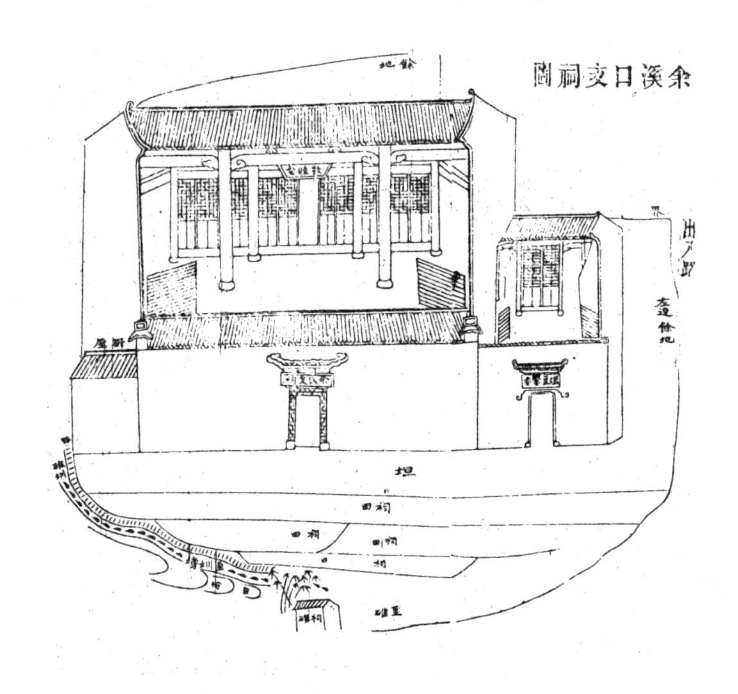

【说明】

“支祠坐西朝东，辛山乙向，贞字四百七十三号，原额基税七分五厘，分拨五房完纳。祠前余坦至尽处，下有祠田，离数十武，祠碓。祠左新建特祭祠，贞字四百七十八号，税乙分，仍税批基人代纳。特祭祠外余地，另有路，路外溪旁坝。祠右余屋外路至碓圳，祠后原余地二尺五寸。又买功盛户贞字四百七十七、八号基，税乙分，计丈阔，南北三丈，东西深乙丈六尺。祠后余地共深乙丈八尺五寸，而特祭祠后墙外，仍乙丈五寸，与祠后墙平列，余地外派丁道笃屋坦，四至注明，以备考核。”（光绪《南关惇叙堂许余氏宗谱》卷九《支祠图附支祠记》）

“附敦睦堂支祠记：我派由市南来迁，始于寿芳公。公为宪公子、文福公元孙也，生于有明。相传其笃志诗书，钟情山水，有隐士风焉。尝散步，望翚门，登城远眺，见翚山迤逦，下列平岗，清流廻环，为灵修所锺毓。爱其形胜，遂买山拓基以居，复于其麓营宅兆。后以姓名村，亦谓‘余溪口’。生子二：长天护公，无传；次天锡公，生吾文鉴公、文钦公、文锽公、文铎公、文元公。嗣派衍丁繁，蔼然式好，遂建祠以奉寿芳公为迁翚溪口始迁祖，颜其堂曰‘敦睦堂’，欲后人顾其名，思其义，以继其志也。祠产原立有天锡户、仲明户，而祠基、坟山、义冢、柴山等税，分拨五房完纳。乾隆间，佥以祠屋不甚爽垲，培土增高，更新栋宇，董其事者颇费经营。咸丰庚申，粤匪窜境。明年，祠遂被灾。迨至同治丙寅，始集众捐资重造，阅数年告成。乃更制，追祀至本生祖元六公、嗣祖洪二公焉。增建特祭祠，以报助捐之功。呜呼！我祠自明以来废兴者屡，而艰难创业，无非念切本源，愿后人共展孝思，绵馨香于勿替，并悉我派之蕃衍有所由来。爰述颠末，以为之记。光绪十五年仲夏月，文钦公房裔孙积霖拜撰。”（光绪《南关惇叙堂许余氏宗谱》卷九《支祠图附支祠记》）

“摘附祖训：支祠上奉神主祖龛，理宜洁静严肃。嗣后，祠内毋许堆积物件，借匠工作。如违，跪香议罚。而祠宇左属青龙届溪，右属白虎，路右毗连住屋，向是平屋，祖训不得增高改造楼屋，有碍祠宇。盖白虎抬头之说也。”（光绪《南关惇叙堂许余氏宗谱》卷九《支祠图附支祠记》）

183. 清光绪歙县城阳山许仙宫图

（光绪《南关惇叙堂许余氏宗谱》卷九《仙宫图附城阳山记》）

【说明】

“附城阳山图总记：城阳山在歙南五里，以居城之阳，故名。其山据六水之会，脉来自天马，迤逦走东北，至丰隆岭过峡，复逆而西，三面阻水。其主山曰‘南山’，其支东北行三四里，尽乎练江之汜，为紫阳诸山；东行七八里，尽乎歙浦，为将军诸山；南行三四里，尽乎渐江，为蹑松峰诸山。其西即丰隆岭，蜿蜒蝉联，指列条敷，绵亘四十里，高三百余仞。大鄣在东，白岳在西，南有石耳，北有黄山。渐江左绕，练江右环，宛然中处廻巽。众山有巍峰、修岭，插汉穿云，邃谷悬崖，幽奇窈窕，处处挺长松、古桂，山山茁瑶池、琼芝，诚新安之奥区，神仙之洞府。”（光绪《南关惇叙堂许余氏宗谱》卷九《仙宫图附城阳山记》）

184. 清光绪婺源县查村查氏住宅图

（光绪《婺源查氏族谱》卷首下《查村住宅图》）

【说明】

“婺治北距城七十里，有山曰‘凤凰山’。山祖高湖，循浙岭以西，水源出焉，故曰‘浙源’。其里曰‘孝弟’者，因里俗而后得名也。吾二世祖宋太常寺太祝元修公应梦兆以迁，岂偶然哉？先是，观察公与婺侯廖公友善，始来婺源，筑山房于西城外，以息太祝公。一夕，梦神与语曰：‘得凤而栖，遇凰而止。’后经过其处，顾山水而乐之，询土人以里名，曰：‘此凤凰山也。’乃定厥居。时宋太祖乾德甲子年也。兹后，子姓实繁，支派寖广，皆以观察公为鼻祖，以太祝公为凤山迁祖云。”（光绪《婺源查氏族谱》卷首下《查村住宅图》）

185. 清光绪婺源县平川查氏住宅图

（光绪《婺源查氏族谱》卷首下《平川住宅图》）

【说明】

“平川距凤山十五里，此地有崇山峻岭，茂林修竹，鄣峰、沱峰鼎峙其间。纵目游眺，得地阔天空之概焉。且原巘平旷，土膏沃衍，十四世祖安宪公中年徙家于此，拓基筑室，燕翼贻谋，自是云礽昌炽。居本土者，既庶既繁；迁异地者，流长源远。若高池山、庐坑岭、郑坑、黄坑、南坑、嵩蹷诸派，其所发祥者也。”（光绪《婺源查氏族谱》卷首下《平川住宅图》）

186. 清光绪婺源县查氏宗族聚居村凤山村八景图之一——凤山飞翠

（光绪《婺源查氏族谱》卷首下《凤山八景诗》）

鳳山飛翠

丹穴飛来不記年葳蕤翠羽朱
霞巔左峙蒼鷹啣晓日右翔金
馬拂秋煙軒皇去後巢誰閣敲
戞大章舞韶箾乃始覧輝而下
之鳳兮凰兮嗤燕雀
里人查思滉題

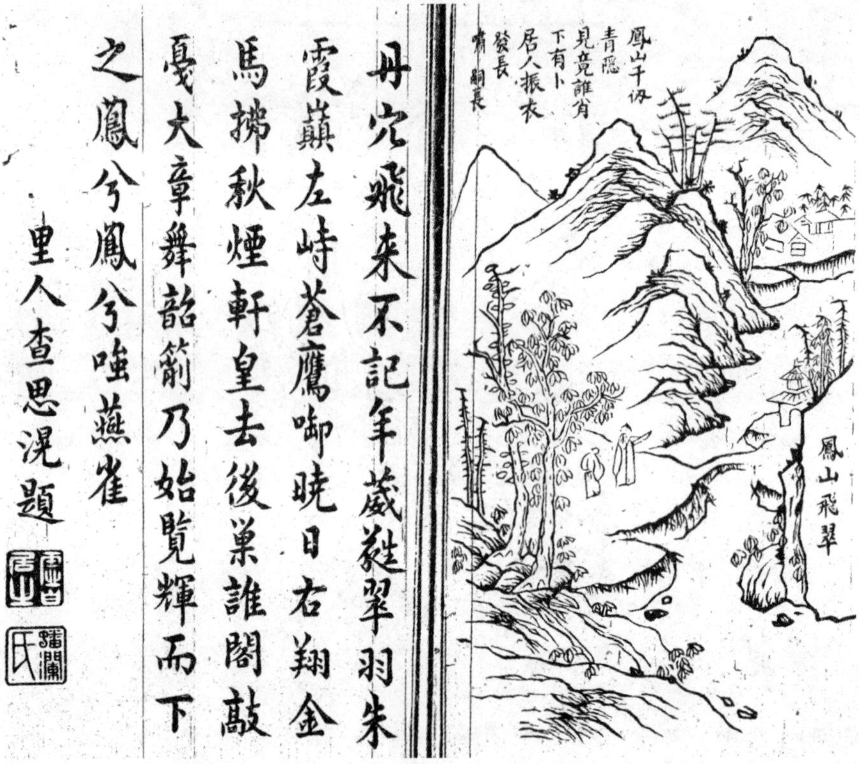

【说明】

“丹穴飞来不记年，葳蕤翠羽朱霞巅。左峙苍鹰啣晓日，右翔金马拂秋烟。轩皇去后巢谁阁，敲戛大章舞韶箾。乃始览辉而下之，凤兮凰兮嗤燕雀。里人查思滉题。”（光绪《婺源查氏族谱》卷首下《凤山八景诗·凤山飞翠》）

187. 清光绪婺源县查氏宗族聚居村凤村山八景图之二——龙洞蟠青

（光绪《婺源查氏族谱》卷首下《凤山八景诗》）

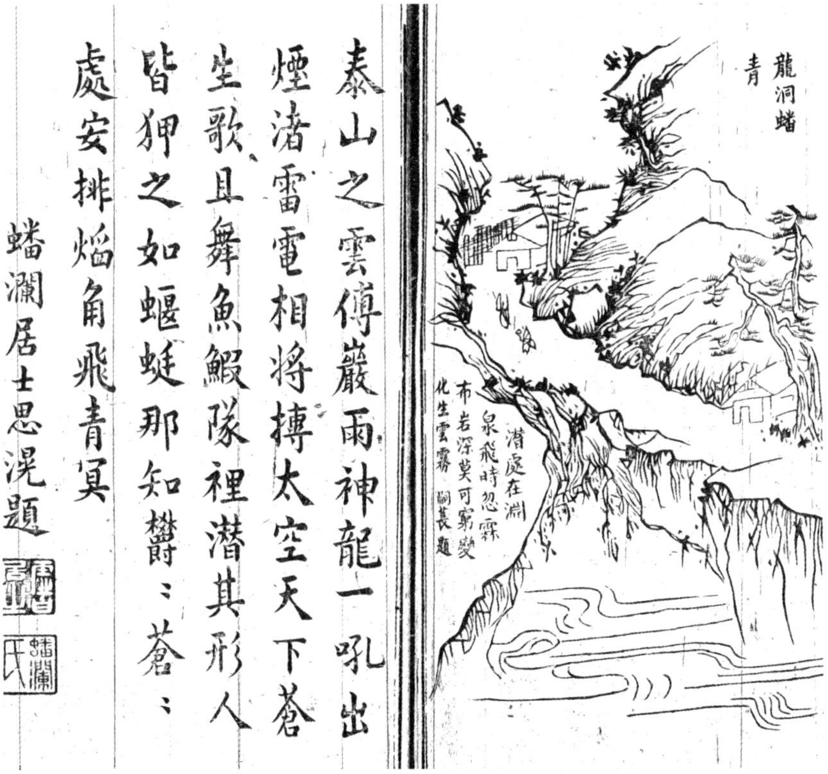

【说明】

“泰山之云傅岩雨，神龙一吼出烟渚。雷电相将抟太空，天下苍生歌且舞。鱼虾队里潜其形，人皆狎之如蝘蜓，那知郁郁苍苍处，安排焰角飞青冥。蟠澜居士思滉题。”（光绪《婺源查氏族谱》卷首下《凤山八景诗·龙洞蟠青》）

188. 清光绪婺源县查氏宗族聚居村凤村山八景图之三——花桥春涨

（光绪《婺源查氏族谱》卷首下《凤山八景诗》）

【说明】

“卧虹川上侭风华，两岸桃花又李花。宕漾岚光添尺水，迷离烟树接千家。春鳞也识春光好，游戏晴波争唼藻。一声啼鸟浪翻红，报道龙门飞去早。思滉我涵氏题。”（光绪《婺源查氏族谱》卷首下《凤山八景诗·花桥春涨》）

189. 清光绪婺源县查氏宗族聚居村凤村山八景图之四——柘水秋波

（光绪《婺源查氏族谱》卷首下《凤山八景诗》）

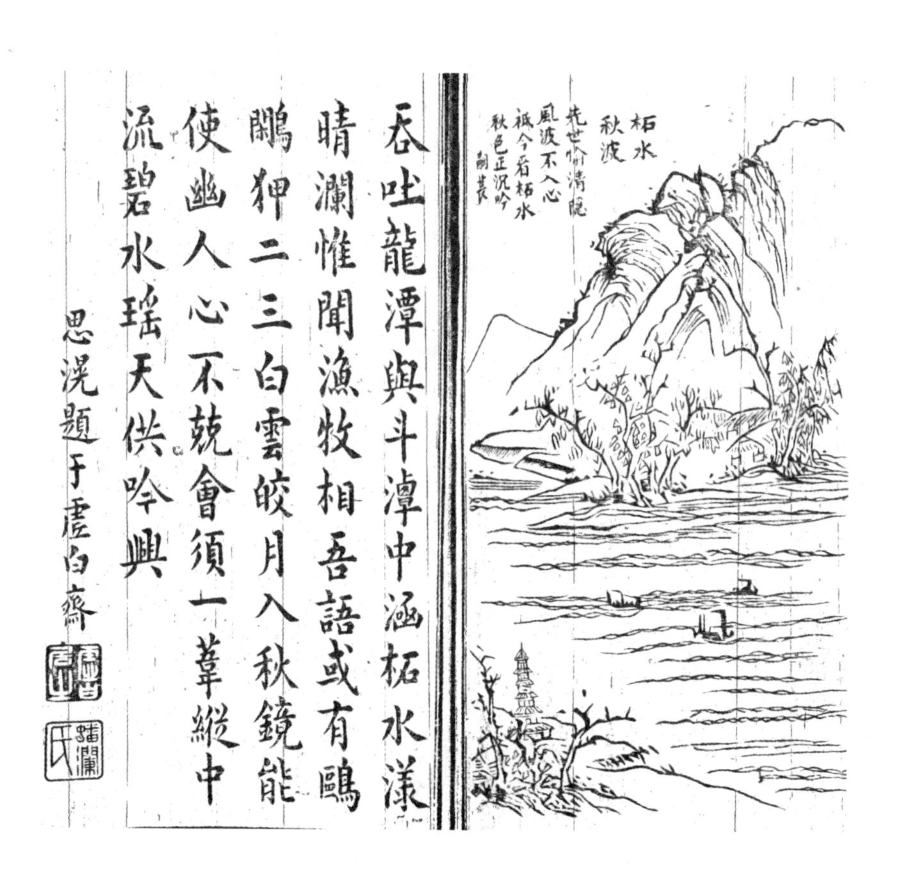

【说明】

“吞吐龙潭与斗潭，中涵柘水漾晴澜。惟闻渔牧相吾语，或有鸥鹇狎二三。白云皎月入秋镜，能使幽人心不兢。会须一苇纵中流，碧水瑶天供吟兴。思滉题于虚白斋。”（光绪《婺源查氏族谱》卷首下《凤山八景诗·柘水秋波》）

190. 清光绪婺源县查氏宗族聚居村凤村山八景图之五——秋岭樵云

（光绪《婺源查氏族谱》卷首下《凤山八景诗》）

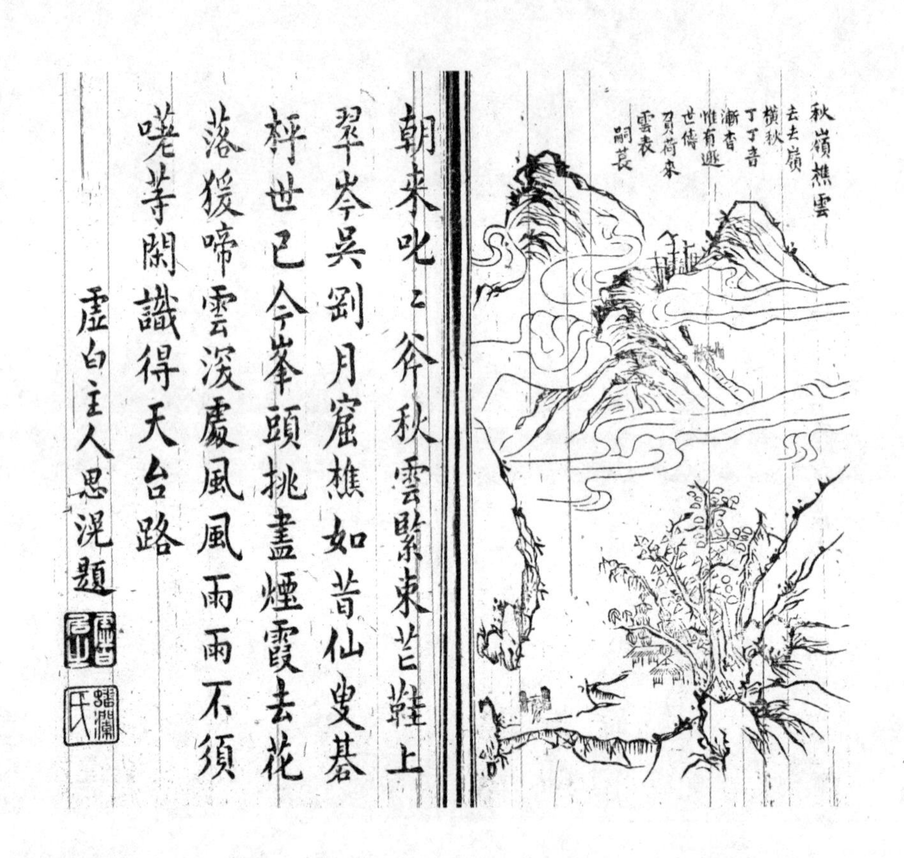

【说明】

“朝来叱叱斧秋云，紧束芒鞋上翠岑。吴刚月窟樵如昔，仙叟棋枰世已今。峰头挑尽烟霞去，花落猿啼云深处。风风雨雨不须嗟，等闲识得天台路。虚白主人思滉题。”（光绪《婺源查氏族谱》卷首下《凤山八景诗·秋岭樵云》）

191. 清光绪婺源县查氏宗族聚居村凤村山八景图之六——寒溪钓雪

（光绪《婺源查氏族谱》卷首下《凤山八景诗》）

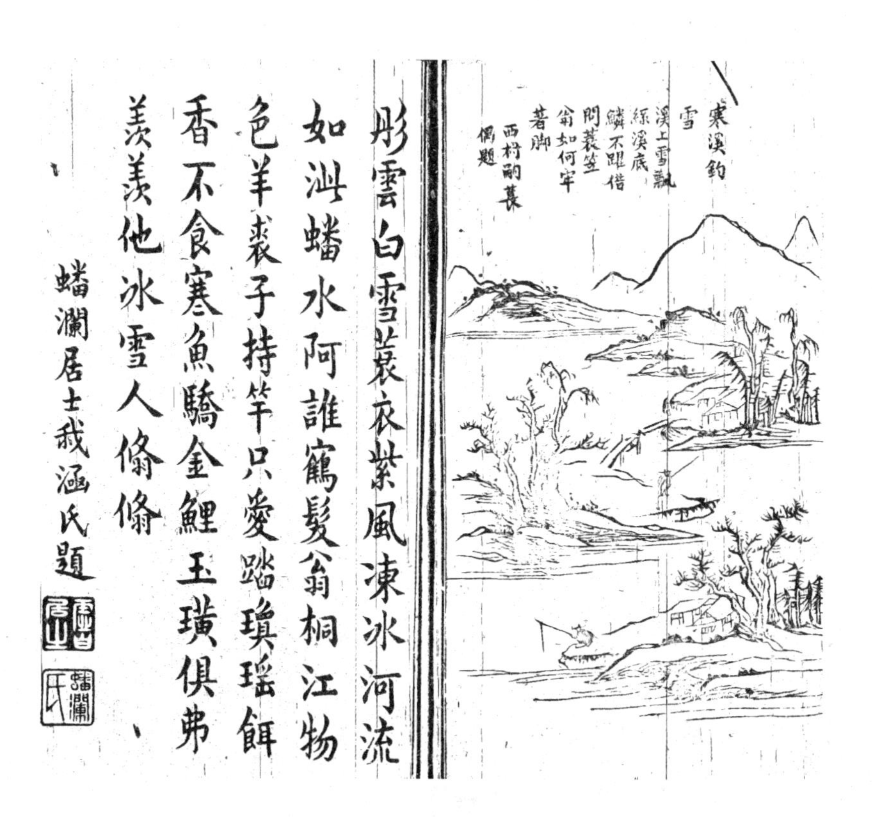

【说明】

“彤云白雪蓑衣紫，风冻冰河流如泚。蟠水阿谁鹤发翁，桐江物色羊裘子。持竿只爱踏琼瑶，饵香不食寒鱼骄。金鲤玉璜俱弗羡，羡他冰雪人翛翛。蟠澜居士我涵氏题。”（光绪《婺源查氏族谱》卷首下《凤山八景诗·寒溪钓雪》）

192. 清光绪婺源县查氏宗族聚居村凤村山八景图之七——东亩朝耕

（光绪《婺源查氏族谱》卷首下《凤山八景诗》）

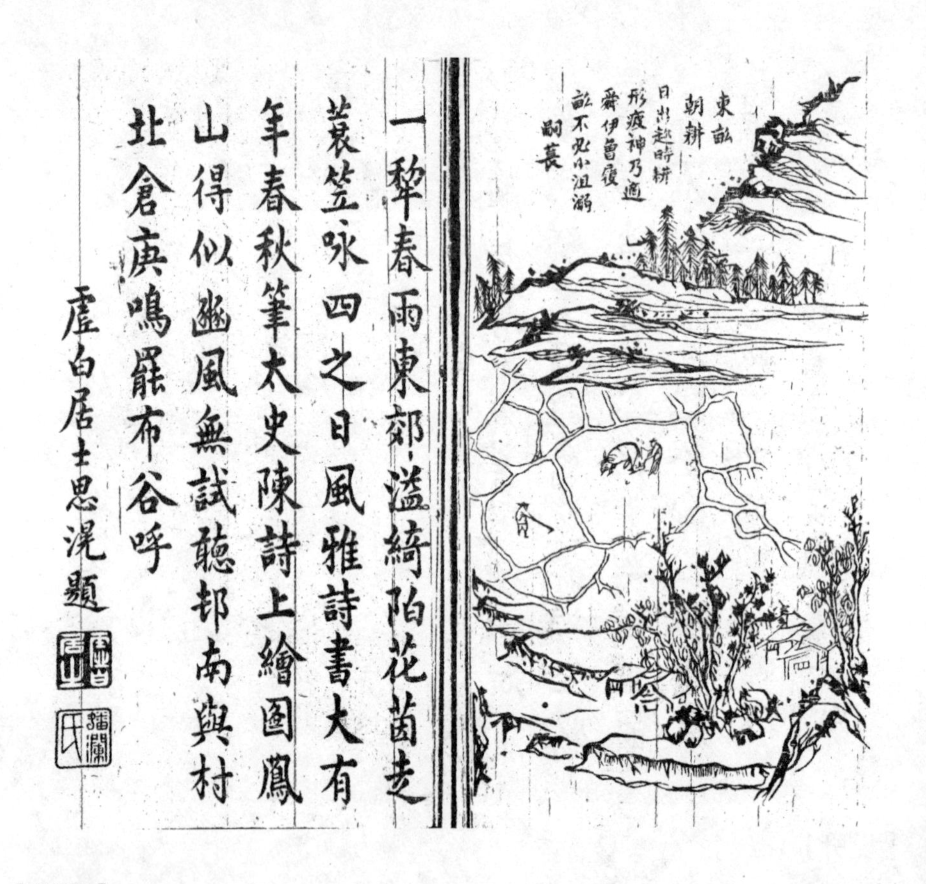

【说明】

“一犁春雨东郊溢，绮陌花茵走蓑笠。咏四之日风雅诗，书大有年春秋笔。太史陈诗上绘图，凤山得似豳风无。试听村南与村北，仓庚鸣罢布谷呼。虚白居士思滉题。”（光绪《婺源查氏族谱》卷首下《凤山八景诗·东亩朝耕》）

193. 清光绪婺源县查氏宗族聚居村凤村山八景图之八——西村夜读

（光绪《婺源查氏族谱》卷首下《凤山八景诗》）

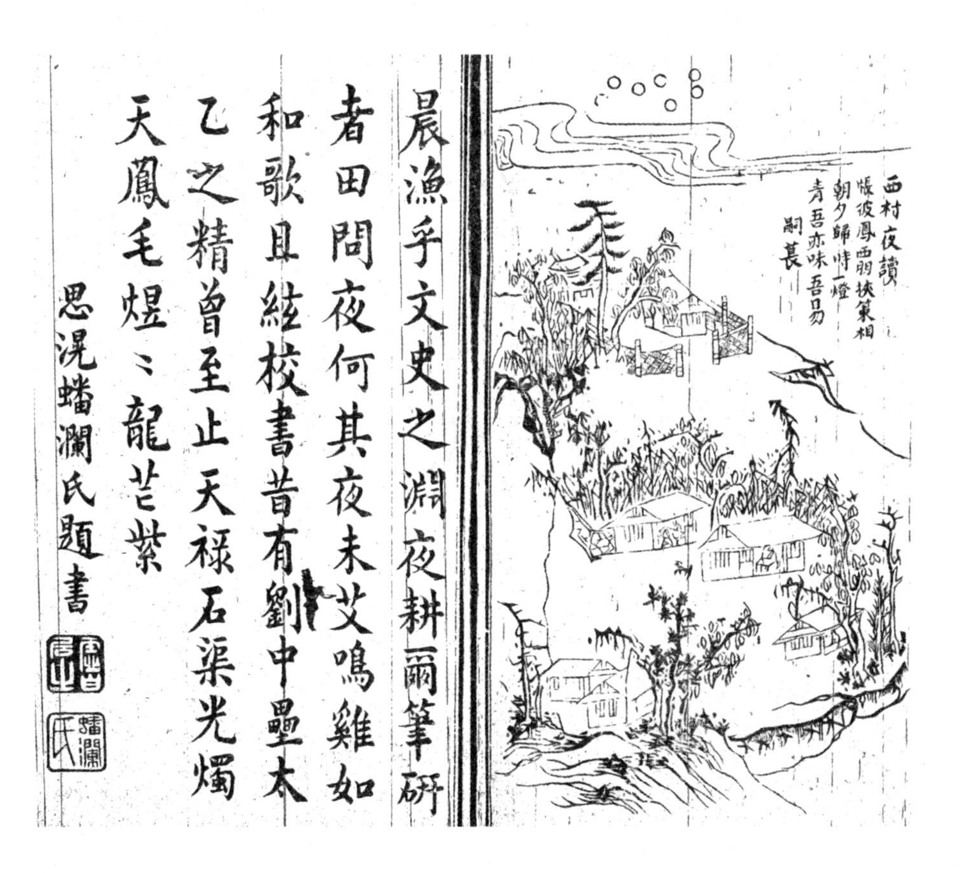

【说明】

"晨渔乎文史之渊，夜耕尔笔研者田。问夜何其夜未艾？鸣鸡如和歌且弦。校书昔有刘中垒，太乙之精曾至止。天禄石渠光烛天，凤毛煜煜龙芒紫。思滉蟠澜氏题书。"（光绪《婺源查氏族谱》卷首下《凤山八景诗·西村夜读》）

194. 清光绪绩溪县城图

（光绪《绩溪东关冯氏家谱》卷上《图·县图》）

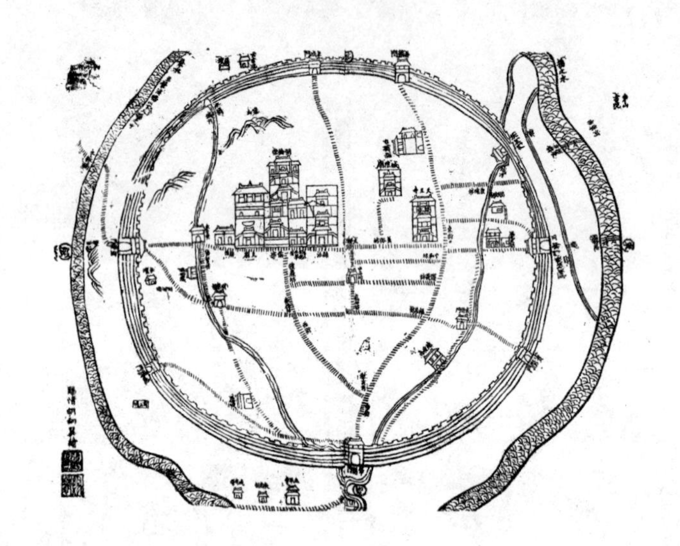

【说明】

“凡志乘者，必有图而宫室尤非图不明，此《仪礼·释宫》所由，甚赖有图，以为之指示也。然如图县治者，则必先为绘一全境总图，乃于其中界画其县治之所在而注明之，俾人人皆知县治实建于境内。某所绘庙图者，何独不然？宜仿其意，为绘县图于首，而次以庙图并附迁居图焉。（原注：绘图之美，至今日而极精，如绘县图，则必明测量；绘庙图，则必明比例。曾见上海城厢租界图绘法，其丈尺分寸，一以比例尺为准，图成而长短、广狭比例差率，虽百世之远举无难，按尺稽也。惟乡间绝少绘图仪器，凡所为图，类皆约略形似，粗具规模而已。然欲为精细之图，以传信于后嗣子孙，俾后之观者一目了然而略无疑，□终当按比例尺为之）”（光绪《东关冯氏家谱》卷上《图·县图》

195. 清光绪绩溪东关冯氏宗祠总祠图

（光绪《绩溪东关冯氏家谱》卷上《图·庙图》）

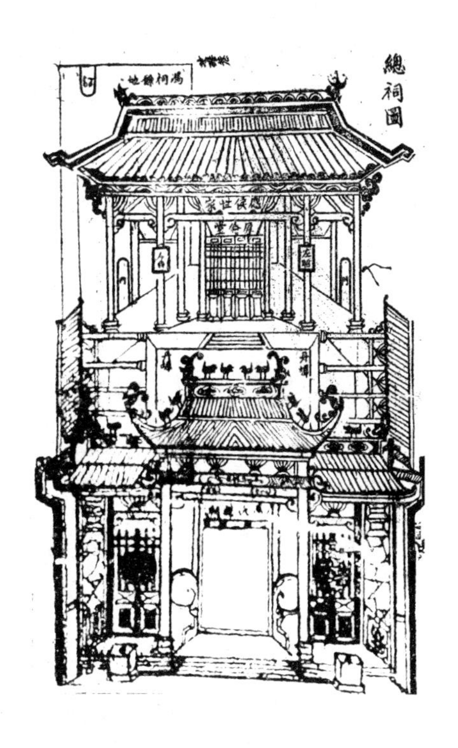

【说明】

“祠堂图记附：我东关始迁祖达宗公所居之屋，其堂匾曰‘厚伦’，原系坐西朝东，前与胡姓毗连，后傍城河。前明万历间，我先祖世德公仝族裔照原形改建支祠，供奉先人木主，以为岁时祭拜之所。嗣后，四派裔丁寖以繁衍，我曾祖启珠公与族伯祖惇泰、惇俊，伯祖惇荣等嫌祠宇狭窄，合族酌议拓其规模，东买胡姓屋，南买高伯祖光昱公望街楼屋（道光间，伯祖惇和公受价出卖），西买某姓小屋、某姓柴房，北买胡瑜公公清明众产，四至均

廓而大之，改建宗祠，易旧向为癸丁，加子午向。经始于嘉庆二十四年己卯，越道光二十三年癸卯，厥功告成。中堂阔计三丈一尺五寸，深二丈七尺六寸；下堂深计三丈七尺七寸，东通巷，南为前门，通大东门。迎春大路迤西，建特祭祠，计阔一丈三尺，深一丈八尺二寸，前有小坦，计阔一丈三尺四寸，深一丈二尺九寸。特祭祠后为配享祠，与左能干右副配合为一龛，计阔二丈四寸，深二丈一尺九寸。前有房可住宿。配享祠系有厨房二、厕所一，祠中基地均天字等号，共计税，税入一都一甲盛宗户完纳。其中堂背后东边有胡姓基地三股之二，仍一股即吾祠所买胡瑜公公清明众产也。所合胡姓基地三股之二，屡次商买未遂。然事终不容已，后世子孙有志恢廓寝室者，倘能竭力图之，俾克观其成焉，是则吾与合族之所共为厚望者焉。光绪丁酉秋月，裔孙景坊识。”（光绪《东关冯氏家谱》卷上《图·庙图》）

196. 清光绪绩溪县东关冯氏宗祠特祭祠图

（光绪《绩溪东关冯氏家谱》卷上《图·庙图》）

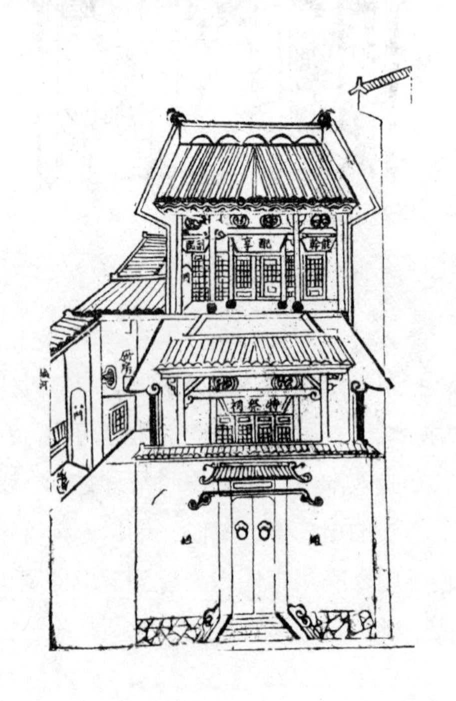

197. 清光绪绩溪县东关冯氏宗祠正面图

（光绪《绩溪东关冯氏家谱》卷上《图·庙图》）

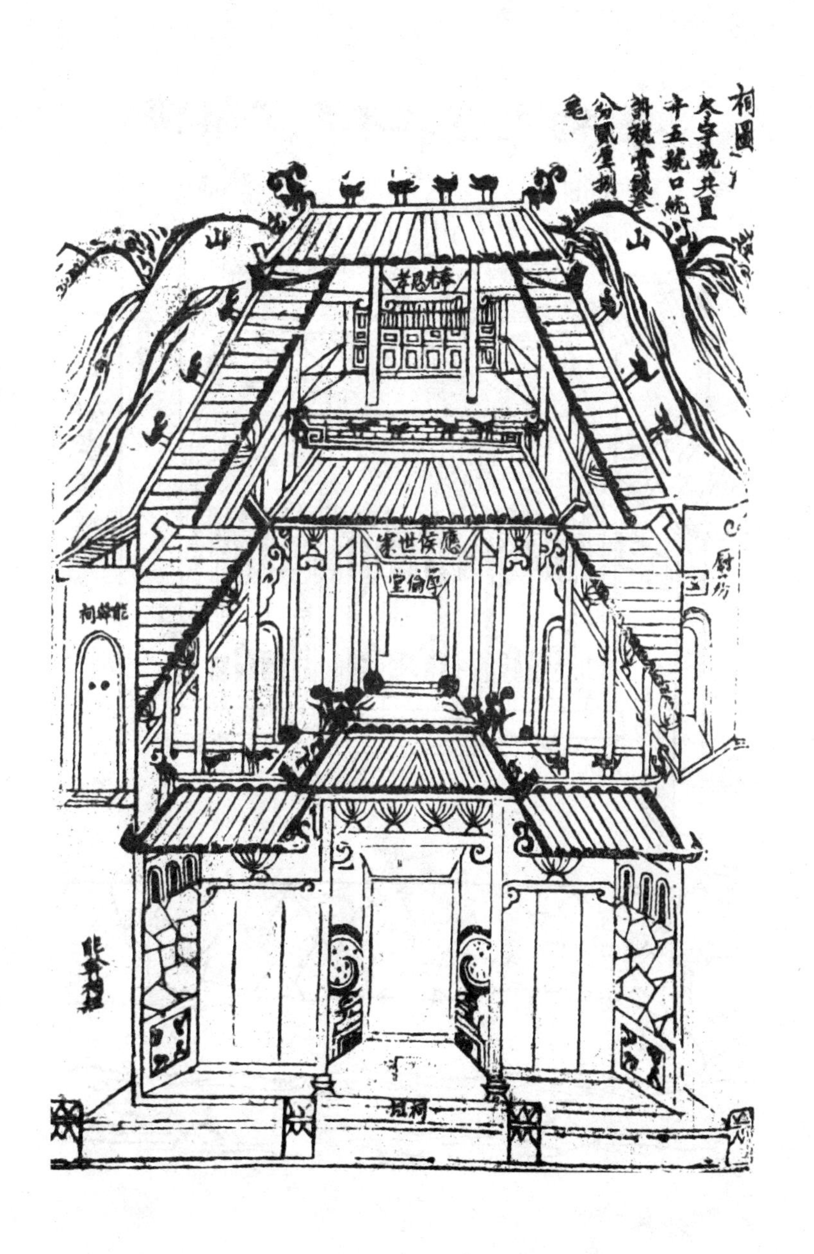

198. 清光绪歙县梅溪外坦洪氏支祠图

（光绪《梅溪本立堂洪氏支谱》）

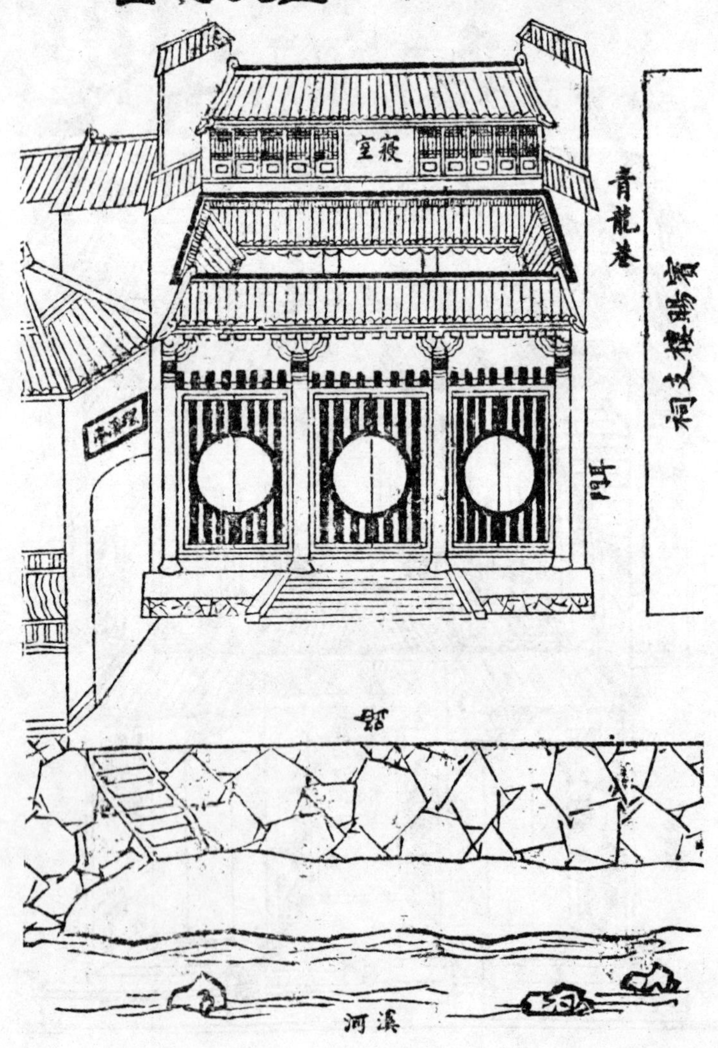

199. 清祁门县程氏宗族聚居区善和村居图

（光绪《祁门善和程氏仁山门支修宗谱》第三本卷一《村居景致图考》）

【说明】

“村居图记：程君德坚，号仁山，居祁门县之善和里。善和去县十有五里，而近其居之最尊，为里之巨镇者，峰峦有五，秀且峭拔，居人相传，因取燕山丹桂五枝之义，名曰‘窦峰’，而居实据其麓焉。乔木成列，甲第相

连，泓而为池塘，峙而为台榭。居之东有洙浦桥，乃其迁居善和之祖中奉府君之所命名，谓祁向隶歙，实吾故邑，既外迁而复还，从珠还合浦，于以志归本还源之意也。又居之南，隔溪有祠堂，旌以‘报慈’，亦府君后人所筑，岁时率宗族具蒸尝，修祭祀，无违礼，于以致报本追远之诚也。他如拓田园，启序塾，为教养计，井井有条，真可谓善，振祖风，树家业者矣。十一世至南雄太守，以文章魁天下，讳鸣凤，号‘梧冈先生’，筑有梧冈亭于里之东山，与歙槐塘右丞相讳元凤者为同行。时散居婺源、休宁、黟县者，皆官入侍从，为益显也。且程氏之先本周大司马，因其后有任新安太守讳元谭者，爱山水之胜，而民又不忍其去，遂以官为家，故今程氏之居新安者，皆宗太守为始祖。十四世至忠壮公，居歙之黄墩，仕陈为极显。里有相湖，岁忧蜃为患，公剿以弓矢。民德之，为立庙，至今庙食焉。子二十二人，皆显于时。又十五世为户部尚书，始徙祁门，继居浮梁之北里。其第三子为中奉府君，留居善和，即今德坚之故居也。德坚四世祖和峰先生有诗集行于世，其外祖石云于先生为校官，有《小学解》。其舅氏永春县尹，名泰来，宦驰南北，德坚实从之游，故能成其才，以不坠箕裘之业者，有自也已。值世网罗遗逸，君萍蓬宦海，方惧弗获，遂其归隐之志，求善于画者，绘山居图，属予记其本末，遗厥后来。予谓程氏以簪缨胄，居万山间，数十世而宗益大，族益繁者，盖由其善泽悠长，规模宏远，以臻于是。其视城郭阀阅之家趋俗以耀时、朝荣而夕替者，大有径庭矣。且自兵兴以来，郡邑坵墟，文物凋谢，其故家巨室存者无几，而德坚能不泯其先世之善，不忘其故乡之思，殆不多见。予又知程氏诗书之泽为未艾也，遂为之记。龙凤十年，律中应钟鄱阳汤礼文撰。”（光绪《祁门善和程氏仁山门支修宗谱》第三本卷一《村居景致·村居图记》）

“［和溪十景记］祁门之和溪，其地号为多佳山水，邑中有程氏居其地者十余世矣。程氏世多阴德，居之后有峰岿焉，支分而五，势婆娑若五桂然，时人美其阴德，比之窦禹钧氏，故号其峰为‘窦峰五桂’。其历世又多仕宦。居之南可五里许，有峰特起，万松被其上，远望之，形如绿袍，土人故号之为‘绿袍万松’。若其居之东，有状如日轮者，名曰‘日山’，每阳乌东升，则晓色在焉，故曰‘日山晓晴’。其居之西，有形如半月者，名曰‘月山’，若夕阳在地，晓色寓之，故曰‘月山晚霁’。居之前则和溪是也，东则珠浦在焉。和溪岸多种桃，每遇春暖花开，绯红万顷，影映波间，故曰‘和溪桃浪’。珠浦相传古尝产珠，而往来者路当其处。每冬春间，行者病涉，程氏为作桥梁以济之，故曰‘珠浦花桥’。南山之下有寺，寺前古柏森森，盖昔程氏有葬母兹山，树之柏，复祠以奉之。时宋朝嘉之，特赐‘报慈寺’，以主其祀事，所以旌其孝，‘报慈古柏’迄今存焉。和溪二三里许，有山峨峨，上薄云汉而其下郁郁多修竹，实为奇胜之处，故名曰‘傍云修竹’。又有冈，距所居二三里，曰‘梧冈’，冈之巅，旧有书院，相传昔有凤鸣其上。厥后程氏果有状元及第者。今虽书院弗存，而其址尚在焉。若其与梧冈相对而峙者，兰峰也。其峰拔地千仞，巀然迥出，群山兰芷青青，远近望之，俨然一文笔插云汉间，此又‘梧冈书院’‘兰峰文笔’所由以名也。是十景者，和溪形胜大概可见矣。而程氏今昔有之，则程氏之蕃盛，为可想见。盖程氏在和溪，族大以蕃，其先曰景华，尤所谓卓然者。景华自九岁丧父，自知好学力行以起其家，家日富饶积，诗书训子若孙，即今次子显，明经登第，为任邱教谕。其孙泰踵其迹，亦登第，骎骎享用于时，则昔所谓地灵人杰者非耶？景华居乡，尤以善事厥母称孝，每谆谆以孝弟忠信谕其乡人。尝得疾，梦神人入室疗之，而疾果疗，乡里惊叹，皆以为好善所致。今其孙曾满前，科第相望，则和溪山川形胜于是益验。尝闻之程氏，其先出自周大司马氏，后有讳元谭者，在东晋时任新安太守。数传至忠壮公，居歙之黄墩。又数传，曰仲繁者，任户部尚书，居鄱之浮梁，其第三子中奉府君复徙祁之善和，于今凡十有九世云。景华思绍厥绪，尝谓和溪十景皆前人遗泽所在焉，可使泯而弗彰乎？乃命子显属予为之记。予览其山川形胜，究遗迹所在，始信程氏之为世家，且嘉景华能绳厥祖武，故为记以勉其后人云。天顺三年，龙集屠维单阏之辰姑洗月，赐进士出身、前翰林院庶吉士、顺天府治中安城刘实记。

［和溪十景序］祁门之善和里有溪焉，汇众流，枕群山，犹据新安之盛。程氏世居之，代有闻人。处士曰景华者，以孝义著称，尝取溪山之景，厘为‘十咏’，征诸善鸣者歌之，盖欲仰前休，垂后范，以昭悠久，岂直铺张景况，为游观行乐地耶？嗣是一传，为翰府左相，阶朝列大夫公孔著，成化丙戌进士，广东宪副公毅夫。再传为景泰甲戌进士、河南方伯公用元，新泰教谕公用中。又再传为成化丁未进士君时亨，弘治癸丑进士、今江藩参政君时昭，正德戊

辰进士、今监察御史时言，参藩之子锐复领荐于京闱。一门四世，业擅春秋，登甲科者五，擢京闱者三，源源而来者固未艾，由是簪缨德业之盛闻天下，天下之人知程氏者即知和溪，和溪之名不藉是以闻于天下矣。于戏！程之生，钟溪之秀。溪之名，程氏之多贤而始著也。是故磻溪以吕，愚溪以柳，剡溪以戴，牛溪以文中子，浣花溪杜少陵，遂得托名汗青，传播千古，骚人墨客藉口为美谈。彼秦宫汉苑鞠为草莽、荆蓁之墟者何限？而溪之名悠然独存，是则名之显晦、存亡固于其人，而不于其地，亦重轻系焉。后之视今，犹今之视昔，和溪之名岂但闻于天下而已哉？程氏后昆尚思濬其流，扬其波，鼓其澜，以上接伊洛之渊源，则和溪之流逾远逾长，山川草木赖以增重，处士先生期望之深意，其在是欤？余于程氏有世好，而侍御君又礼闱所取名士也，揽辔按闽，慨然以澄清为已任，识者知其所养之有原云。公余，出示此册，因为景赋一诗而序其义如右，深愧不工，徒贻溪山之笑尔。正德十三年戊寅仲夏望日，赐进士出身、亚中大夫、云南布政使司左参政、奉旨侍养前兵部郎中、知苏州府三山林庭棉书。

[书和溪十景诗后叙] 程为新安著姓，令洭公自歙黄墩迁祁门，世居邑北和溪，累传至景华，甫安土敦仁，乡称长者。令子显以明经为县博，任王府长史，今户部郎中泰，其子也。麟角凤毛，未呈瑞者，犹诜诜然，积善余庆可知已。所居得山水之胜，有和溪十景。今年春，长史公命其孙昊来请题，予得观刘内翰所为首序，述其世德，因有感焉。敬按新安程氏出黄墩忠壮公后，公讳灵洗，仕梁、陈，有功德于民，配大飨，《南史》有传。及按程叔子撰《明道淳公行状》，河南之程，出中山博野，欧阳文忠公继撰《程参政冀国公神道碑铭》，中山博野之程，出自忠壮公。逮参政公讳琳，与大中公珦为兄弟，则新安为河南所祖，明矣。纪新安人物程氏世家而不书程子，是谱宋之后而不书孔子，系鲁公族而不书孟子，非缺典欤？此敬受读程氏书，有得于心而不敢忘者。兹因题卷之余，谨附其说，以补序之所未及，且以告程氏万世子孙，而其意有在和溪十景之外观者察焉。时成化丁亥正月望日，同邑养浩道人汪敬书。

[十景题咏] ①窦峰五桂：山到黄山已绝伦，行看芳桂最精神。居人好比胡仁仲，积德应过窦禹钧。香满清风今夜月，丛生绿草古时春。程门子弟

偏钟秀，科第相承不乏人。②绿袍万松：峭壁攒厓卷雪涛，看他松树在周遭。不劳仙子来元鹤，试与山灵挂绿袍。万古寸心同铁石，四时一色异蓬蒿。纡青拖紫知多少，名节从来相对高。③日山晓晴：山头旭日上扶桑，山下先开合盖堂。晻霭岚霏迎淑气，蒙茸草树发天香。万象耕凿春风里，一簇云霞黼座旁。高卧起时知帝力，载歌天保荅恩光。④月山晚霁：山雨才从落日收，好天凉夜淡悠悠。风敧树影钟初静，露渥芹香水自流。苏子高情游赤壁，庾公清兴坐南楼。相期只在中秋夜，烂醉西岩最上头。⑤和溪桃浪：溪上桃花花正繁，异人曾说是仙源。暖蒸罨画和烟重，晴泛胭脂带雨浑。鹥鸭无媒山口店，卖鱼有路渡头村。善和自爱乡名好，不用争名到禹门。⑥珠浦花桥：古歙名家几变迁，浦云江树故依然。还珠在昔夸良吏，进履从今学大贤。残月晓星犹炯炯，鸡声马迹自年年。褰裳病涉谁能了，舟楫还当济巨川。⑦报慈古柏：新甫移将第一株，寻常草木本殊图。参天黛色清于洗，拔地良材老不枯。祠宇已能齐敕额，僧伽那得荫浮屠。春秋来拜如云者，须爱枝头反哺乌。⑧傍云修竹：峻岭摩云已绝奇，拂云仍见玉参差。秋风鸞鹤和鸣处，夜雨蛟龙并起时。最爱诸王谈孝友，独怜六逸醉淋漓。苔莱近日俱登用，可是伶伦未受知。⑨梧冈书院：卿家父祖住高冈，武略文词总擅场。老凤一声山月小，碧梧千尺暮云长。前朝石鼓同消歇，当日鹅湖正渺茫。已见鵷鸞皆五色，明时奋翼在朝阳。⑩兰峰文笔：花发峰头是国香，纷纷木石觉心降。天平卓笔元无敌，道体文山不易双。架上空青攒五老，研中新绿涨三江。云笺和得猗兰操，仿佛离骚向小窗。崑山叶盛。”（光绪《祁门善和程氏仁山门支修宗谱》第三本卷一《村居景致》）

200. 清光绪祁门县程氏宗族聚居村善和村落十景图之一——窦峰五桂

（光绪《祁门善和程氏仁山门支修宗谱》第三本卷一《村居景致图考》）

【说明】

"窦峰五桂：古木阴浓散彩霞，芳华不羡禹钧家。试向五老峰前望，丹桂还还开未谢花。"（光绪《祁门善和程氏仁山门支修宗谱》第三本卷一《村居景致图考》）

201. 清光绪祁门县程氏宗族聚居村善和村落十景图之二——绿袍万松

（光绪《祁门善和程氏仁山门支修宗谱》第三本卷一《村居景致图考》）

【说明】

“绿袍万松：南岳云松入太微，嫦娥剪作绿萝衣。峰前桂子森森秀，谁复吟诗夺锦归。”（光绪《祁门善和程氏仁山门支修宗谱》第三本卷一《村居景致图考》）

202. 清光绪祁门县程氏宗族聚居村善和村落十景图之三——日山晓晴

（光绪《祁门善和程氏仁山门支修宗谱》第三本卷一《村居景致图考》）

【说明】

“日山晓晴：彩旭东升曙色新，天风吹堕小溪滨。山中为有阳和近，枯木寒崖也自春。”（光绪《祁门善和程氏仁山门支修宗谱》第三本卷一《村居景致图考》）

203. 清光绪祁门县程氏宗族聚居村善和村落十景图之四——月山晚霁

（光绪《祁门善和程氏仁山门支修宗谱》第三本卷一《村居景致图考》）

【说明】

“月山晚霁：嫦娥踏破一轮秋，半挂云端半陇邱。记得当年乘兴随，分明身在广寒游。”（光绪《祁门善和程氏仁山门支修宗谱》第三本卷一《村居景致图考》）

204. 清光绪祁门县程氏宗族聚居村善和村落十景图之五——和溪桃浪

（光绪《祁门善和程氏仁山门支修宗谱》第三本卷一《村居景致图考》）

【说明】

“和溪桃浪：夹岸桃花锦浪春，风雷几度起潜鳞。武陵不是秦时路，一任渔翁来问津。”（光绪《祁门善和程氏仁山门支修宗谱》第三本卷一《村居景致图考》）

205. 清光绪祁门县程氏宗族聚居村善和村落十景图之六——珠浦花桥

（光绪《祁门善和程氏仁山门支修宗谱》第三本卷一《村居景致图考》）

【说明】

“珠浦花桥：珠去浦空不记年，小桥谁瞅玉龙眠。夜来浦上祥光起，为报明珠已在渊。”（光绪《祁门善和程氏仁山门支修宗谱》第三本卷一《村居景致图考》）

206. 清光绪祁门县程氏宗族聚居村善和村落十景图之七——报慈古柏

（光绪《祁门善和程氏仁山门支修宗谱》第三本卷一《村居景致图考》）

【说明】

“报慈古柏：千载蓼莪古柏坛，慈乌霜夜泣声残。凄质往事重回首，山寺钟鸣星夜寒。”（光绪《祁门善和程氏仁山门支修宗谱》第三本卷一《村居景致图考》）

207. 清光绪祁门县程氏宗族聚居村善和村落十景图之八——傍云修竹

（光绪《祁门善和程氏仁山门支修宗谱》第三本卷一《村居景致图考》）

【说明】

“傍云修竹：翠竹联运旧虎溪，残云犹在竹空题。年来移入淇园里，新绿猗猗拥风栖。”（光绪《祁门善和程氏仁山门支修宗谱》第三本卷一《村居景致图考》）

208. 清光绪祁门县程氏宗族聚居村善和村落十景图之九——梧冈书院

（光绪《祁门善和程氏仁山门支修宗谱》第三本卷一《村居景致图考》）

【说明】

“梧冈书院：碧玉冈头鸾凤鸣，伊吾灯火几深更。居人只羡仪庭彩，苞羽犹然未养成。”（光绪《祁门善和程氏仁山门支修宗谱》第三本卷一《村居景致图考》）

209. 清光绪祁门县程氏宗族聚居村善和村落十景图之十——兰峰文笔

（光绪《祁门善和程氏仁山门支修宗谱》第三本卷一《村居景致图考》）

【说明】

“兰峰文笔：何人倒笔向云端，峰上花生九畹兰。写就奎章叫阊阙，满天香雾斗牛寒。”（光绪《祁门善和程氏仁山门支修宗谱》第三本卷一《村居景致图考》）

210. 清光绪祁门县程氏宗族聚居村善和村唐户部尚书程仲繁家祠图

（光绪《祁门善和程氏仁山门支修宗谱》第三本卷一《村居景致图考》）

唐戶部尚書仲繁公祠圖

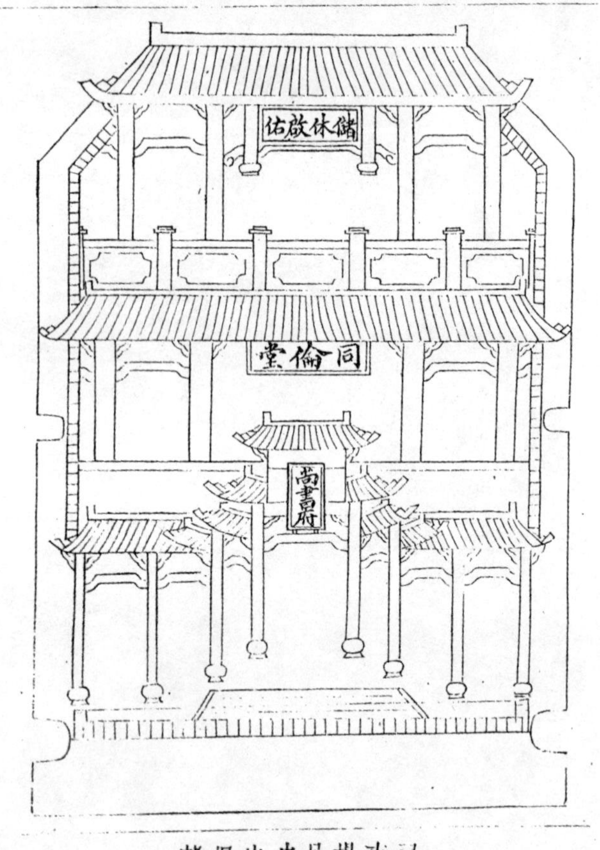

祠在本里下東山爲太平楊林湖頭同邑栢溪壞沙中村林村松山圭山學山楓林暨本門諸派之統祠

211.清光绪祁门县程氏宗族聚居村善和村明枢密院都事程弥寿家祠图

（光绪《祁门善和程氏仁山门支修宗谱》第三本卷一《村居景致图考》）

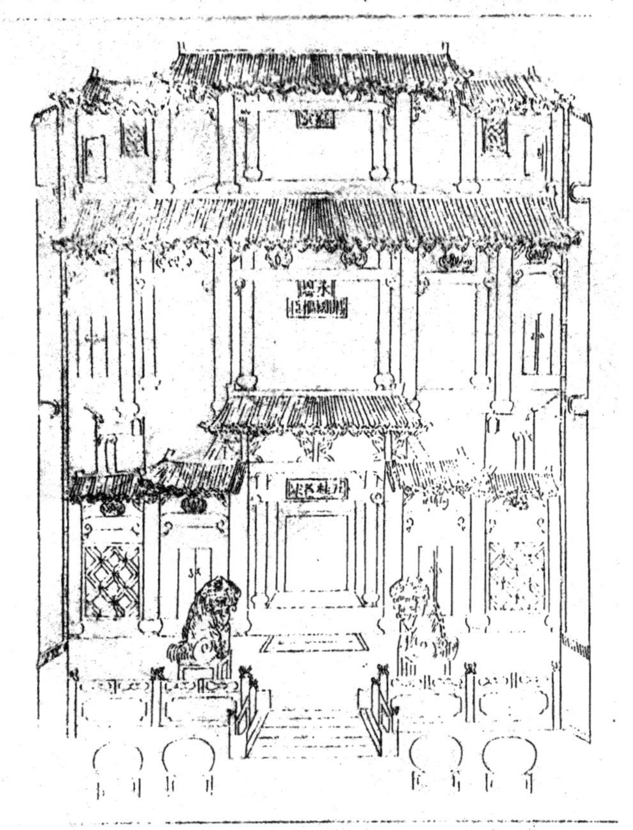

祠在本村中正之地土名降背塢口本門就祀總祠

212. 清宣统绩溪县仙石周氏村落图

（宣统《仙石周氏宗谱》卷二《村图》）

【说明】

“仙石十景诗序——周赟，山门：我徽、宁各姓皆聚族而居，重祠堂、谱牒，故风俗厚，先曾祖通奉大夫纲斋公以谱学名家，一时世家大族重修世系，多聘问焉。及先大父教谕凤冈公能传其业。咸同兵燹后，户口凋残，谱牒亦多散佚，续修甚难。赟勉承先训，每为人主修谱稿，润笔虽微，而忘餐废寝，三十年来，勤劳不懈。每写村景，即作《十景图诗》，以自快游咏。至仙石一族，乃三房季公分派，其地则山高水深，盗贼不至，华胥国之境耶？桃花源之境耶？其人则耕读传家，风俗古朴，无怀氏之民欤？葛天之民欤？虽隶绩而距吾家甚近。宣统辛亥，以谱牒属稿于予，为之绘图题诗，兴到笔落，如与家人书，如对野老语，工拙雅俗所不计也。故为七言十首缀于图后。［仙石楸枰］仙石在村中，与地相连，有立不易方之义。相传仙人棋局，用心于奕，亦负光阴以诗垂成。默对楸枰下子迟，空劳终日用心思。烂柯误了人间事，不许仙人再下棋。［汝溪灌溉］其水源远流长，清澈见底，溪畔即村前田畈。我周姓得氏，始于王子汝公，溪以汝名，不忘本也。水通宁国，以达大江。汝溪春水碧如油，溪上耕田人姓周。过了夏畦农最乐，豳风图里火初流。［列屏霁雪］诸山环列如屏，鸟飞云起开画幛，严冬积雪新晴，玉宇银堂，照耀天地，真奇景也。横山九折毓英灵，家住屏前户不扃。最好严寒风雪后，翠屏一夜换银屏。［双钟夜雨］两山如钟，对列村右，虽非若石钟之能鸣，而每值深夜，松风竹雨，如闻金奏。四声分后五声清，今日才分到六声。不信周家传韵学，黄钟时应夹钟鸣。［帽峰瀑布］村南高峰，形如人戴纱帽，下有瀑布如虹，冬夏不竭，流入汝溪，亦资灌稼。纱帽峰高似贵人，飞空瀑布若垂绅。安刘相业今谁继？天爵修来自有真。［玉井清泉］井在村中岩助公祠内，其水清冽，取以烹茶、酿酒，味香甘异常，《瑞应图》谓‘醴泉’。饮之人多寿考，非虚也。人居仙石石流泉，玉井深深俯碧天。学士酌来能疗俗，农夫饮处足延年。［莲峰待月］村之左路，绕狮岩而入，有石峰，上立水月观音。每当万籁俱寂，月上东山，清气袭人，不知身在尘世。水月观音宝镜开，天生片石作莲台。冰轮涌出松梢静，一片清光顶上来。［松阜吟风］莲峰之前，又起一石峰，四面如削，人不能上。顶有孤松，龙鳞凤翼，啸月吟风，如独立不惧遁世无闷之君子。孤高不屑五株封，天定苍颜四季同。不鼓昭文有琴曲，一松风引万松风。［狮岩白云］在村左，山形突兀，如西域辟邪。白云深处，疑有仙人隐士托迹其中，令人神往。微茫樵径入烟萝，只手伊谁假斧柯。长啸一声人不见，山南山北白云多。［龙冈红旭］仙石坐山嵸巃，名‘青龙岱’，正当震位，日月之所出。日出龙冈一点红，家家耕织早兴工。六旬七秩人都起，未起惟应百岁翁。”（宣统《仙石周氏宗谱》卷二《十景诗》）

213. 清宣统绩溪县仙石周氏宗祠图

（宣统《仙石周氏宗谱》卷二《祠堂图》）

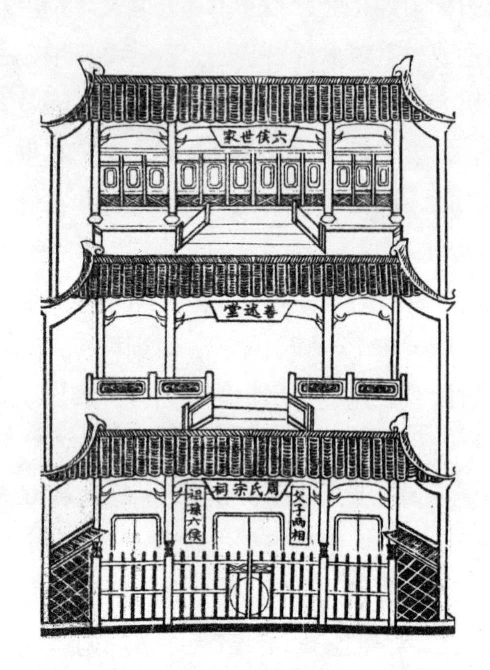

【说明】

“祠堂记：庚戌岁，余馆仙石周祠，课暇之余，散步堂中，忽见栋桷异常，新旧不等。于是，询诸耆老，乃耆老谓余曰：‘我始祖可二公在宋时由竹里迁居仙石，历宋以来，于兹数百年矣，而竟未尝有大启斯宇者，非因子孙之不为，夤缘人力之不足，工费之艰巨所致也。至康熙丁酉，兴工构造。己亥孟夏，草草落成，合族祖先始得乃安斯寝。孰知同治壬戌，粤匪犯境，又遭焚毁，仅存头门，致令祖宗无奉祀之堂，子孙乏蒸尝之报，于光绪竹里老祠进主。荷蒙相邀筹捐牌费，因念我祠遭毁，于义更不容辞，当即助钱五十两，为二十二世祖社顺公及孺人许氏、俞氏、程氏于老祠内进一神主，配享血食，其余群昭群穆，皆无从安置。厥后，光绪甲午，丹楹复建，遂奉栗主，以安妥先灵。白简相承，欲修宗牒，以明世次。乍逢竹里老祠今庚续修谱系，蒙首事启海、风岐等相劝合纂。本拟攀附骥尾，奈石歇村名与岨夷堂名实属鄙俗不雅，意欲独修，为之改易，未识可能如愿否？’余乃恍然曰：‘孝哉，仙石之耆老也。虽则一祠，而沧桑迭变，备历甘辛。故祠之兴废，非由人力之盛衰，工费之难易，而在子孙之孝敬，不忘本源也。’后以端阳节后，而二三耆老携其宗谱，嘱余编辑系稿。秋七月，集腋成裘，付诸梨枣。至宣统辛亥，谱牒告成，遂改‘石歇’为‘仙石’，易‘岨夷堂’为‘善述堂’，世代相传，永垂久远。后之诸公，务宜悉从其则，克绍前人，勿以此举为谬也。”（宣统《仙石周氏宗谱》卷二《祠堂记》）

214. 清宣统绩溪县泉塘葛氏宗祠图

（宣统《泉塘葛氏宗族》卷末《宗祠图》）

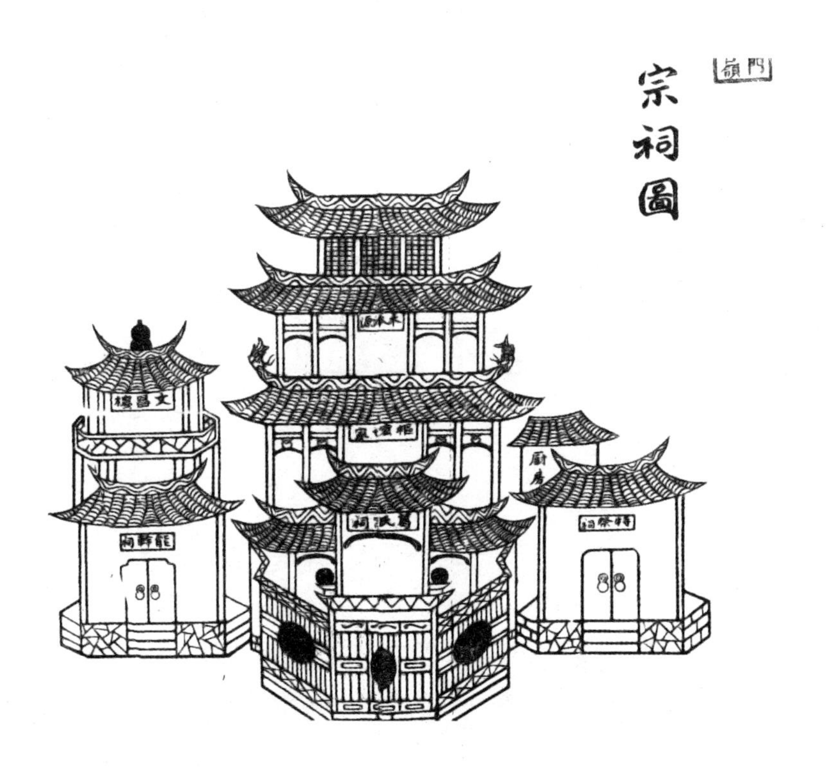

215. 清宣统绩溪县泉塘葛氏祖殿太子堂图

（宣统《泉塘葛氏宗族》卷末《太子堂图》）

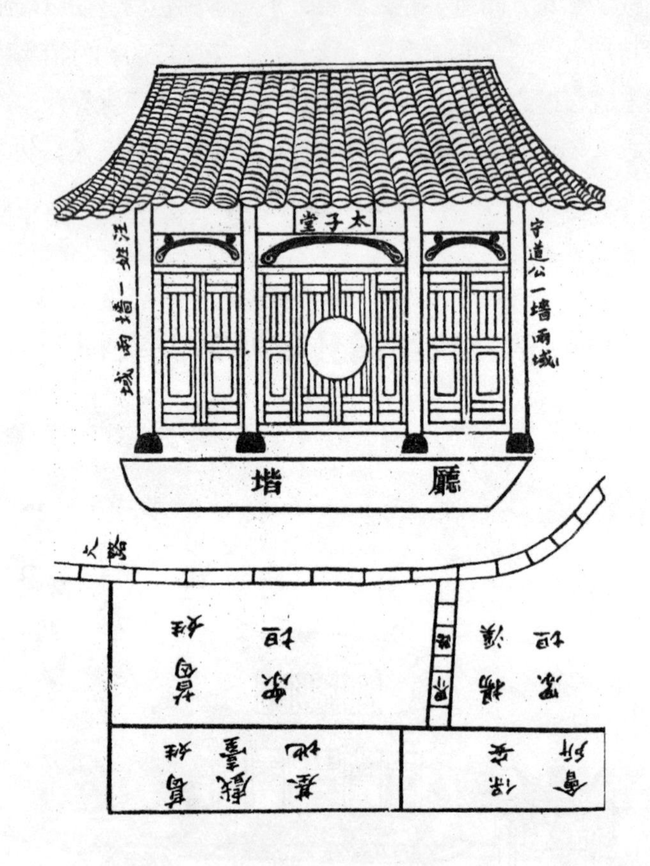

【说明】

“暑字二百二十二号，土名扬溪镇，计基地税一分八厘一毛，并后至守道公派基地界，右至汪姓一墙两域界，前至官路。又暑字二百二十三四号庙坦并戏台基，计基地税二分二厘四毛，东至路，北至汪姓墙脚，西至山脚，南至保安会所众坦石板为界。”（宣统《泉塘葛氏宗谱》卷末《太子堂图》）

216. 清宣统绩溪县枢密葛氏社屋图

（宣统《泉塘葛氏宗谱》卷末《泉塘祖社图》）

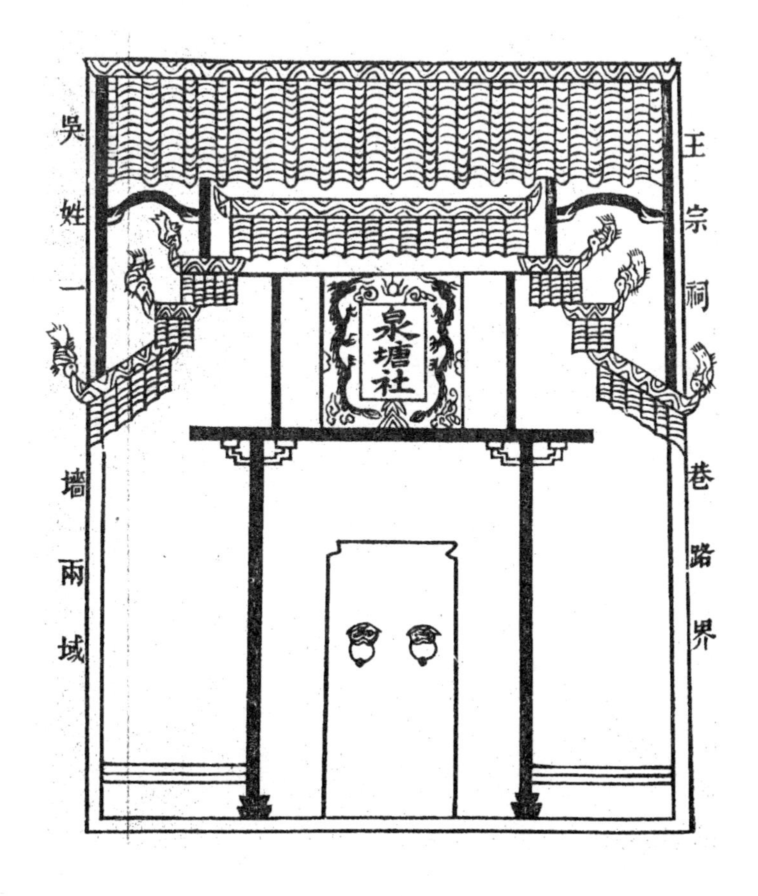

【说明】

“暑字一百五十三号，土名扬溪镇，计基地税一分零七毛，前至官路，后至山脚，左至王宗祠巷路界，右至吴姓一墙两域为界。”（宣统《泉塘葛氏宗谱》卷末《泉塘祖社图》）

MINGUO
JUAN

民国卷

217. 民国绩溪县周氏宗族聚居村竹里村图

（民国《周氏族谱正宗》卷十一《竹里村图》）

【说明】

“附记：竹里、梅干皆周氏里居，而梅干又竹里所分徙。闻之竹里以地多绿竹，其先人爱竹得名。岂梅干一南粤之大庾乎？抑其先人亦放翁流亚乎？余未登其里，居然耳其名，不觉幽姿秀骨，意与之俱，乃叹兹村之名之必有以也。民国元年，其族人续修宗谱事竣，并图其村，属为记。余按而索之，则知其村之形胜，九龙郭其东，天马环其西。南望山云，则甑峰、玉屏回峦而耸秀；北枕大阜，则貔貅、狮子倚伏而呈雄。村之户以百数，聚族而居，俗尚古朴。然团体甚固，往往雄健有膂，任侠尚义，则宜于军国民教育也。

然而山脉纵横，天产物富，田连阡陌，膏腴深厚，则又宜于实利教育也。今者民国成立，教育首重，安得一二教育家主张而实施之，将大有造于梅干矣。是为记。中华民国元年五月，绩溪财政科长、同邑昭甫胡宣铎记。”（民国《周氏族谱正宗》卷十一《竹里村图》）

218. 民国绩溪县周氏宗族聚居村梅干村图

（民国《周氏族谱正宗》卷十一《梅干村图》）

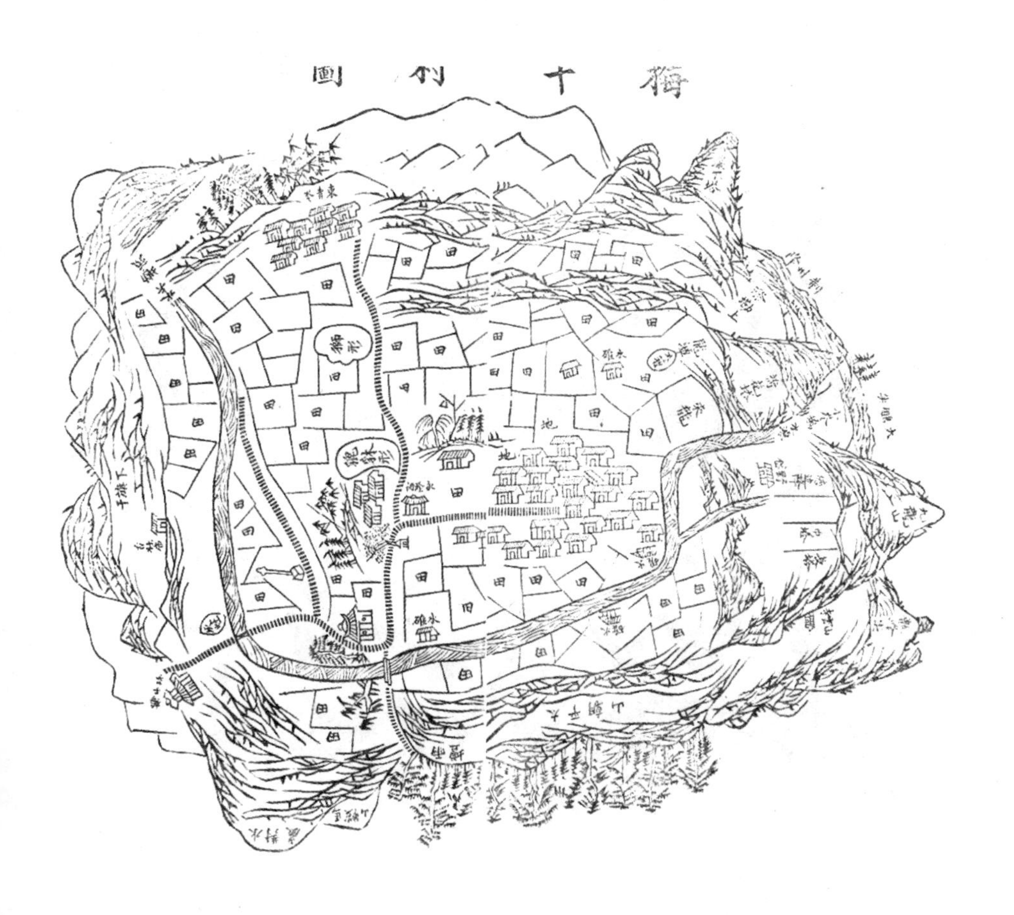

219. 民国绩溪县周氏宗族聚居村北岸村图

（民国《周氏族谱正宗》卷十一《北岸村图》）

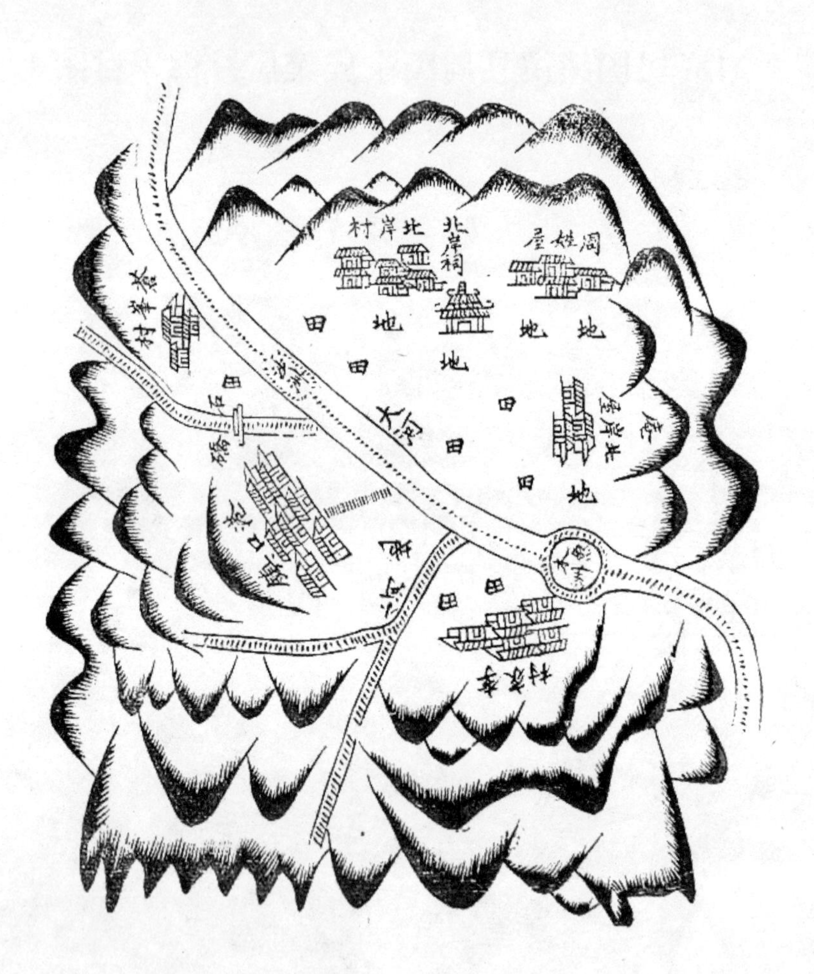

220. 民国绩溪县许氏宗族聚居村涧洲村图

（民国《涧洲许氏宗谱》卷二《村图》）

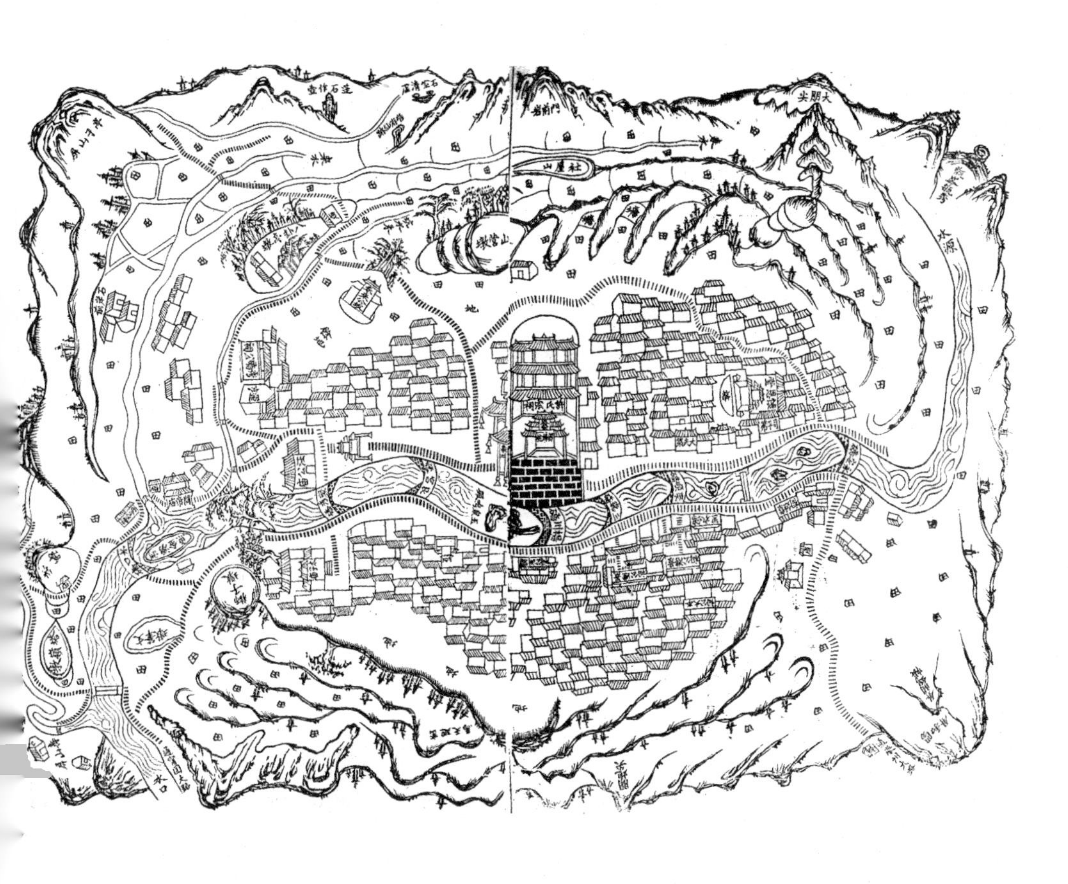

【说明】

“涧洲村记，宋履丰：出梁安城，迤逦而东七十里，有村焉曰‘涧洲’，乃许氏望族也。村故竹坑，相传乃祖许泰来于有明初叶登眺于此，见满坞白云，一川修竹，山明水秀，景物可人，遂辟地居焉。村之中隔一溪，如长虹然；六桥横亘，如云梯然；子孙傍岸而居，如对垒然。村之四围八景回环，五墩分列，如星罗，如棋布，图画天然。山川之形，胜甲于一邑，故其间名流硕彦，世不乏人。有明一代，梁安称文物之盛者，推许氏村为最，亦地灵人杰之征也。

余膺命是邦，两阅寒暑，耳其名久矣。以军书旁午，空有是游之想。民国癸丑之秋，因公偶至斯土，得偿夙昔之愿。访明经许子端卿相而寻胜焉。入村数百步，近溪有月池、石槛，亭台无不毕备，池内青萍漾碧，水族杂处，古之灵沼，殆有似之。池畔有故都司许伯雨敕建居第，池即都司所凿也，古人虽往迹犹存。缘溪而行，见子姓之繁，风俗之朴，犹有三代之遗风者。村中叠石为梁，名'祠堂桥'。桥东有许氏祠，纵横数亩，堂构巍峨，乃伯雨与兄时清所倡造。桥下泉石相激，铿铿锵锵，声如鸣珮。桥侧架楼其上，邑令王公峻尝游于此，喜而志之，牓曰'听泉'。当花晨月夕，骚人逸士沽酒登楼，或对月吟诗，或临风赋曲，兰亭胜概不是过也。从楼巷而入，则豁然开朗，地阔畴平，虎踞龙盘，山回水抱。中有古墓，封植巩固，形家谓之'荷花形'，即乃祖泰来牛眠地也。过墓数十武，有石冈凸耸，形如巨舟，上有八卦亭，为明大儒许青阳读书处。亭外绿竹万竿，古松数本，浓荫深翠，不变四时。倚亭北眺，见村末有二庙横截，势若屏蔽。入其处，不见村水外溢。村口古有石砌鱼形，上植荫木，回护是村，名'洲涌金鱼'，乃八景之一也，沧桑经世变，而故址成墟。南望甑峰，宛如在侧，壁立千仞，势若撑天，令人吟'奇峰插云际，一望众山低'之句也。竟日登临，流连忘返。忽见牧童返笛、归鸟弄音，不禁触景生情，旷怀时势，抚然而太息曰：'人生天地间，一飞禽耳！饥出而觅食，飞倦而投林，安得如此间之山川秀媚，林壑幽沉？结数椽之茅屋，读残篇于其中，或复冬日之阳、夏日之阴，良辰美景，约伴闲行，时临池而观鱼，时披林而听鸟。浊酒一杯，弹琴一曲，不与时争，不与物较，长乐以终天年，虽王公之不易。'许子曰：'空言无补，脱累实难。悠然遐想，子非谢安。今游兴之未减，而夕照已衔山。归乎？归乎？续游有日，愿子长宰乎梁安。'于是，与许子缓步而还，静夜挑灯，犹觉心游神往也。公余无事，爰次其游以为记。民国三年，岁属癸丑，军法科科长衔绩溪县知事宋履丰撰。"（民国《润洲许氏宗谱》卷三《村图》）

221. 民国绩溪县许氏宗族聚居村世恒公后外村屋基图

（民国《涧洲许氏宗谱》卷二《村图》）

世恒公後外村屋基圖

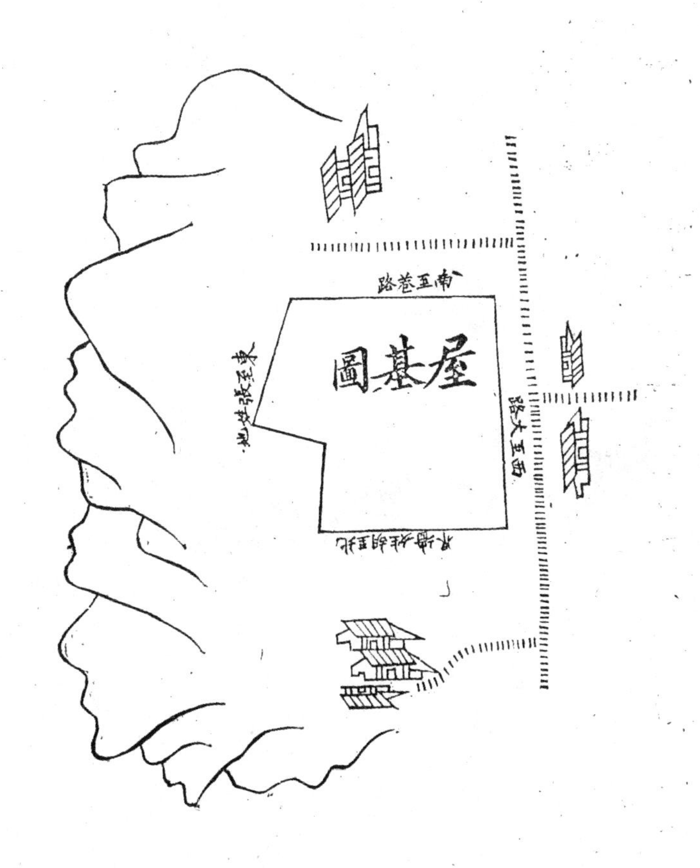

222. 民国绩溪县许氏宗族聚居村水救村图

（民国《涧洲许氏宗谱》卷二《村图》）

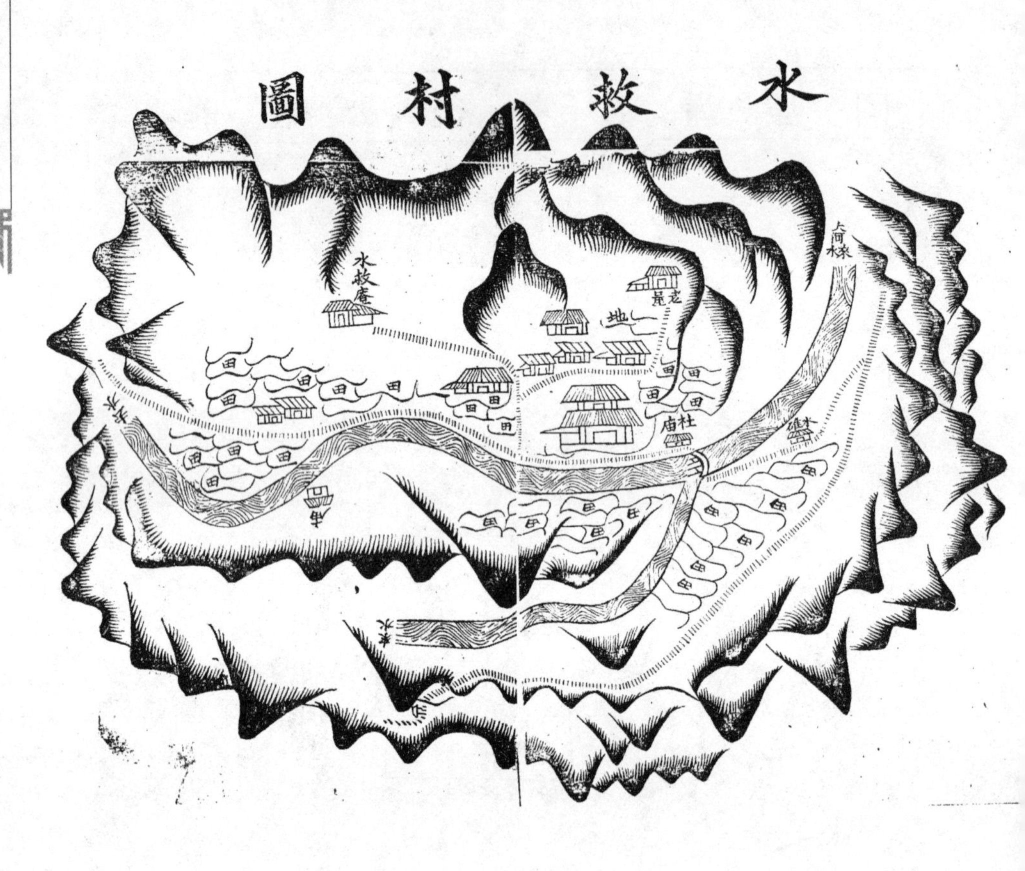

223. 民国绩溪县许氏宗族聚居村柯子山村图

（民国《澗洲许氏宗谱》卷二《村图》）

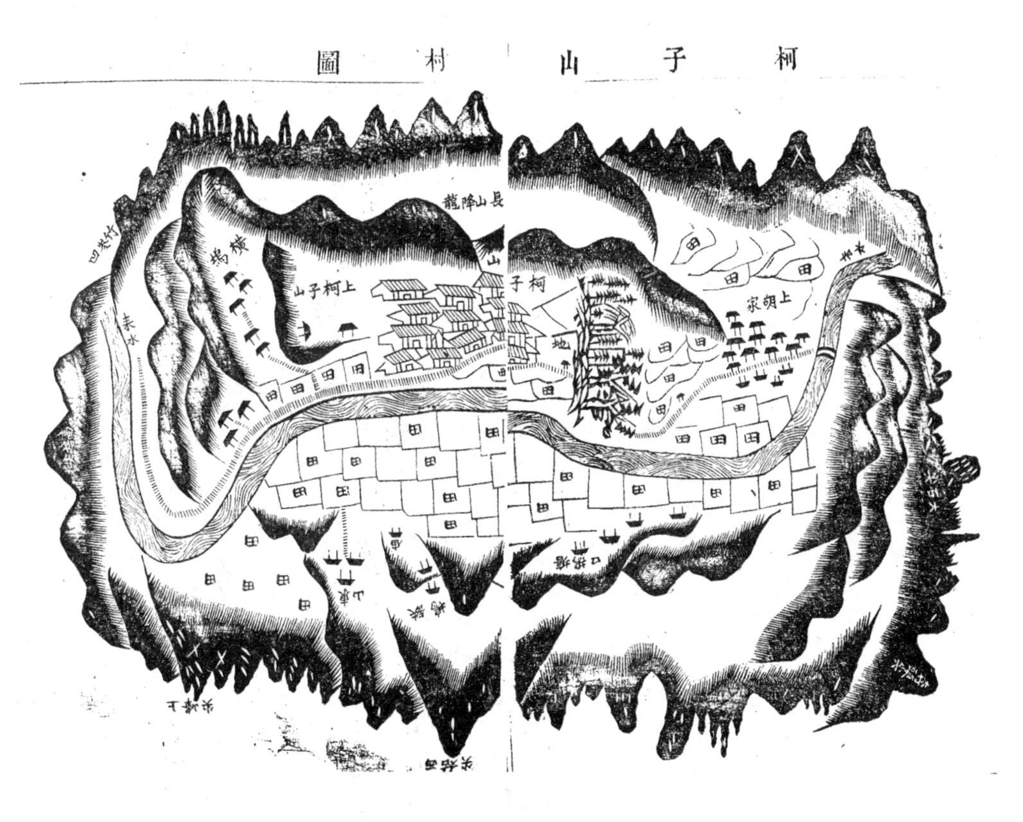

【说明】

“柯子山村图记，胡子绪：村名柯子山，绩邑外十四都之属地也，前临河水，后傍山麓。其下有一土地庙，庙旁有大树数株，杂木甚夥，是为村之水口，原有柯姓与程、汪二姓居此，尚亦称盛。自有许君世林公者，于乾隆二年由澗洲迁而居之，经营置业，人亦非常，不数十年，桂馥兰馨，许氏渐征繁衍，而他姓之后裔或徙迁于别处，或致慨乎人亡。地气之灵，独钟于许

氏者此。今日柯子山皆世林公一派，现有数十余人，聚族而居，并无他姓同处，则将来螽斯蛰蛰，麟趾振振，许氏之兴，殆未有艾也，即称‘柯子山’为‘许家村’，亦可也。是为记。民国三年仲冬中浣，昌邑后学胡子绪谨识。”（民国《润洲许氏宗谱》卷三《村图》）

224. 民国绩溪县许氏宗族聚居村白果树下村图

（民国《润洲许氏宗谱》卷二《村图》）

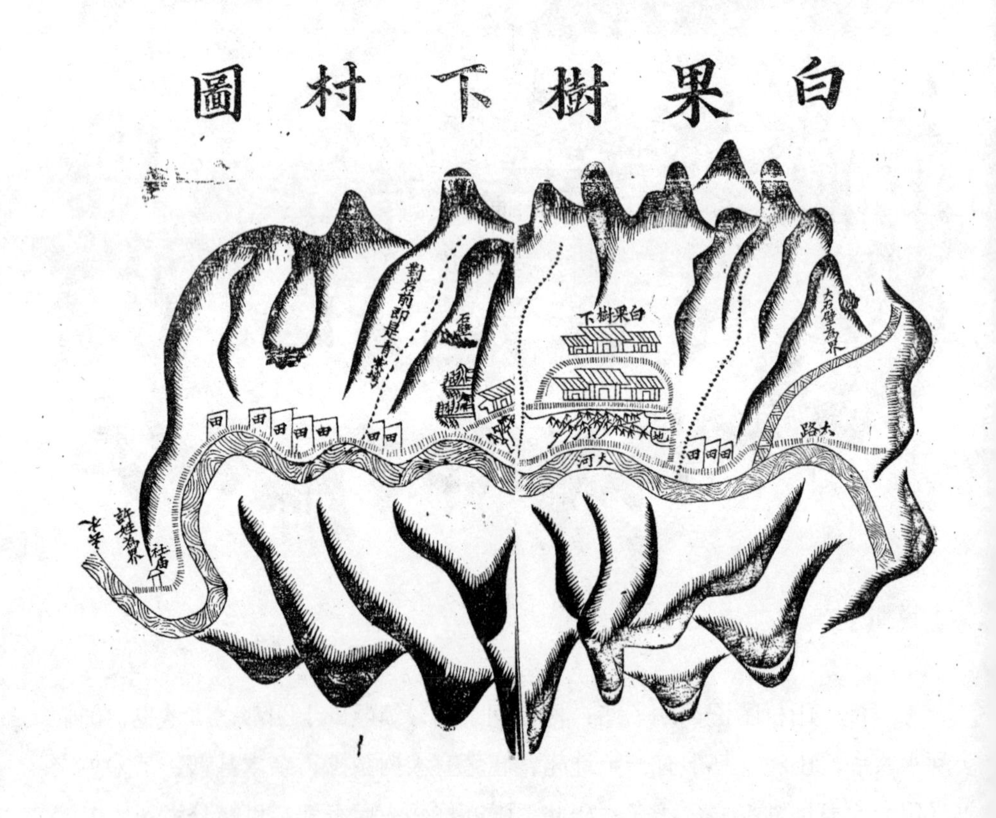

225. 民国绩溪县许氏宗族聚居村方郊村图

（民国《涧洲许氏宗谱》卷二《村图》）

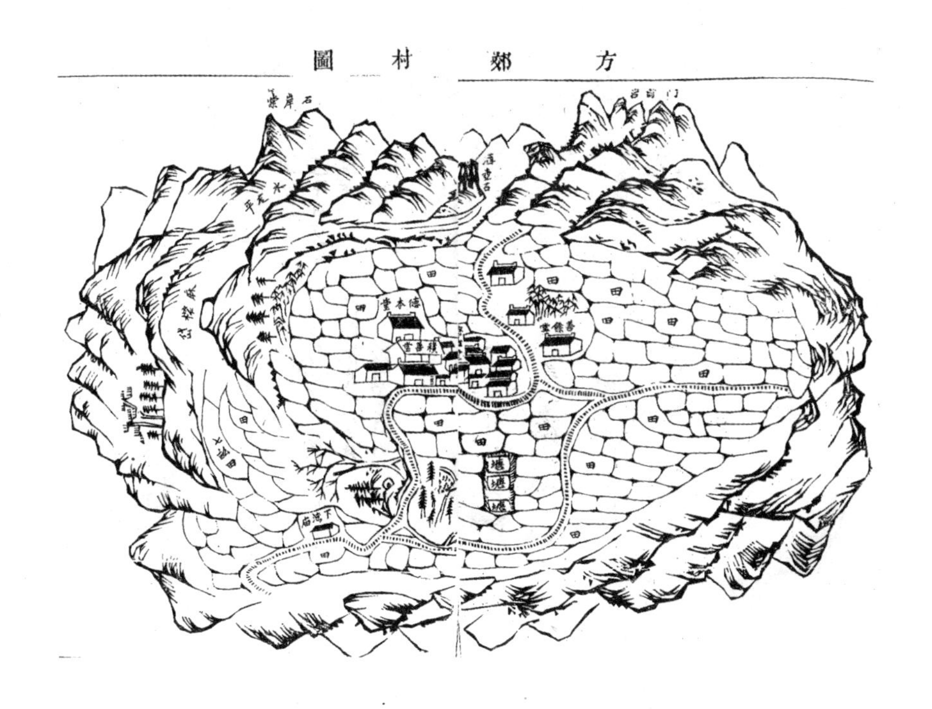

【说明】

“方郊村图记：离涧洲二里许，有地名‘方郊村’者，其上石岩列峙，多耸秀峰，有奇景。村之近处，前后左右，鳞鳞阡陌，周围护绕，田尽膏腴。许君学锐公爱而迁居之，或有时竭力耕耘，或无事即景赏玩，悠游自乐，矢志林泉，可想见公之不凡矣。嗣此公之后裔，人丁繁盛，兰桂成行，现今百有余人，皆见振家之庆，非公之德，曷以昌厥后也？竟唯后之昌盛而地得以人传也。是为记。民国三年仲冬上浣，醉白山人试草。”（民国《涧洲许氏宗谱》卷三《村图》）

226. 民国绩溪县涧洲许氏国祯蜀洪屋图

（民国《涧洲许氏宗谱》卷二《村图》）

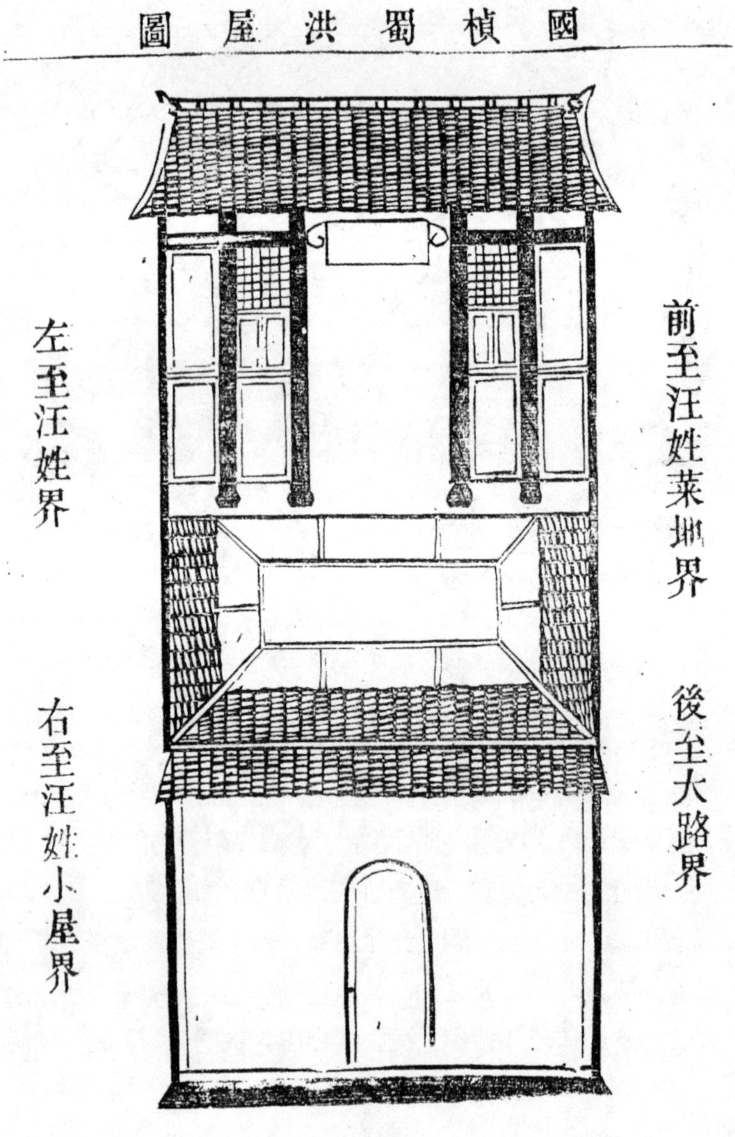

國楨蜀洪屋圖

左至汪姓界

右至汪姓小屋界

前至汪姓菜圳界

後至大路界

227. 民国绩溪县涧洲许氏宗祠图

（民国《涧洲许氏宗谱》卷二《祠图》）

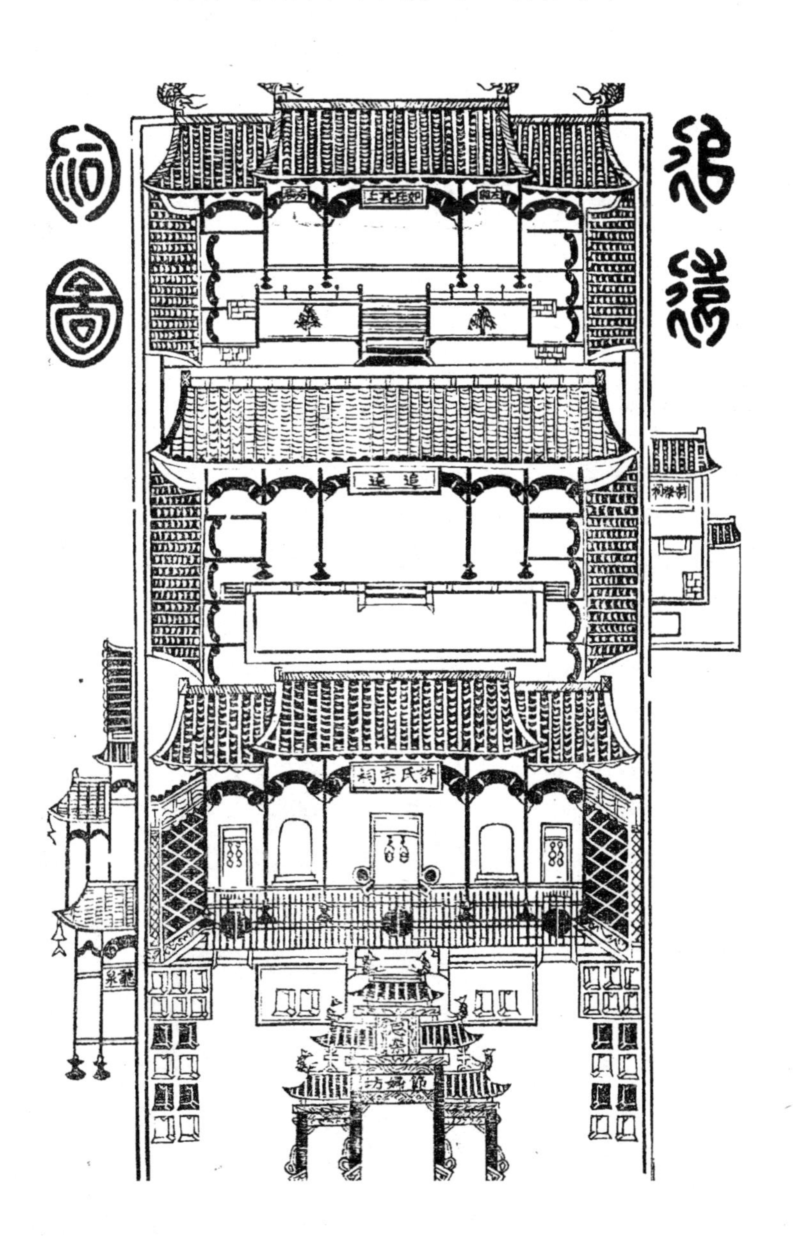

【说明】

“涧洲重建许氏宗祠碑记：甘泉子昔膺命为大司马，公余，讲邹鲁之道，以牖来学。维时，太学生许时涧久在弟子列，尝以许氏宗祠记请。后余解组归，许氏宗祠亦遭回禄，今复完构。值许子宦游粤西，以公务至肇庆，因过余，陈弟子礼，更索为记。时予年已九旬有三，谢此觚翰久矣。属宿雅，弗获辞，姑按状而次之。

许氏，炎帝之后。春秋，许男之裔。历汉唐，多闻人。至宋，规赠大理评事，羁旅宣、歙间。其曾孙宗盟为将作监主簿，子透始卜居绩之云川桥沿，十九世泰来则自云川桥迁涧洲以家焉。泰来六世孙曰金者，时涧之父也，欲祠其祖所自出，乃不靳千百缗，于家之南，拓地为宗祠，横八寻，深倍之，中为一堂，颜曰‘叙伦’，书之者，皇明靖江王八代孙之洒翰也。堂有翼室，东一室贮祭器，西一室为斋居。室之两所，下有回廊，廊之前为大门。大门之外，有节妇坊，节妇章氏、金氏之大祖母。巡按虞以其清节闻于朝，蒙恩旨，树坊表。厥宅里云堂之后，伐石为台，高一仞有奇，造世室五间。内设七龛，中一龛奠云川始祖透公、洎迁涧洲始祖泰来公百世不迁之神主，左、右二龛奠五世有功不祧之主，又四龛奠高、曾、祖、祢四亲主。各龛下有椟藏，亲尽当祧之主，春秋合祀，则复祧主于原位，祀毕则藏如初。夫自仁率亲等而上之，高、祖二龛居始祖之左，则为昭；自义率祖顺而下之，曾、祢二龛居始祖之右，则为穆。子孙修明祀典，则群昭群穆拜位亦以是为序，唯宗子入室灌献焉。室之没阶有两大道，缭以垣墉。垣左隙地，别创涧洲祠，缘许氏自迁涧洲以来至金，实益光大之，故金号‘涧洲’。兹特为之祠者，正以昭其光大之功，有以虔承宗祧云尔。功僝于嘉靖壬子岁秋，落成于丙辰岁冬。祠事再完，而翠涣之义益彰矣，猗欤休哉！

许氏之盛，其于祠之重建焉有征乎？是役也，倡始者金，而一时计徒，庸虑财用，书餱粮于从叔本大、本瑄，从弟錞、鏾、鐈，太学生钥与金子时溥、时清、时涧辈与有劳也，法得附书。赐进士第、资政大夫、南京吏部尚书兼兵部尚书、前国子监祭酒、翰林院侍读、同修国史经筵讲官甘泉湛若水撰，万历三十三年，岁在乙巳一阳月吉日。”（民国《涧洲许氏宗谱》卷三《祠志》）

228. 民国绩溪县涧洲许氏大本公支祠图

（民国《涧洲许氏宗谱》卷二《祠图》）

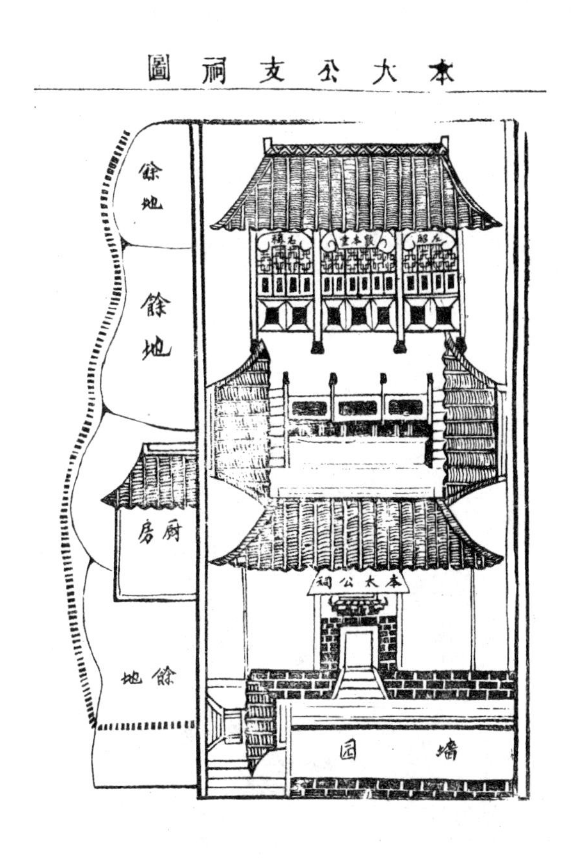

【说明】

“大本公祠记：光绪癸卯春，寒食前一日，余与二客游于村西之猎神墩。天气晴明，日光射目，拟乘兴而返，下数十步，有一祠，颜其堂曰‘敦本’，有上下两进，内设一龛，以奉先主。前有短垣围绕，出入由之。祠之右，有翼室，为斋厨所。厨所前后，有余地数片，高低得宜，不胜潇洒。时有父老洒扫其中，客问曰：‘此谁公祠也？创造于何年？进主于何日？’父老曰：‘是我祖大本公之祠，兴工于同治戊辰，落成于同治己巳。至辛未岁，始妥先灵，迄今三十余年矣。’既而，散步庭前，但见四面春山层峦叠秀，一溪流水清碧宜人。睹八景兮回环，望三屏兮分列。左狮墩兮砥平，右长岱兮曲折。后有万松兮青秀四时，前有千顷兮绿铺一色。腹之枵而不知饥，日之夕而不知别。父老曰：‘时将晚矣，盍咏而归。’遂鼓掌而歌之，歌曰：‘云山苍苍，溪水洋洋。饱赏佳境，其乐难忘。’未几而散。余爰濡笔记之，以免遗忘云。族裔桂馨谨识。”（民国《润洲许氏宗谱》卷三《祠图》）

229. 民国绩溪县润洲许氏怀恩堂支祠图

（民国《润洲许氏宗谱》卷二《祠图》）

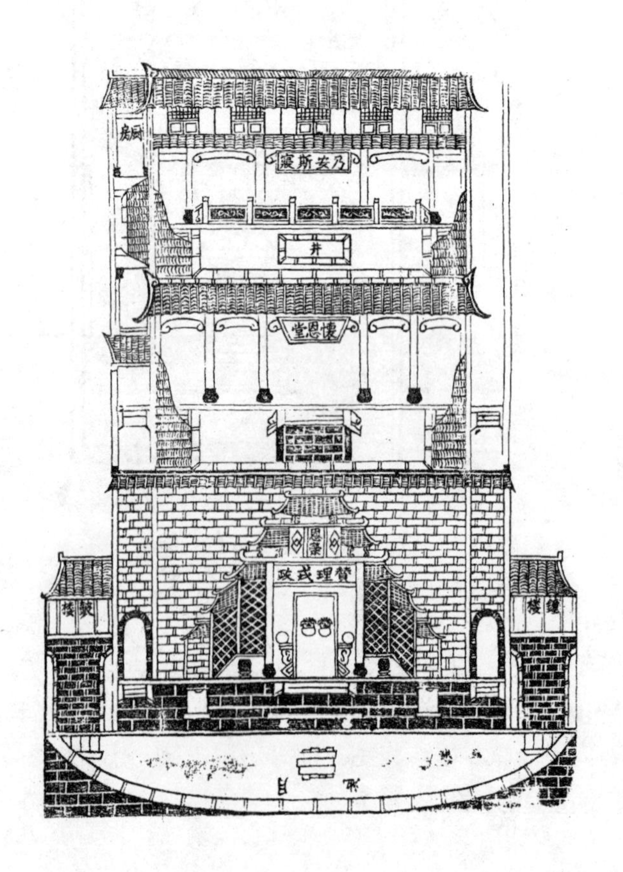

【说明】

“怀恩堂祠图记，朱瑞麒：麒闻天下士相聚而言曰：‘人生天地间，不愿万金富，但愿千金子砺名砥行，以光大其门闾也。’然所谓光大其门闾者，必先有功于当世，而后增荣于里党也。若涧洲之许公伯雨其庶几乎？伯雨为粤都司，以循良著，晚岁乞假归里。武宗念其功，赐建居第并敕建七簷门楼，以为门闾光。君臣际遇，一时称盛焉。公以圣恩优渥，虽退处山林，常怀耿耿，故以‘怀恩’颜其第示不忘也。第原五间，明季板荡，后叠遭兵燹，故址仅存。子孙艰于经费，改造三间三进，里进设祀龛，祀伯雨神主，以下昭穆亦附焉。没阶之西有翼室，为斋厨所。大门之上，有门楼七簷，左右有小楼屋各一所，为钟鼓楼。鼓楼之上下各有门，通出入。门前开半亩方塘，周围绕以石砌，形如半月，世称为‘伯雨洗砚池’也。池内有石台嵌虚而立，游鱼跃浪其中，如跳龙门然。甲寅夏，余有事于涧洲，临池流览，荷香扑鼻，红白争妍，依依不忍离去。骚人逸士乘凉于池边，或坐或钓于石上，皆伯雨裔也。其七簷之门楼依然无恙，有‘赞理戎政’四字，灿然犹新。异而询之，父老指其第而告余曰：‘此都司公敕建居第也。’子弟亦指月池而告曰：‘此都司公之遗迹也。’余欣羡久之，曰：‘是真向之所谓励名砥行、有光大其门闾者也。’虽然非伯雨之丰功伟烈著于生前者，而能光荣于后世乎？余喜退而为之记。民国三年夏六月中浣，石生朱瑞麒撰。”（民国《涧洲许氏宗谱》卷三《祠图》）

230. 民国绩溪县涧洲许氏秀桥公祠图

（民国《涧洲许氏宗谱》卷二《祠图》）

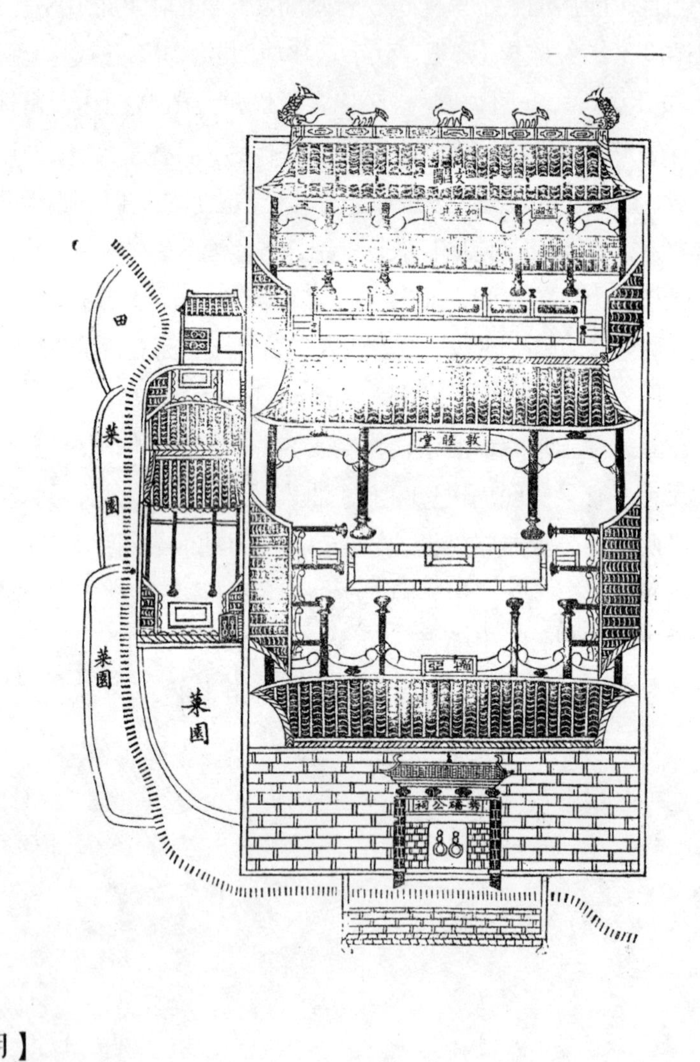

【说明】

“秀桥公祠图记，王宝贤：涧洲之东偏，地名枫林下，有秀桥公祠焉。

其堂曰‘敦睦’，许君润泽设教于此。贤因职任劝学，至涧洲，处校中。适许君膺修家乘之役，以乃祖秀桥公祠图示之，乞为记。贤惭不敏，雅弗获辞，乃视祠中子弟，询知为公之后裔者居多，皆俊秀，不禁感慨之，曰：‘猗欤休哉！其秀桥公祠乎？国家培植人材，则将来蔚起人文，或如窦桂、王槐，或为荀龙、谢凤，岂不有以光大公之祠耶？’矧祠址秀接荷形，四面秀峰环峙，一溪流水潆洄，风景清奇，必钟淑气，则此祠之发祥尤不可量。至观祠之结构，前后有三进：前进、中堂及阶前，丹墀甚宏敞；下堂左右有房，大门内，树塞门，丹墀两边有回廊，中与左右有阶级；后进有寝室五间，较中堂高数尺，中三间设龛，以秀桥公为始祖，公以下之神主，亦次以昭穆，咸祔焉。龛前床子门，床外有石栏杆，其上有楼，设文昌神像，名曰‘文昌阁’。阁下左一间为房，右一间为上阁之处。祠之右侧，有小三间屋二进，前后天井，现为厨灶。其外有菜地三处，田一坵，图中均已详明。其余田地、山场，另有谱据，兹不复赘。若论建祠何人，落成何日？但据许君所得，闻诸父老者，谓公之孙应熊欲以读书旧墅扩建此祠，嗣因势迫不果。迨公之七世孙辈，遵先志，以落成之，时在康熙年也，其月日已不可考矣。民国癸丑夏初，同邑后学王宝贤敬。”（民国《涧洲许氏宗谱》卷三《祠图》）

231. 民国绩溪县涧洲许氏肇勋公祠图

（民国《涧洲许氏宗谱》卷二《祠图》）

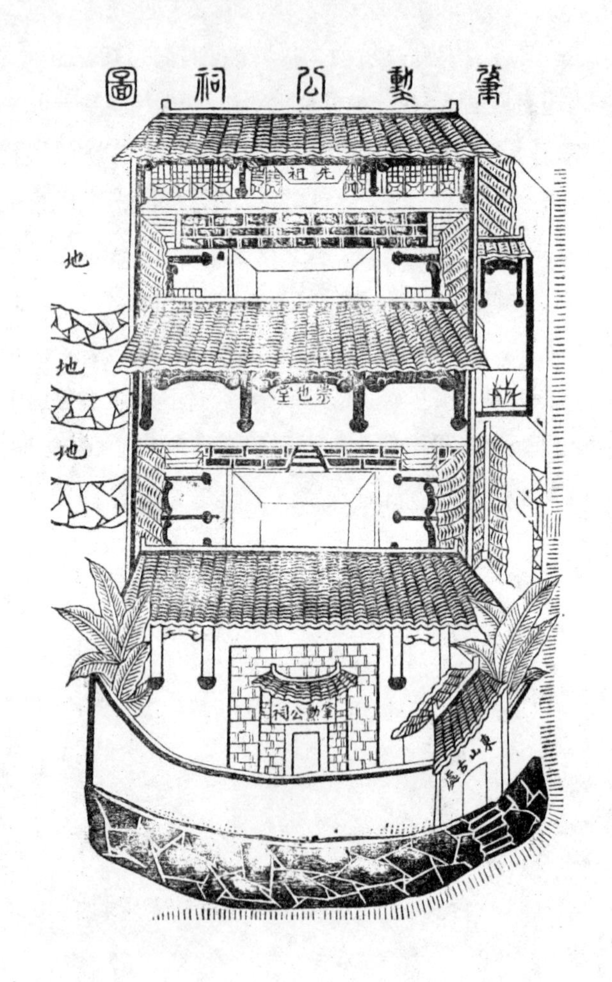

【说明】

“崇也堂记，胡嗣运：崇也堂记，记崇也堂之所自昉也。邑武生许君锦焘，字崇也，号春原，世居绩东之涧洲，故监生许肇勋公之子也。貌雄伟，声如洪钟，与人言，响殷隔屋，以直刚称世，以勤俭起家。舍宇相望，田地沃野，称殷实焉。生平取与不私，言笑不妄。人有事就理，必剀切晓譬，使人悔悟而后已，狡猾之辈咸敬畏之，亲族子弟受陶铸者不少。尤勇于为善，地方善举，无不踊跃争先，输将恐后。清季，贤有司仰其懿行，举为乡董。君见世风不古，力辞不就，终岁悠游林下，抱道自乐。先是，父肇勋公在时，欲建祠宇，以妥先灵，不果而卒。君欲以成父志，买地于涧洲之东，名曰'东山古处'，基长九丈四尺，阔三尺，筑大厦数间，为乃父肇勋公支祠。鸠工于宣统元年，落成于民国元年，计糜银元二千有奇。圣人谓'善继善述，为孝之先'，君庶几焉。祠有三进：里进为寝室，置祀龛，内安肇勋公神主，盖以肇勋公为本支始祖也；中堂计三间，悬'崇也堂'匾额其上，以祠乃君所造，纪实以示后人也；下堂有左右房，于落成后，君与德配胡氏居于内，避尘嚣也。祠左有翼室两间，外间为厨所，里间作小龛，祀君故岳父母于内。盖岳家无后，君代表祀典也。大门之上，镌'肇勋公祠'四字，明其祠为肇勋公作也。门前有垣墉，如半月状。立足而望，见外山拱秀，如图画然。后门外有余地三片，拟作花园，以供游玩。君休息其中，不与外事。孙曾绕膝，济济一堂，时而含怡舞弄，时而策杖偕游，真福人福地，极人间之乐事也。陆地神仙，熙朝人瑞，可为君咏矣。德配胡氏，生四子：长洪戬早世，次洪定、洪栗、洪坚，皆善计然，克绍父业，为世称许，皆君之教育有以致之。孙四人，曾孙三人，四世一堂，天伦团聚，人称有公艺家风。欧阳公有曰：'为善无不报，而迟速有时，不于其身，必于其子孙。'以君之积德卜之，君家之兴，其未有艾欤。余虽老，犹乐为记之。中华民国三年仲冬下浣，同邑副举人胡嗣运鹏南甫敬撰。"（民国《涧洲许氏宗谱》卷三《祠志》）

232. 民国绩溪县涧洲许氏八卦亭图

（民国《涧洲许氏宗谱》卷二《祠图》）

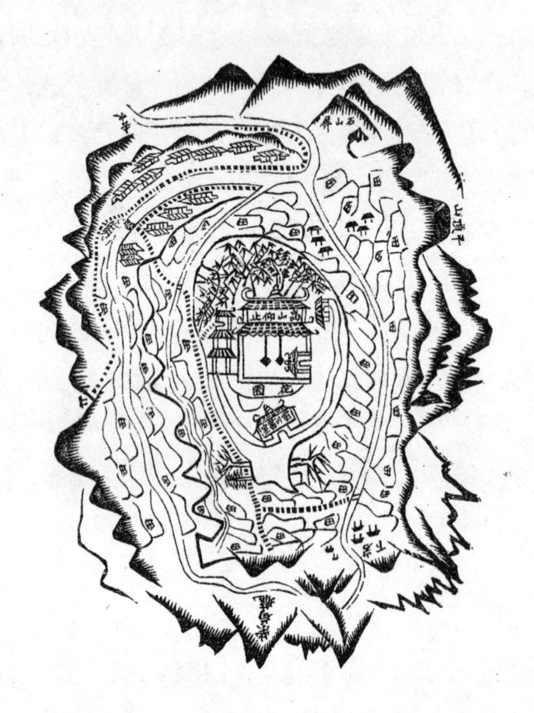

【说明】

“八卦亭图记，胡宣铎：涧洲之东偏，有石岗焉，形如孤舟。岗前有小径，缭绕如牵，绳接小孤山，山如人状，好事者呼为‘渔夫背舟’形。岗上有坦谷，宽容数亩，明大儒许青赐公建亭其上，为读书别墅。亭居岗适中之地，视之若船舱然，前有古松数本，直立岗首，如蓬杆然。孤舟之称，盖象形也。登亭四望，水抱山环，八景分布如八卦象，亭名‘八卦’所由昉焉。亭有上下两间：上间设祀龛，安置青赐公以次昭穆神主；下间为讲习所。东西有两翼室，东为自修室，西为招待所。西室前有文昌阁，内供文昌像，前后皆有户通出入。亭前筑短垣，遍种时花，以供目赏。亭后栽绿竹万竿，间以古柏，浓荫深翠，四时一色。暇时独坐幽篁，弹琴长啸，听藏莺调舌、黄鸟弄音，可以助诗情，动文兴，亦可见公当日之雅致也。公生平无他嗜，惟喜读书，老犹手不释卷。生三子：文谷、文燮、文灵，均令习举子业，后皆以文章气谊显于时。然犹虑后裔贫乏，不能克绍书香，尝置生员租壹百二十钧，以为后人读书膏火之资。其所培植后人者，意深且美也。公殁后，子孙以所遗产业，除坐生员租外，统作祀产，俾春露秋霜祭典莫缺，亦可谓善继善述者也。《书》曰：‘有盛德者，必百世祀。’吾于公亦云。中华民国三年冬十月中澣，同邑副榜胡宣铎撰。”（民国《澗洲许氏宗谱》卷三《祠图》）

233. 民国绩溪县澗洲许氏悦乐堂图

（民国《澗洲许氏宗谱》卷二《祠图》）

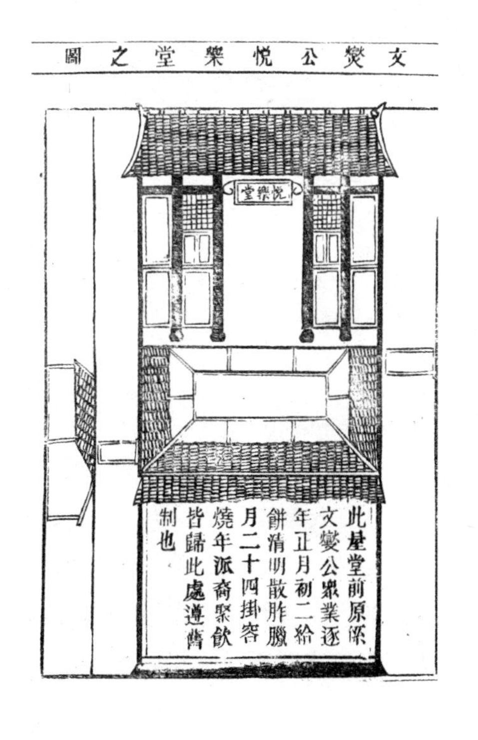

234. 民国绩溪县汪氏宗族聚居村余川村图

（民国《余川越国汪氏族谱》卷十八《祠宅·村图》）

【说明】

“祠宅：族祀之制，权舆北宋，而里居以一姓著者，则荀之西豪、刘之居巢、张之鸣珂，载在史册，更仆难数。若夫金盏玉杯之形胜，堪舆家尤称道焉。余川虽僻在乡陬，然汪氏聚族于斯，历年甚久，共敦古处，同服先畴，且岁时伏腊，追远报本，济济一堂。其文物衣冠视荀、刘固若少逊，至尊祖敬宗之谊，盖亦庶几矣。顾中国史籍，向勘图绘，曩者予跋黄氏所辑《日本志》，偶发斯旨，以为不足传当时而讯后世。近则梁启超氏商榷清史义例，亦谋创立舆图。言厥体裁，谱之与史固二而一也，然则祠宅作图，其曷可缓耶？是卷祠、村二图，皆卓侯手绘，挈以为纲，而以《祠规》《祀产》等附焉。村图之后，则媵以拙作六景七律，昔人所谓‘画所不及，以诗补之’。此物此志也，辑《祠宅》一卷。”（民国《余川越国汪氏族谱》卷十八《祠宅》）

“村图说明：甲、宗祠敦伦堂；乙、上门寅德公祠；丙、下门辰德公祠；丁、应美公厅屋；戊、廷樽公厅屋基；己、光澍公爱日堂；庚、环秀桥；辛、武圣庙；壬、村口亭；癸、土地祠；子、通济桥；丑、三台桥；寅、通舆桥；卯、下碓桥；辰、廷继公书屋；巳、下碓；午、上碓；未、上碓桥；申、辰、寅二公祠坦；酉、富宁大社；戌、塘；亥、竹艮峰。”（民国《余川越国汪氏族谱》卷十八《村图》）

“余村六景诗：［常水廻澜］渐江源远此胚胎，百涧山泉汇合来。滩急响争三峡险，溪流环绕半村廻。映堤绿柳输桑柘，涨为黄梅先藤苔。临水静观生妙趣，葭汀芦渚自徘徊。［圣泉甘醴］数寻飞瀑挂崖前，徹耳潺湲淡俗缘。甘冽岂惭功德水，名题澇比让廉泉。烹来茶味香久馥，沁到诗脾句欲仙。□把平章凭陆羽，惠山中冷合随肩。［环秀飞虹］长虹饮涧势峥嵘，一道飞桥两岸横。人影倒随银浪动，月华照向石梁明。料应风雪添诗思，岂有烟波阻客程。彩笔好题司马字，青袍未合误儒生。［燃藜眺月］天边熠烁众星浮，淡极银河涛不流。云破月来凭放眼，琼楼玉宇喜尚现。一溪隐约横拖练，万籁□骚气转秋。倚槛莫教辜胜览，狂阑更复抗歌喉。［竹峰霁色］苍翠排空入杳冥，扑人霁色最玲珑。云开峦嶂千重碧，雨过山天一样青。落日西驰明远岫，奇峰南走接长亭。当轩认取勔庐面，独倚东风望不停。［石鹤岚光］西望葱茏石鹤山，参差林接碧回环。卷帘翠耸眉先扑，排闼青来手可攀。水墨图开明十里，云蓝气合郁千般。烟露管领平生事，坐对苍苍世虑删。时在丙辰之秋，董人胡祥木题。”（民国《余川越国汪氏族谱》卷十八《祠宅·六景诗》）

235. 民国绩溪县余川村汪氏宗祠图

（民国《余川越国汪氏族谱》卷十八《祠宅·祠图》）

余川汪宗祠敦倫堂圖

【说明】

“余川汪氏重建宗祠记，胡祥木，字董人：岁戊戌，余川汪氏新祠落成。距经始时适岁星一周，去前彼灾时则三十九年矣。凡楹七十有八，梁九十有六，石楹二十，其节棁、宲桷、楣极之属称是，得开五十有六，得架六十有八，占地八十四方彻，而门外甬道不计焉。出甬道，以入则为杙楯，为大门，门旧有仗马，今则惟建阀阅焉。门以内有霤，有廊，有庑，有阶，有庭，有侠陛，有堂皇。再进为序，为寝，就寝而蔽于罘罳之内者，为祏神所依矣。祏上为重屋，重屋之东西壁压前檐，为阁道者，则奏乐所也。基址则前者因诸旧而后者加拓焉，总费缗钱四千而弱，董役、司会、庀材者，实族人印清、缙卿、开泰、以茂、咏之、立燊等，而咏之暨以德、耀山等则又首输巨帑以倡者。呜呼！诸君子之为此，岂特勤劳已哉？抑亦贤且孝矣，是可纪也。吾观兵燹以还，祠宇灾毁，隤桡者何可胜计！数十年间，自三四右族望姓外，能力复旧观者，乃少概见。况余川僻处山陬，户版百许，瘠土写佃，夙閟以僿，滋以粤人久窟，创烈他族者乎？夫非常之原，黎民惧焉。

今帅彫尠之众，恢销沉之业，处闟僿之区，营礼法之盛，括百户之力，规万禩之功，其艰难盖明甚。顾诸君子摄尪鞠种，吞苦推甘，本身作则，皋劳其族，卒使富倾其材，贫作其力，智献其技，愚竭其诚，七陶归灶，十匠归林，梯山栈谷，各图功攸终，岂非所谓不胶者卓哉！语曰：'有非常之人，然后有非常之功。'于诸君子观之，信矣。

先是，祠宇罹劫，靡有椽埴，仅甬外塞门亘道周。同治中，族人怀霜露之感，尝小筑享堂为妥侑计。规制湫隘，未遑藻饰。至是，诸君遂撤所筑，扩基于田，而更造焉。又以塞门弗便，亦斥之，今诣观者佥以堂高庭广足严祀事。门外峰立，儿孙溪环，衣带山茨水槛，气象万千，莫不啧啧相与嘉叹然。安知其始相度胥宇，固不知几费经营耶！诸君之后人洎族父老，恐来者之无所考讯也，则属予为之记，遂纪其岁月端倪，如此时去祠成且二十年，实民国丙辰云。"（民国《余川越国汪氏族谱》卷六《文苑下·余川汪氏重建宗祠记》）

236. 民国黟县环山余氏聚落及宗祠等建筑图

（民国《环山余氏宗谱》卷二《图画》）

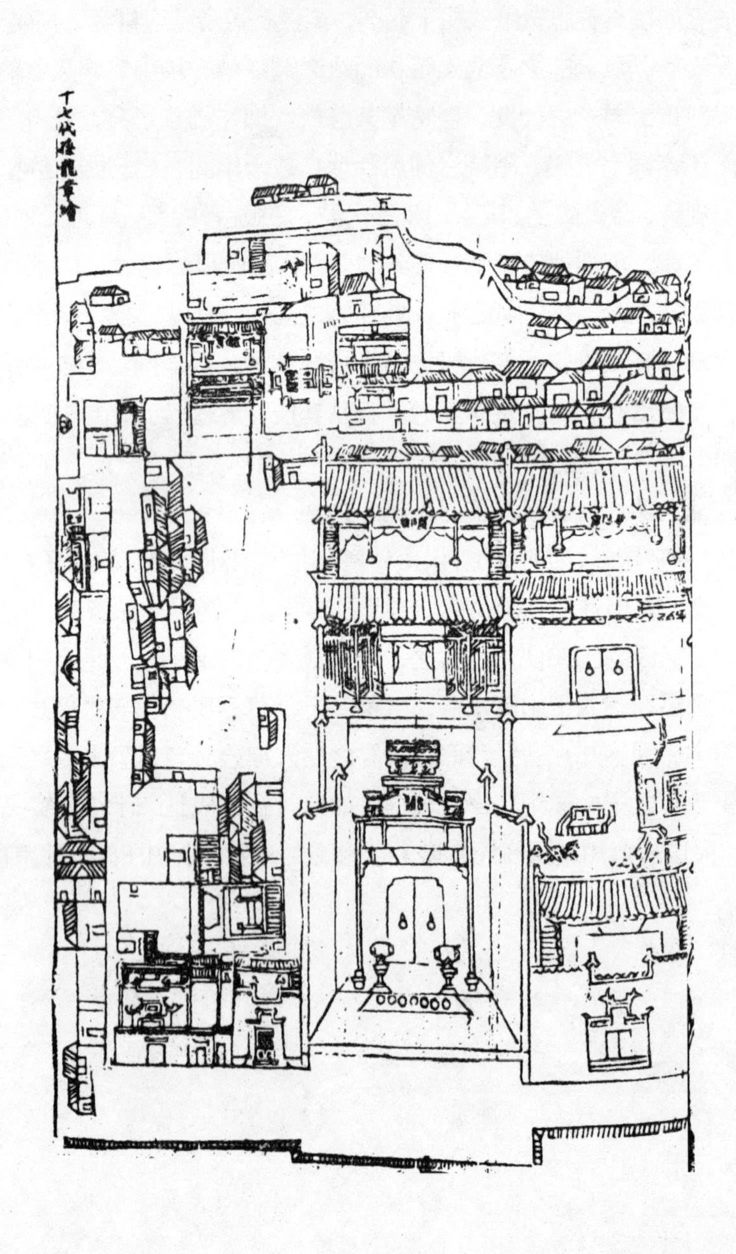

237. 民国黟县环山余氏宗祠等建筑图

（民国《环山余氏宗谱》卷二十《图画》）

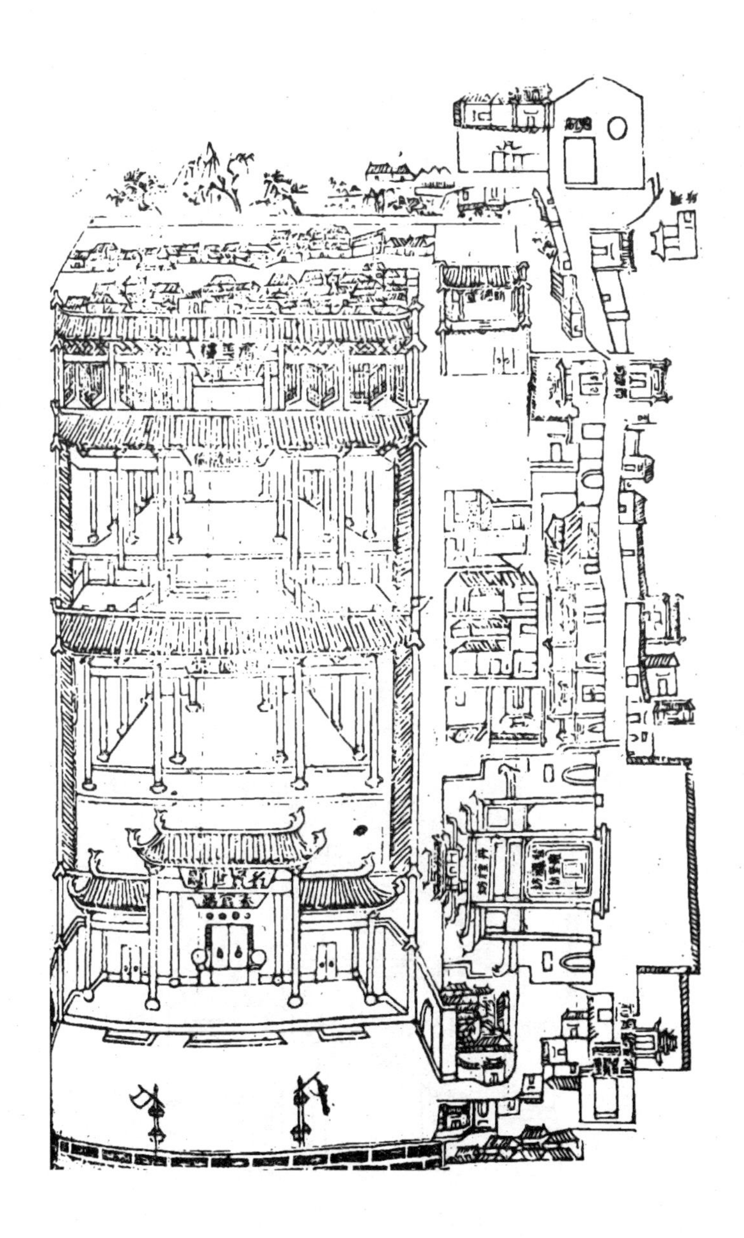

【说明】

“图画：圣人出，文字兴，天下万物莫不藉文字而以传以状。然天下事物亦有文字传状所不能尽者，则图画尚焉。是以先民有云：‘书不尽言，言不尽意。’故圣人立象以尽意，画也者，象也。山川之影，千里之观，一展卷而即瞭然。吾族旧谱原有祠宇、邱墓等图（原注：见明万历朝蔡公所赠谱序），惜散佚无存。然一则为子孙歌哭之所，一则为祖宗藏魄之乡，关系匪细，不有以补图之，甚非承先启后之道。爰绘祠宇图，其环聚于祠宇一带之宫室、族居并附焉。邱墓图则始祖以至房祖，计十二幅，余不备绘，但附葬可考者，得注焉。”（民国《环山余氏宗谱》卷二十《图画》）

238. 民国绩溪县城南方氏宗族宗祠图

（民国《城南方氏族谱》卷十七《祠图》）

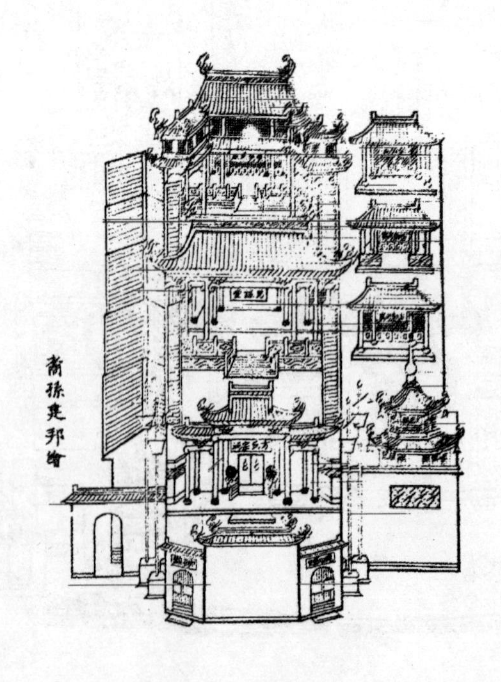

【说明】

“祠址在城南地字等号，东至清芬馆，西至祠店，南至路，北至刘姓屋，额地贰佰肆拾步叁分，额税壹亩肆分壹厘叁毫伍丝（原注：路地不在内），亘山坤向。祠东（原注：自南而北）：清芬馆地址在祠东，地字等号，东至路，西至祠东墙，南至路，北至祊东考寓，额地叁拾伍步贰分四厘，额税壹分柒厘柒毫捌丝（原注：路地不在内）。祊东考寓贰层，并厨屋地址，在祠东地字等号，东至立德堂西墙，西至祠东墙，南至清芬馆，北至能干祠，额地贰拾叁步肆分，额税壹分叁厘柒毫陆丝。能干祠地址在祠东，地字等号，东至立德堂西墙，西至祠东墙，南至祊东考寓，北至象乾公祠地，额地肆拾柒步陆分，税贰分捌厘。祠西（原注：自北而南）：店址在祠西地字等号，东至祠西墙，西至胡姓店屋及街，南至祠店屋，北至胡姓店屋及巷，额地贰拾叁步伍分伍厘，额税壹分叁厘捌毫伍丝。店址在祠西地字等号，东至祠西墙，西至街，南至祠店屋，北至祠店屋，额地贰拾步，额税壹分壹厘捌毫贰丝。店址在祠西，地字等号，东至祠西墙，西至街，南至祠店屋，北至祠店屋，额地拾玖步，额税壹分壹厘贰毫肆丝。店址在祠西，地字等号，东至祠西墙，西至街，南至祠店屋，北至祠店屋，额地贰拾步壹分，额税壹分壹厘贰毫肆丝。店址在祠西，地字等号，东至祠西墙，西至街，南至路，北至祠店屋，额地拾玖步陆分，额税壹分壹厘伍毫叁丝。祠址及东西余屋，按之册契，均在地字贰佰捌玖拾号内。但既经改造，则号数、界至不无移易，故统注地字等号，各业照现在界至注明，并分注步额、税额于其下，以俟后之经丈者。”（民国《城南方氏族谱》卷十七《祠图》）

239. 民国休宁县济阳江氏休西湖田基图

（民国《济阳江氏统宗谱》卷九《图像一·各派宅基图·休西湖田基图》）

240. 民国休宁县济阳江氏休西川霞滩基图

（民国《济阳江氏统宗谱》卷九《图像一·各派宅基图·休西川霞滩基图》）

【说明】

“右休西十三都川霞滩村基并上下祠堂，共绘一图，其上祠基地系鹹字二千九百零三号，下祠基地系鹹字二千九百零四号。”（民国《济阳江氏统宗谱》卷九《图像一·各派宅基图·休西川霞滩基图》）

241. 民国婺源县济阳江氏金盘和村派基图

（民国《济阳江氏统宗谱》卷九《图像一 · 各派宅基图 · 金盘和村派基图》）

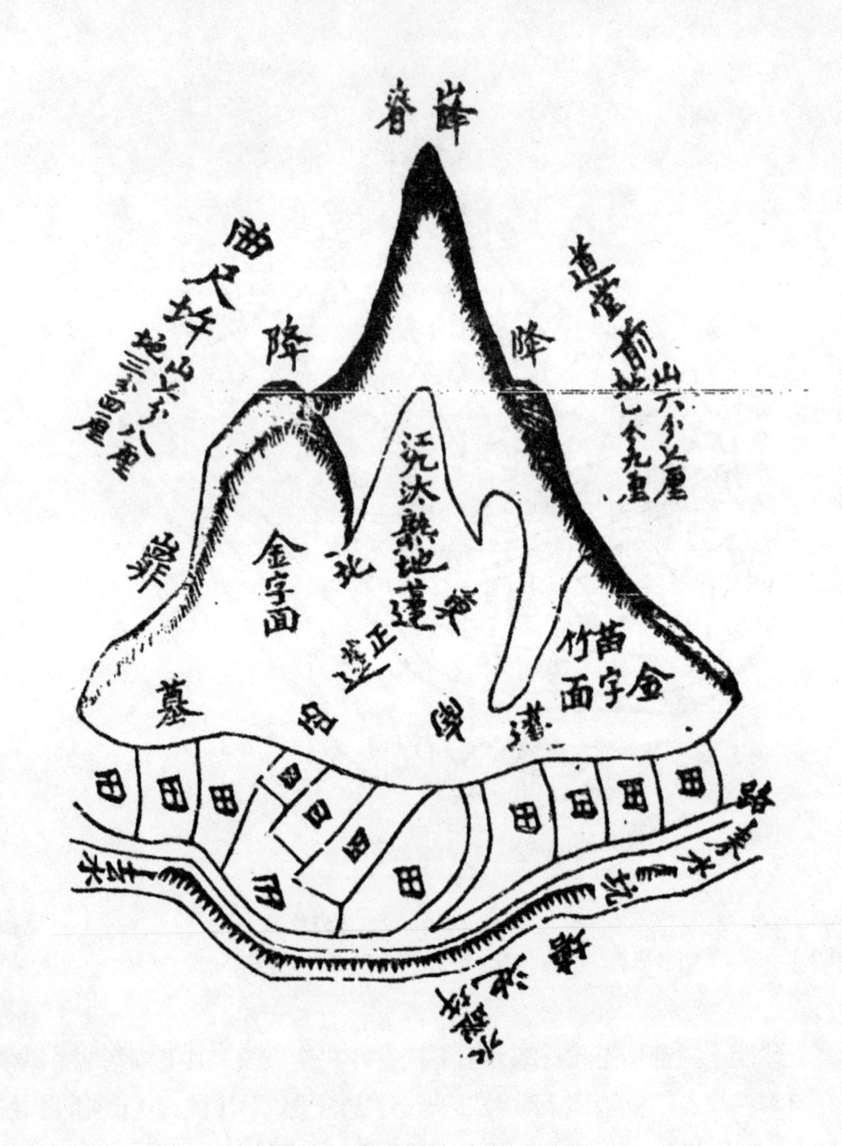

242. 民国婺源县济阳江氏婺东香田村基图

（民国《济阳江氏统宗谱》卷九《图像一·各派宅基图·婺东香田基图》）

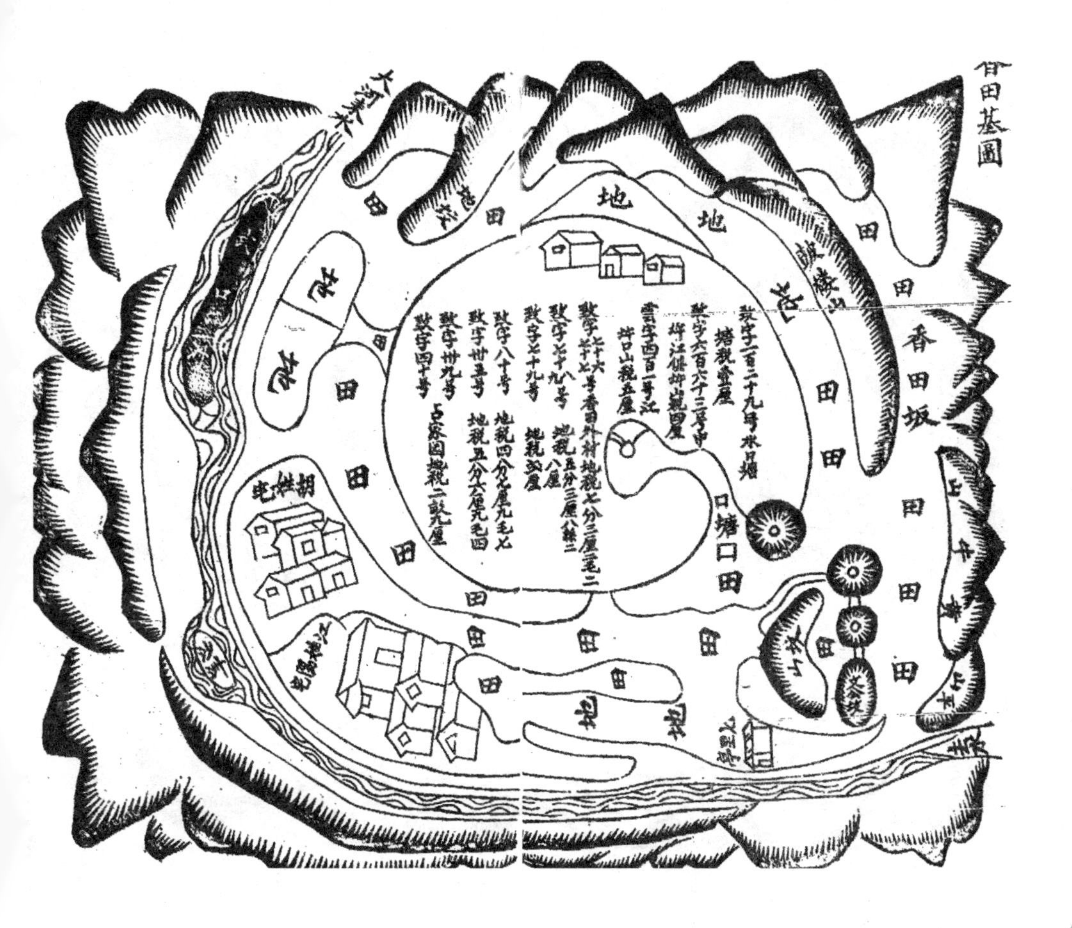

243. 民国婺源县济阳江氏婺南番坑村基图

（民国《济阳江氏统宗谱》卷九《图像一·各派宅基图·婺南番坑基图》）

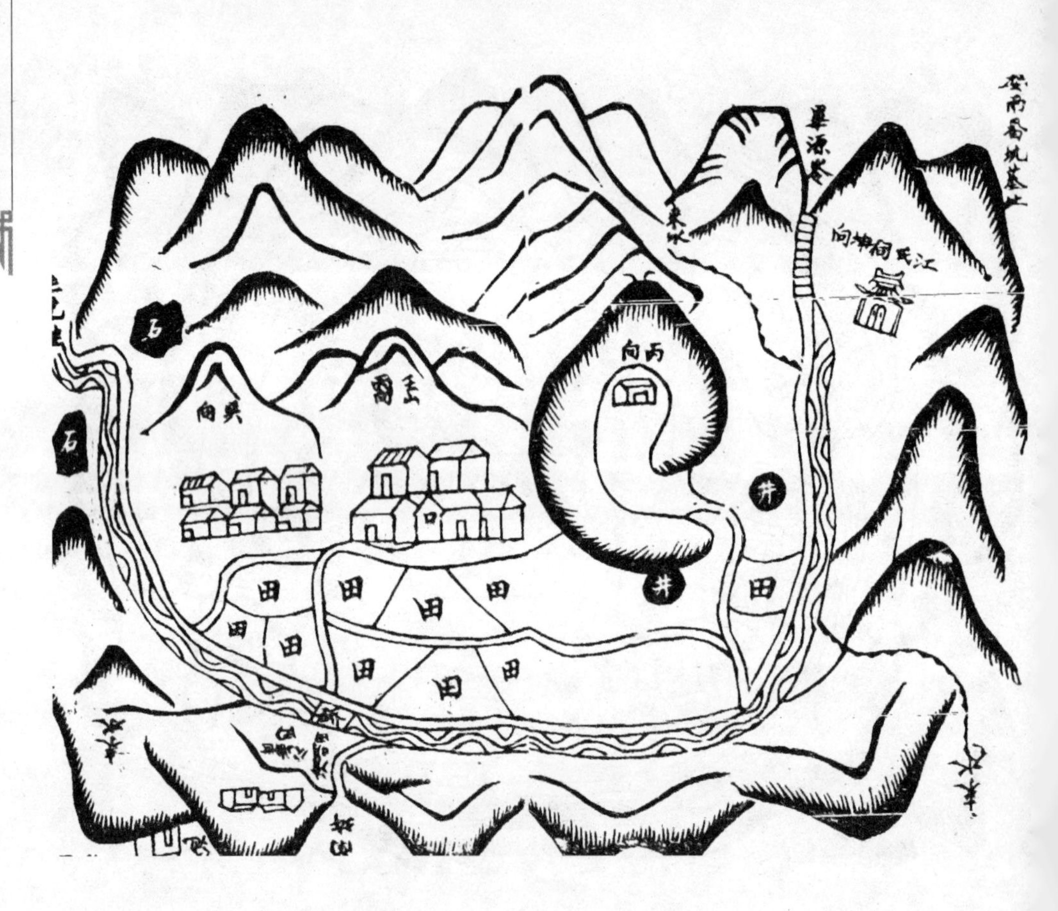

244. 民国婺源县济阳江氏婺南港口村基图

（民国《济阳江氏统宗谱》卷九《图像一·各派宅基图·婺南港口基图》）

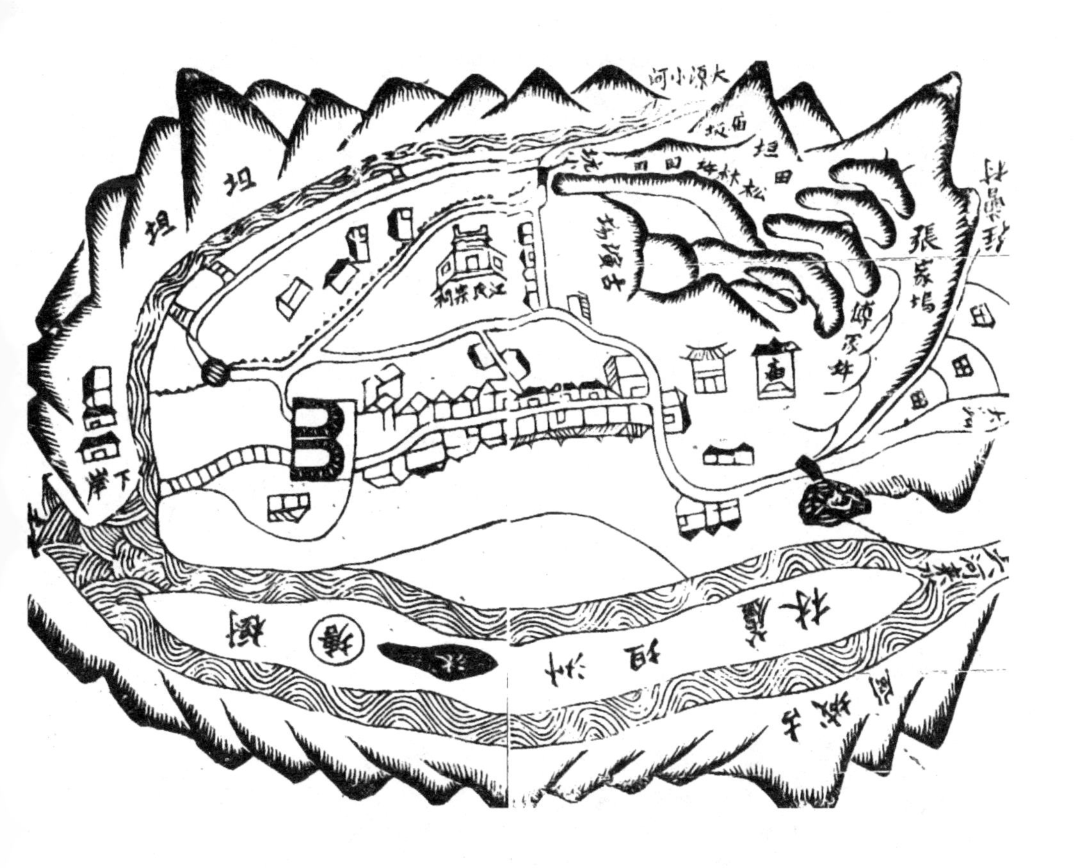

245. 民国婺源县婺北东山派村基图

（民国《济阳江氏统宗谱》卷九《图像一·各派宅基图·婺北东山派基图》）

246. 民国婺源县婺北横坑口村基图

（民国《济阳江氏统宗谱》卷九《图像一 · 各派宅基图 · 婺北横坑口基图》）

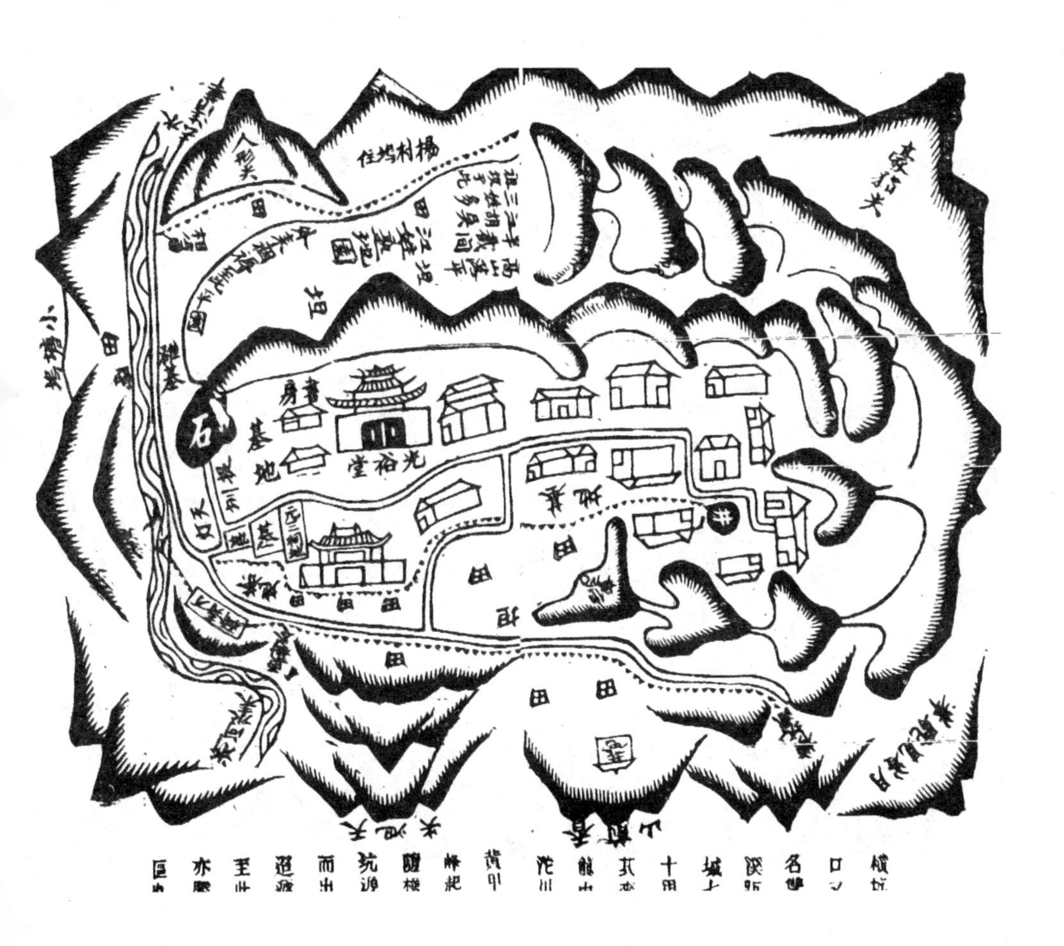

247. 民国婺源县婺北花园派村基图

（民国《济阳江氏统宗谱》卷九《图像一·各派宅基图·婺北花园派村基图》）

248. 民国婺源县婺北罗雪派村基图

（民国《济阳江氏统宗谱》卷九《图像一·各派宅基图·婺北罗雪派基图》）

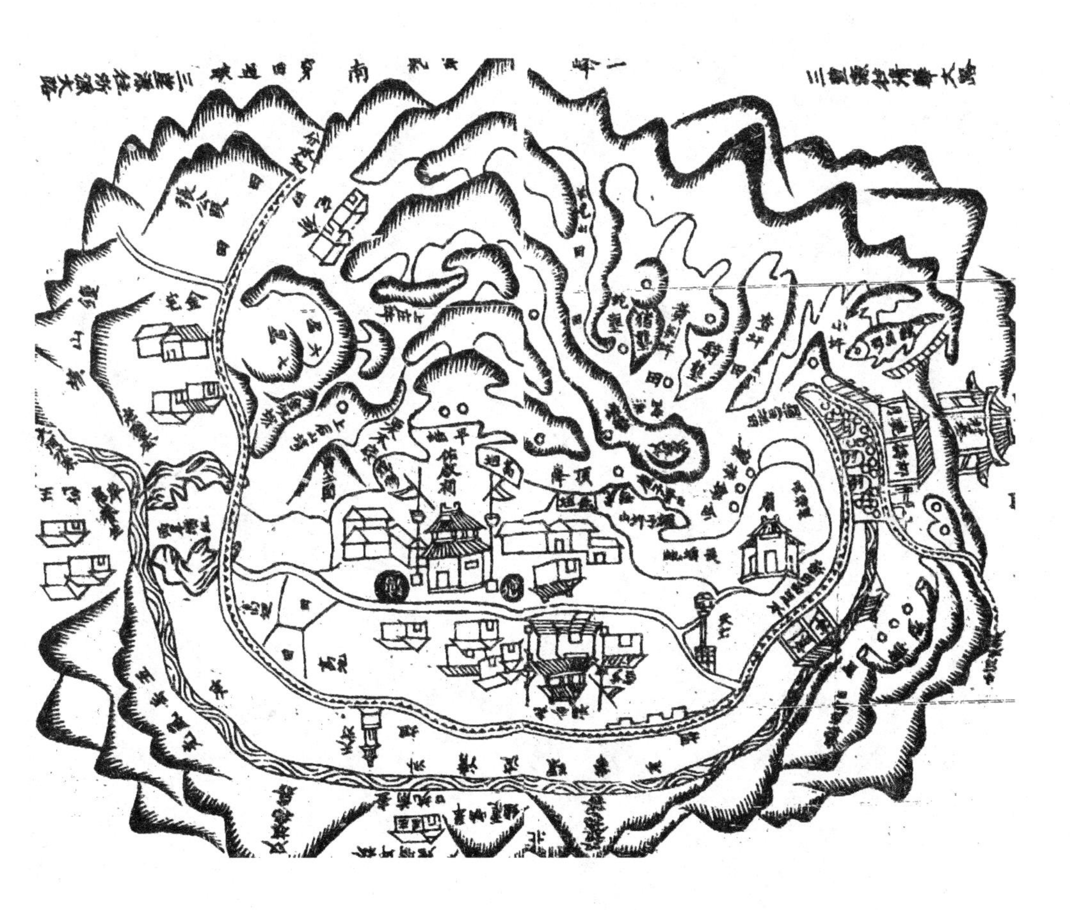

249. 民国婺源县婺北长田派村落基图

（民国《济阳江氏统宗谱》卷九《图像一·各派宅基图·婺北长田派基图》）

250. 民国婺源县婺东南坑派村基图

（民国《济阳江氏统宗谱》卷九《图像一·各派宅基图·婺东南坑派村基图》）

民国卷

251. 民国婺源县婺东晓川派晓起村基址图

（民国《济阳江氏统宗谱》卷九《图像一·各派宅基图·婺东晓川派基图》）

252. 民国婺源县谢坑江村基图

（民国《济阳江氏统宗谱》卷九《图像一·各派宅基图·婺北谢坑江村基图》）

253. 民国祁门县济阳江氏墈上基图

（民国《济阳江氏统宗谱》卷九《图像一·祁门磡上基图》）

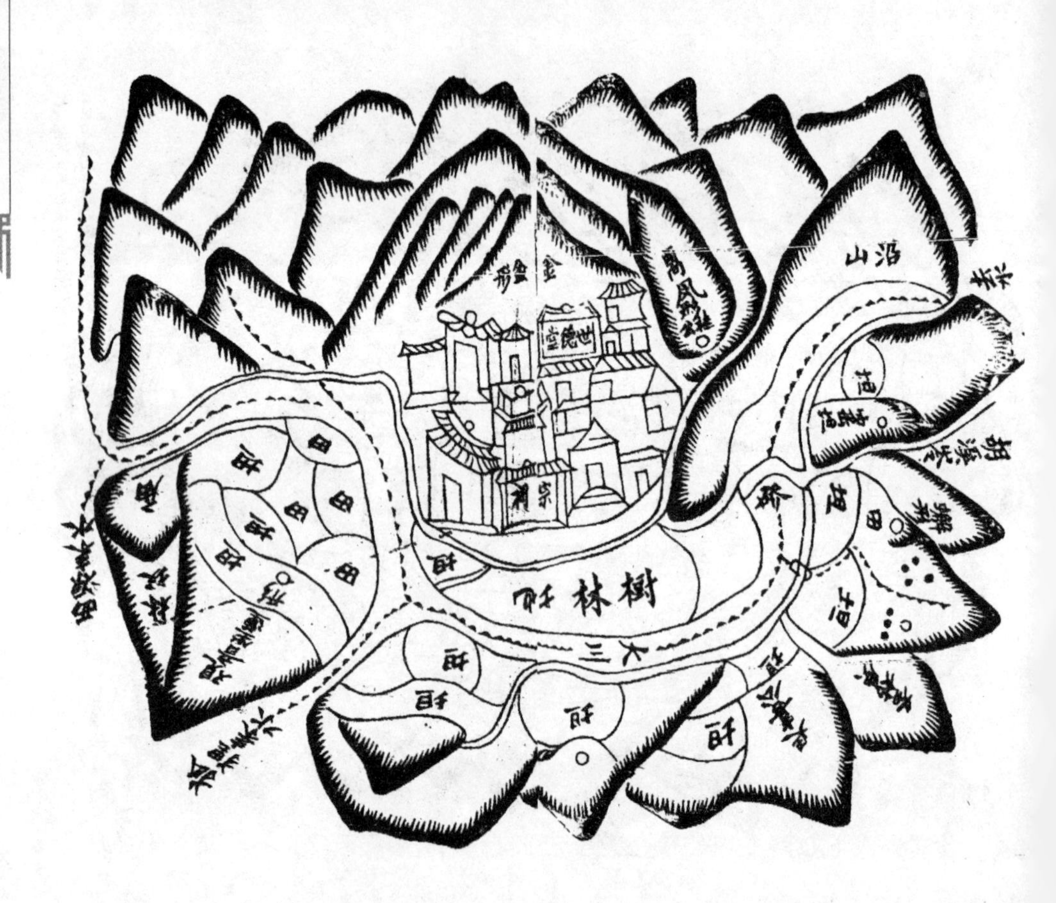

254. 民国祁门县济阳江氏历口武陵源基图

（民国《济阳江氏统宗谱》卷九《图像一·历口武陵源基图》）

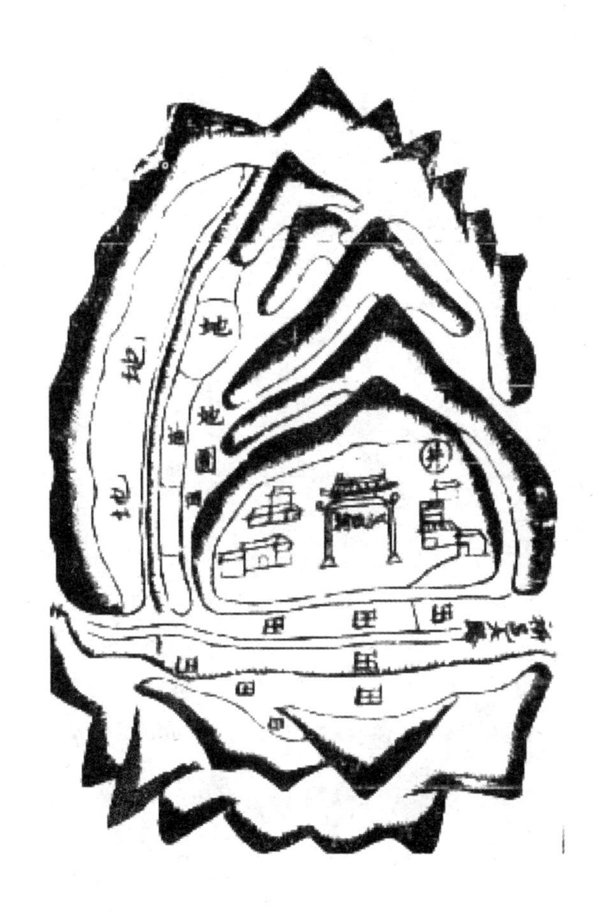

255. 民国祁门县济阳江氏美坑基图

（民国《济阳江氏统宗谱》卷九《图像一 · 祁门美坑基图》）

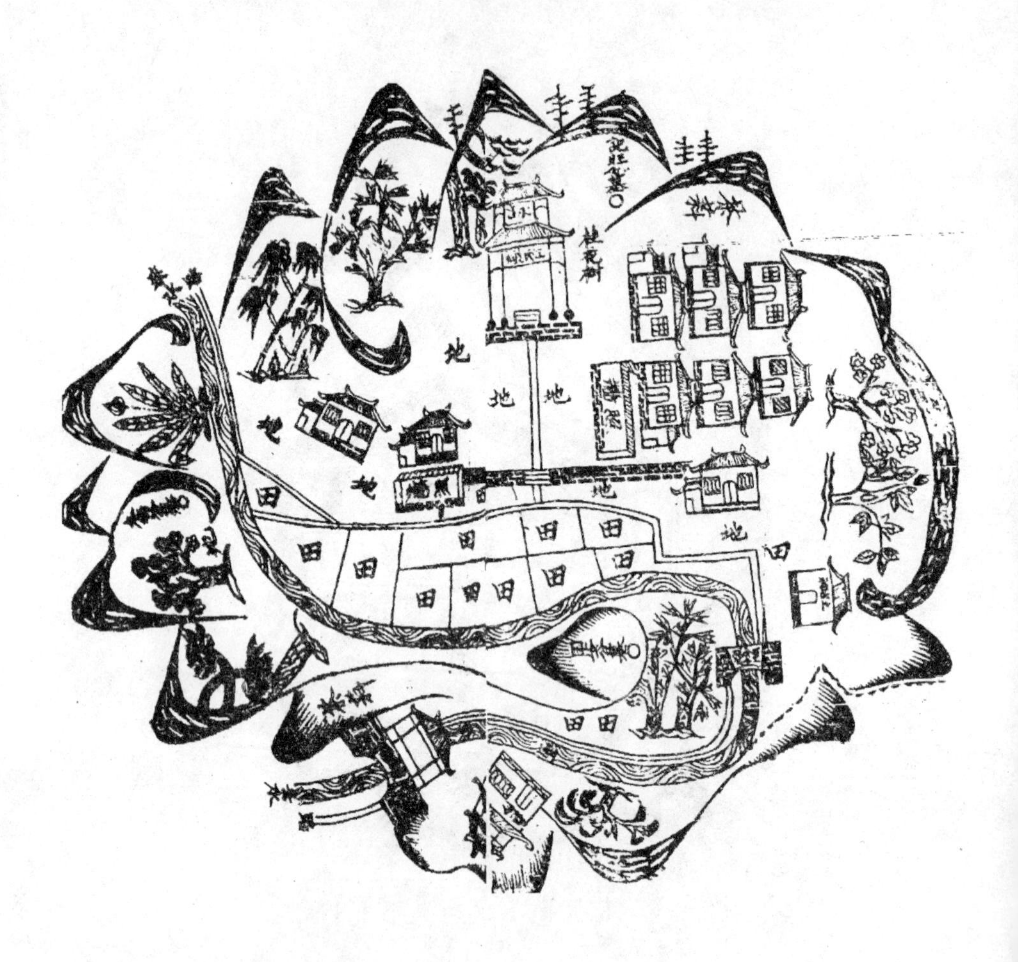

256. 民国祁门县济阳江氏祁北庸溪派基图

（民国《济阳江氏统宗谱》卷九《图像一·祁北庸溪基图》）

257. 民国祁门县济阳江氏祁西梅城江村基图

（民国《济阳江氏统宗谱》卷九《图像一·祁西梅城江村基图》）

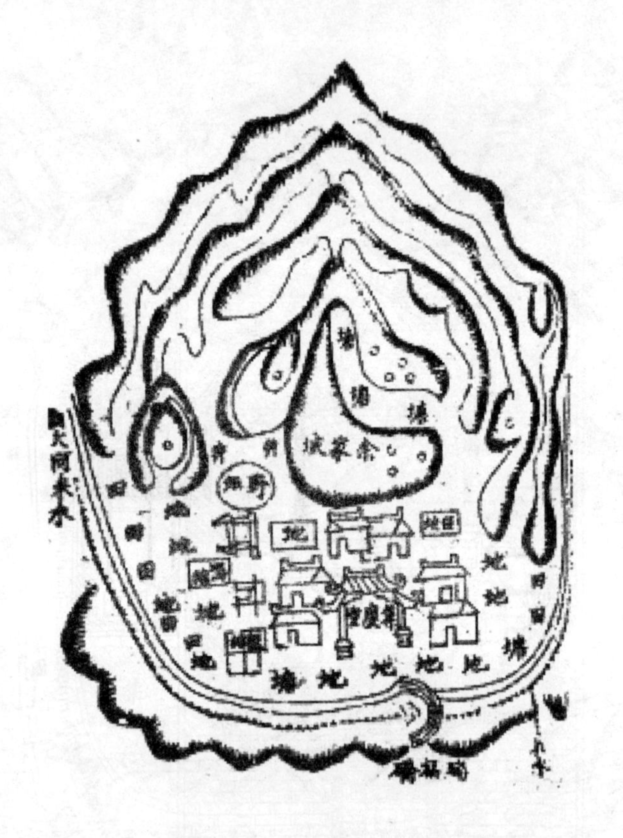

258. 民国祁门县济阳江氏西峰山口基图

（民国《济阳江氏统宗谱》卷九《图像一·西峰山口基图》）

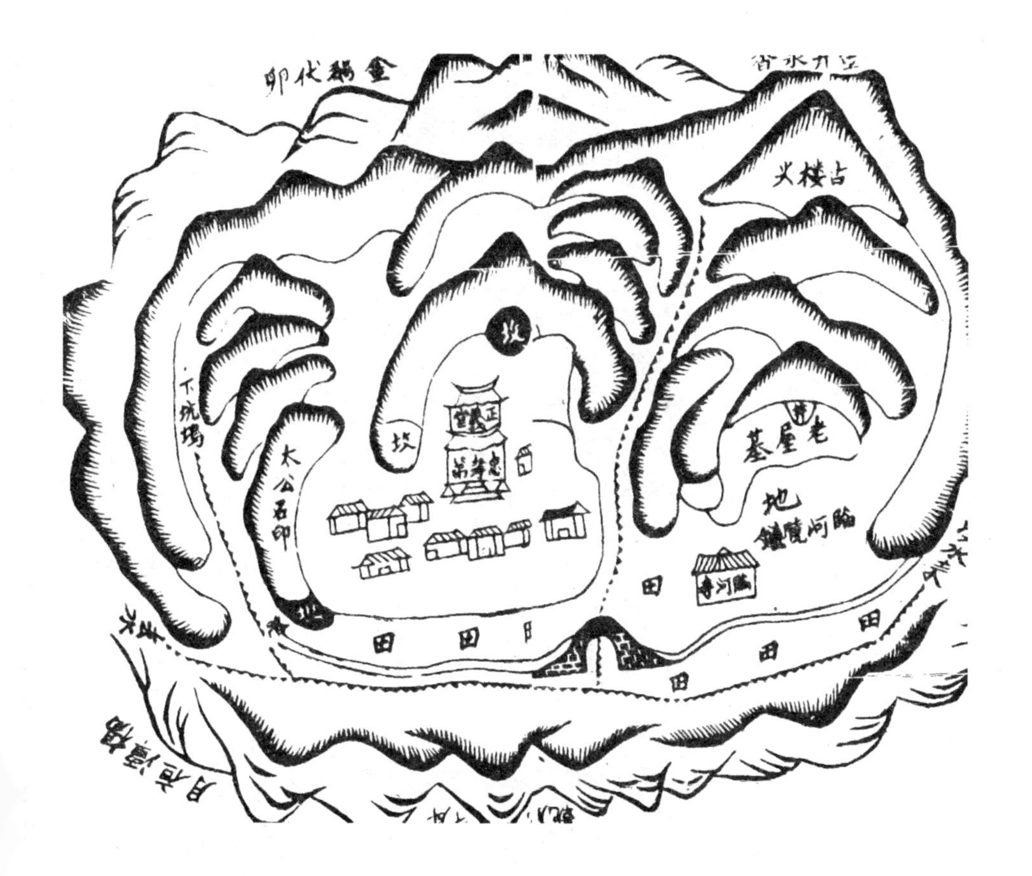

259. 民国黟县黟北江村元善堂祠堂图

（民国《济阳江氏统宗谱》卷九《图像一·各派宅基图·黟北江村祠堂图》）

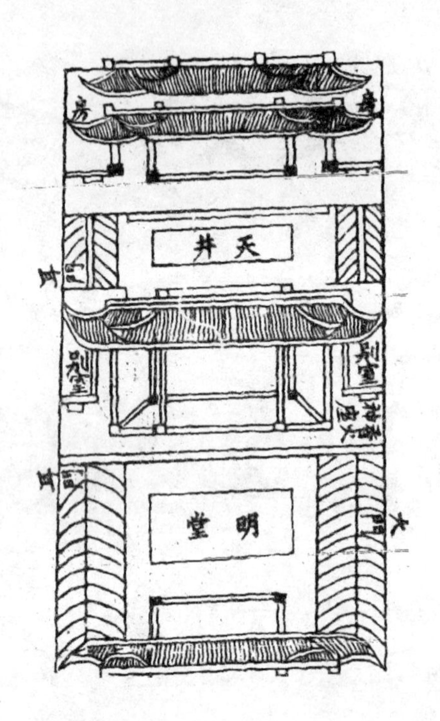

【说明】

“此江氏祠堂图也，合族岁时聚于斯，会议在于斯，与他祠之严扃钥、谨启闭者迥殊。神主森列，焄蒿悽怆。登斯堂者，当惕然惊心曰：‘行之邪正，祖灵鉴之；言之是非，祖先闻之。’肃然过其前，而非礼弗履，慎尔出话，吾祖将欣然曰：‘此某支系众之守祖训而绳祖武者，冥冥福之，俾言中伦行顺达，安身利用，而集福祉。’噫嘻！此在孝子慈孙之自求多福者，慎勿视为博场戏局，启高、曾之颦蹙而冷姗焉。”（民国《济阳江氏统宗谱》卷九《图像一·各派宅基图·黟北江村祠堂图》）

260. 民国绩溪县耿氏宗族聚居村鱼龙川村图

（民国《周氏族谱正宗》卷十一《鱼龙川村图》）

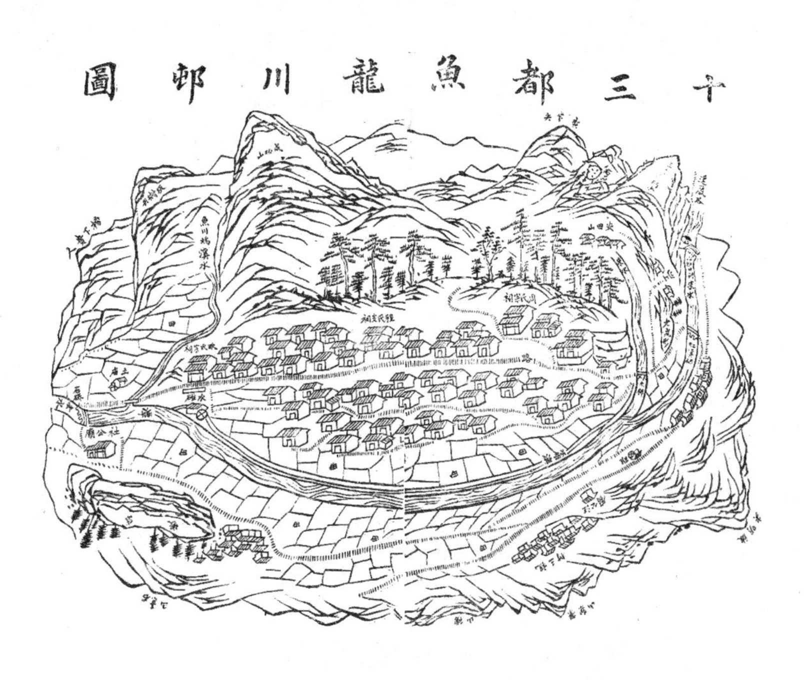

【说明】

“耿氏鱼川村图记：仁里、鱼川，皆我耿氏卜居地，而今之仁里，则免征百步古迹仅存，无复耿氏遗裔矣。今之鱼川，与程、邵、周数姓杂居，有祠堂，有会社，有学校，宝庐栉比，田野尽辟，森林蓊蔚。其子孙族居邻处，执业务勤，有说礼乐而敦诗书者，有荷耒耜而治田畴者，有究心弓冶、自成良工者，有厕身圜阓、竞逐什一者。平日喜相庆，忧相吊，往来彬彬有礼，团体甚坚。然尝考之明万历经理鱼川附近某等字、某等号田地、山林，皆我耿氏产，其《鱼鳞图册》无他姓孱杂其间，则其时鱼川纯为我耿氏之鱼川矣。顾吾观鱼川一村，成功北郭，大岱南横，三水环流，双桥夹峙。遥岩洞蔽则启明，人面擅胜而呈雄。大鄣南行，则百丈、七姑回峦而耸秀，此则鱼川形胜，为谭里居者多夸耀艳羡者矣。虽然今日之鱼川，非独耿氏之鱼川，乃数姓杂居之鱼川也。数姓杂居，即山水效灵如形家言，能发祥，能产福，亦惟数姓消受之。然而生存竞争，优胜劣败，天演公例使然。诚使我耿氏子孙当此实业竞争、世界群趋于实业之一途，日新月盛，以求几于前明殷富时代之耿氏鱼川，以渐臻于前朝全盛时代之耿氏仁里，非必尽理想中事也。然则今日者过东井故墟，履免征赐地，犹令人慨慕我祖宗功德于无已也。岁己未，我耿氏修谱事竣，族裔树达图村之形，以村之右两水交流处有巨石二：一似鱼，一号龙，故名其村曰‘鱼龙川’，简称‘鱼川’云，因并记之。民国八年冬十二月，四十五世裔孙葆真谨识。”（民国《鱼川耿氏宗谱》卷七《耿氏鱼川村图记》）

261. 民国绩溪县耿氏宗族聚居村鱼龙川耿氏宗祠图

（民国《鱼川耿氏宗谱》卷六《祠图》）

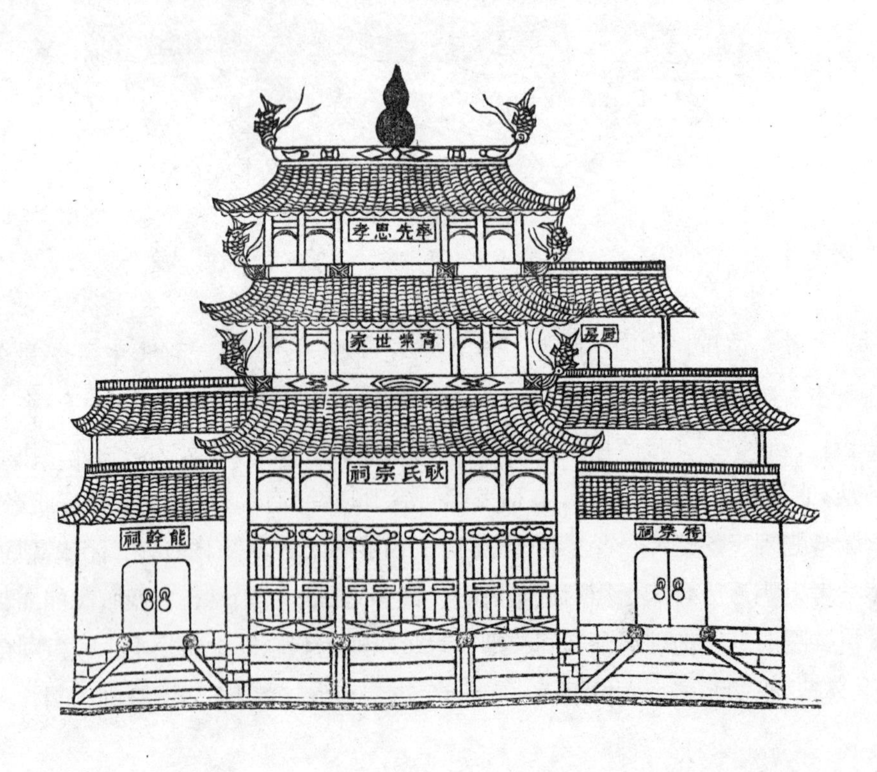

【说明】

“宗祠楹联：［寝室］春露秋霜馨俎豆，左昭右穆恪恭将事；水源木本懔裳衣，光前裕后寝成孔安。［中堂］当年有大勋劳爵极通侯功高佐命至今日吾子孙溯源，北道抚青齐遗绩关陇增辉本支历千载而遥缅凤附芳。徽犹想见云台画像伟烈常垂炎室酬庸奇忠永著，址尚徘徊程里村中免征赐地殷翁桥畔聚族故墟。南来擅红杏风流良安肇迹似续越再迁以后访莺鸣旧，此间多好山水七姑耸秀百丈腾英念先朝我祖宗解组。渡河佐光武中兴举宗为国，迁地邻周程后裔由北而南。仕浙著宏猷太守家风怀祖德，辅唐昭伟绩司空门第裕孙谋。［下堂］侯封崇汉代一门忠勇雅擅鑿山煮铠奇勋，族望肇淮滨百世本支莫忘尊祖敬宗巨典。［头门］入庙三鞠躬怅青紫风微高阳泽远，出门一举首觉遥岩叠翠古岱腾灵。”（民国《鱼川耿氏宗谱》卷八《杂录楹联》）

262. 清民国婺源县紫阳镇虹井图

（民国《屏山朱氏重修宗谱》卷二《虹井图附考》）

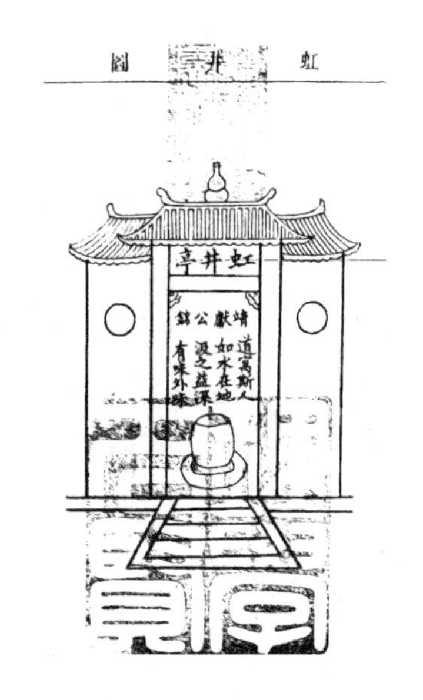

【说明】

“按，虹井有二：一在婺源环带门城外，内往字五号，背城面河，久为附近居民填没失迹。道光五年，博士有基访得其处，掘之，古井依然。请示勒碑，垂禁久远。殆山川之秀，与我文公之灵所呵护而得以不没与。是处往字，分内外字号；一在婺源旧文公祠基西，荒字五号，子孙因祠之东有醉经楼，乃于祠之西造虹井，配之以壮观，其实有亭而无井也。道光二十八年，岁次戊申，文公二十三世孙镜蓉谨识。”（《民国《屏山朱氏宗谱》卷二《文公祠图》）

263. 民国黟县碧阳镇朱文公祠图

（民国《屏山朱氏重修宗谱》卷二《文公祠图》）

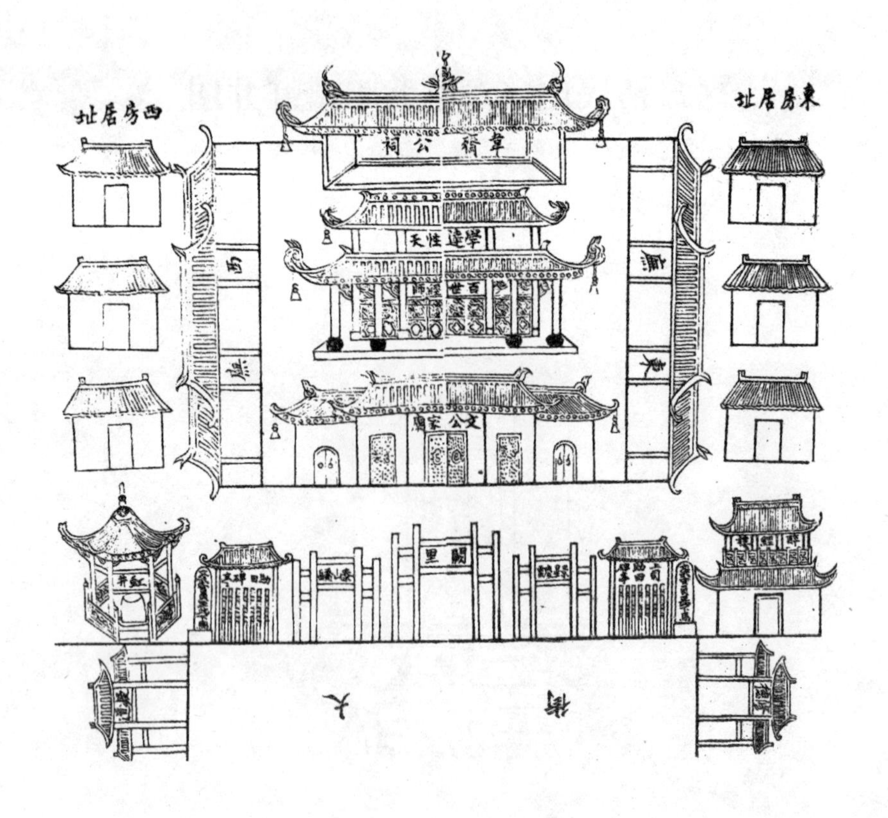

【说明】

“黟城重建文公祠记：方学博吴君之缮葺文庙也，形家谓学宫之基不若城北故址为胜，第势难复徙，于是因缮辑之。余资建文公夫子祠于故址，以兼萃山川之胜，俾诸生讲艺其中，诸生复以公之祠来请记。予尝诵孟氏之言，历谱圣统以逌孔子，涣以近圣人之居为自庆幸。窃谓舜文之揆，不假地合，岂孔孟之传必藉居近？亡亦境壤接者，翕被特深。邑里亲者传闻特确，其考证尤可据，而精神尤易洽与。紫阳当乾道、淳熙间，承濂洛诸儒之后，而集其成，前辈称其括天地、贯古今，穷事物之奥，极鸿纤之变，其自谓生平所学，惟‘正心诚意’四字，实尼川嫡派。经传所垂，国朝著为功令，其有功于斯道甚大。近代姚江以良知竖义，后学喜其直捷，竞相祖述，遂有凌驾于公之意。不知姚江之良知阅百千艰苦而后得此。其《答罗整庵少宰》云：‘讲习讨论，未尝非内；反观内省，未尝遗外。’大旨皆符印，紫阳万年议论亦与之合，中间小有异同，犹望国门者。取道人殊，至止则一，要非有抵牾也。公之功如日月丽天、江河行地，在天下万世而孕秀之地，实在新安。黟之视婺，不啻邹之视鲁，可无闻风而私淑者乎？吴公之创公祠，其欲萃山川之胜固也，抑俾诸生之讲艺于是者，睹高山之在望，动仰止之深思，处为真儒，出为名世，使紫阳一脉不致遏佚无传，斯不负君意耳！不然，工帖括以徼利，达取润妻孥，夸闾里而已，斯其人方为山灵所弃，□胜迹之足云。吴君暨同僚诸君、邑里名氏，已详见余《修黟学记》中，兹不复赘。特为推其意如右，俾游斯祠者思焉。”（民国《朱氏重修宗谱》卷二《黟城重建文公祠记》）

264. 民国黟县朱氏宗族聚居村屏山村全图

（民国《屏山朱氏重修宗谱》卷二《古黟屏山阳宅全图》）

【说明】

“屏山六景诗，朱之英，字孔志：［三峰削玉］云岫烟峦半壁东，巍巍插玉鼎称雄。遥看笋向春抽绿，近爱莲迎日吐红。放脚未能从二客，昂头宛可对三公。松杉影里闻猿啸，疑是仙姑笑语通。［屏岩春色］东风真是活丹青，抹淡涂浓绘锦屏。石上岚光连竹翠，泉边水气带花馨。桃如纵酒蝶留醉，柳似沉眠莺唤醒。春色满前收未尽，闲拈诗话对山灵。［丁峰暮晴］烟雨霏霏山欲迷，孤峰乍照夕阳低。松蟠古涧犹含雾，石映丹岩忽吐霓。远渚光回惊鹤唳，疏林影倒乱鸦栖。小牕无事支颐坐，仰望层峦爽气西。［翠拥南山］翠浪横空竞欲先，一峰崛起一峰连。云屯洞口白藏壑，雨洗山头青透天。芳草路迷横栈阁，桃花源远濬春泉。个中好景应难识，具眼由来只谪仙。［云横石鼓］偶寻樵径步山春，古刹深深迥出尘。雾重容迷曾到路，烟轻佛护本来身。泉飞夜雨听偏冷，峰抹朝岚认木真。石鼓无声禅昼永，白云满地欲相亲。［霭峰粧雪］孤峰突兀倚云端，削壁晶晶雪作团。山有朴心还太素，石多侠骨傲深寒。乱飞庾岭梅犹簇，碎琢昆冈玉尚完。未识洞中僵卧者，可能高士比袁安。”（民国《朱氏重修宗谱》卷二《屏山六景诗》）

“紫阳阙里八景，朱云书，字筱渔：［屏山新霁］归云趋故山，逐队如逃奔。苍烟淡夕照，湿翠浮石根。譬写绿锦屏，尚留泼墨痕。拟仿米颠画，傍添花一村。［严溪春涨］春雨绵三日，春雨添两尺。新涨腻绿油，与草同一色。夹岸桃花飞，贴波织绮席。余香出前溪，似引寻源客。［河干秋获］河干广如何？打稻声相续。露轻湿云卷，镰映新月曲。晚登延晖楼，满眼稻孙绿。吾亦有旧畲，新凉书可读。［印墩积云］弄印者谁子？此墩无人争。天公作狡狯，锡以玉印名。一溪蟠龙纽，鸟篆纷纵横。扑鼻梅花香，有客沿溪行。［山庙朝暾］疎钟声未绝，竹屋续余响。坐起庙东轩，对面朝暾上。静室宿雾锁，遥天火珠朗。天半拥朱霞，弥作真人想。［槐桥夜月］踏月过溪桥，月更清于水。槐影和月光，一一落溪里。荇藻交横积，鱼乐吾知矣。前村犬吠声，悠悠忽到耳。［桑园蚕事］南阳八百桑，斯亦十之一。绿影盈红窗，清阴护暖室。采以饲春蚕，食叶声何急？有人试南宫，风檐正下笔。［竹屋书声］有竹人不俗，有书家不贫。种竹绕书斋，让出屋二分。清风时自至，兼以芸草芬。谁谓此中语，不足外人闻。（民国《朱氏重修宗谱》卷二《屏山六景诗》）

“世变沧桑，人事代谢。旧时胜地，今尽改观，即景遗怀，情何能已？诗以纪之。［平远山房，朱懋麟，字筱舫］昔贤诗酒地，今日剩荒庄。入妙山平远，排空树杳茫。钟声敲月夜，鸟语闹朝阳。旧地重回首，能无慨以慷。［南溪别墅］兰亭长已矣，梓泽久坵墟。尘世兴亡感，千秋一例如。夫惟人大雅，况有道相于。赢得徽名在，流风振里闾。［云开岳峙］望岳峙层楼，巍然妙墨留。文名惊一代，著作等千秋。旧帧称三绝，长陵欢一杯。嗟予生苦晚，想像企前修。［月印川流］四面山如画，村居景更幽。纵横一川水，印出月如钩。好是团圞夜，流为今古秋。危楼高百尺，凭吊意悠悠。”（《朱氏重修宗谱》卷二《紫阳怀古诗》）

265. 民国黟县朱氏宗族聚居村屏山村南溪别墅全图

（民国《屏山朱氏重修宗谱》卷二《南溪别墅图》）

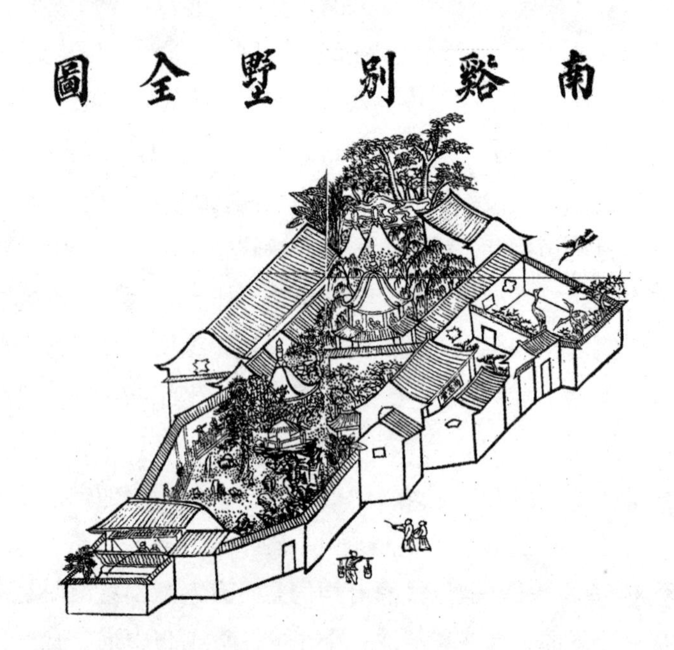

【说明】

“南溪别墅，为和庵主人藏修地。岁戊申，会修宗谱于其中，予以从事谱局事余，从和庵游，乐其有棣华芳芝兰秀，知和庵之所以栽培者深也。己酉春，谱事将竣，和庵梓局中各司事名，以志修谱之人。复欲绘南溪别墅图，以志修谱之地。予闻之，欣然曰：‘兰亭之胜，不可不纪也；桃李园之乐，不可不再也。况地以人传，志其人并志其地，所以重其事也。南溪别墅之图，予不敏，请以墨之绳、笔之斧为主人绘焉。’图既成，更赋诗二章以识之。风流不让锦屏春，装点南溪别墅新。十二楼台花柳共，画中人画画中人。眼底韶光笔底花，写来无处不芳华。云根月窟神仙侣，知是屏山第一家。友蓉汪镜绘并题。”（民国《朱氏重修宗谱》卷二《南溪别墅图》）

“南溪别墅记，朱镜蓉：余筑书斋于冠山之阳，曰‘南溪别墅’，四面缭以短垣，墅中亭榭，因地位置多栽松竹花草，以供游观，盖鸠工三年而成。前为大门，门内正室为萸亭公祠，颜曰‘尚志堂’。堂列三楹，东西有厢，阶下有廊，廊壁镌先人家传于石，俾登斯堂者触目警心。读书则志在圣贤，服贾则克承先志，庶相承于勿替云。左为‘醉六斋’，后为‘味腴书屋’，弟若子侄辈读书其中，知理义之悦我心，犹刍豢之；悦我口味道者，以辞饱酣。德者以义醒，淡而弥旨，饫而不厌，其在斯乎？堂上为‘棣华楼’，奉黄亭公位于其上，左右以特斋公、晓农公配，旁为楼外楼。又其后曰‘听风听雨山楼’，登斯楼也，前后山光飞翠窗中，远近村墟如枰杂错。奇峰纵横，烟云缥缈。林花姹娅，雪月清明。松涛竹韵，铃声鸟语。极斯楼之大观，足以娱目而写心者矣。下有廻廊，由廊曲折而东，有朱槛重栏，雕甍画栋、巍然耸秀者，为‘撷秀亭’。亭上为文昌阁，凭栏纵目，群山皆拱，真所谓‘欲穷千里、更上一层’者也。亭外为‘梅窗’，为‘月榭’。榭前甃石为台，栽牡丹数本，杂花数株。园外有门，题曰‘东皋陶舍’，靖节高风虽不能至，心向往之。榭之北如双峰并峙者，为‘景徽亭’。亭西可望墅外冠山园旧址，园故余少年读书处，忽忽二十余年，风蚀雨蚕，仅存正屋数椽。每一瞻眺，盖不胜今昔之感。与亭相连者，为‘春雨草庐’，后为‘乐道山房’，遥与撷秀亭对，中间隙地植桐、杉、松、竹。夏秋之交，枝叶庇荫，碧云掩霭，可以却炎暑，纳凉风，方之蕉窗绿天，此间亦得少佳趣也。其外为‘延晖廊’，前有亭曰‘听耕亭’，环以竹树，俯视福墅坑，田畴交错，农家操作之苦，时时在吾目中；田歌唱和之乐，又一一入吾听中。知造物者丰啬，人以遇而均，各有其自领之趣，则求在我者也。循廊拾级而下，有背山面水、顶如蓬覆、窗若軿耳者，额曰‘不系船’。当窗则奇花争艳，对槛则菌苕生香。放翁云‘花为四壁舡为家’，殆仿佛似之。窗外叠石为洞，耸石作嶂，悬崖峷壁，薪于厢陗，无斧凿痕。其绝顶平可延憩者，为‘放鹤冈’，冈有亭，为‘招鹤亭’。亭下为花谷，谷中掘井得泉，为‘醴泉’。泉清而甘，于其旁结数椽，颜曰‘寄槎’，小懵子寄啸傲焉。面山枕水，擅墅中之胜。每当花晨月夕，或风咏林中，或纳凉沼上，或餐英于篱落，或索笑于簷前。四时之景虽殊，因寄所托，其致一也。几上置书数种，兴至则高吟朗诵，如对古人；兴尽则怡神静坐，消除俗虑。又时与二三益友吸泉烹茗，煮酒剥蔬，相与敲诗论文，扬今榷古，以经术为根本，以史汉为栽培，以魏晋唐宋各大家为花叶之畅茂。虽学问未能以固其柢，文章未足以荣其枝，而从吾所好，亹亹不辍，非直啸傲已也。由廊曲折而登，东向如屏列者，曰‘伫月廊’。方鸟倦归林，夕阳西坠，月出东山，夜色溶溶。俯瞰谷中，台榭参差，宛乎在江天之际，浩荡晶莹，风樯掩映于波涛万顷。携琴三弄，好风吹来，飘飘嘘吸，清和如仲长统。逍遥一世之上，睥睨田地之间矣。虽然余之自得于己者如此，犹愿弟若子侄辈藏焉，修焉，息焉，游焉。昔颜黄门云：‘积财千万，无过读书。’吾祖文公云：‘读书穷理，则物欲之心自不能胜。’岂非予之厚期于一家？不以是为李文水地癖之墅，而以是为温处士嗜书之墅。齐穷达而各足，来宠辱而不惊，乐与其勉之者哉！爰为之记，且谂来者。（民国《朱氏重修宗谱》卷八《南溪别墅记》）

“墅中杂咏，南溪主人和甫作：［尚志堂］自古经济才，读书讲仁义。端由志圣贤，不敢轻位置。［醉六斋］治经醉写醒，醉酒当颠匐。无为枵腹人，饱食终碌碌。［味腴书屋］味得道中趣，领得道中义。斯道味其腴，糟粕自屏弃。［棣华楼］窃取棣花义，作楼妥先灵。和乐冀来者，毋忘旧典刑。［楼外楼］楼外楼偏好，廻旋曲径通。参差看不了，夕照画图中。［听风听雨山楼］辟径构高楼，背山面村坞。多种竹蕉梧，却暑听风雨。［撷秀亭］亭高何矫矫，秀山云霄表。跂望后来人，梯云为之兆。［梅窗］梅花清澈骨，其结岁寒盟。窗前伴我读，美味嚼其英。［月榭］月色溶如水，花间分外明。安得时常满，团圞慰我情。［景徽亭］陟彼冠山园，园倾徒想象。往迹不可追，遗徽当景仰。［春雨草庐］植人如养材，喻彼桃若李。乍经春雨时，化育竟如此。［听耕亭］农务食其力，士务操所向。读倦听田歌，天机自流畅。［下系舡］世事如流水，滔滔靡定处。乘兹不系船，任彼自来去。［寄槎］天地一虚舟，人生如过客。

溯洄寄此中，毋使为形役。［□谷］花木移我情，机趣乐相计。舞雩咏春风，啸傲舒怀抱。［延晖廊］禹寸陶分惜，殷勤谁继步。莫谓晖能延，光阴不可误。［伫月廊］岁序驶难留，几见月当头。停琴为伫望，花影上镰钩。［醴泉井］泉水虽澄清，要求甘美味。翰墨虹井香，宇宙凝佳气。［放鹤冈］此冈险如夷，豪情薄寥廓。闲驰物外情，独放云中鹤。［招鹤亭］逸致舞翩翩，飞鸣竟戾天。指挥解人意，呼名不愧仙。［听耕亭歌，朱承禧］听风听雨苦不足，又上高亭听叱犊。阿咸务本耕书田，会心不远真超俗。胼手胝足虽云劳，夫耕妇馌有清福。布谷一催田父□，牛背笛声断复续。麦色青青菜花黄，轻风细雨秧针绿。东作未几忽西成，北邻相呼豚酒祝。让耕让畔笑语哗，击壤歌成聊鼓腹。绿阴夹道避炎氛，田歌四起满君屋。君今听耕以名亭，手握一卷终日读。我来欲与君同听，一洗胸中愁万斛。且知稼穑之艰难，胜听管弦与丝竹。”（民国《朱氏重修宗谱》卷二《墅中杂咏》）

266. 民国黟县朱氏宗族聚居村屏山村太和堂祠图

（民国《朱氏重修宗谱》卷二《太和堂祠图》）

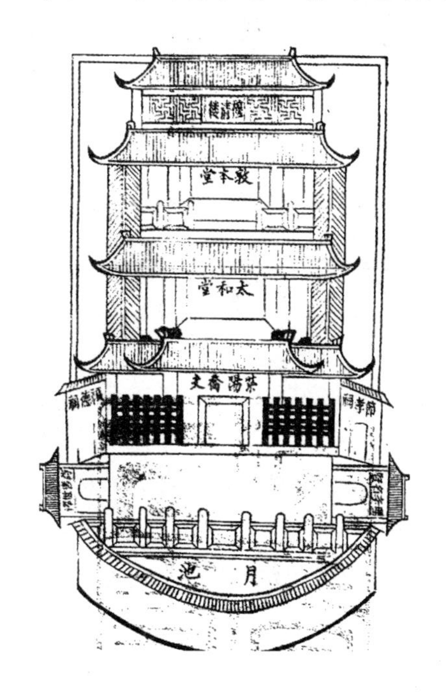

267. 民国黟县朱氏宗族聚居村屏山村中和堂祠图

（民国《屏山朱氏重修宗谱》卷二《中和堂祠图》）

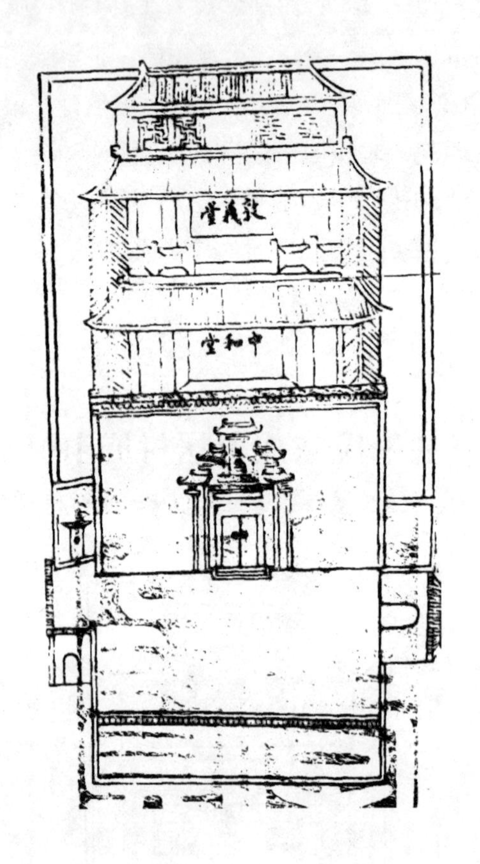

【说明】

“巍峨祠宇，望重紫阳。岁逢癸亥，劫厄洪杨。鞠为茂草，久阅星霜。幸多贤裔，经营四方。艰难缔造，宏此庙堂。春秋祀享，俎豆馨香。子孙锡类，奕世流芳。文公二十五世孙懋麟敬题。”（民国《朱氏重修宗谱》卷二《中和堂祠图》）

268. 民国黟县屏山村朱氏藏书楼平面图

（民国《屏山朱氏重修宗谱》卷二《藏书楼》）

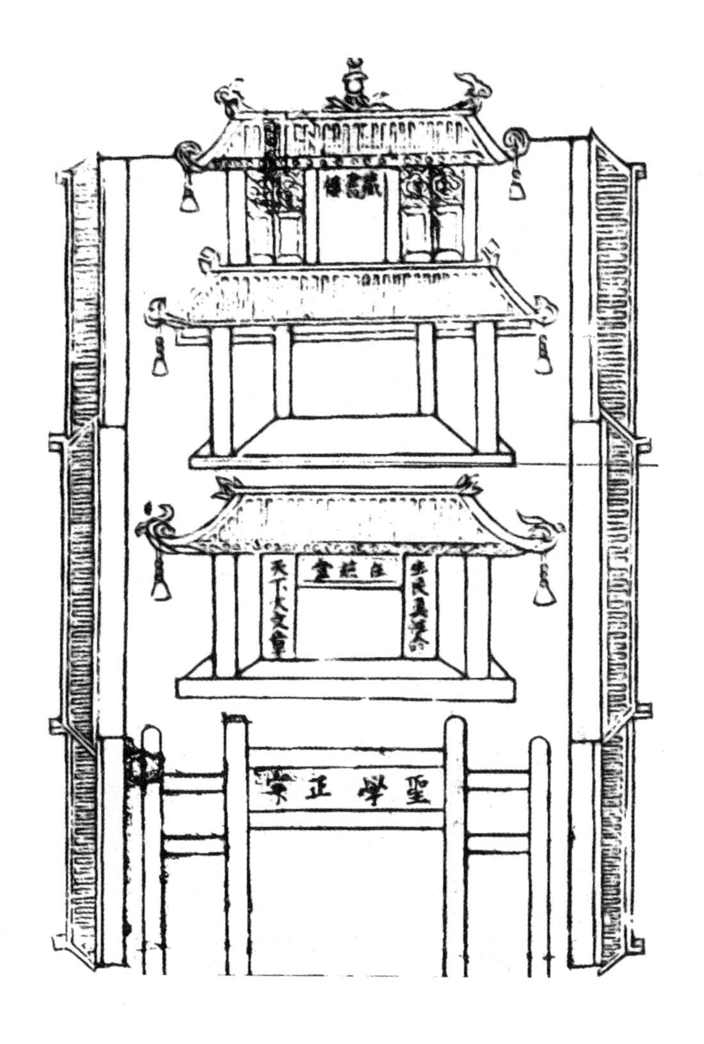

269. 民国黟县屏山村博士厅平面图

（民国《屏山朱氏重修宗谱》卷二《博士厅》）

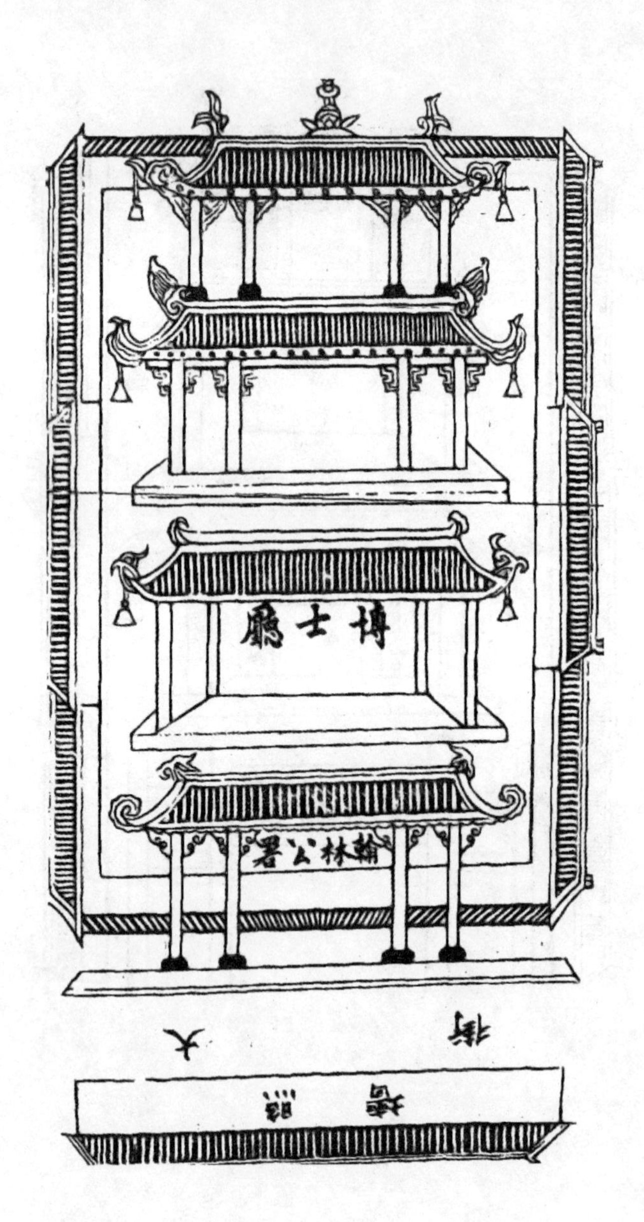

270. 民国绩溪县王氏宗族聚居村盘川村图

（民国《盘川王氏宗谱》卷末上《盘川图》）

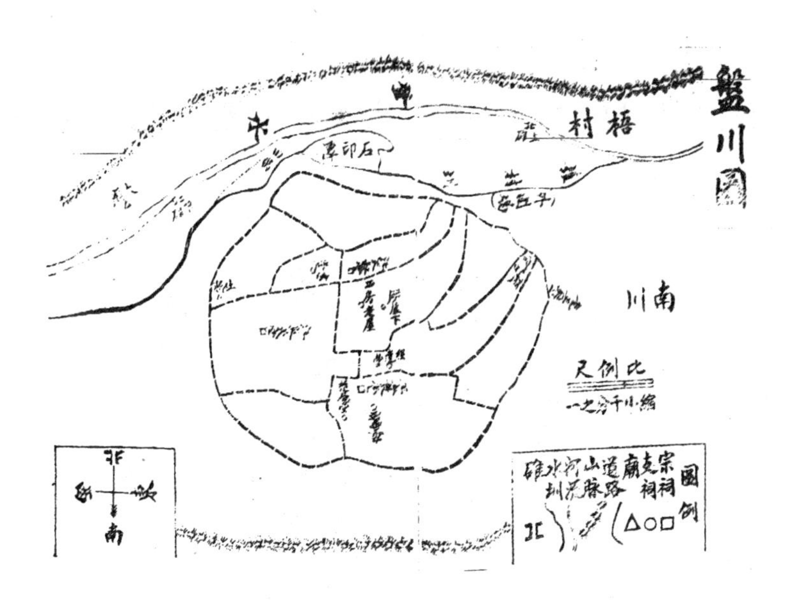

【说明】

“盘川记：绩城之东有村焉，曰‘汪村’，东与南观比邻，西与忠州接近，北与梧川隔河对峙。群山环拱，登水潆洄，形如盘，且临水，故又名‘盘川’（原注：其地昔为汪姓所居，故名‘汪村’。自吾十五世祖仪凤公卜居该地，子孙繁衍，外人又有呼‘王村’者）。村中屋宇毗连，可二百余户，人口繁盛，约计可千数百人。村外良田盈野，草木繁茂，居民敬业乐群，往来酬酢，悉敦古处。西北隅有潭，一名‘石印潭’，广约十余丈，深数丈。潭中盛产鱼鳖，诚天然之利也。西隅有田突起，俗呼为‘胞衣瓶’，相传为汪华公胞衣埋葬之地。隔河有庙，曰‘大庙’，背山面水，屋宇宏敞，山节藻棁，华美绝伦。庙中供越国公像，岁时香火络绎。每逢岁首，则红男绿女之求签礼神者尤接踵而至，见我国人民之迷信矣。村中有祠三：其二为汪姓祠，其一即吾王氏宗祠也。祠宇轩昂，甲于汪姓。每逢春秋令节，聚同族之人，陈香帛，修祭事，数百年如一日也。纪生于斯，历十有六年，阅历未深，不能尽述，因缀其所见所闻者，撮其大略，援笔记之，恒纪识。”（民国《盘川王氏宗谱》卷末上《盘川记》）

271. 民国绩溪县王氏宗族聚居村盘川村宗祠图

（民国《盘川王氏宗谱》卷末上《祠图》）

續東登源盤川祠圖

【说明】

“祠堂记：吾族自十五世祖仪凤公迁居盘川，至今五百余年矣。子孙繁衍，星布棋罗，有离母村而居于十数里之外者，有离母村而居于数百里之外者，然而支分派别，同归一宗。虽各建支祠以祀祖先，而岁时祭祀，咸诣母村宗祠而顶礼焉。

查吾族盘川王氏宗祠，建造于明清代，洪、杨乱后，焚毁无存。至同治初元，匪乱始平，族中首先发议建筑宗祠者，灿公也。当此之时，疮痍甫平，休养未遑。既兴宣圣才难知叹，又有司农仰屋之嗟，几几乎有建筑之言谈，不能成建筑之事实。灿公以礼重宗庙之文宣布于众，期收群策群力以蒇其事。幸而一时族众义勇奋发，出而竭力从公任事者有之，曰善公、德溥公、德霈公，其最著者也；慷慨解囊款垫者有之，世勋公、元善公其最多者也。于是，同心协力，惨淡经营，至光绪五年，而吾族盘川新造王氏宗祠厥工告竣矣。考其位置，坐东而朝西，左南而右北，核其回积曰寝室，曰中堂；头门曰余屋（原注：其基系康熙间二房关闻公批助田二百九十余步，裁田竖造），并特祭厨屋，以及祠前坦地（原注：考祠前坦地，是乾隆元年商于二房士珙公，将祠置堂字二百八十一号田一百二十六步，掉祠前堂字五百六十三号田一百四十三步，税不过割，各归原户。比多田十七步，补纹银一两，以作永久纳税之需，换成即兴工，围砌照墙。余坦格方，查明经理，载堂字五百六十三号，田一百七十五步五分，可见余坦格方外，仍余步数，皆在祠外路地明矣。南边巷外，有野角余地数步，世传皆知其宗祠之余地也。光绪二十三年，懋德堂造支祠，西边墙脚砌出二尺，东则砌出五尺，被宗祠司事查知，向之理论。讵料该支祠司事不可理喻，投县起诉。县主李公梯青察其理曲，断令出资归宗祠，另置产业，以为祭祀之需，将宗祠坐落懋德堂寝室后路余地归懋德堂支祠竖造，两造出具切结销案。今将野角余地丈量之，仍有六步零）。与夫西、南、北三方路地，共计五百六十步有奇。虽吾族新造之宗祠规模狭小，不壮观瞻，而祖宗在天之灵藉此意妥侑焉耳。《礼》云：‘欲谋宫室，宗庙为先。’此诚尊祖敬宗之孝思也。然则所谓宗庙者何？《说文》云：‘尊祖庙也。’又云：‘尊先祖貌也。’《白虎通》：‘宗者何？宗有尊也，为先主祖也，宗人之所尊也。’邢昺曰：‘宗者，本也。庙号不迁，最尊者祖，次曰宗，通称曰宗庙。’《礼·祭法》：有虞氏祖颛顼而宗尧，夏后氏祖颛顼而宗禹，殷人祖契而宗汤，周人祖文王而宗武王。贾谊曰：‘祖有功，宗有德。’《礼·丧服小记》：‘别子为祖，继别为宗，继祢为小宗。’程颐曰：‘凡言宗者，以主祭祀为言，人宗于此而祭祀也。’由此观之，吾族盘川王氏宗祠，其祭祀亦有所宗矣乎？今者创修族谱，分房谱系，宗法于以明，支流于以别。鸿篇巨制行将告成，族人命贤作祠记，用昭来叶。贤学识谫陋，自愧不文，坚辞不获，姑免笔以记之，以俟后来有道之君而就正焉耳。民国十年阴历三月吉日，裔孙宝贤拜记。”（民国《盘川王氏宗谱》卷末上《祠堂记》）

272. 民国绩溪县盘川王氏宗族聚居村庙前村基址图

（民国《盘川王氏宗谱》卷末上）

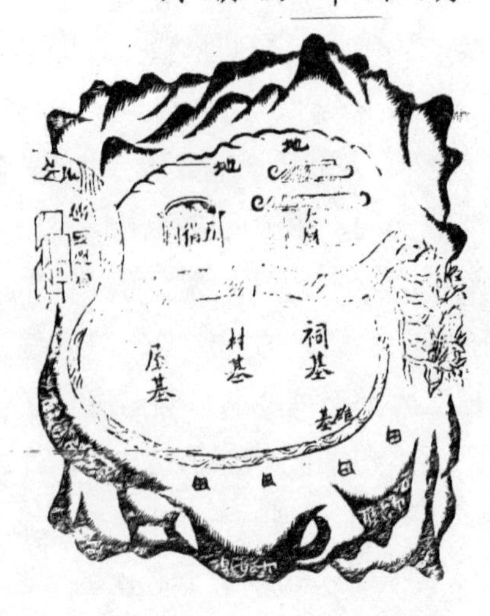

【说明】

“庙前村名‘庙头’，其社名‘新义社’。登源庙为乡先达胡公宗宪发起创建，颇具伟观，有明嘉靖时所建筑也，其前有钟鼓楼。有清同治五年五月十一日沉于水，全村仅存基址，附近之田亦均为沙掩，村人之住居他处者幸无恙，诚巨灾也。村人有多姓，前有程十万，家资富有，亦此村之人也。”（民国《盘川王氏宗谱》卷末上《村图》）

273. 民国绩溪县洪川程氏宗祠图

（民国《洪川程氏宗谱》卷首下《祠图》）

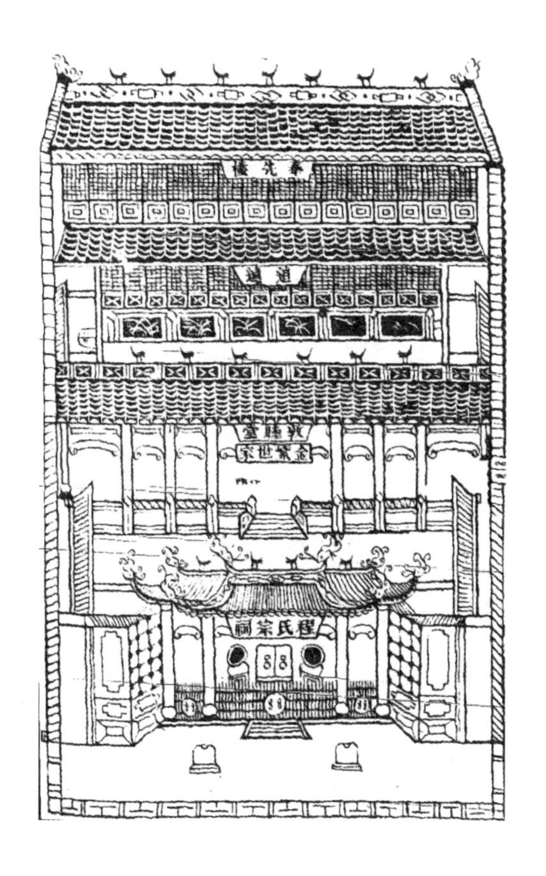

【说明】

“重建宗祠辑理修谱记：明太祖定制：士庶人许祀其高、曾、祖、考。又诏天下，得祀其始祖。于是，祀祭不以世限，里之聚族而居者遂建宗祠、支祠，以奉祀始迁祖，而子孙以次祔焉，则人人得尽其孝敬之忱。

我程氏自太守公赐宅第于篁墩，传十四世，忠壮公奋其英杰，捍患救民，厥功甚伟，子孙益蕃。我绩洪川，溯自应鳞公迁居以来，孙枝渐衍。清康熙间，创建宗祠，以祀先祖，赖道圣公等七能干尽力经营，几费艰辛。厥后生齿愈繁，迄咸丰末，祠宇颓坏，爰即祠基增广地址，廓而新之。工筑未完，遭匪焚毁。同治癸酉，族议重建，而评、谦、训、蔚四公暨管祠诸前辈遂干其事，兰亦与焉。由是协力同心，宏其规模，广其制度，募公庀材，栋宇堂室，巍然焕然，惟油漆联匾、寝室石栏、丹墀石板，特祭祠前围墙、石板未臻美备，群以为歉。民国十年，岁在辛酉仲春月，因篁墩统祠挨我洪川派司年，清明节后，阖族派裔咸集统祠，族人有倡言修谱者。维时，赞成者过半，统祠毕事，族众旋里。遂偕邀至本祠集议祠事，首议修谱。群情既翕，复议修祠合并举行。一族同心，百废具举，干事人员谨慎办公，胥尽义务，劳动倍挚。因此，丁款、捐款欣然乐输，凡历三载，各事完竣。固是族人之向义，究由报本追远孝敬之心所发生也。功既成，爰叙始末，嘱为之记，俾后人继志述事，各知所自勉云。时民国十二年，岁在癸亥七月既望，五十九世派裔兰谨记。”（民国《洪川程氏宗谱》卷首下《祠记》）

274. 民国绩溪县洪川程氏宗族特祭祠图

（民国《洪川程氏宗谱》卷首下《祠图》）

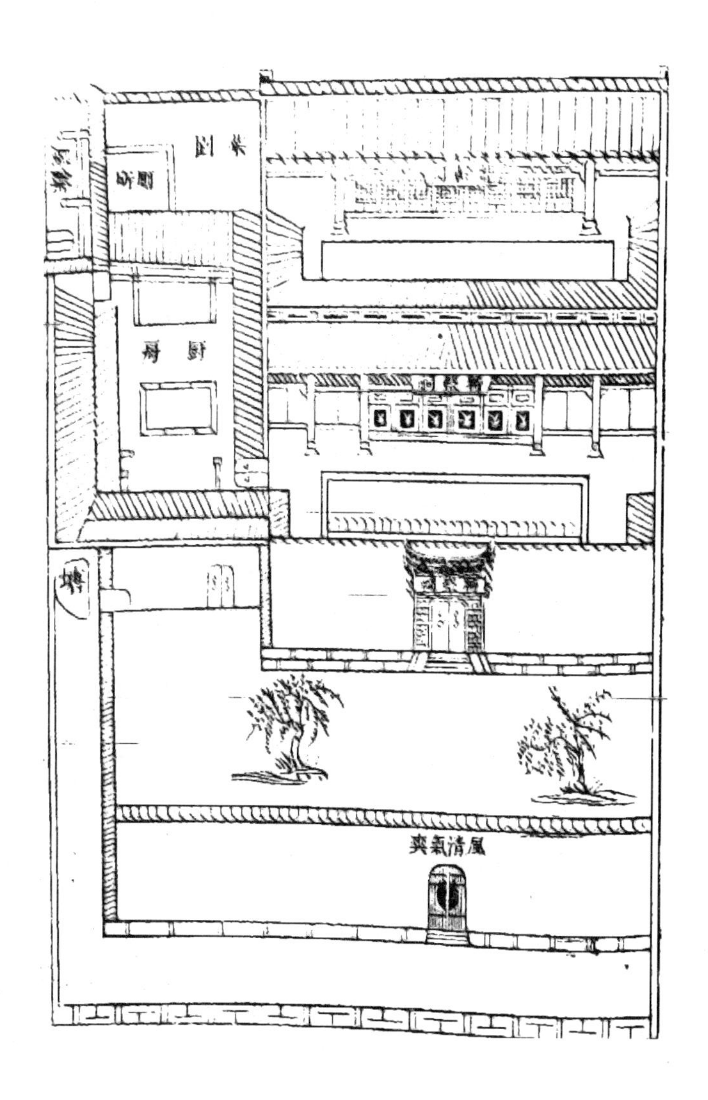

民国卷

275. 民国歙县韶铿徐氏村落图

（民国《韶铿徐氏宗谱·村图》）

【说明】

“此韶铿合村之图也。村居万山间，四面环绕，前水合抱，后水围屏，右不寻水之来源，竟不知何以入。左不随水之究极，而不知村何以出。中央宽旷，由远山总卸而来，两水夹行，双流会合。其势雄，其景幽，较桃源有过之无不及也。洪武六年，天下未平，景春公欲思安逸之方，乃自西而南，不觉入山之深，得此佳境而聚国族于斯焉。迄今六百余年，子姓之盛，初可与皇呈埒，今则届皇呈而上矣，且届新安诸族而上矣。岂非功德之贻欤？抑亦择地之善也？故志之。皇呈族孙宗勉僭注。”（民国《韶铿徐氏宗谱·村图》）

“韶铿四景诗序：韶铿者，歙之水南乡也。我祖景春公卜居于斯，山幽水韵，其音铿然，宛若虞韶，故曰‘韶铿’。方阳春之际，鸟语花香，烟蓑雨笠，有事西畴。迨夫夏日炎炎，或憩松阴而对弈，或踞磐石以垂纶。至若清秋气爽，则心旷神怡，吟风啸月，禾黍熟，税粮输，使无官吏之扰。历岁冬而瑞雪飘飘，父母妻孥拥炉暖阁，值静夜幽窗，穷诗读礼，会心不亦远乎？此村居深山之乐，乐何如也？爰赋四绝，以志乡景。［石矶渔钓］地僻家家乐自如，石桥流水绕山居。苔矶垂钓无芳饵，手展丝纶不在鱼。［暮岭樵歌］迢迢山径曲通幽，遥望岚光翠欲流。鸟语催人归日暮，樵歌声撤岭云头。［上陇春耕］陇头时听叱牛声，宠辱无关任我情。羡彼农人勤力作，山田数亩带云耕。［南楼夜读］学足三余夙业优，高风自是振南州。灯分太乙残更静，彩焕文光月转楼。里人成祺允吉氏稿。”（民国《韶铿徐氏宗谱·韶铿四景诗》）

“韶铿胜迹序：夫阳春烟景、大块文章，春之花，秋之月，夏之云，冬之雪，此四时之佳境也。或钓于矶，或耕于野，或高歌而樵，或登楼而读，此人中之佳境也。故凡景者，半皆丽于虚者也。至若中坛峻岭、企鹅奇石、珍珠悬帘、铁砚天堑、狮山横排、象山卧抱，来脉如蜈蚣山旋如螺蛳，履泰桥边石犬鸣吠，水埠滩头丹凤丰峦，此皆村中胜迹也，非景也。景则人所同，迹则村所独也；景则历四时而或有变易，迹则历万古而永远常留也。曩者成祺公已将村景咏诗四绝而刊于谱，兹不复赘，特将此胜迹敬请吟坛诸公俯赐珠玉，以为家乘光。是为序。［中堂仙境］仙境清幽属故乡，山川灵秀到中堂。亭名咏罄停骖处，所是神坛外祭场。面对诸峰成万字，腰缠五马试平章。通行上下刚逢半，胜迹流传万古扬。［石犬夜吠］双双石犬把溪横，所吠之声夜里惊。意在两傍皆响应，谁知一处得分明？村前谨守留千载，水口殷勤到五更。故有富豪知庇荫，灵川布景自生成。［水埠横泉］水口交牙外势平，斜拖一字自排横。关泉宛转之旋渚，作埠高兴保障城。积蓄金银宜富足，收藏钱谷必丰盈。波澜起荫深尤厚，远感经商交易生。［丹凤朝日］丹凤飞来不用箫，常年专把太阳朝。九苞倒竖齐冲汉，两翅高撑直到霄。灵鸟既然亲此里，仙禽何弗荫于韶。也知地脉生成像，有德居之验勿侥。［企鹅升天］上帝神前是企鹅，全然石骨妙如何？峻嶒到地原无几，巅顶升天却不多。脉象有灵尤有力，名区成胜亦成罗。郎儿寄得伊山下，福寿绵长快乐歌。［珍珠名胜］巉岩何以号珍珠？名胜遗传气象殊。大士现身来石洞，观音赤脚到山隅。情同南海普陀样，景似西天活佛图。无宝峦中如宝贵，其间仙境赛方壶。［铁砚流传］如何铁砚落荒圻，景象遗传自古流。学士莫须端石取，文人奚用汉砖求。磨穿贵器功加倍，种此良田税不收。可应书香发达者，高升及第至公侯。［蜈蚣龙脉］辞楼下殿像蜈蚣，飞舞龙来到此中。头上两钳分左右，腰间百足各西东。气真强壮丁财旺，土润丰肥富贵同。地记研求称第一，遗传万代赞无穷。［螺蛳牛眠］山形肖像是螺蛳，吉地牛眠可志之。介族不生于水族，闲时废弃重当时。罗城紧固多财富，气象丰肥发后嗣。借用此星为八景，公私两得好郎儿。［青狮回护］青狮北向把身回，护到村间格局开。形势粗雄真确肖，威仪蹲踞莫疑猜。口中喷火驱邪去，足下生风送福来。铁额铜头难比敌，时常镇宅永无灾。［白象盘旋］形如白象向南生，回首盘旋逆势情。纵有阴基成格局，总归阳宅作罗城。原来鼻上收双水，可见胸前会五行。虽是东方不得位，村中无此曷全成？［关津履泰］外方墓库作关津，履泰桥横一字兴。只为财源能积蓄，皆因富泽要留停。数龄童子严持守，五路尊神有准绳。保定此中无泛滥，自然殷实到家庭。菊秋月下浣，清附贡生程昇椿寿卿氏拜题。”（民国《韶铿徐氏宗谱·韶铿胜迹诗》）

276. 民国歙县韶铿徐氏宗祠全图

（民国《韶铿徐氏宗谱·祠图》）

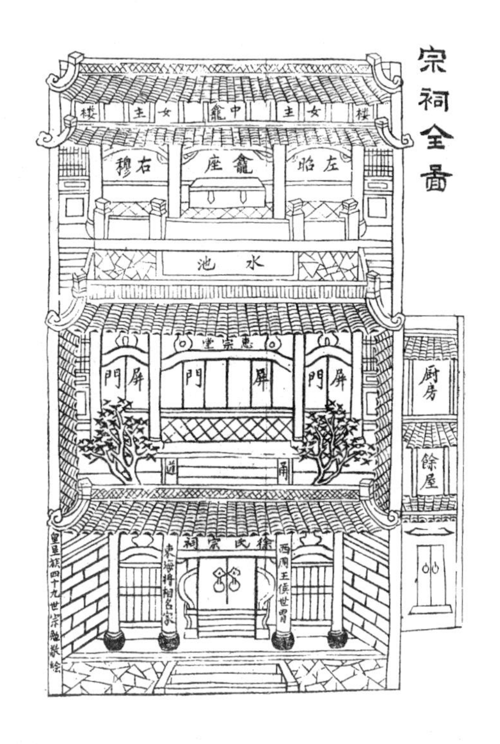

【说明】

“祠额‘惠宗堂’，供奉始祖及合族男女神主，于乾隆辛丑年合族建立。其制度仿皇呈下太守祠之式，阅七八年而始告竣。庚戌年，恭进神主，置有祠田、山场，为祭祀、办公之需，各房轮流经管，规模井然，历年均有小修。今岁甲子，并主大为修葺，焕然一新，共支用洋银余元，各房支丁均派，亦盛举也。”（民国《韶铿徐氏宗谱·祠图》卷一）

277. 民国歙县韶铿徐氏宗祠上厅全图

（民国《韶铿徐氏宗谱·祠图》）

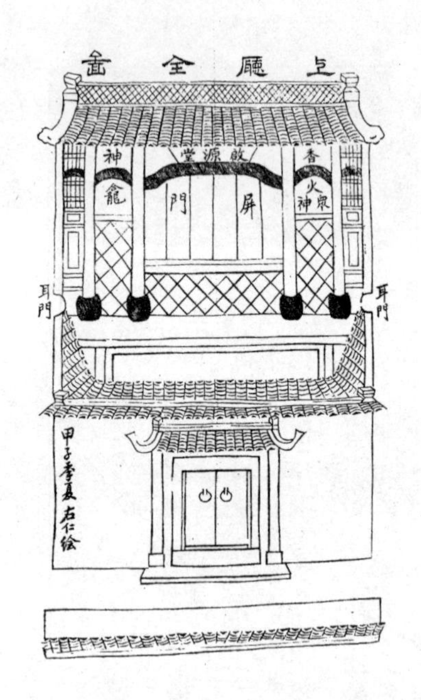

【说明】

“上厅额‘启源堂’，洪武六年，景春公始迁韶铿，至房达公，渐见繁盛。生三子：文源、文常、文道，即今三门支祖。嘉靖年间，合支建造此厅，以安神主。厥后子姓繁衍，文常公支另建支厅，即今之下厅。是乃文道公支丁不振，故今祇分上、下门厅焉。居村之中，坐蜈蚣岭来脉朝山，形如万字，后枕象山，势如国屏，狮山拱其前，象鼻护其下，形势雄壮。前流如带，后流如环，故能荫子孙于千百万世。但厅屋历年既久，且神主亦多，龛中十分拥挤。原拟设法重修，届宗祠修理并主之时，不遑兼及。只有俟诸异日。

惟皇呈族尊右仁今主修谱事，加绘厅图，不胜荣幸，故敢附数语于后。本里五十三世孙翰臣氏谨注。”（民国《韶铿徐氏宗谱·祠图》）

278. 民国歙县韶铿徐氏宗祠下厅全图

（民国《韶铿徐氏宗谱·祠图》）

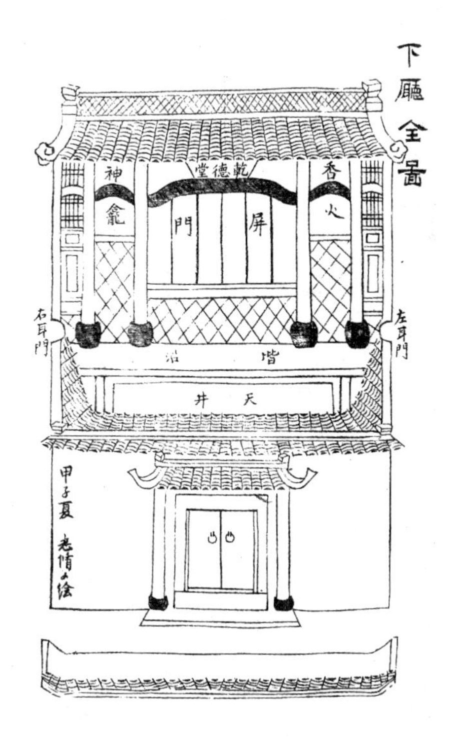

【说明】

“下厅额‘乾德堂’，供奉支祖文常公，建于明末清初。咸丰时，毁于兵燹。同治初，五十世培忠字以善者倡首，合厅支众鼎力捐资重造，起于丁卯十月，成于戊辰四月。其规模高大，较胜于前，足见合厅支丁有武王、周公之达孝也。此注。”（民国《韶铿徐氏宗谱·祠图》）

279. 民国歙县歙西范川谢氏阳宅图

（民国《歙西范川谢氏支谱》卷十二《地图》）

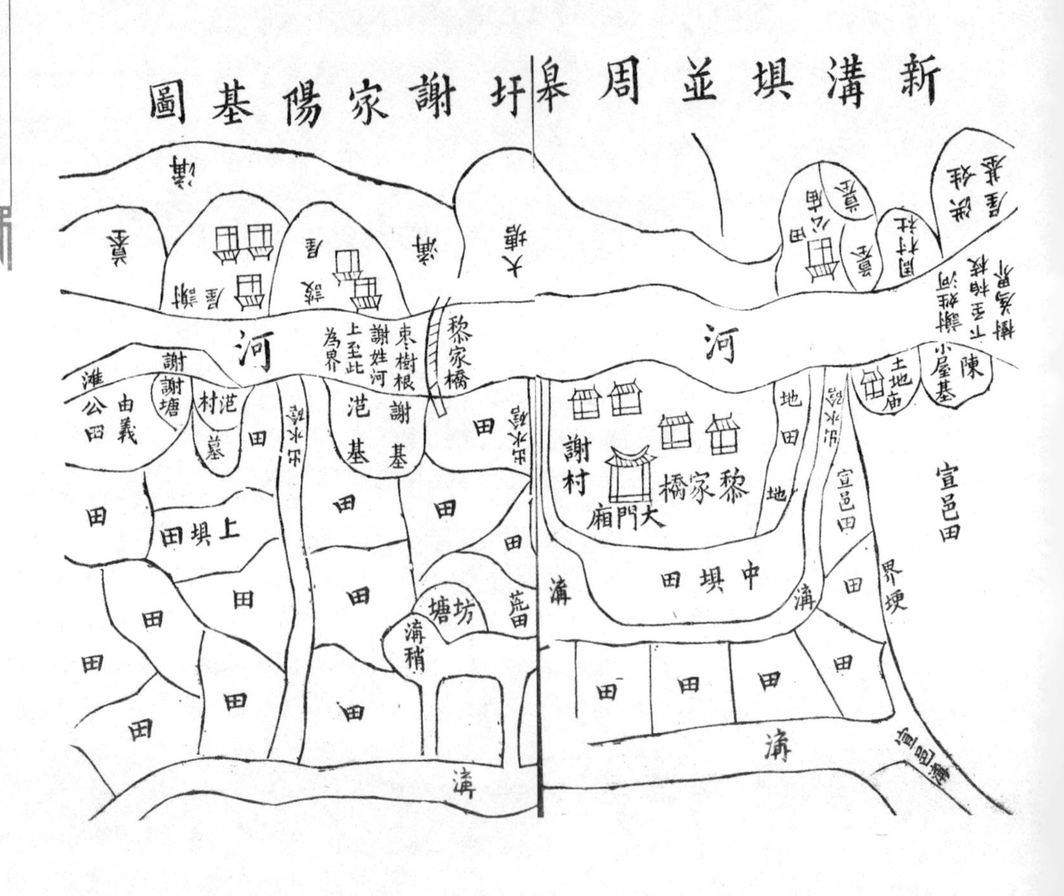

280. 民国歙县歙西范川谢氏老村图之一

（民国《歙西范川谢氏支谱》卷十二《地图》）

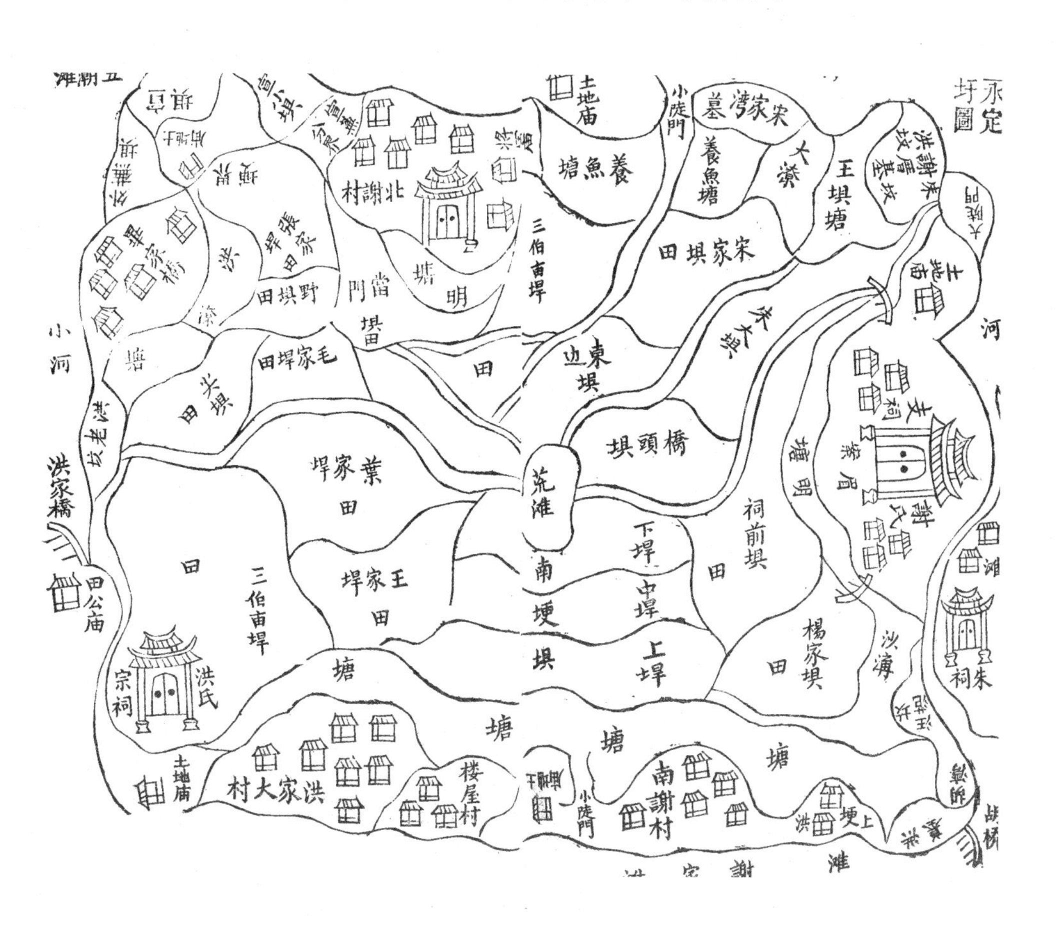

281. 民国歙县歙西范川谢氏老村图之二

（民国《歙西范川谢氏支谱》卷十二《地图》）

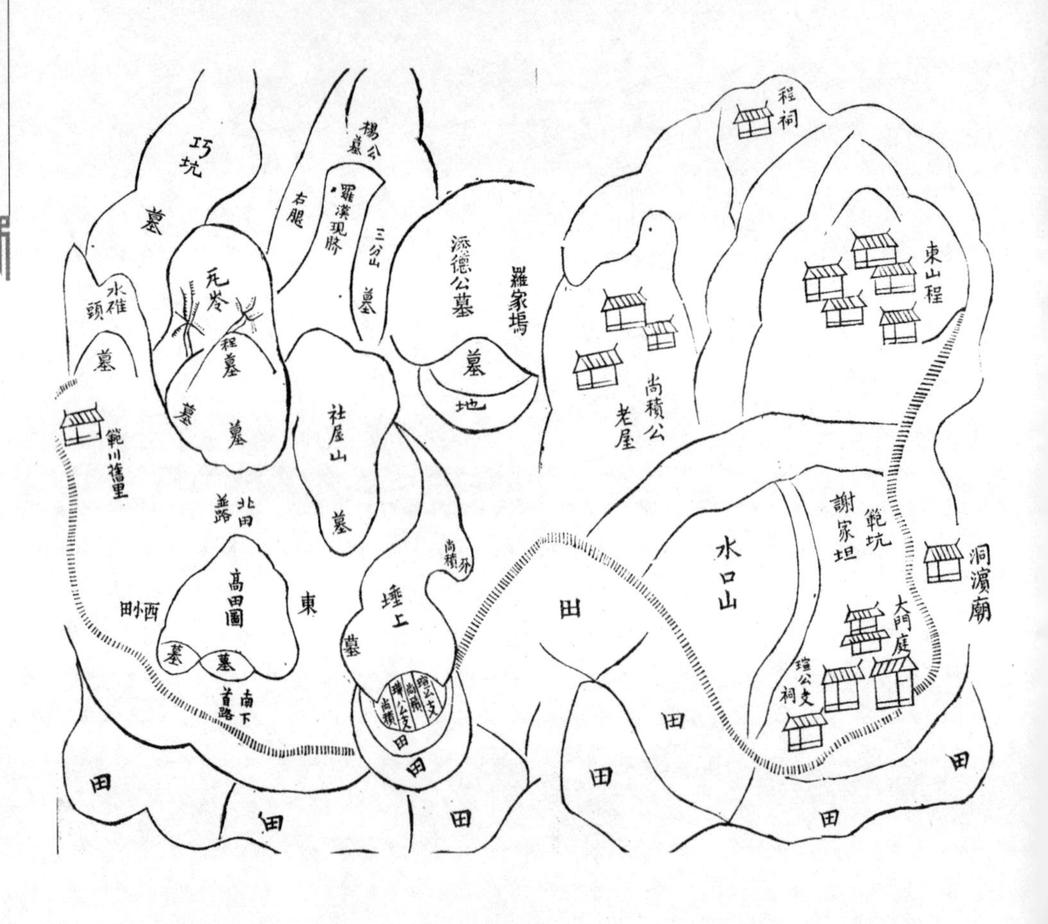

282. 民国歙县梅溪洪氏孝友堂祠堂图

（民国《梅溪洪氏支谱》卷一《梅溪洪小由唐祠图山向》）

梅溪洪孝友堂祠圖山向酉卯加辛乙

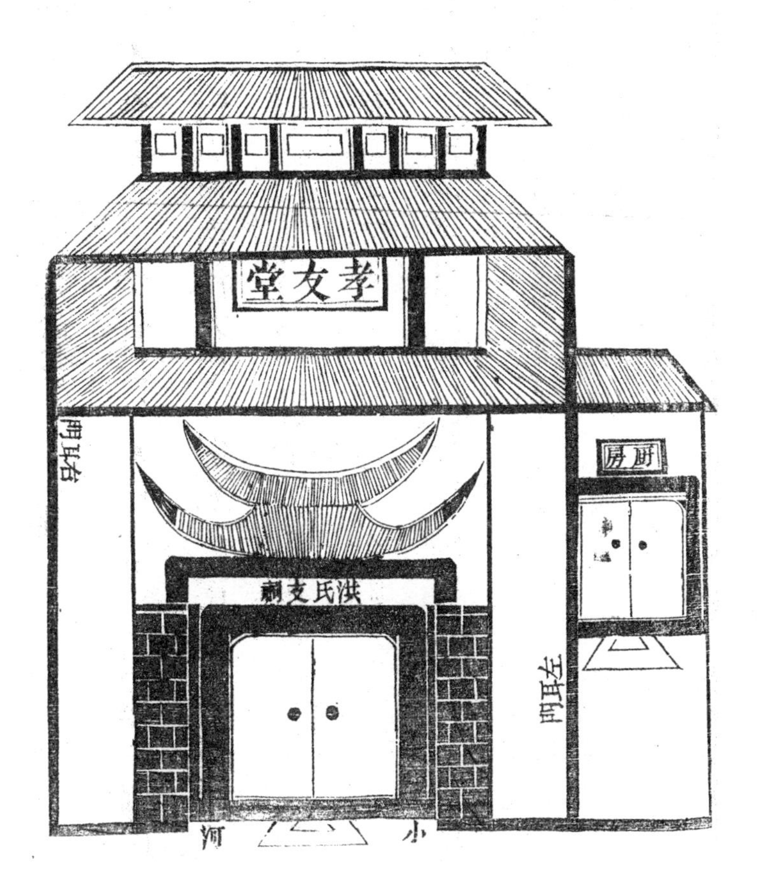

283. 民国绩溪县曹氏宗族聚居村旺川村居阳宅图

（民国《旺川曹氏族谱》卷一《旺川村图》）

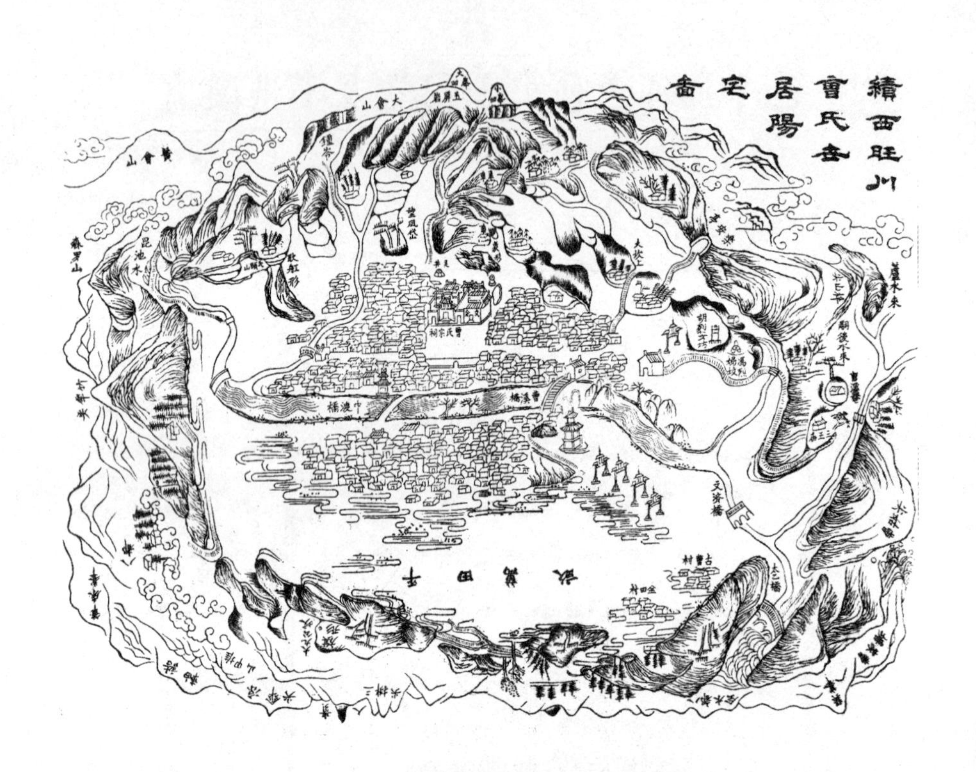

【说明】

“村图墓图引：生人、死人，各有安居之所；阴宅、阳宅不无可绘之形，此各处村图与各处墓图所以有乐为画之、乐为刊之者也。村图只载屋宅并四围形胜，坐落、字号、税额不备载焉。墓图则多载及坐落、字号、税额，而亦有不及备载者。盖此中有意存焉，非苟为异，自不必强为同耳。旺川之呕丈山图最关重要，附载于后。育英书屋图，灵秀所钟，亦附于后。”（民国《旺川曹氏族谱》卷一《旺川村图》）

284. 民国绩溪县曹氏宗族聚居村宁窝村图

（民国《旺川曹氏宗谱》卷一《宁窝村图》）

寧窩村圖

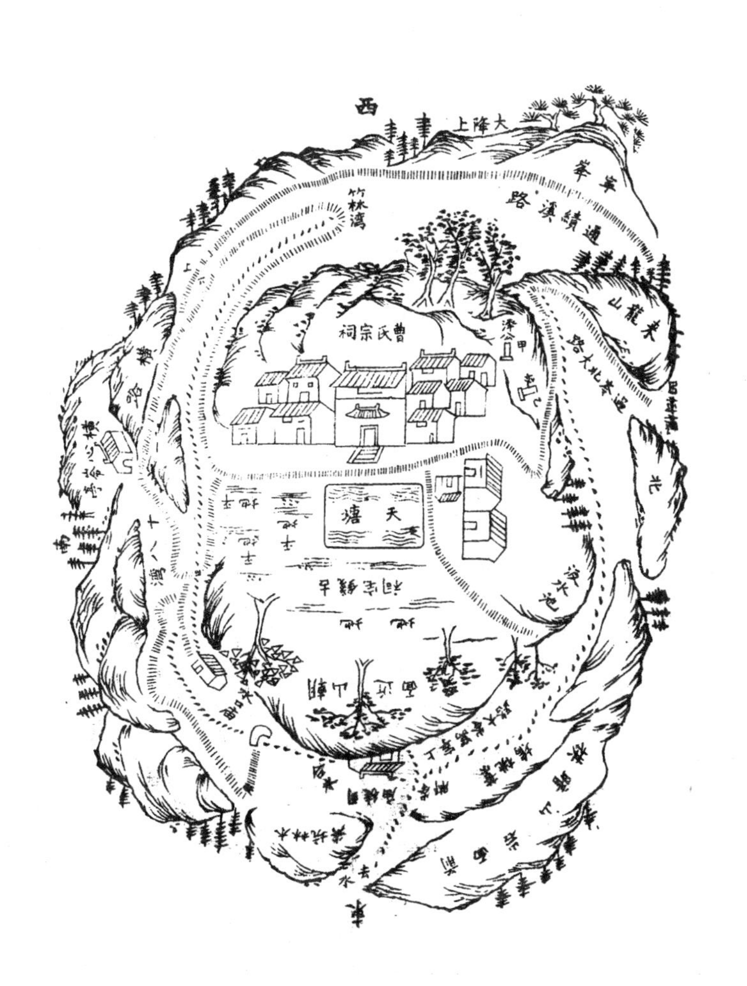

285. 民国绩溪县曹氏宗族聚居村连坑村世居阳宅图

（民国《旺川曹氏宗谱》卷一《连坑村图》）

連坑世居陽宅圖

連坑

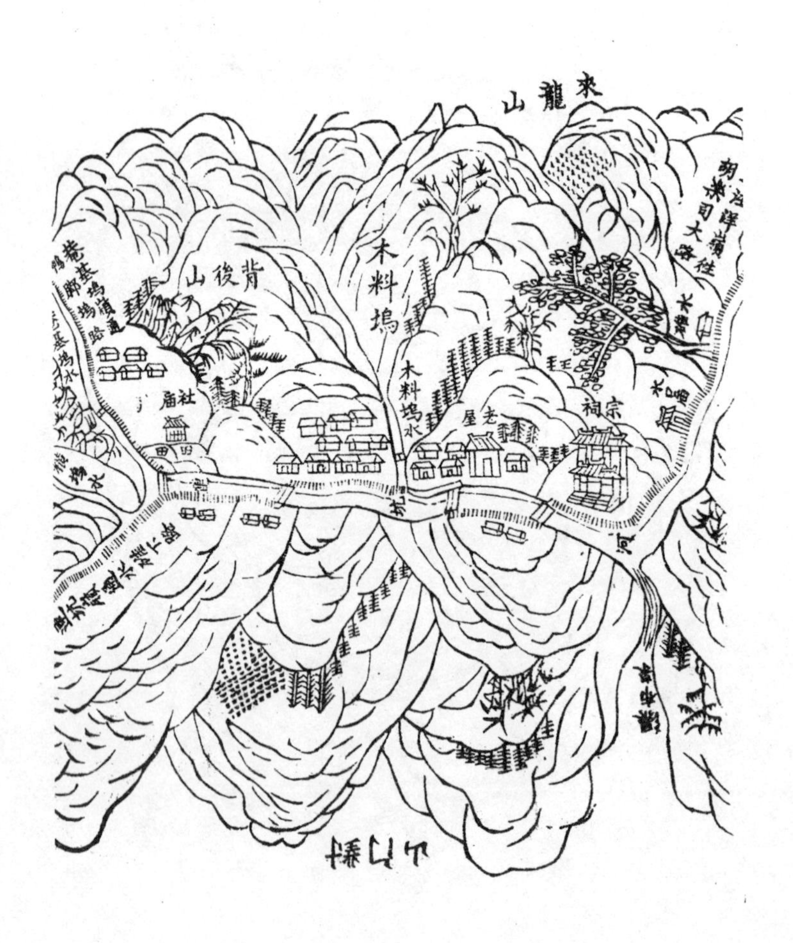

286. 民国绩溪县曹氏宗族聚居村竹川村图

（民国《旺川曹氏宗谱》卷一《竹川村图》）

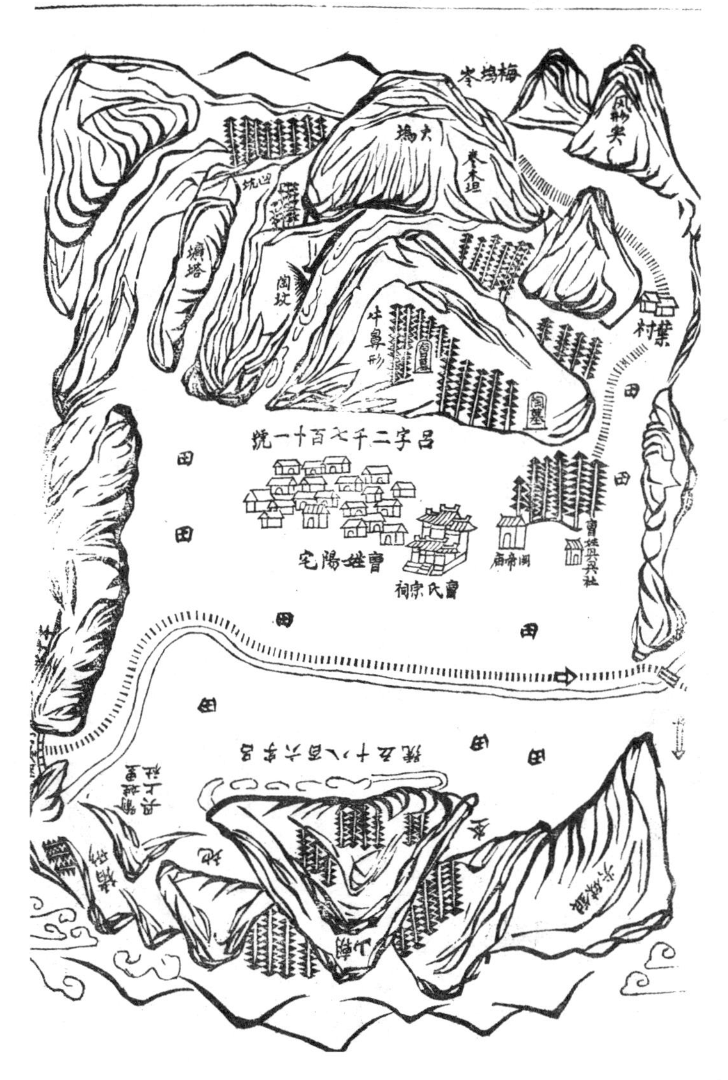

287. 民国绩溪县曹氏宗族聚居村到溪村图

（民国《旺川曹氏宗谱》卷一《到溪村图》）

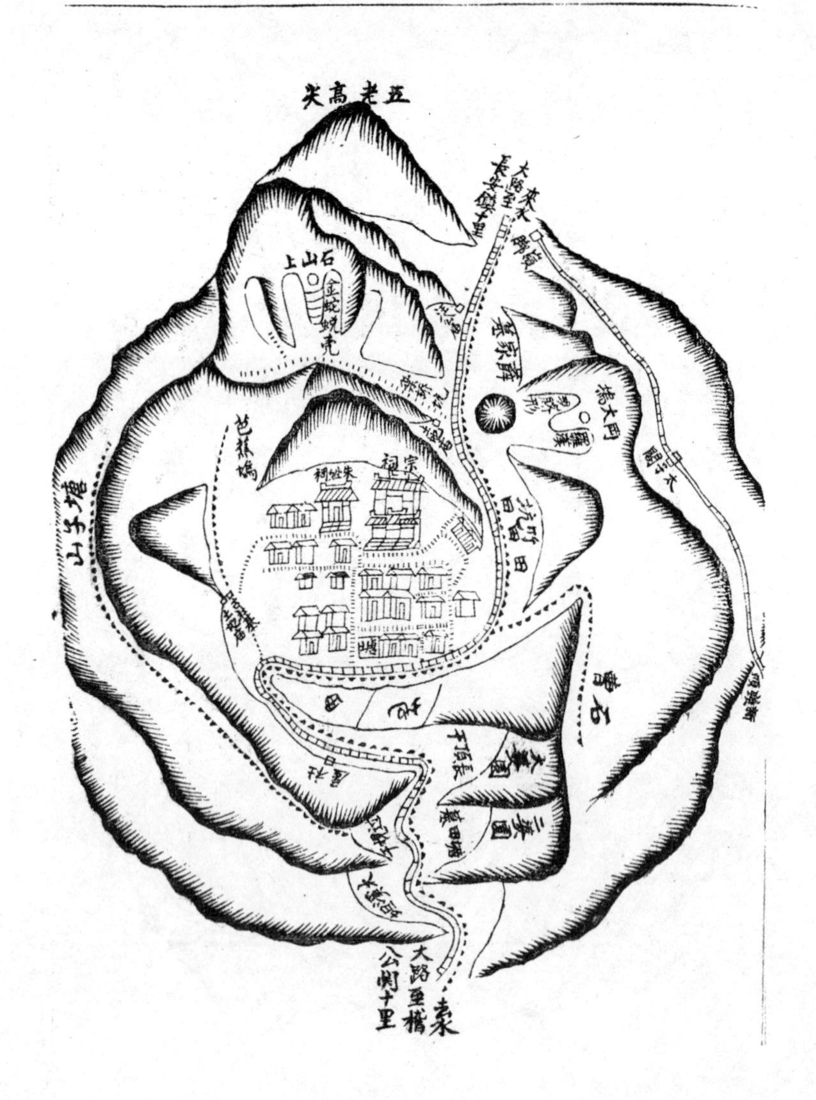

288. 民国绩溪县曹氏宗族聚居村旺川长坦育英书屋图

（民国《旺川曹氏宗谱》卷一《育英书屋图》）

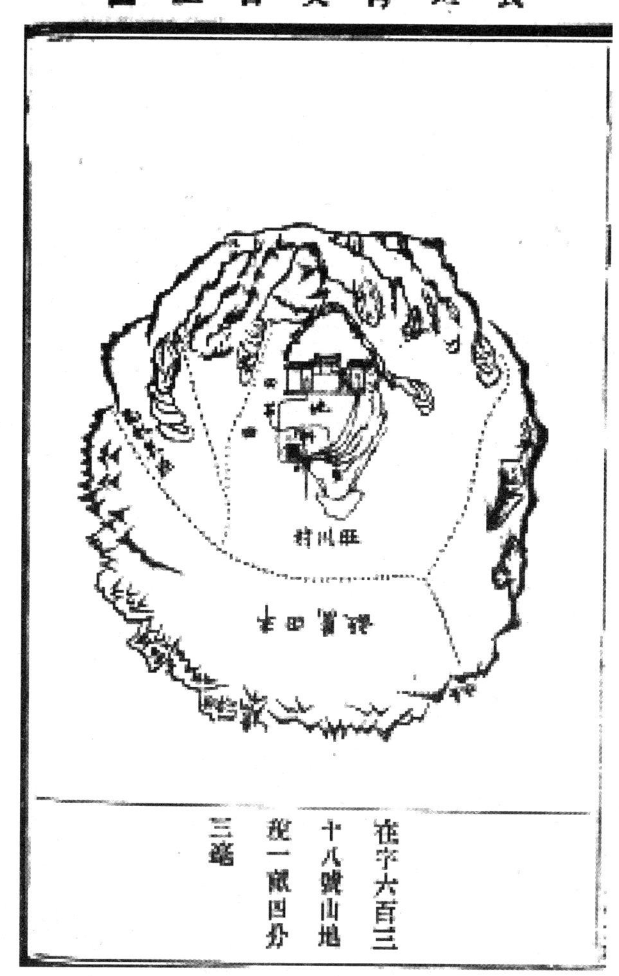

289. 民国绩溪县洪氏宗族聚居村坦川村图

（民国《坦川洪氏宗谱》卷十《村图》）

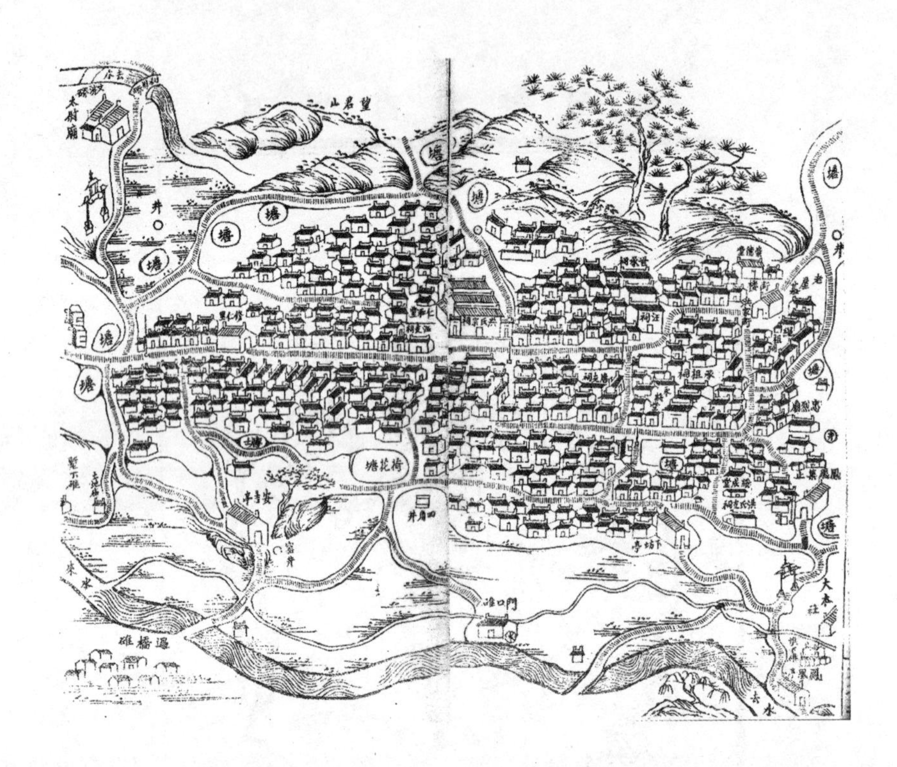

【说明】

“此图以洪氏宗祠为主体，故其位置西上而东下，左南而右北，在经理册中为周字、发字、汤字、道字等号。村内自洪氏外，今尚有汪氏、唐氏聚居焉。四隅各有里门，其曰凤凰集止，曰修仁里，曰下坊，曰街楼，则各里门之匾额也。东连望君山，为阖村来龙；西环卢水，为村之水口。附近有金鸡石、望君山、银瓶峰、凤凰桥、东西坝、五龙尖诸胜，详见《坦川洪氏村居记》及《坦川六景诗》。”（民国《坦川洪氏宗谱》卷十《村图》）

290. 民国绩溪县洪氏宗族聚居村潭村村图

（民国《坦川洪氏宗谱》卷十《村图》）

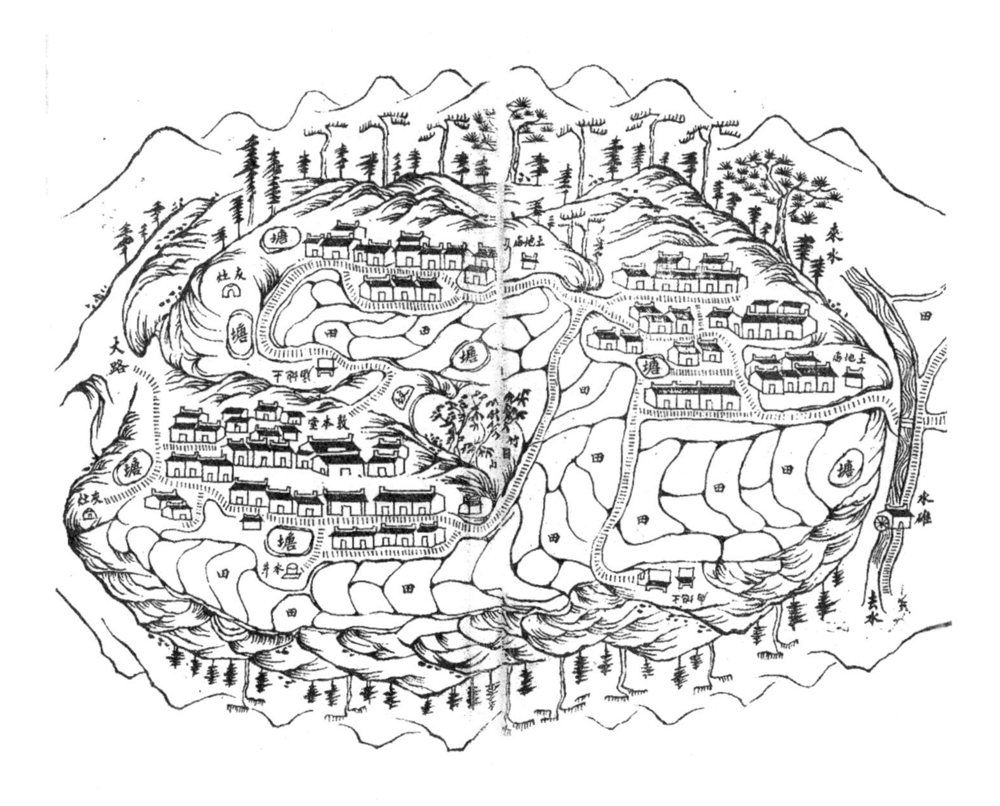

【说明】

“图内三村鼎峙，左为下潭村，右前为上潭村，右后为方塘。左边之水为卢水，右边之大路通荆岭，由此可达柏坑、旌西等处。其西北角之山为庐山，为三村来龙，上有古刹，名曰‘庐山广福禅院’，建自宋初，旧留有朱文公所书‘一坞白云’四字墨迹，今已倾圮无存。”（民国《坦川洪氏宗谱》卷十《村图》）

291. 民国绩溪县洪氏宗族聚居村坦川洪氏宗祠图

（民国《坦川洪氏宗谱》卷十《村图》）

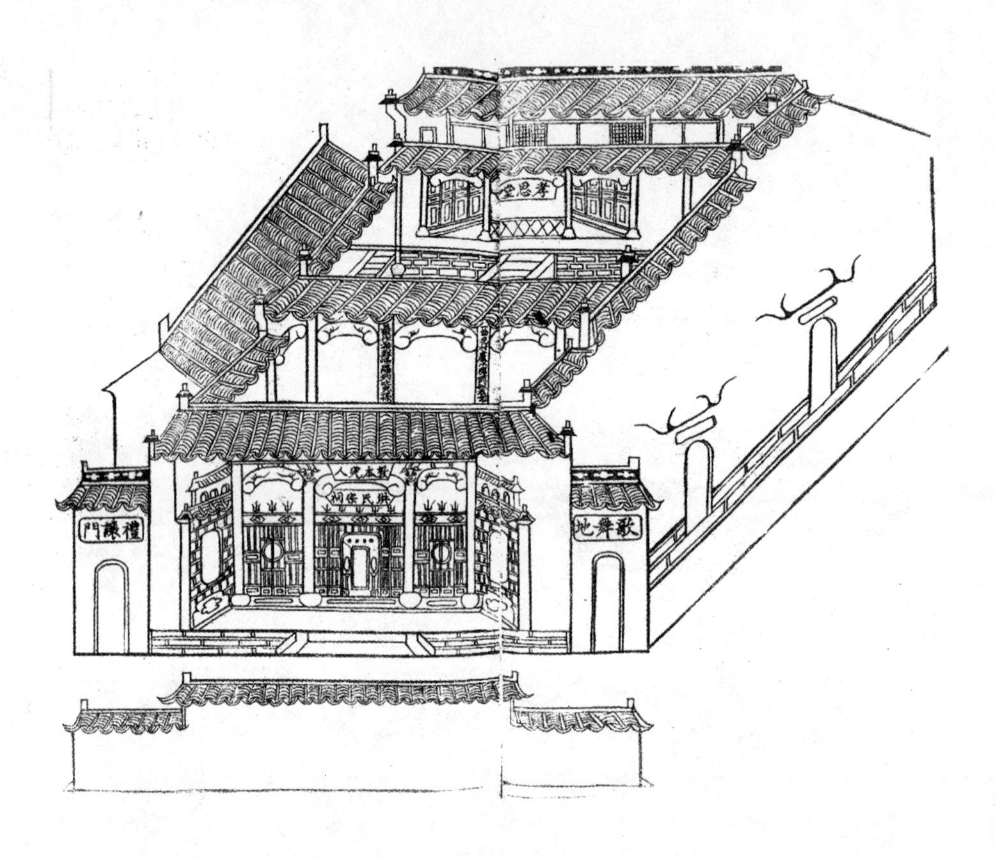

292. 民国祁门县易溪琅琊王氏宗族聚居村易溪村落基址图

（民国《新安易溪琅琊王氏宗谱》卷首《基迹图》）

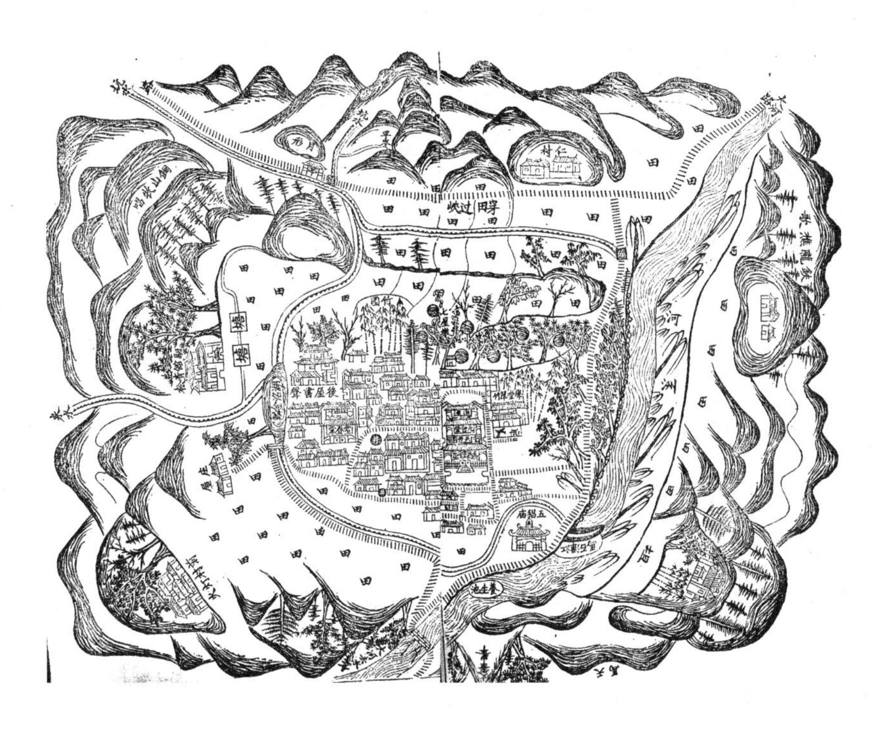

【说明】

“易溪基迹志：夫易平地也；居易俟命，君子也，吾祖取义‘居易’，不外乎是，乃复更易而以小驿代之，亦吾祖避嫌，不敢以易自居也。唐宋以前，为郑姓故址，地名‘中洲’。因黄巢乱，挈家逃散，屡遭兵燹，废为瓦砾。迨李晋、王勇南公平定，人民乂安，我祖敬淳公居焉，改为‘小驿’。其地从双凤尖发脉，两水夹行，有分有合，亥龙起顶，丙向出面，势若牌形。郑氏坐南朝北，我祖敬淳公作丙向，理法合矣。前有赦文，后列屏障；左耸文笔，右多鱼袋。术者云：‘遇难有救，逢凶化吉。子孙绵远，后出三公。’至元末，田连阡陌，庄屋二十四间，仆隶男女二百余人，臧、程、汪、李，号曰‘前村’。有仆臧笺，骁勇过人，捍御率驰，男妇盗贼不敢入境。洪武初定，钟知县来宰吾祁，民生乐业，爰处爰居，后遭洪水冲损。正德丙寅，东村被火。嘉靖丙申，西室亦然。至甲寅，又遇冤讼，幸而得脱，术士之语诚不妄云。又有八景。南潭石出类马，号‘江潭石马’；西池圉圉洋洋，曰‘湖沼金鳞’；北立学舍，绿竹漪漪，名‘学堂翠竹’；西馆迎宾，青松郁茂，取‘驿馆青松’；河东有垅平冈，树木稠密，便人樵采，为‘铁垅樵歌’；后多大山旷野，牛羊往来，曰‘铜山牧唱’；前多仆隶，夜火纺绩、舂粮，为‘前村灯火’；学舍傍于后屋，时闻咿唔，号‘后屋书生’。先儒俱有诗赠，惜多霉烂，检完且美者八景之一，刊载于后，俾后特达君子赞而和焉，所谓前事不忘、后事之师也。是一地也，何郑居而不发？我祖敬淳公迁焉，至今业经五朝，虽盛衰间有，而绵绵延延、弓冶箕裘引之勿替。且分析离居者又俱能开族立业，扬名显亲，于我老家亦有荣施。可见有德者昌，无德者亡。祖宗种德于前，子孙食德于后，往往如此。《易》曰：‘积善之家，必有余庆；积不善之家，必有余殃。’非是之谓欤？今仍将‘易’字改正，遵先人命名之意，使子若孙知所由来，不愆不忘，凛遵遗训，皆能居易以俟命，其有益于后来者，孰有大于是也哉！悉秉家藏零星遗墨，缵为志之，莫忘先德，以警后人。

易溪八景：[江潭石马]一片山光水色连，阿谁饮马漫停鞭？夕阳影里潭千尺，可有征人照锦鞯？[湖沼金鳞]原来活水不染埃，鱼苗簇簇此中培。临渊须识闲中趣，莫把春台作钓台。[学堂翠竹]一丛翠色绕星台，匝地浓荫扫不开。个字书成生意满，春风化雨一齐来。[驿馆青竹]何事折梅寄语频，松风谡谡好留人。天空不碍云鸿路，一任经霜理旧鳞。[铁垅樵歌]吴歈楚艳兴如何，不及樵人逸兴多。鸟语忽来生意动，一肩山色尽春歌。[铜山牧唱]无端牧唱响晴空，信口吹来分外工，笑指游人归去未，一声牛背夕阳红。[村前灯火]三三五五几人家，寂夜灯前好绩麻。堪笑主人无一事，敲棋夜半落灯花。[后屋书声]不栽桃柳伴柴荆，一任春风户外鸣。最喜关门人静后，竹林深处读书声。清嘉庆昭阳作噩岁阳月之吉，敬录。”（民国《新安易溪琅琊王氏宗谱》卷首《八景诗》）

293. 民国祁门县易溪琅琊王氏宗族聚居村高岭大沙源村落基址图

（民国《新安易溪琅琊王氏宗谱》卷首《基迹图》）

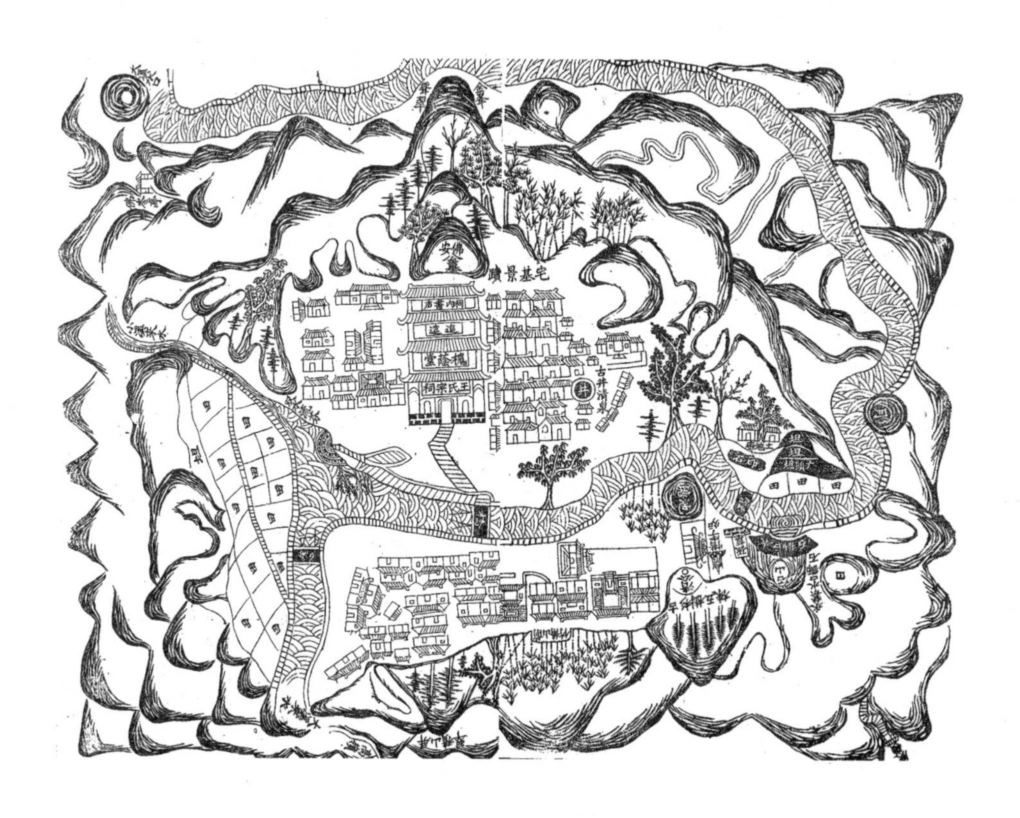

【说明】

“大沙源基迹志：夫沙，细石也。《禹贡》：西被于流沙，楞严所记恒河沙数是也。吾祖取地为沙，其间有清泉地涌、绿水长流，故名为‘沙源’。是沙源之地也，虽不为胜地名区，奇峰耸翠，而此中之冈峦体势，左右相关，亦非浅小，故又称‘大沙源’。来龙从金峰尖起势，一水流行，汪汪洋洋，

且分且合，戌龙起顶，卯向出面，势若凤形，坐西朝东，理法甚合。吾祖走马来居，开创茅土，不惮艰辛，由来久矣。追忆始祖大猷公自唐迁祁，拓居苦竹港，生九子，至今历经五朝。八子为我思谅公派，发三支：长曰敬显公，分迁山口；次曰敬清公，迁贵邑竹力源；三曰敬淳公，卜居易溪。相传数世，枝繁叶茂，人材济济，难以就地安居。故自七世祖曰志远公，分迁平里，自明嘉靖间被遭兵燹，以至荡析离居。廿五世祖曰万昌公，择迁此地大沙源，迄今二百余年，双支派衍，辑修谱牒，亦经数次，所以溯厥渊源，不忘根本。而人文蔚起，必争光于前代，贻谋于后裔，是宜追述前事。《礼》有云：'万物本乎天，人本乎祖。'吾祖德泽绵延，世系悠远，而本支百世，一脉相传，可见祖宗种德于前，子孙食德于后，为善者昌，有必然矣。绳绳继继，万古常新；子子孙孙，勿替引之。附廪贡生姻愚弟饶恕良顿首拜撰。

大沙源八景诗：［宅基景迹］倒木星形宅地匡，奂轮栋宇起风光。朝宗绿水基前绕，妙慕先人卜此间。［金峰耸秀］势耸金峰独自尊，万山罗列似儿孙。高高峭拔凌霄汉，日射云峰景尚存。［屏山积翠］春秋佳日任晴阴，厚翠浓青寄古今。特展庭前刚独立，使人欣画又欣吟。［祠内书声］不吝修金聘大儒，槐阴祠内别贤愚。书声较对机声雅，夜静闲听意自娱。［前山修竹］宜风宜雨又宜烟，竹报平安事有然。静对千竿筛烈日，青光何减衬门前。［双水流芬］溪分燕尾水分乂，不息流通尚可夸。隐隐池头笙韵响，何须重问武陵家？［古井清泉］大宅村边有井泉，四时不断暗涓涓。岂徒煮稻千家养，味配香茶分外鲜。［水口狮石］水面山前玉润光，降生斯石实刚强。锯牙钩爪悬星眼，恰似金狮镇一方。清光绪二年，岁在柔兆困顿秋月吉旦。"（民国《新安易溪琅琊王氏宗谱》卷首《八景诗》）

294. 民国祁门县易溪琅琊王氏宗族聚居村漳溪三源里相思坦基址图

（民国《新安易溪琅琊王氏宗谱》卷首《基迹图》）

漳溪三源里相思坦住基圖

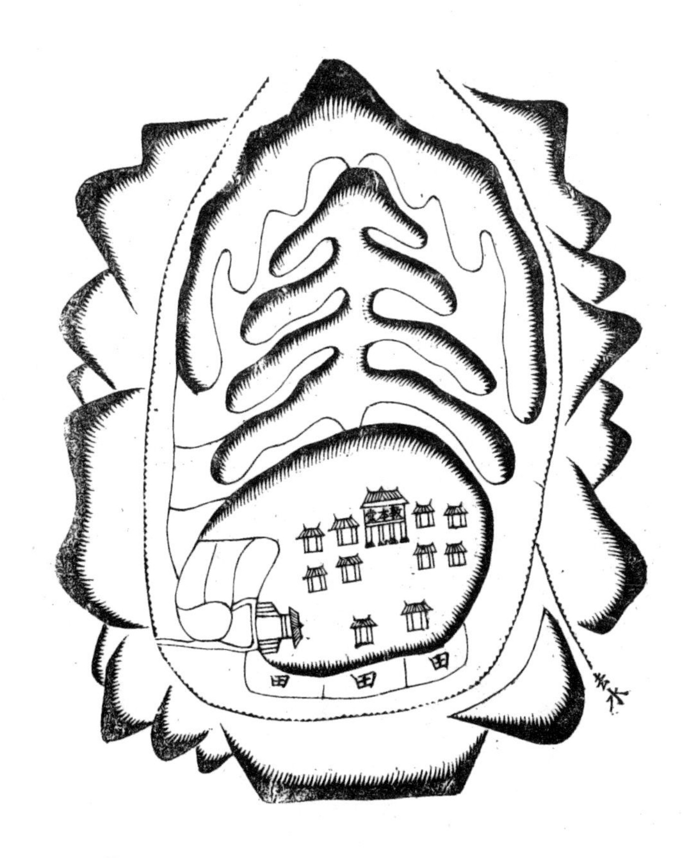

295. 民国祁门县易溪琅琊王氏宗族聚居村义三保土地堂基址图

（民国《新安易溪琅琊王氏宗谱》卷首《基迹图》）

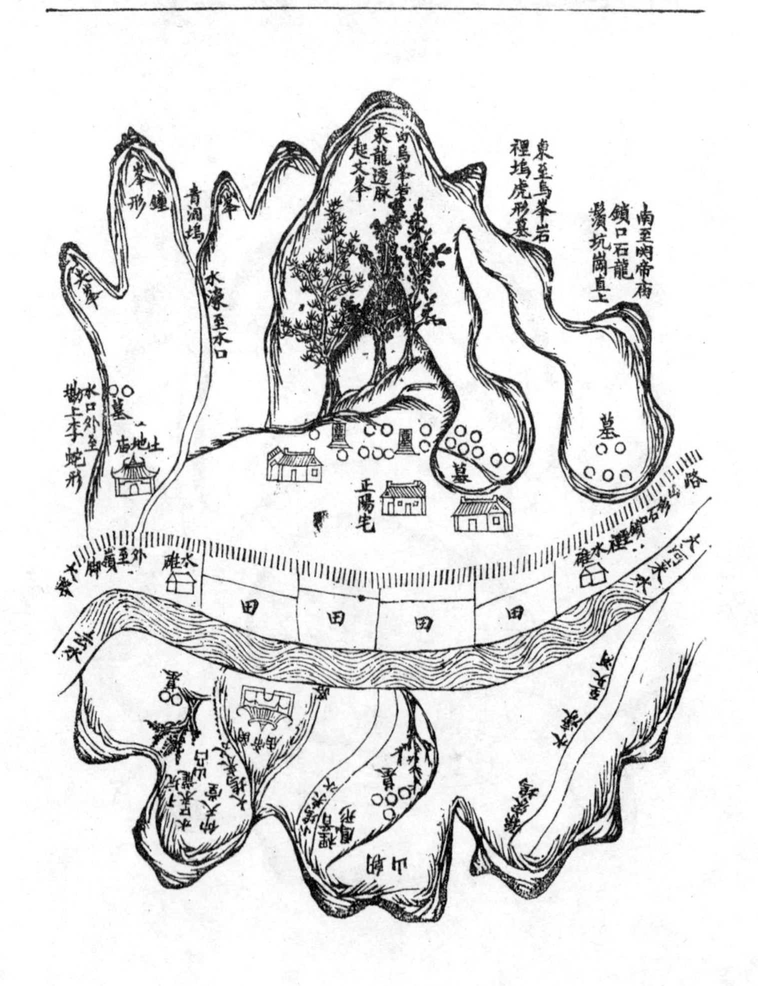

296. 民国祁门县易溪琅琊王氏宗族聚居村义三保萧坑岭脚村基址图

（民国《新安易溪琅琊王氏宗谱》卷首《基迹图》）

義三保蕭坑嶺脚任基圖

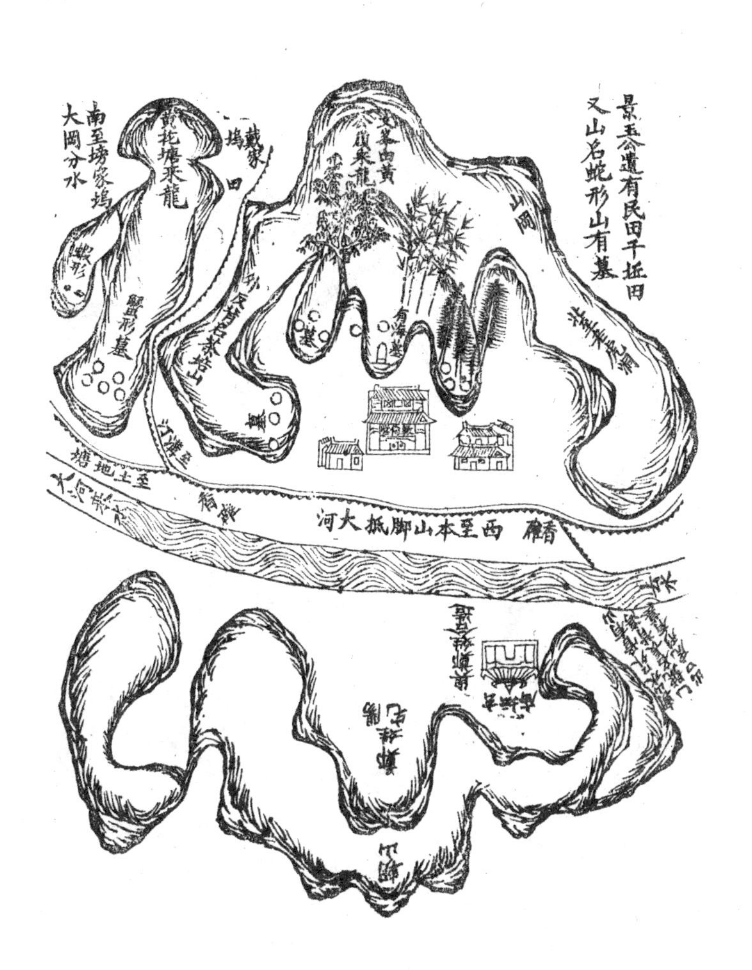

297. 民国祁门县易溪琅琊王氏宗族聚居村石壁头村住基图

（民国《新安易溪琅琊王氏宗谱》卷首《基迹图》）

石壁頭住基圖

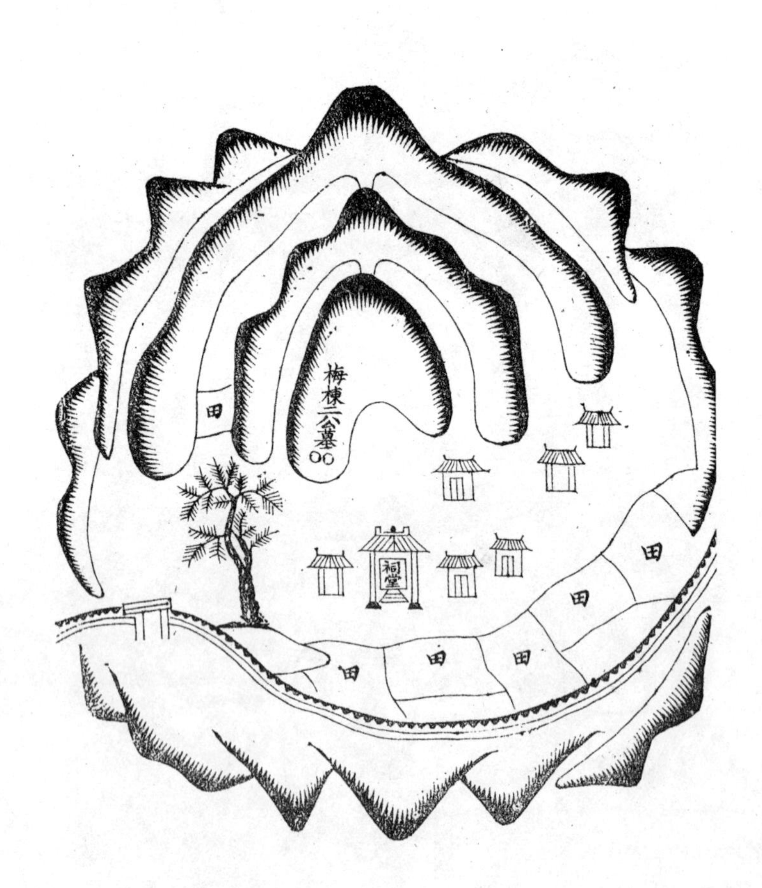

298. 民国祁门县易溪琅琊王氏宗族聚居村居大坵全绅公己业住基图

（民国《新安易溪琅琊王氏宗谱》卷首《基迹图》）

本都六保土名居大坵全紳公己業住基圖

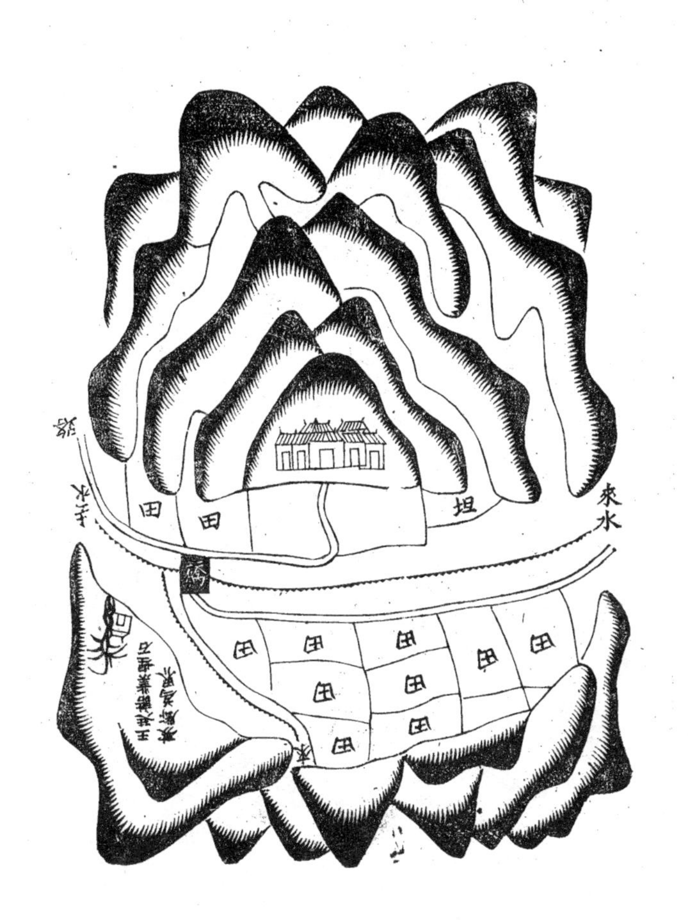

299. 民国祁门县易溪琅琊王氏宗族聚居村月家坵住基图

（民国《新安易溪琅琊王氏宗谱》卷首《基迹图》）

本都六保土名月家坵住基圖

土庫屋一重共屋併餘地先年係士任士佳二公各得一半均業後因士佳公將分得位下左邊屋併餘地一半盡出當與葉姓名下厥後士信士佑士仁三人將原價代為贖回計紋銀四十兩整士佳公位公之業今歸士信士佑士仁掌嘗均業

300. 民国祁门县易溪琅琊王氏宗族聚居村桃源村落基址图

（民国《新安易溪琅琊王氏宗谱》卷首《基迹图》）

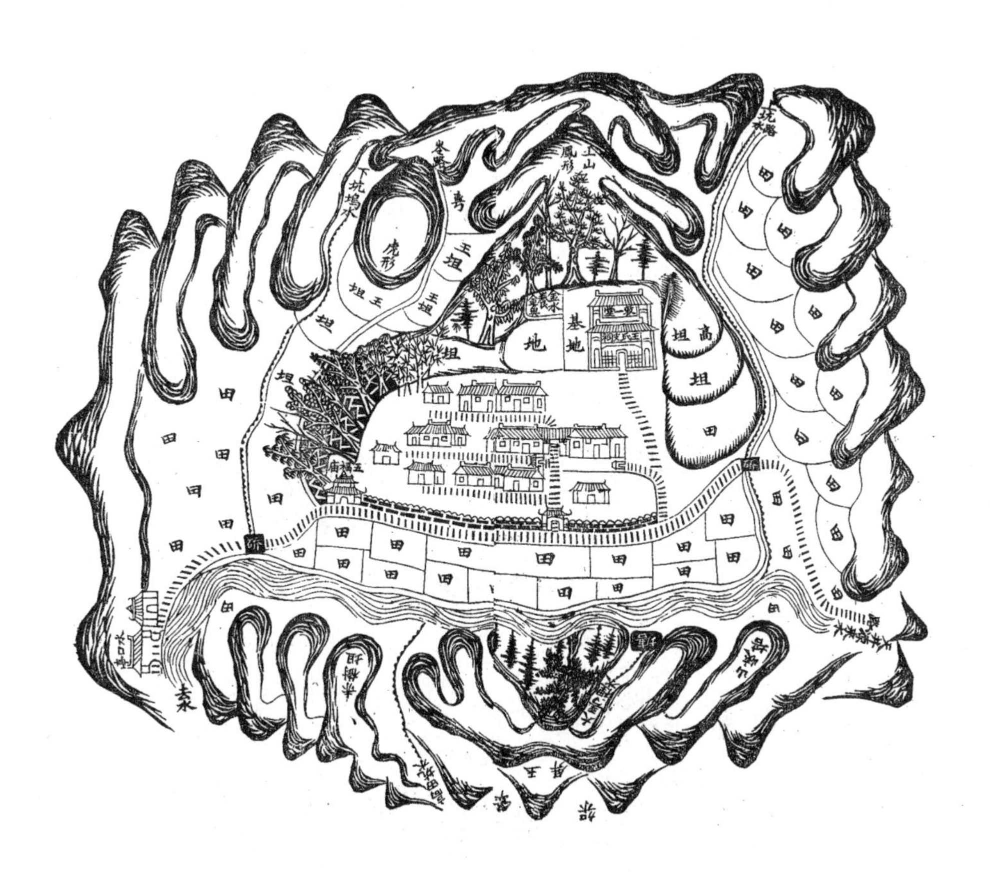

301. 民国祁门县易溪琅琊王氏宗族聚居村大山沧溪村住基图

（民国《新安易溪琅琊王氏宗谱》卷首《基迹图》）

大山滄溪任基圖

清册陽庚一千八百九寸三號基糧三畝三分三釐三毛三絲三忽

302. 民国祁门县易溪琅琊王氏宗族聚居村良禾源村住基图

（民国《新安易溪琅琊王氏宗谱》卷首《基迹图》）

艮禾源住基圖

其山悉照萬歷年間分山圖管業

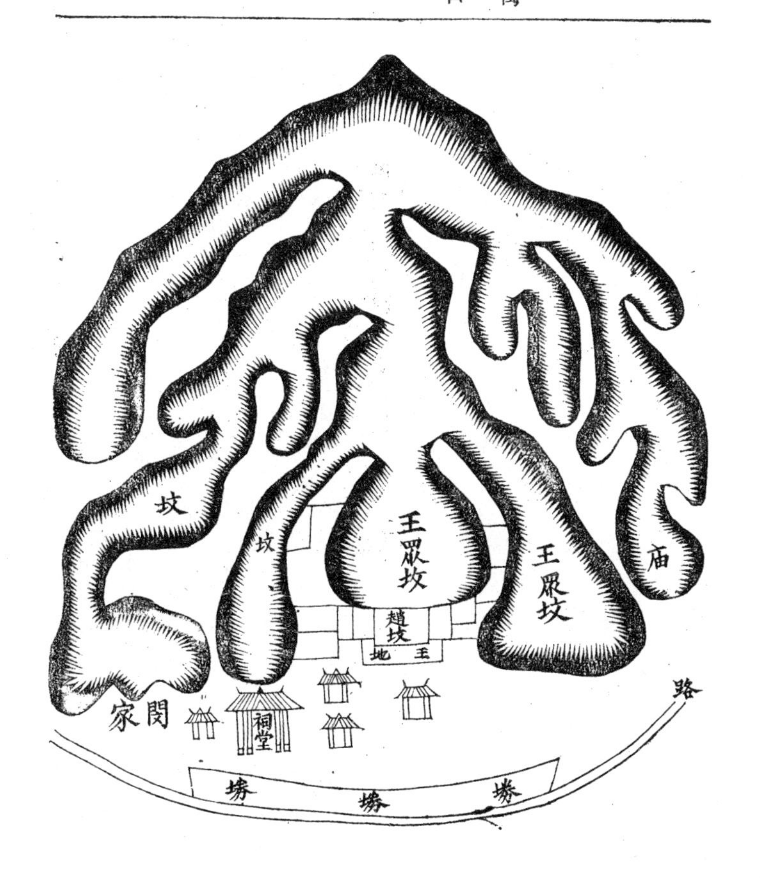

303. 民国歙县石潭吴氏宗祠春晖祠平面图

（民国《石潭吴氏宗谱》卷二《祠图》）

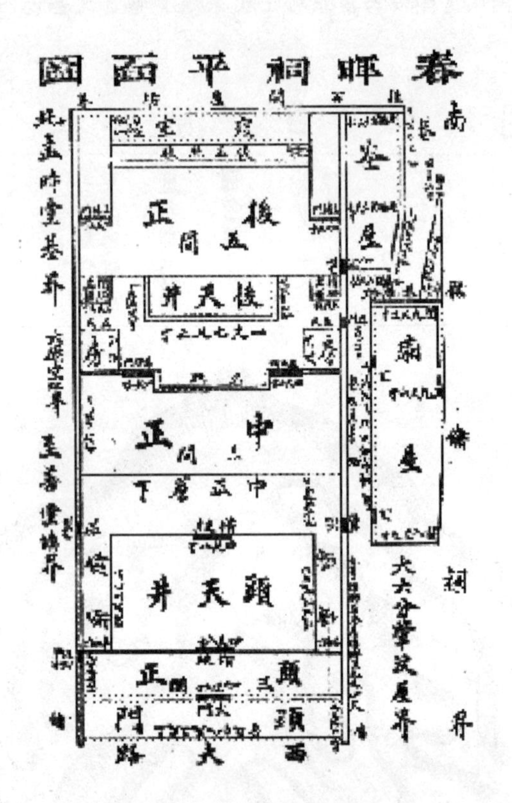

【说明】

“石潭纪：新安山水，大好之区，黄山、白岳皆以著胜，歙亦多山而南尤最。我始祖宋处士讳唯公性耽泉石，爱石潭山水之胜，缘于宋建炎年间，自歙西富饶挈家以居焉。一名‘石溪’，又名‘石川’，属三十三都二图，里名‘德润’，社名新置，坐东而西，山环水抱，形势天然，堪称发祥之址也。”（民国《石潭吴氏宗谱》卷二《石潭纪》）

“形势：村形如燕窝，叠峦重嶂，四面拱围，环绕周密。其来龙自天井岩（原注：又名‘龙池尖’，相传昔有龙潜于此，故名）发脉，腾腾起伏，至来龙山起顶，木星火首。前有纱帽凸，金字面朝山（原注：即笔架山），左有太平山，关阑水口，如屏障焉。其岭曰‘密岭’，岭外有石崭山，火象之形，亦水口之保嶂也。水有大河，自右而左流经村前，形如腰带，名‘槐源’，属北方亥子水。其源出自水竹坑，至里流至村外，合溪口，与昌源相会，流入深渡新安江。左有米砂坑，直向西流于坑口，阙出口，属仓库水。来龙左手，分布一股，上水青龙，由米砂坑过堂上，流经村中，至槐华树杣，金钱落柜，出口与白虎砂（原注：即蛇形）接合，以作近案。经曰：千层环抱，不如眠弓，一案能遮百煞。而今上水青龙水已由人力关阻，此皆天然之形势也。”（民国《石潭吴氏宗谱》卷二《形势》）

“古迹：避暑岭，在北方水口，距村里许。昔有关帝庙，遭洪、杨焚毁。今有叙伦太子堂在其右。下来半里许，有大圣岩，今供大士，岩在对河，有尼姑庵、观音堂，今成一片黄土，不知湮灭何时？其址在今大圣岩对面一带。再下为大圣岭，有百步堦，村头入坞，名‘伏子坞’，又名‘塘园’，未遭洪、杨以前，人烟稠密，今则萧条。入村即进士第，曲折而行，路外有高垣，名‘扎营寨’，相传明际下磻溪方大才、方二才二寇不时侵害，管防于此，故名。其隔河正对处，名‘打鼓寨’，寇至时，鸣鼓处也。扎营寨昔有得月楼，今圮。沿大路下，曰‘转湾角’，路左有琳公祖宅旧址，即‘八仙楼’。再索路下，直至河口处，曰‘槐华树杣’，古有槐树而名，又名‘金钱落柜’，伏子坞源之水出口于此。曲沿大路，行不数武，路右即前巷，又名‘上巷’，古名‘晚梅庄’。左为后巷，有亲童公支厅，名‘四分厅’，今名‘宗永堂’。其左有桂芳公支厅，名‘至善堂’。上之，后有六德堂址。再后即来龙山脚，古名‘钱匠山脚’，有铨公支厅，名‘孟时堂’，旧址经洪、杨而灰烬也。至善堂左，为我春晖宗祠，甲山艮向，正堂天井，卯酉加乙辛。据堪舆云：取左手青龙上午水归堂，合乙木，生于午，长生水也。祠之头门中正，于嘉庆年间经鉴公支下孝谦公重建。道光廿六年，二次晋主后，正于光绪十七年经铨公支下茂清公、文溟公支下启诚公重修，祠前即紫荆堂乃显祐公支厅，又名‘活水明堂’。紫荆堂后，昔即佐公支厅，今名‘前屋坦’。前屋巷口昔有望月楼，音公吟咏之居也。祠左为汪公祠，昔供越国汪公，乃春晖堂之厢屋也。又左有文公祠，名‘叙伦堂’。春晖堂在上，又名‘上门’；叙伦堂在下，又名‘下门’。叙伦堂对面，即翼公支厅基址，曩日开设泰来店。中央巷口，有祖应公支厅，名‘至德堂’。巷内有祖惠公支厅，名‘坚善堂’。中央巷河口路右一带为上三仓，路左一带为下三仓。其下名‘盐店’，昔通盐筏至合溪口，故名‘盐店’。又有匡公支厅，名‘苏州厅’，缘造苏式也。由叙伦堂前大路，直下有十字街，左手湾行，有善庆堂，又名‘朝南厅’，古为乡约所。直行十余步，曲而右，为新宅，巷口有浩公祠，名‘立善堂’。再下，由路里转湾，进米坑，名‘纸坡头’‘源头’，古有长春馆，今有大士岩名，别有一天，清幽可人，亦一景焉。沿坑出，有吊桥，其口古名以‘安鱼矶’，即以安公钓鱼之处。米砂坑吊桥下数武，上岭，曰‘密岭’，岭脚名‘竹园’。下茶行坦岭，上有真武殿，庙基倒朝，殿前有香炉山，古时香烟极盛，有‘小齐云’之称。密岭外，山脚有石桥，名‘太平桥’，桥头有八角亭，供有五猖神，民国辛酉岁，被洪水冲塌。桥下名‘石崭山’，路后有石佛岩，沿河出口即合溪口。此石潭古迹之概也。”（民国《石潭吴氏宗谱》卷二《古迹》）

304. 民国歙南武担姚氏宗族里居图

（民国《歙南武担姚氏渔梁上门支谱》卷首《里居图》）

【说明】

“里居记略：城南二里许，有村曰‘渔梁’，人肩摩车毂击，帆樯如立，为歙之一镇也。居民以姚氏为多，分上、下两门，中隔姚家巷，下门曰‘云山’，上门曰‘凤池’，皆承祖懒翁命名之意义。凤池地域得居村之中心，山水钟英，尤擅雅致，为绘是图，登诸谱册，俾吾族披览，有以渐化其情性与气质。图中有八景，请得以所见所闻者记之。渔梁汇三河之水，注于歙浦。水清沙白，鱼游能数，高人畸士往往垂钓其间，谓之‘渔梁钓隐’。其下有仙渡，相传唐刺史先渡马去，杳然空望。后之过此桥者，犹必驻足怀想，则为‘望仙望古’。其南岸高山，即朱子读书处，灵修特异，每当暮烟朝雨，最好画图，因曰‘紫阳烟雨’。东为新安第一关，上有泉从石罅出，白若米泔，饮之能解躁。古建一刹，曰‘白水寺’，晴日烟浮，横拖如练，谓‘白水晴岚’。且对望紫阳余脉，尚能回护，顶平壁峭，有如井然，名‘龙井’。山上建禹王阁，意者为镇龙欤。上覆奇葩，时闻馥郁，是为‘龙井花香’。西望乌聊，满山苍翠，是佳气也。春夏之交，树叶繁茂，则环而抱焉，无限清幽，故曰‘乌聊翠拥’。乌聊对照为披云峰，峰顶出云，去来无定，落日之际，影倒渔滨，则婆娑可爱，此‘披云峰影’当作活泼观。披云峰底为碎月滩，其滩平浅，其声清扬，月光照之如玉屑，而滔滔不竭，此‘碎月滩声’，正可以砭俗耳。因是记之，愿族人共知其意。时民国二十年辛未三月，支裔学洛敬撰。”（民国《歙南武担姚氏渔梁上门支谱》卷首《里居记略》）

305. 民国歙南武担姚氏宗族宗祠承泽堂图

（民国《歙南武担姚氏渔梁上门支谱》）

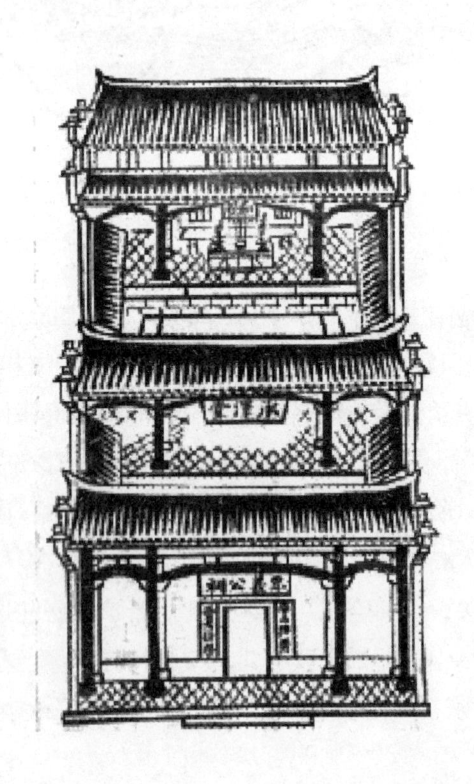

306. 民国休宁县朱氏宗族聚居村月潭村村居图

（民国《新安月潭朱氏族谱》卷首《村图·月潭村居图》）

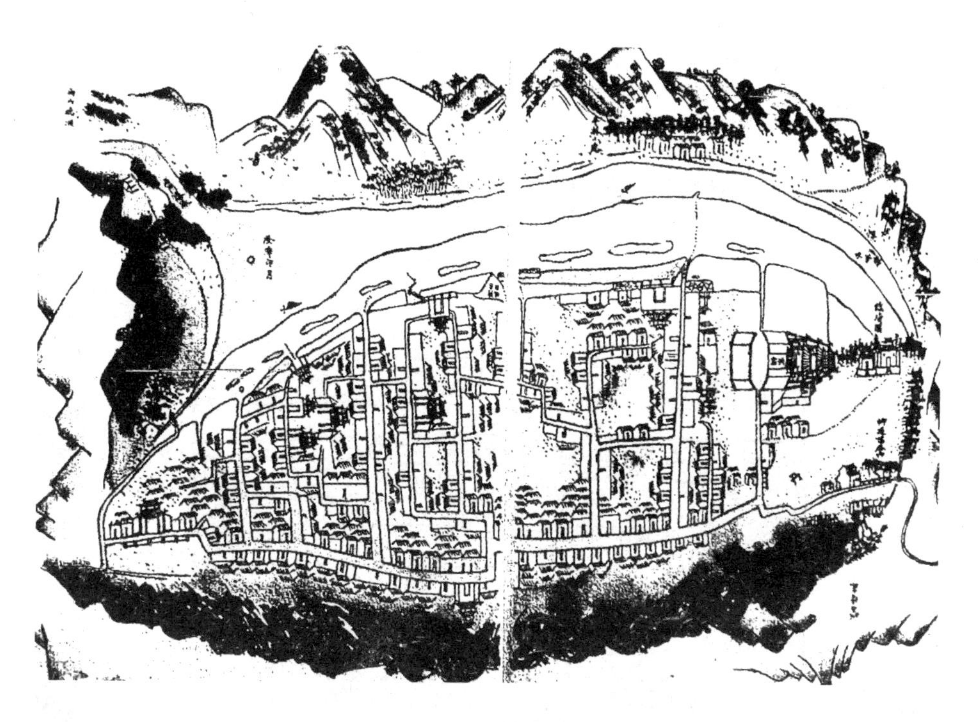

【说明】

“月潭村居图书后：曩见他氏谱牒，多以村居图弁其首，山川景物，开卷了然。吾族自婺源迁休宁之月潭已七百有余岁，谱凡三修，而村居图犹阙，非所以重本根、敦风雅也。月潭林壑之美，甲于他村，其可纪者，旧有八景最胜，曰月潭余，曰石门，曰临清阁，曰观澜亭，曰钓雪舟，曰平林小隐，曰星洲寺，曰颜公山。好事者又为新八景之目，即今所谓澄潭印月、南屏叠翠、石门瀑涨、西山晚烟、钓台烟雨、玉峰积雪、柳堤鸣莺、松石晴岚诸胜，或选幽别出，或循迹易名，旧咏新吟，裒然成帙。每恨无丹青善手缩之尺幅

中。昔郑板桥有云：对此画，构此境，敛之则退藏于密，亦复放之，可弥六合。陶篁村又谓：诗不能写者，付之以画；画不能写者，付之以诗。诗、画二者，殆未可偏废。兹值新谱告成，爰情写生，家制为斯图，更以新旧八景点缀其间，庶吾族居者有安土重迁之感，出者有敬恭桑梓之思。此图亦可谓不虚作矣。不知视他氏为何如？谨书数语以示后。茶院公三十五世孙永铎谨识。”（民国《新安月潭朱氏族谱》卷首《村图·月潭村居图》）

307. 民国祁门县红紫村金氏宗祠天合堂

（民国《京兆金氏统谱》卷一《祠堂记并图》）

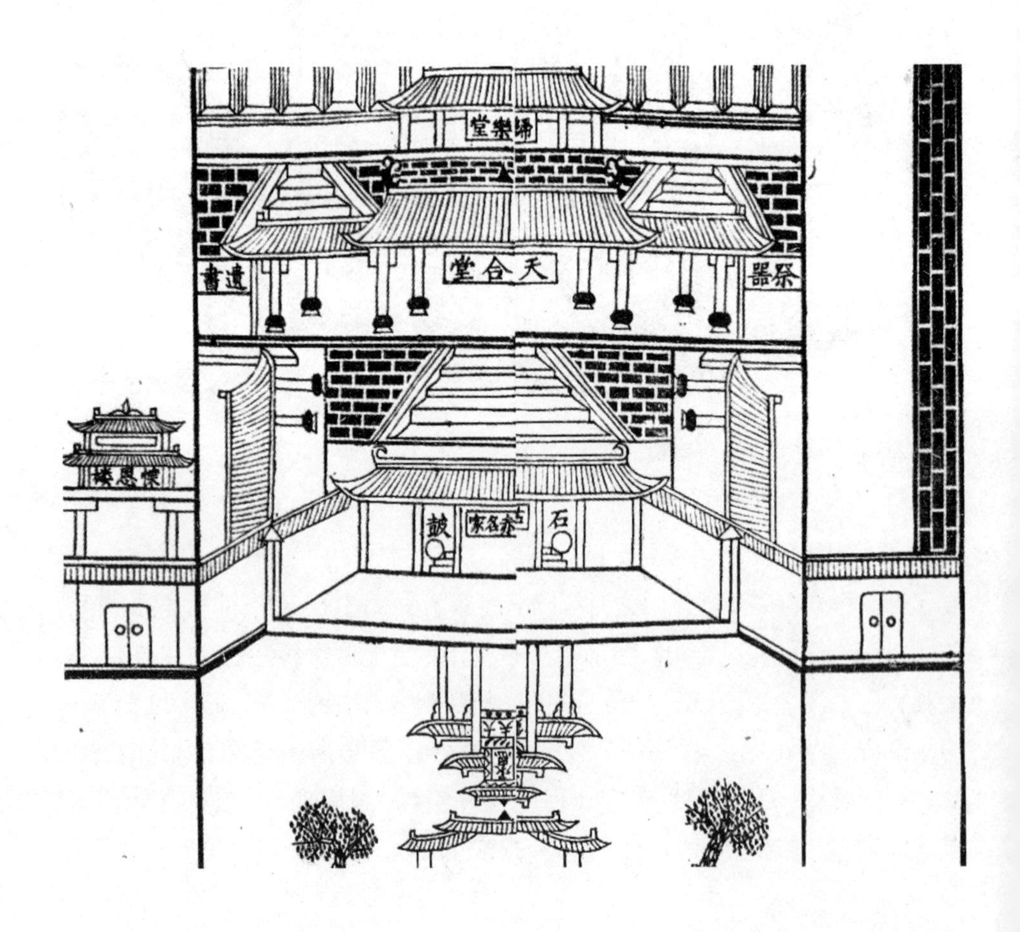

【说明】

“金溪金氏宗祠记：粤稽吾姓以来，家世京兆，自四十九世祖华公，周授朝散大夫，因宦游祁西，相土俗之淳厚，卜宅而居，名曰‘金溪’。首立大宗祠，以妥先灵，奉祭祀，合同姓，别尊卑，明人伦，敦孝悌，习礼义，为揖让劝惩之所，风化严肃之地。宗祠之设，固不重欤？故前建堂，后置寝，而寝堂神座昔为以砖。历年许久，被风雨圮坏。每顾心悼，欲议建而未暇也。复于甲寅变后，时际泰阶，迓梓重修，倡首从事，而族属亦一乃心力。凡鸠工庀材，雕漆涂垩，不数月而告成焉。是以美轮美奂，为先人之贻谋；善继善述，诚后昆之孝思。《诗》曰：‘孝子不匮，永锡尔类。’其是之谓乎？近代宗祠之制，礼仪寝阙，祀产不敷，致先世游宦实迹悉皆淹没弗彰。今立规划则，俾前所未备之典上从华公，下至盛公、祯公告立木主，书讳书爵，复加增饰，有以传不朽。于是，世次不紊，昭穆弗乱，斯亦效周公之旧制，仿朱子之遗意，原非矜臆见而漫然创始者，可传不朽也。嗣后，蒸尝时举，长存忾闻爱见之心，禋祀不替，弥切木本水源之念。然谋之诚臧，虑之甚远，赖吾后裔永相告诫。特书所见所闻，示诸将来，令子孙绳绳以无负先人创祠垂统之意云。康熙辛酉岁春正月上瀚之吉，重修人名：士笃、士寅、士伟、时新、时晓谨书。”（民国《京兆金氏统谱》卷一《祠堂记并图》）

308. 民国祁门县红紫村金氏宗族诰敕楼

（民国《京兆金氏统谱》卷一《祠堂记并图》）

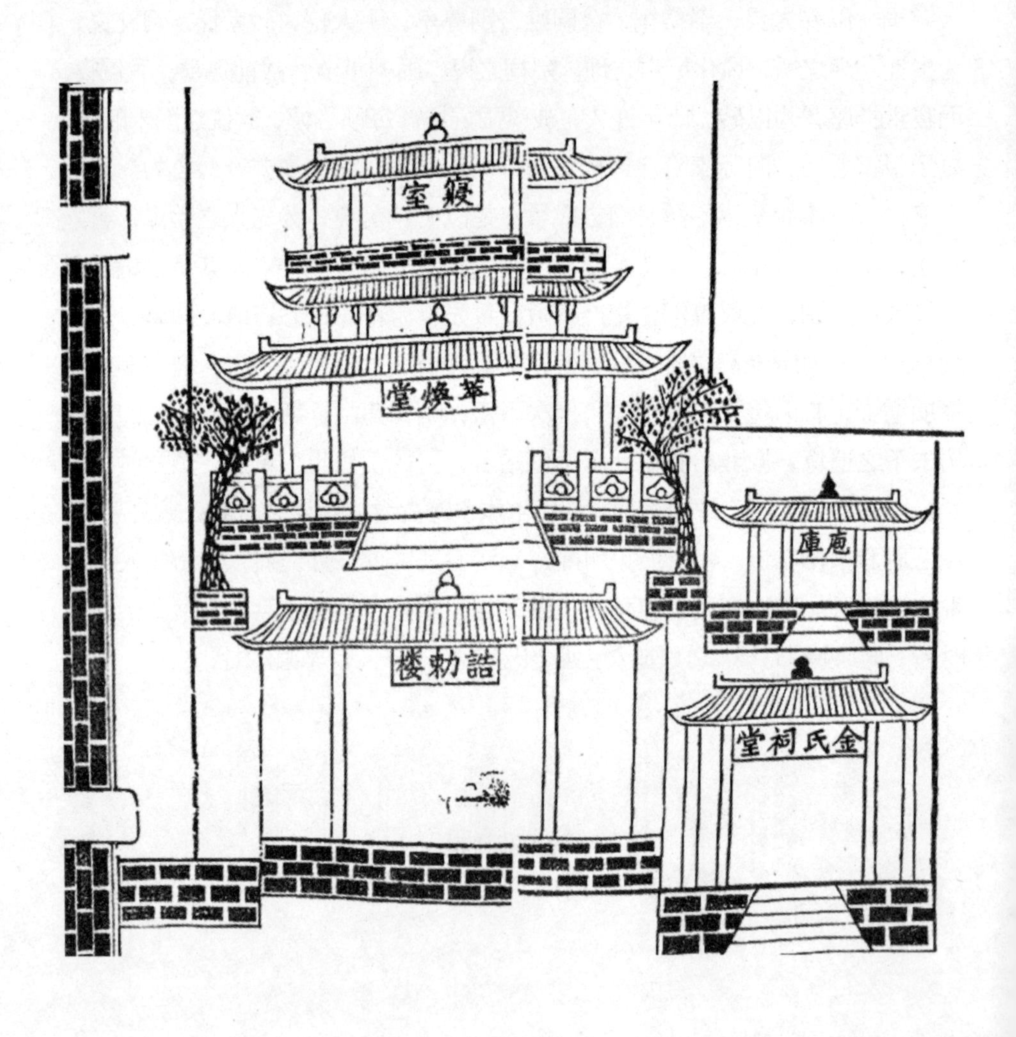

309. 民国祁门县红紫村金氏宗族天合堂平面图

（民国《京兆金氏统谱》卷一《祠堂记并图》）

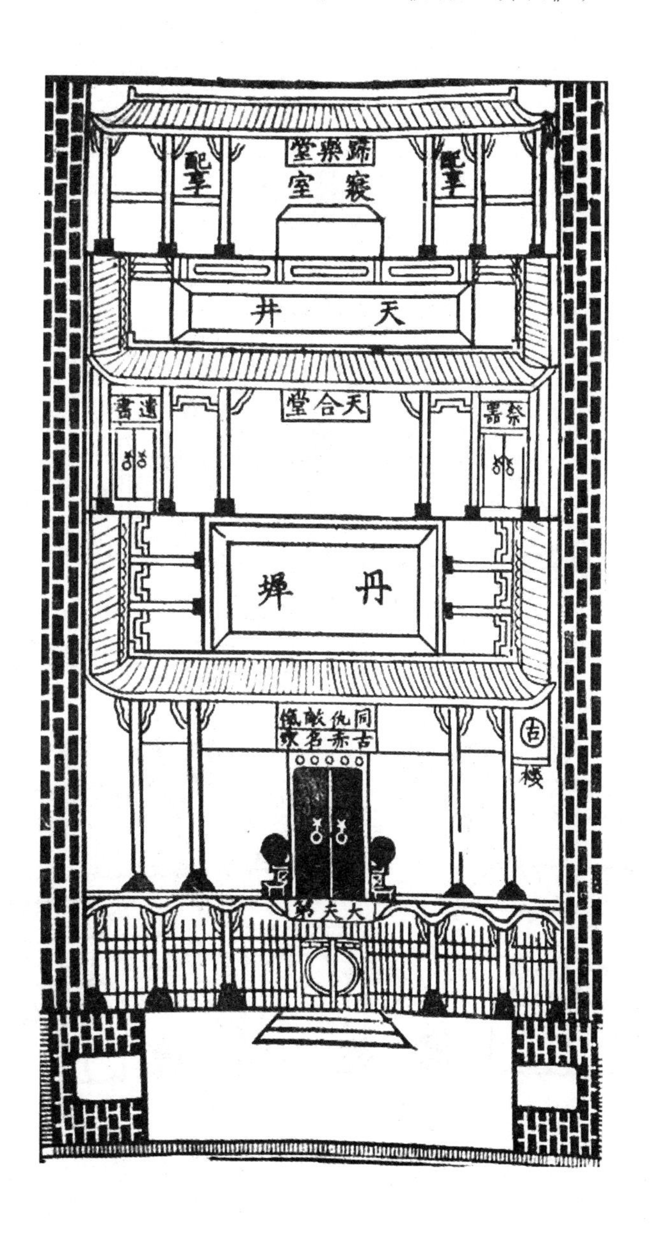

310. 民国祁门县团龙塝金氏宗族祠堂图

（民国《京兆金氏统谱》卷一《祠堂记并图》）

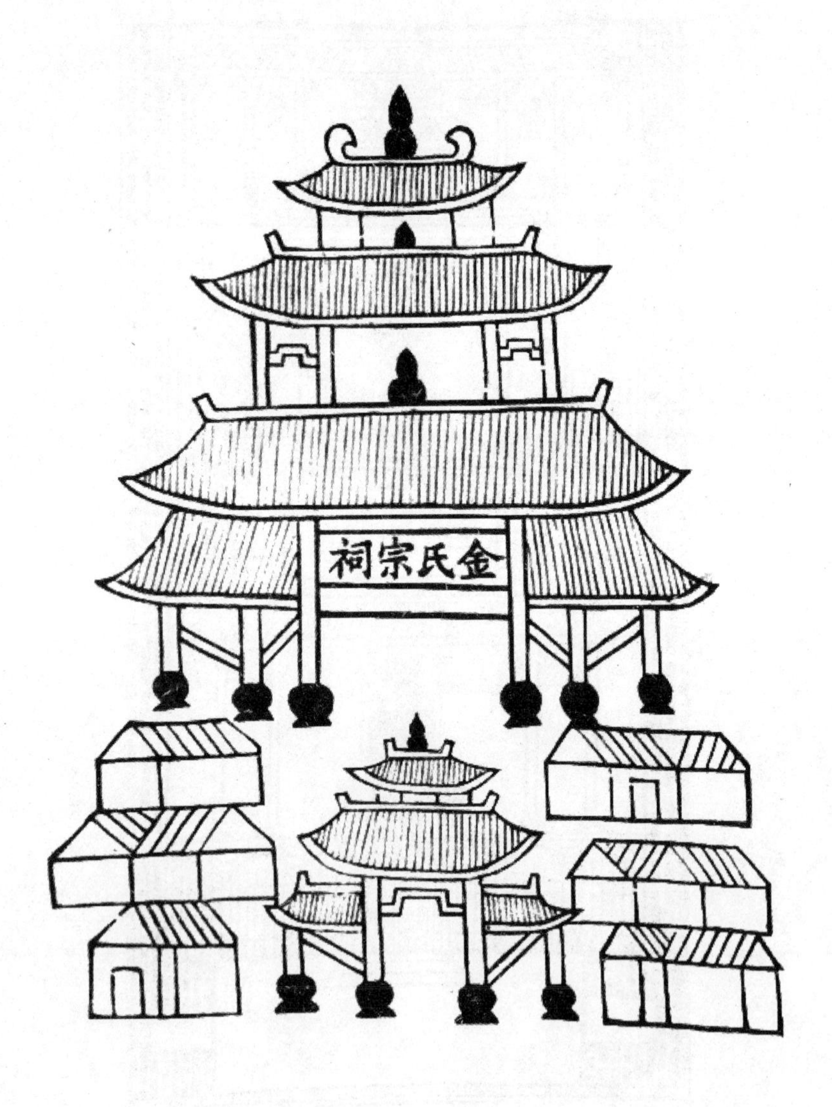

311. 民国歙县胡氏宗族聚居村金川村基图

（民国《金川胡氏宗谱》卷首《金川村基图》）

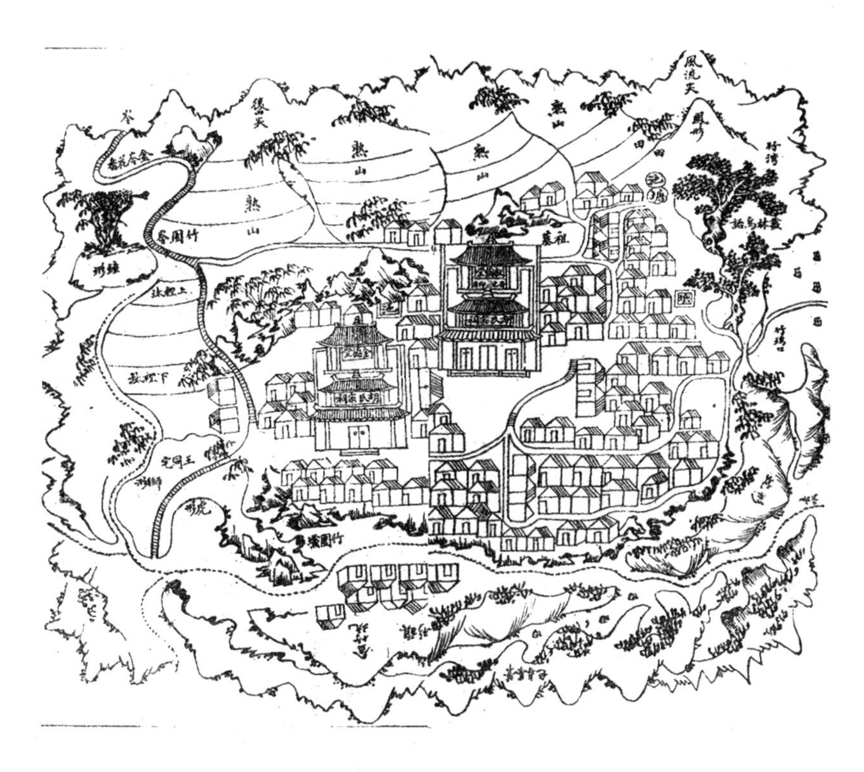

【说明】

“金川四景：［笔峰春色］寒消九九岁经新，绿柳才黄半未匀。对峙峰头垂水笔，先描春色二三分。［丛林鸟语］松樟蓊郁自成林，野鸟知时弄好音。雅雀噪晴鸠唤雨，声声长夏慰农心。［金岭花香］少植桑麻植菊花，菊花利益倍桑麻。九秋采摘盈三径，阵阵熏风透碧纱。［丹池印月］寒生冬夜上门胡，月自移来水自污。有月有池兼有酒，今宵能饮一杯无。”（民国《金川胡氏宗谱》卷首《金川四景诗》）

312. 民国绩溪县高氏宗族聚居村霞间村境全图

（民国《绩溪霞间高垂裕堂支谱》卷四《霞间村图》）

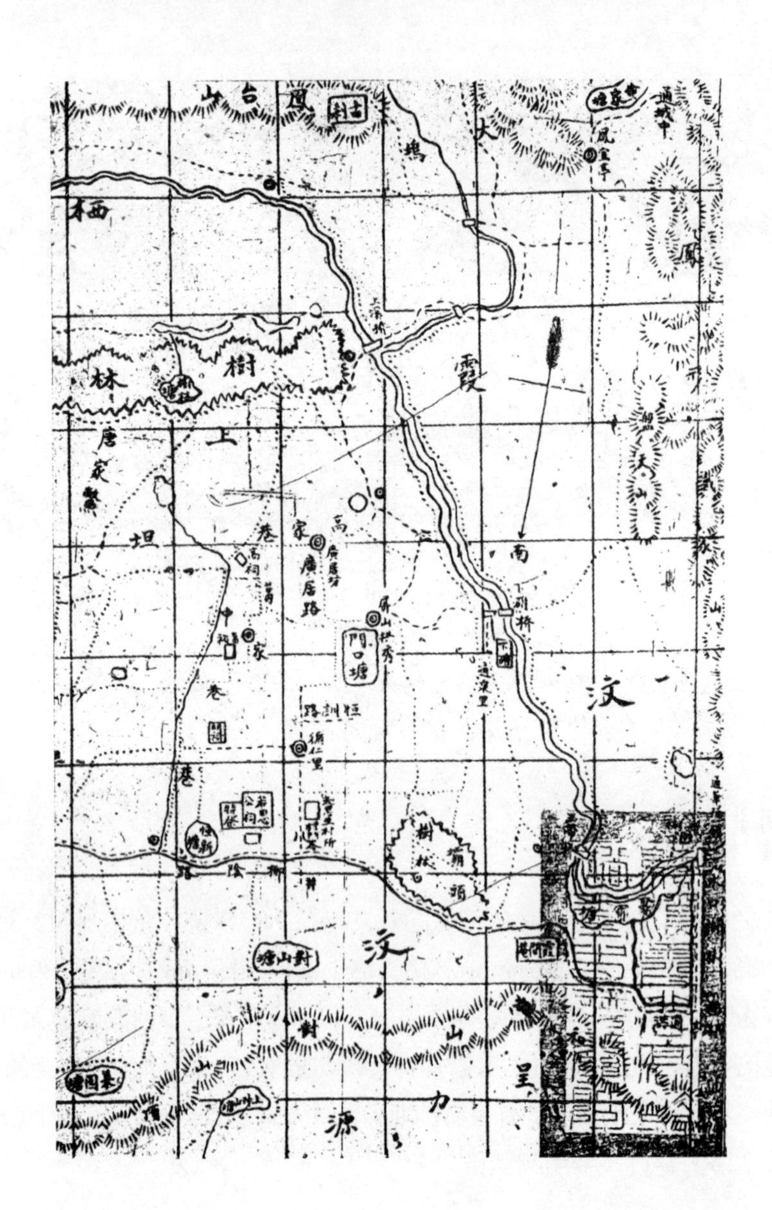

【说明】

“村图诗引，宁国辛酉拔贡、甲子举人拣选知县周赟蓉裳：丁年蜡，屐紫阳、白鹿之乡。午夜挑灯，沧海桑田之梦。门隔春官桃李，吾道原然图开。秋水蒹葭，伊人宛在。爰有梁安旧雨，宛如停云邀陶令之篮与下陈蕃之竹榻。牒初修，古金枝玉叶之宗，文不人时，野史稗官之笔，乃登翠岭，越乳溪，载酒翠眉之亭，试泉石照之寺。时则千峰霁色，万井寒声，木叶脱而清风多，烟雾消而明月大，萧然尘迹，笑歧路之杨朱，清艳诗肠濯冰壶之李白。于是临流泼墨，踞由挥毫，范水模山大好，得新安蓝本，寻花看竹清油，访高士蓬庐。景既取自天然，诗亦成于率尔。看此日一村一壑，写平生淡定之天想，他年某水某山，指先世钓游之地名胜，补方隅之轶，未卜人传以地，地传以人。图书亦灵昧所锺，或者画中有诗，诗中有画。”（民国《绩溪霞间高垂裕堂支谱》卷四《村图》）

“霞间十景，周赟蓉裳：[凤台朝旭]中天积翠玉为台，西出华阳异境开。百尺梧桐千个竹，一枝常待凤凰来。[龙池暮雨]相传昔有龙马浴池中化为龙。当年龙马洗池波，马化为龙布泽多。收拾神功无迹象，黄云万顷起农歌。[霞岭春晖]霞间岭接半天霞，燕语莺歌处处花。怪底过来人尽醉，春农如酒任人赊。[枫桥秋月]清溪一曲古枫桥，月印空潭夜寂寥。烟消前村人尽睡，凉风草阁听吹箫。[凝云夕照]短长亭畔路西东，凝睇归云度远空。樵歌一声人不见，隔溪千树夕阳红。[汶水晚烟]夕阳明灭下平田，溺溺垂杨拂水边。渔唱樵歌归路曲，千家晚色一溪烟。[后坞寻花]深溪石径锁苍苔，日暖岩花几处开。满坞白云藏石径，黄莺啼处有香来。[前山踏雪]岩溜无声耸玉山，琼瑶踏碎不知寒。一枝春早休轻新，多与林逋雪里看。[沧浪渔笛]双桥一水流通，清浊迥别。一水平分左右塘，风吹渔笛过沧浪。濯缨濯足无心遇，清浊全凭自主张。[右社农歌]在村南，盛暑无蚊。桑麻十亩乐闲闲，社散春郊带醉还。笑指吾庐何处是？歌声遥入彩霞间。”（民国《绩溪霞间高垂裕堂支谱》卷四《霞间十景》）

313. 民国绩溪县霞间高氏宗祠图

（民国《绩溪霞间高垂裕堂支谱》卷四《宗庙图》）

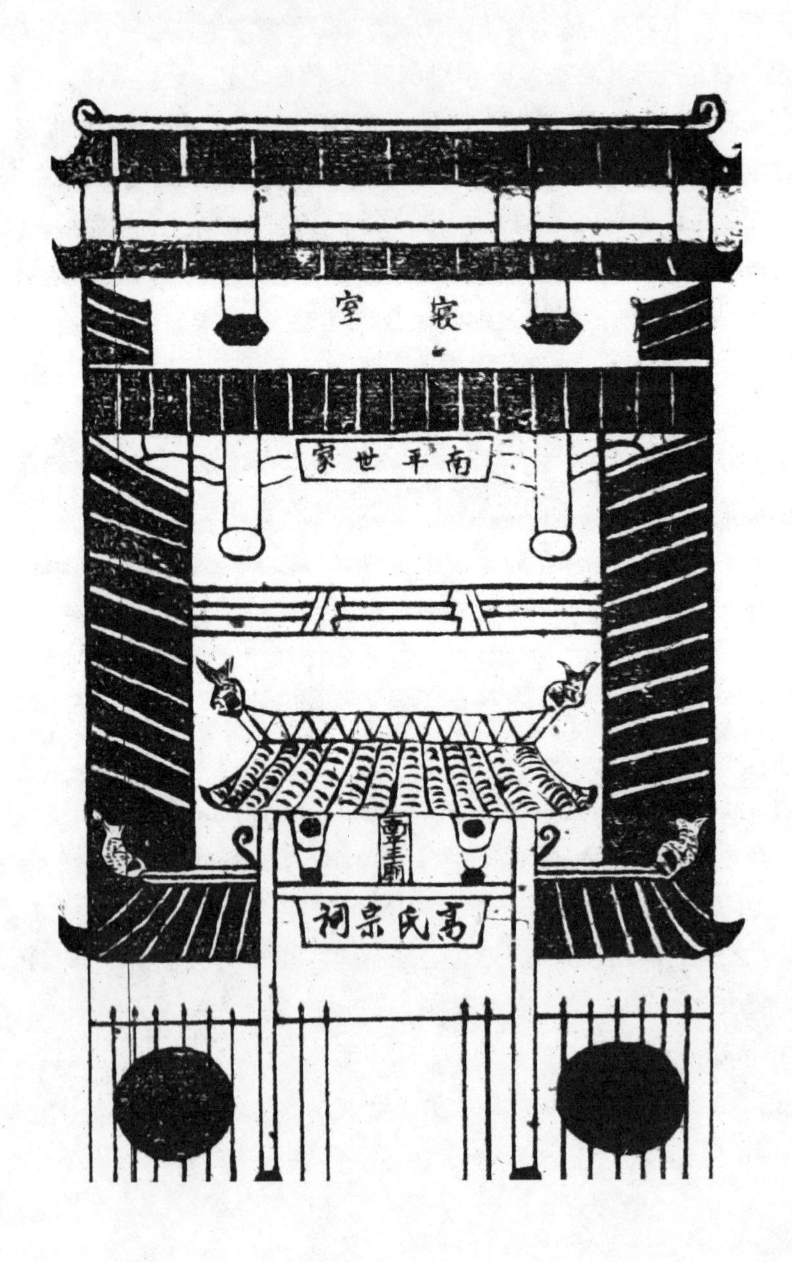

【说明】

“祠堂记，卅九世裔孙富祥履吉：昔程子谓：管摄天下人心，在于建祠堂、立宗法、修谱牒。然必有祠堂而后宗法有所立，谱牒有所修。祠堂之建，又在谱牒之先。又吾族者，应世居金陵之光宅等乡。及僖宗朝，太令公宰绩，随官而迁居。后子孙繁衍，遂为绩望族。初建宗祊于邑城之南门外，规模尚隘，足妥先灵而已。逮明季，灾于回禄。于是，父老卜居于城内之太平坊，仅成寝室五楹，而工遂辍。非特人力不足，盖基址亦未易辟也。国朝康熙年间，始构前基，建前堂、两庑，从事凡壹佰七十一人。及雍正时，董事三十七人，总起居。时支分派别，人数愈繁，乃恢构中堂五大间。然大门左右尚系他姓地，一时难凑全。及凑全时，则又外侮迭至，结讼连年。幸族之仗义者，不惮艰危，上下执辨，卒得伸理。于是，复议接造门楼，董事到者，计二十八人。自嘉庆戊午岁兴工，及嘉庆癸亥，凡六载，乃孔厥成，翚飞变革，庙貌焕然一新焉。嗟乎！吾族自始迁以来，千余年矣。创造祠宇，历两朝二百余年，再卜地而四兴工，始克立万禩之基。其中盘根错节，又不胜述。我先人何尝一日忘谱牒哉！良以欲修谱而未有修谱之所耳！今幸大难削平，他族祠宇毁于兵者，不可胜叹。而吾宗祠巍然灵光，乃叹前之大灾，今之保全，冥冥之中，非无意者。祥等叔侄弟兄列胶庠者四五人，谱牒之修，良不容缓。然使祠宇未竣，固有欲修谱而不暇者。兹值谱牒告成，予小子慨然仰见先人堂构之功，谨援笔而为之记。光绪丁丑季秋上瀚之吉。”（民国《绩溪霞间高垂裕堂支谱》卷四《祠堂记》）

314. 民国婺源县李氏宗族聚居村竹马馆东村居图之一

（民国《竹马馆东李氏宗谱》卷十一《地舆》）

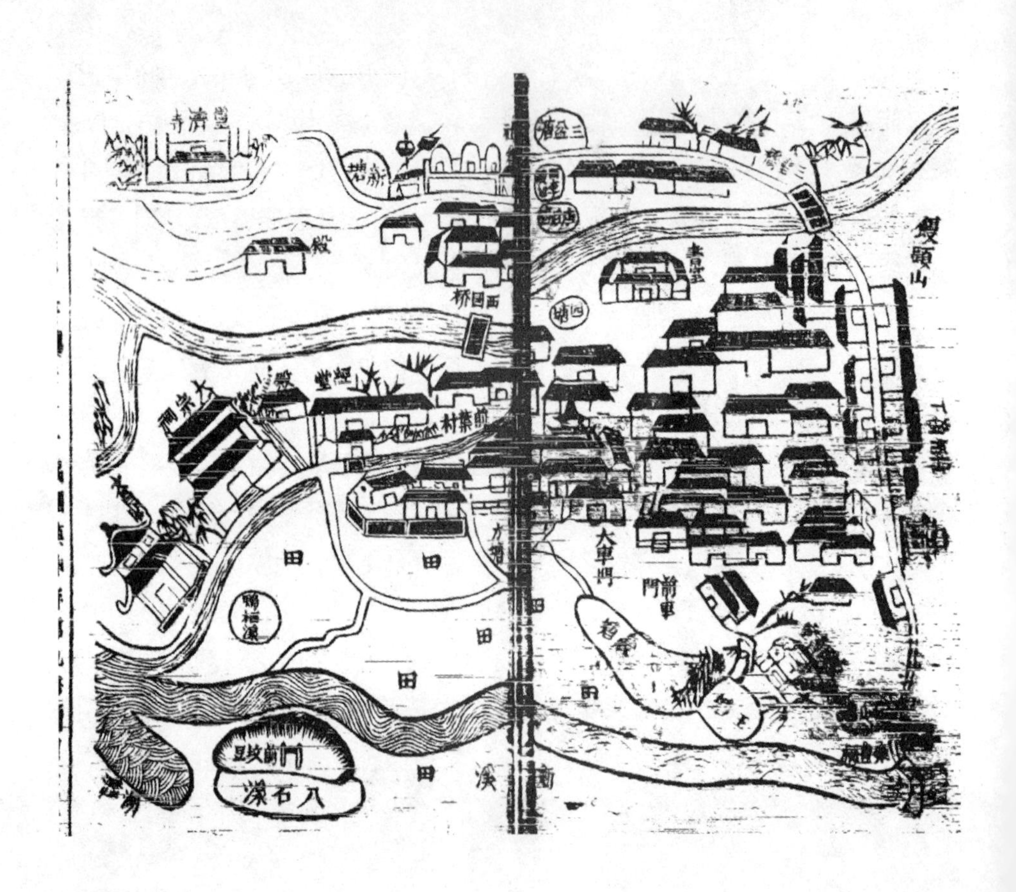

【说明】

“竹马馆东李阳宅图记：窃惟堪舆一道虽方者之术，实不离儒者之宗。在昔，周公定洛，卜涧水东、瀍水西，此阳宅之说也。《孝经》云：‘孝子丧亲，卜其宅兆而安厝之。’此阴宅之说也。顾先圣择地有其义而无其辞，后哲著书，传于家而行于世，风水之由来旧矣，诚为急务，不可不讲也。我始祖成一文公之卜筑于竹马馆也，在溪之东、路之西，来龙自金华山，由上罗一路翔舞而下，至井头，隐落低田，作一大峡，将近花园，现出壬子龙身，左右带两天池，忽然跌断到花园，遂大起，于平地之上突一小山，名‘馒头山’。其山卯兼以乙，两边呼护以飞鹅帐幕。夫由壬子趋乙卯，所谓相生则吉也。由此入首，自路东穿过路西，周围平阔约数十亩，直至前车门出面，面前罗圈。内外之田，其平如掌。上有东渎之水，下有经堂渎之水，前有沥湖之水，所谓众水聚处是明堂也。而前叶村以及经堂、神庙并宗祠，皆镇卫于下首之水。外水口则有文昌阁，所谓落水火星也。依水立向，应立癸丁兼丑未向，恰好与龙合一亥卯未之木局，所谓有生成之龙，必有生成之穴，并生成之向也。我族居此，可谓得地矣。惜馒头山脚入首处，旧砌水沟，有伤气脉，而族中房屋历来皆建壬丙，向前既能得，向后亦不能合龙。虽尚祖于前车门四角路口竖有二石，立癸丁向，然未有门户，亦未克受此堂局。兼以我族所得阴地甚稀，故族中未得大发。乾隆癸巳春，因与先达商议，将山脚之撤去沟砖，用好土筑固，且勒石永禁，不许开掘，庶几龙脉可培。更议俟宗祠纳主祭谱后，于尚祖竖石之处，即将尚祖祭资建造大门一座，以为阖族出入之所，庶几堂气可受，二者并举，而一时族中所扦阴地较多于前，我族振兴之渐，不基诸此哉？所犹恨者，祠庙之向，原属戊辰，稍失之偏，改作乾巽，则得正矣。奈我此时于地理尚未甚谙，且舌耕溪南，故改造祠庙虽备员其中，而平基砌石均不在家，斯时当事之人惑于术者墓向之说，改为辛乙向。堂局既已差远，前山复加参堂，本欲改正，因石柱工程浩大，难以移易。爰议于祠庙门前依乾巽之向，建立照墙，一以定祠庙之向，一以遮前面之山，此亦不得已而补救之法也。后有作者能成此志而正此向焉，则祖宗之幸，实后世子孙无穷之幸也夫。乾隆三十九年甲午夏月之吉，十五世孙璋谨识。”

（民国《竹马馆东李氏宗谱》卷十一《地舆》）

315. 民国歙县徽城镇问政方氏宗族聚落图

（民国《问政方氏宗谱》卷一《里居图》）

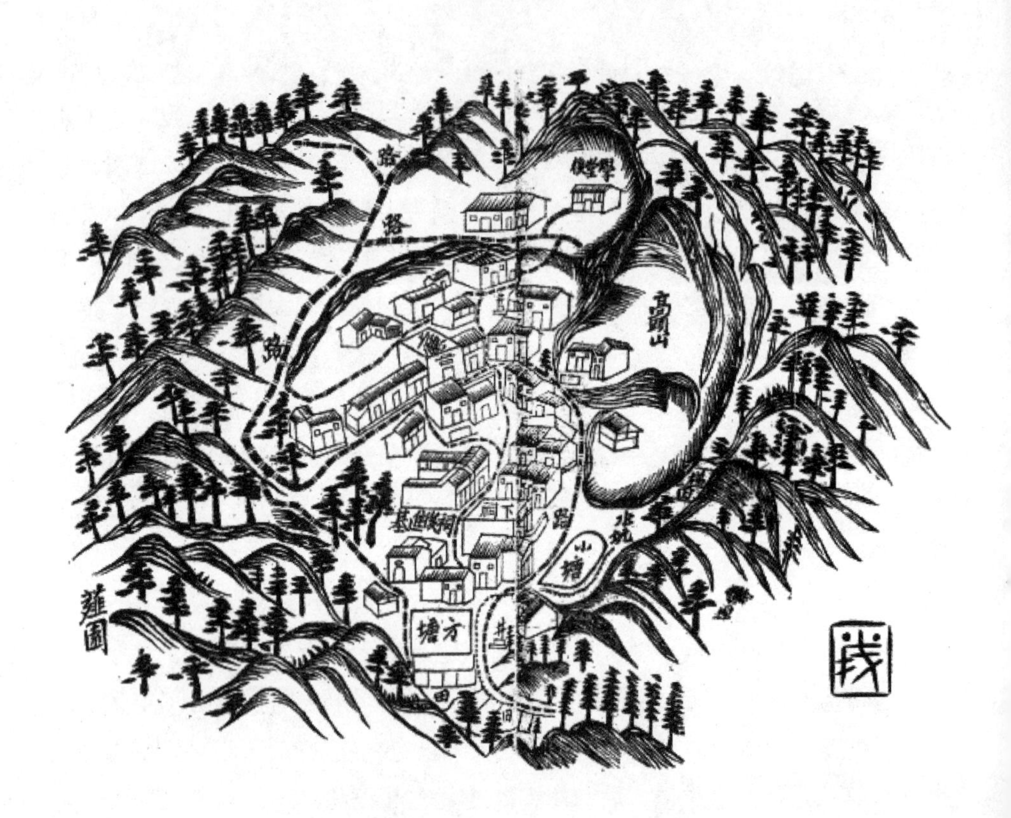

【说明】

“题方氏里居图：道出问政门，计程数里许。瞄境忽天开，是古桃花坞。方家聚族居，播迁始元祖。自宋传至今，常作山间主。灵修钟后昆，膏腴乐安土。恭俭禀遗风，躬耕艺禾黍。先泽集诗书，当年羡翀举。我独有奇缘，相延此容与。林麓听松涛，蕹园足清暑。一览胜村图，驰神在烟雨。丁丑夏，美哉氏黄锦书。”（民国《问政方氏宗谱》卷一《题方氏里居图》）

316. 民国歙县徽城镇问政方氏祠堂图

（民国《问政方氏宗谱》卷一《祠图》）

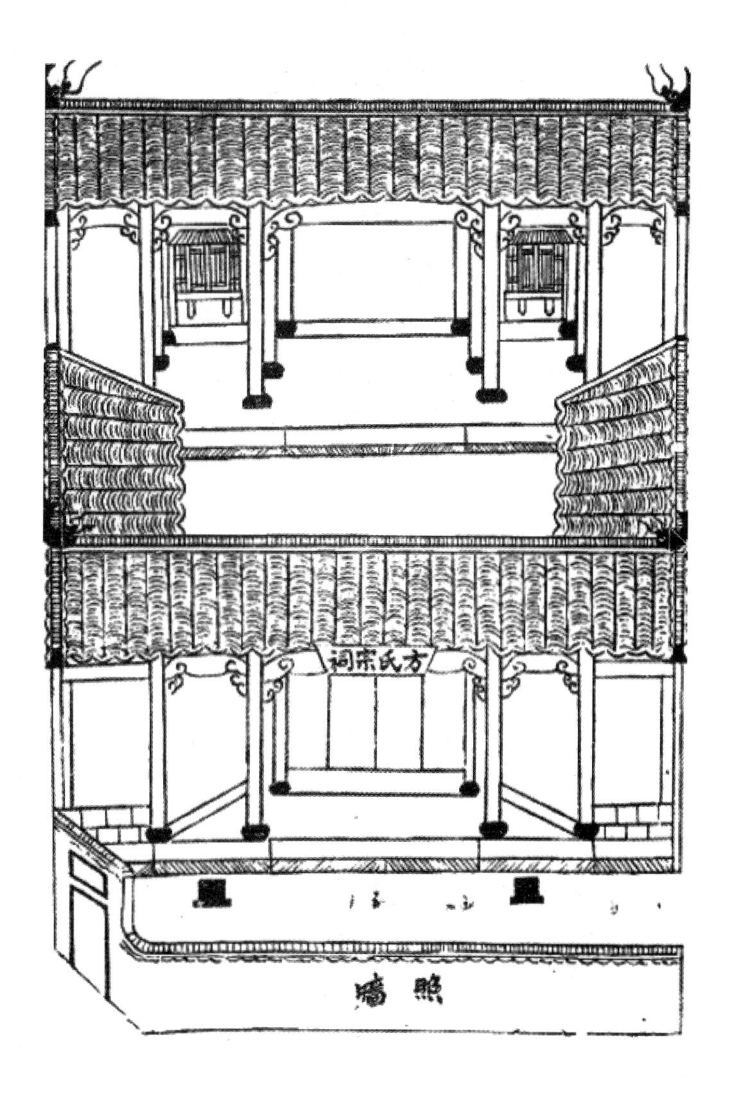

317. 民国歙县王充东源洪氏宗祠图附属建筑草图之一

（民国《歙西王充源洪氏宗谱》卷十三《祠图》）

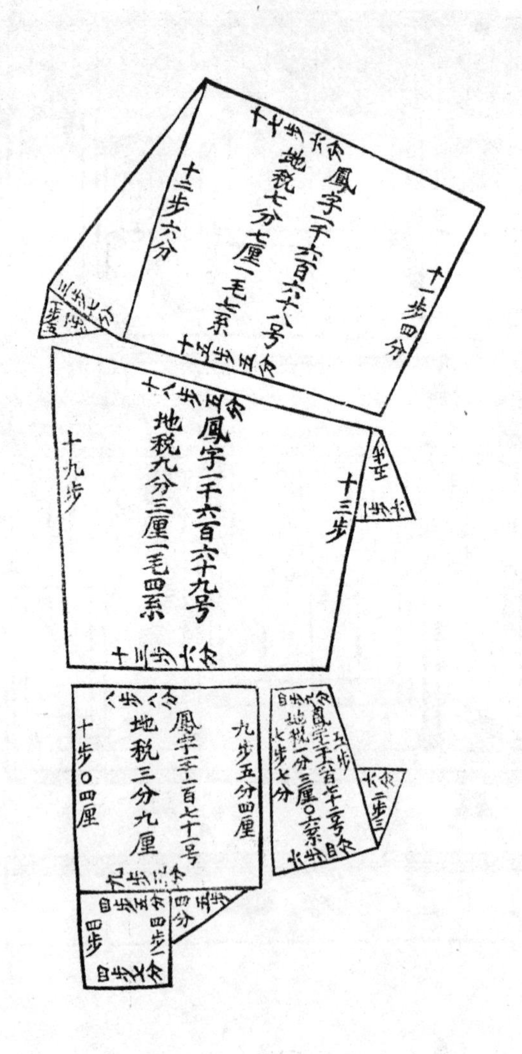

318. 民国歙县王充东源洪氏宗祠图附属建筑草图之二

（民国《歙西王充源洪氏宗谱》卷十三《祠图》）

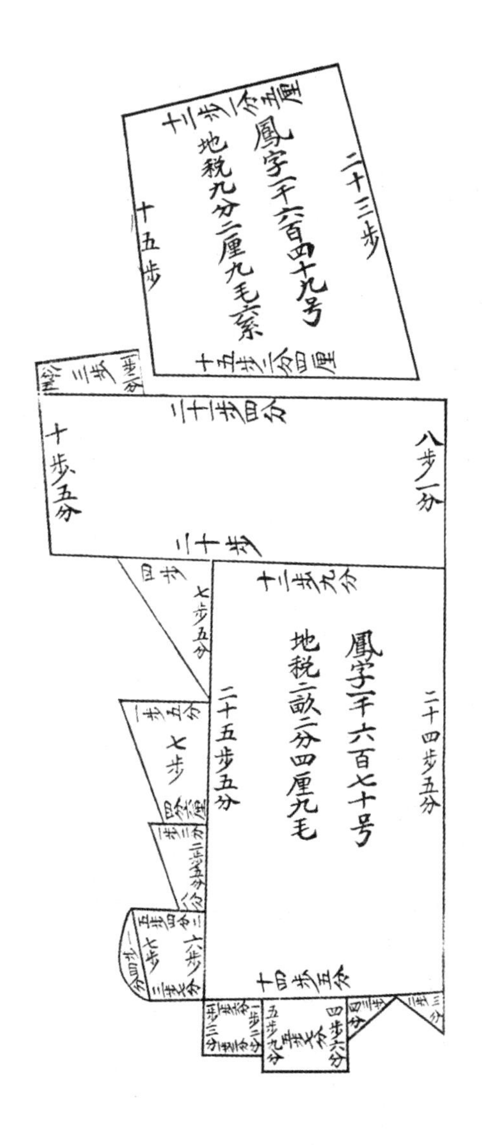

319. 民国歙县王充东源洪氏宗族女祠附属建筑草图之三

（民国《歙西王充源洪氏宗谱》卷十三《祠图》）

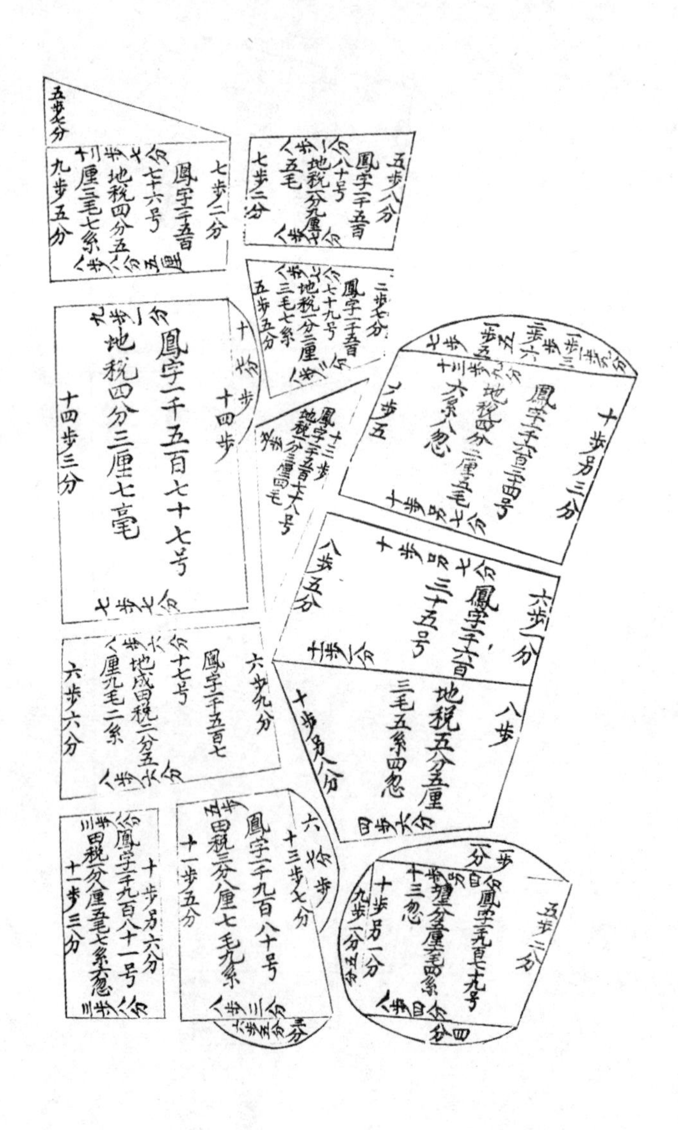

320. 民国歙县王充东源洪氏宗族女祠附属建筑草图之四

（民国《歙西王充源洪氏宗谱》卷十三《祠图》）

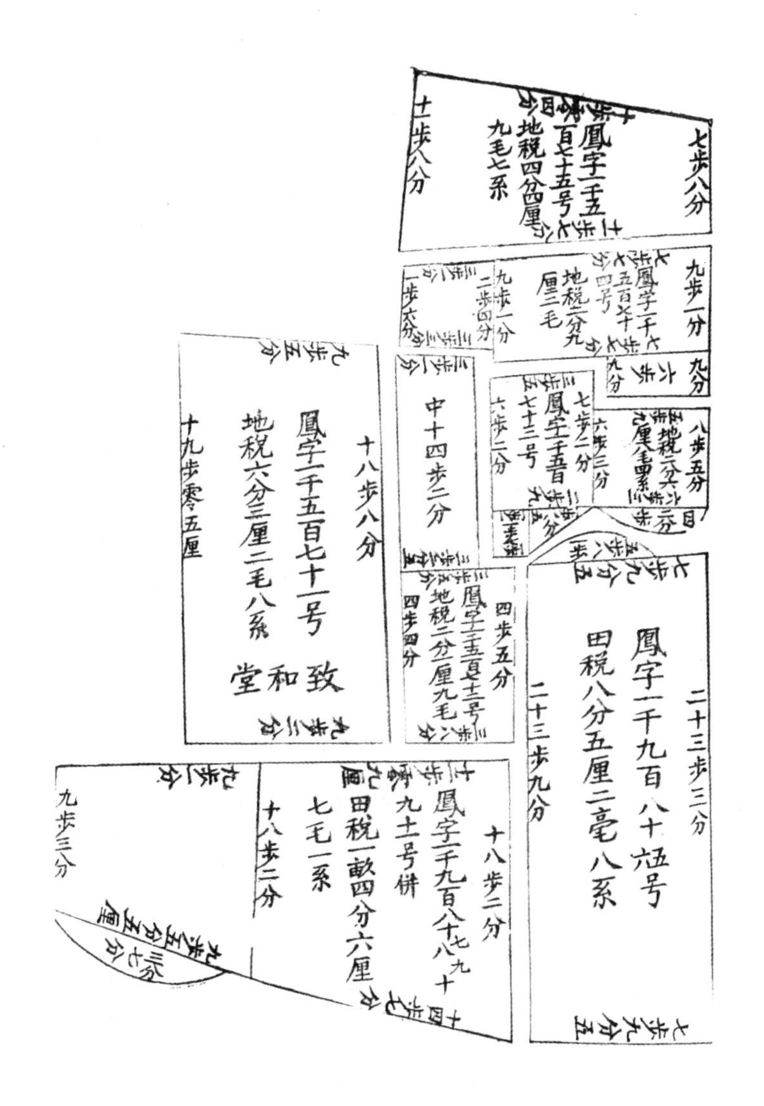

321. 民国歙县王充东源洪氏宗族女祠图

（民国《歙西王充源洪氏宗谱》卷十三《祠图》）

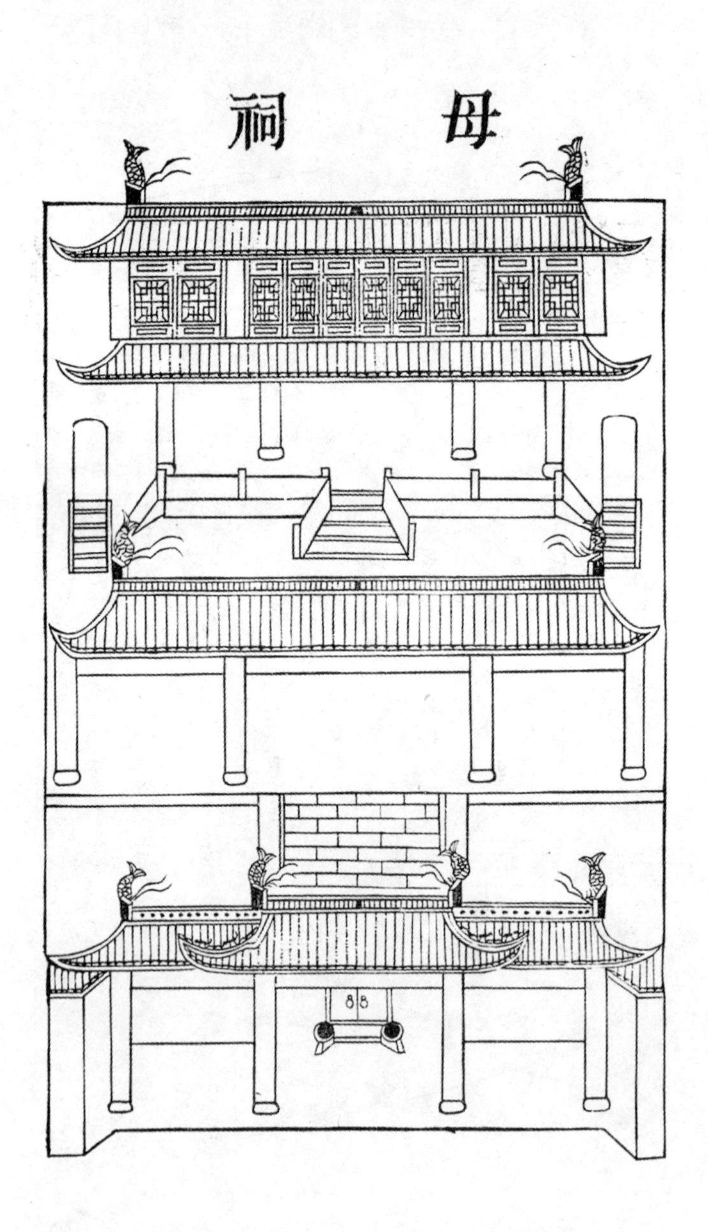

322. 民国歙县毕氏宗族聚居村巨川村里居图

（民国《巨川毕氏宗谱》卷二《里居图》）

【说明】

“巨川里居记：巨川介于昌风、雁洲二村之中，相距不逾二里，即古之所谓坑口也。古人因此地之位置对面有深谷，源深十余里，举首即对其坑之口，因而名其地曰‘举坑口’，且名其谷曰‘举坑源’。由此观之，则古人因地命名之意可谓善矣。迨至逊清之季，始改其名曰‘巨川口’，巨之为言大也。街源之水，其来源之深远，百有余里，加以巨川源之水对村首而出口，二水会合而流入于大河，则川流之巨也，可知矣。因而立巨川口之名，不亦宜乎？

居民散漫，姓氏复杂，惟毕、汪二姓为最多。其水清冽，有鱼、鳖、虾、蟹之类。其山高峻，多松、杉、柏、竹之材；其地跷薄，无良田可耕；其民勤俭，种山之为业。其出产之品，则以茶叶为最著；其所食之物，则以玉蜀黍为主要。昔吾祖顺友公爱其山川幽雅，风俗淳厚，因而家焉。厥后子孙昌盛，日益发展，散居于巨川者，几占十之七八焉。因病涉川之艰险，乃于巨川源口之上流架木为桥，以通来往之行者。由源口而入二里，有岭巍然，曰'巨岭'，盖此岭乃通水路必由之捷径也。缘溪而上升约四里，始达于其巅。其巅有庙，曰'巨岭庙'。此间风景甚美，东望水路，山川之苍翠，人烟之簇集，与夫风帆之上下；西望街源，旷野之秀丽，峰峦之错杂，间有云气之起伏，使人徘徊良久而不忍去也。由巨岭之麓而入数百步，有地藏王庙在焉，其神甚灵，凡有祈祷，无不感应。时有士女来崇拜者，从庙之里而上升，山势壮丽。左右二山环抱者，徐婆坞也，其上有高岩，壁立数十仞。岩头古木森森者，横岩上也，斯二处数十家皆毕氏所居。至于石坪、里庄、塘坞及黄荆山等处，皆山水之佳者。若夫村妇早炊，宛如伐鼓；农夫晚归，尝见戴月。夏逢暴雨，川流初分浊清；秋降严霜，山色如加彩绚；春暖则拾翠寻芳，冬寒则拥炉抱膝，此村居之朝暮四时风景也。琢祖居斯土，故特援笔而记之。

中华民国三十三年甲申岁之初冬，本里毕琢之谨识。"（民国《巨川毕氏宗谱》卷二《里居记》）

"巨川八景诗：[金凤冲霄，邵寿山，本源长标人] 来龙形势最堪夸，似凤冲霄尾染霞。富贵花间尝作伴，梧桐枝上可为家。遥看翼向东南展，远望头朝晓日斜。人杰地灵逢盛世，鸣声听得乐无涯。[石猪踞水，毕德玉] 石号猪婆世所稀，涉波踞此几多时。性驯安用公孙牧，质瘦疑从夷昔遗。首对溪梁不吼叫，身居河畔忍寒饥。问渠何日能生子？步上山坡略一嬉。[晏潭钓月，毕德露] 良宵乘舆到溪边，忽见潭心有月圆。忆昔谪仙捉住尔，疑今玉兔隐斯渊。团团皓魄明千里，漾漾寒波浸一天。我欲持竿来钓起，垂纶许久总徒然。[幽涧飞泉，毕琢之] 龙门景物本天然，瀑布泉如白练悬。溪畔洞深难度测，潭编风飒莫趋前。傍开小路能通坞，中有群鱼欲跃渊。暇日关心游此境，未窥先听水潺潺。[长桥散步，邵仲仁，本源长标人] 长桥散步兴悠然，便利行人胜渡船。鱼跃波头三尺浪，影横底下一层天。渔翁垂钓胸怀乐，骚客吟哦诗思鲜。若遇佳人交过此，虽非鹊驾也奋缘。[巨岭横天，毕振翮] 巍然巨岭若横天，来往行人断复连。径窄不妨扶杖履，筋疲始方到山巅。幸逢古庙堪休息，偶遇凉风最快然。西望街源东水路，山川景物实鲜妍。［双山屏立，毕风生］门前壁立两朝山，尝有岚光照槛间。古木森森花鸟集，巉岩兀兀碧苔斑。双屏合并高千仞，二水朝宗绕一湾。几度振衣临绝顶，恍疑载我上天关。［两庙神灵，毕克明］两庙巍峨供社神，定名悬匾岂无因。保厘在此依村后，崇义居南傍水滨。滚滚川流足下转，苍苍山色面前陈。岁时伏腊馨香荐，灾害消除百福臻。”（民国《巨川毕氏宗谱》卷二《八景诗》）

323. 民国歙县梧冈方氏宗族聚居村里居图

（民国《河南方氏宗谱》卷二《梧冈里居图》）

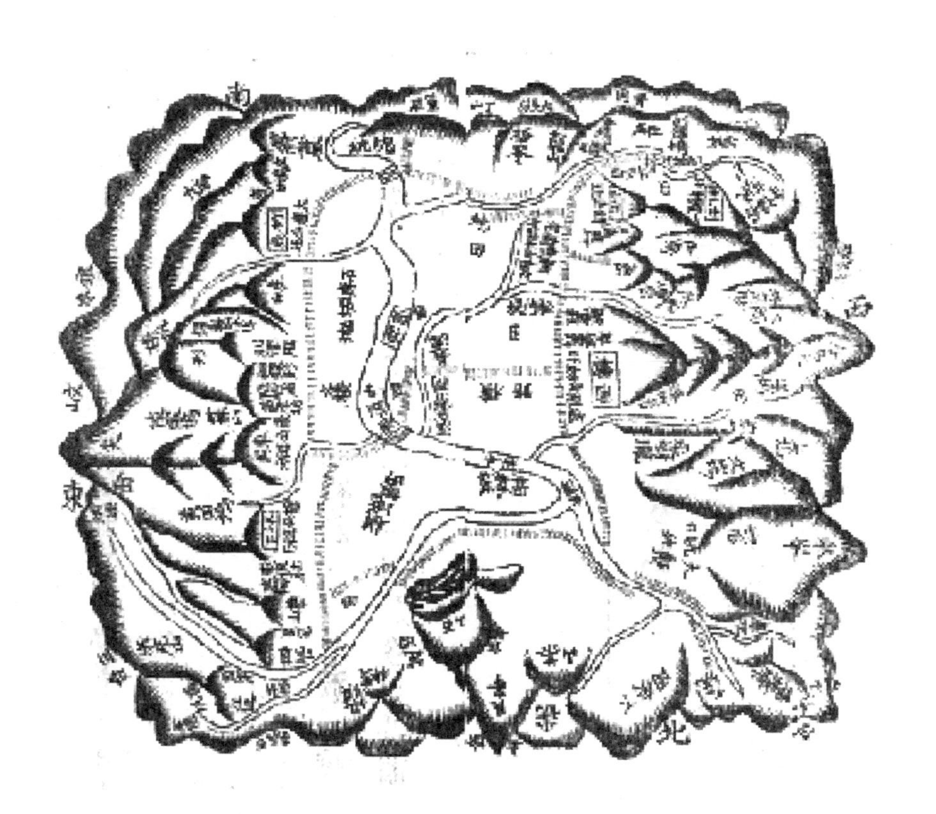

【说明】

“里居景诗：里有成有败，景有废有兴，缘于兹谱新刊《八景诗句》，其《甲申八景诗》汇入《名流诗集》，余诗并引不及备详。——增壎谨述。［文潭跃鲤］水色澄鲜映蔚蓝，飞升金鲤跃文潭。扬腮激浪猩红现，掉尾翻波鸭绿含。三级频吹征活泼，四时不涸羡泓涵。养成鳞甲龙门上，灵沼于今可共谙。［石涧潜龙］遍坞阴森秀独钟，涧溪石底久潜龙。涛奔日曝金鳞隐，浪涌云嘘瑞气浓。膏惠常施滋万物，雨期不爽慰三农。辄逢霖澍流甘候，洞口时看雾霭封。［春鸟蒸霞］春鸟灵峰景最赊，轩轩欲举屡蒸霞。艳虽孤鹜争明灿，映射长虹斗丽华。紫气氤氲培异草，红光缥缈荫奇葩。境逾丹岭凝祥瑞，焰透芸窻笔吐花。［铜壶滴漏］漱石玲珑润似酥，洞中水滴叶铜壶。遥传鱼漏音相协，侧聆鼍更韵恍符。泉洒丁东听断续，孔多子细认模糊。案钟簷铎差堪拟，徐疾平分验不诬。［福山书院］佳气凌云聚福山，经营书院两三间。松围藜阁青常覆，蕉荫芸窻绿未删。寒士欢娱聊驻足，文昌赫濯对螺鬟。禅林比舍逢僧话，岂但浮生半日闲。［士林泉井］士林一井万千年，科坎常盈混混泉。倒泻水花疑乳涌，逆流波晕宛珠圆。源头不竭归湖海，地脉遥通荫陌阡。抱甕挈瓶携取便，藻芹绚绿色鲜妍。［城隍古庙］构成古庙置城隍，宋际迎来济我方。霹灶祷霖蒙利泽，鹅魂逐电理阴阳。苕垣黯黯支丹桷，荷院沉沉护紫墙。气象森严真可畏，分明善恶至公堂。［石山雨坛］石山胜境设灵坛，祷雨鸿恩仰法官。修柱嵬峨千佛护，高台突兀七星攒。飞符入海风云卷，执剑登场雾霭团。古迹至今犹可念，甘霖几阵众心欢。”（民国《河南方氏宗谱》卷二《梧冈里居景诗》）

324. 民国歙县方氏宗族聚居村兰园村里居图

（民国《河南方氏宗谱》卷二《兰园里居图》）

【说明】

“兰园里居图引：吾邑多山，崇峰峻嵦，在封内者以数十，而澳川独以深澳得名。其地与梧冈接壤，由杨桥度岭为最近，而山径崎岖，居人不尝至也。惟由栗里而上，度桥而北，则履道平坦，跬步无难，行人便之。其境则山环峙群，四顾葱郁，外有河横锁口，中间背乾而巽，望之蔚然而深秀者，兰园也。

园之内数武，则为杏坞，在兰园左臂；园之外数武，则为石埂，乃兰园之右臂也。方氏之先由西楼煦首迁杏坞，数世而栋公又分基兰园。今二处皆有椒实之繁。兰园之前山则崔嵬，尖峰卓起，下有员岫，苦峨眉然。其山之内边，则曰‘坑底’。其水则自黄泥岭、杨桥岭两水交会，回环迤逦而出于溪，而余波尤足荫嘉鱼焉。其山之左右，或如虎如凤，如蜈蚣，如仙人打坐，如观音坐莲，皆方氏先人之宅兆也。至兰园之右边谷中，则有石屋，可坐二十余人。东麓则有巨石，坦夷如棋枰，然又石坎俨若足迹，此皆胜境，故特表之，以志异云。”（民国《河南方氏宗谱》卷二《兰园里居图引》）

“兰园六景诗：［群山拱峙］青山面面峙深源，吐月摩云气象骞。晓日凝眸开宿雾，一天佳气到兰园。［高岩凌云］山峰突兀插云端，翠叠兰园体势宽。嘘吸便应通帝座，钟灵毓秀逼金銮。［千竿积翠］翠竹森森景象鲜，琅玕千个色葱然。芳名应足称君子，不负子猷契好专。［曲涧流清］兰园深邃有清溪，两畔纡回绕岸堤。沃土引泉饶稼穑，潺湲藉荫泽鲸鲵。［棋枰仙迹］寻游到处说青山，此境神仙独往还。留得仙翁棋局在，可能寂静掩元关。［石室幽栖］乳穴幽深绝顶蹲，青山天定小乾坤。登临不用惊风雨，自有岩扉度昼昏。续补二景：［山迎月煦］兰园门前有月山，天边明月照四方。此月神光暗里藏，莫道月中无所有，曾闻仙桂发天香。前题：娥月初升晓案前，缤纷五色庆云联。燕鸟狐鹿同辉映，南北东西影其园。［桥映虹霞］兰园谷口里许，号‘洪桥’。平原绿水界西东，藉有长桥利济通。试看前溪来往者，浑如人驾碧天虹。前题：洪桥古渡接兰园，虹跨通衢锁巨原。佳景依稀谁可似？洞天深处有桃源。”（民国《河南方氏宗谱》卷二《兰园里居景诗》）

“迁居兴田记：吾族祖居邑西十六都西楼，自煦公徙居于十七都杏者坞，即今所名‘澳川’是也。四山拱秀，前水清流，然居庐毗连，规模未免狭隘。乾隆戊寅，忠玉、明玉、桓玉、枢玉诸公有廓充之志，于是偕伯仲卜居澳川口，筑室而居，号曰‘兴田’，盖欲光大其室家意欤。按其基址，环山竞秀，桥锁西流，佳景可人，宜为盛宅。诗不云乎‘爰始爰谋，爰契我龟；曰止曰时，筑室于兹’。高人逸士，玩景流连，或欤或咏，自有佳章，堪为吾里居光者，以俟后之君子收补焉。”（民国《河南方氏宗谱》卷二《兴田里居图引》）

325. 民国歙县许氏宗族聚居村许村村图

（民国《歙县许村敦本堂神主簿·村图》）

326. 民国绩溪县柳川胡氏村图

（民国《绩邑柳川胡氏宗谱》卷一《柳川村图》）

【说明】

“题柳川村图后：池塘春色，村以柳名。一介和圣，五树先生。系传金紫，累世簪缨。编辑宗谱，集其大成。编辑人识。”（民国《绩邑柳川胡氏宗谱》卷一《柳川村图》）

参考文献

1. 成化《休宁城北汪氏族谱》，二卷，汪让等纂修，明成化二十三年家刻本。

2. 弘治《陪郭程氏敦本录》，二卷，程亨纂辑，明弘治五年刻本。

3. 弘治《流塘詹氏宗谱》，六卷，詹贵、詹存中纂修，明弘治十二年刻本。

4. 弘治《新安黄氏会通谱》，十六卷、首三卷、文献录二卷、外集三卷，黄思济等纂修，明弘治十四年刻本。

5. 嘉靖《西门汪氏族谱》，十一卷、附录一卷，汪尚和纂修，明嘉靖六年刻本。

6. 嘉靖《休宁县市吴氏本宗谱》，十卷，吴鋹、吴兆等纂修，明嘉靖七年刻本。

7. 嘉靖《善和程氏宗谱》，十四卷、附录五卷，程昌纂修，明嘉靖二十四年刻本。

8. 嘉靖《新安休宁汪溪金氏族谱》，五卷、附录一卷，金弁、陈有守等纂修，明嘉靖三十二年刻本。

9. 嘉靖《新安左田黄氏正宗谱》，二十卷、文献十九卷，黄瑜纂修，明嘉靖三十七年刻本。

10. 嘉靖《新安萧江宗谱》，四卷，萧晴春纂修，明嘉靖四十三年刻本。

11. 嘉靖《绩溪戴氏族谱》，六卷、首一卷，戴祥纂修，明嘉靖刻本。

12. 隆庆《休宁珰溪金氏族谱》，十八卷，金瑶、金应宿纂修，明隆庆二年刻本。

13. 隆庆《续修新安歙北许村许氏东支世谱》，九卷，续可复纂修，明隆庆三年刻本。

14. 万历《歙县双桥郑氏宗谱》，不分卷，郑民瞻、郑九夏纂修，明万历五年写本。

15. 万历《岩镇百忍程氏宗谱》，十二卷、附程氏宗谱会订一卷，程弘宾等编纂，明万历十八年刻本。

16. 万历《程典》，三十二卷，程一枝纂修，明万历二十七年家刻本。

17. 万历《祁门翠园胡氏宗谱》二卷，胡舜臣等纂修，明万历二十九年家刻本。

18. 万历《休宁范氏族谱》，九卷，范涞纂修，明万历三十三年补刻本。

19. 万历《三田李氏宗谱》，不分卷，李晖祥、李栋祥纂修，明万历四十三年刻本。

20. 万历《清华胡氏统会族谱》，不分卷，胡乔、胡鈇纂修，明万历刻本。

21. 民国重印万历《新安吕氏宗谱》，六卷，吕龙光等总编，民国二十四年木活字重印明万历本。

22. 崇祯《休宁戴氏族谱》，十五卷，戴尧天重编，明崇祯五年刻本。

23. 崇祯《古歙城东许氏世谱》，八卷，许光勋纂修，明崇祯七年刻本。

24. 崇祯《古林黄氏重修族谱》，四卷，黄文明纂修，明崇祯十六年刻本。

25. 康熙《新安程氏世谱正宗》，不分卷，程浩明等辑修，清康熙十一年刻本。

26. 康熙《婺南中云王氏世谱》，八卷，王作霖、王揖元纂修，清康熙四十五年刻本。

27. 雍正《潭渡孝里黄氏族谱》，十卷、首一卷、末一卷，〔明〕黄玄豹重编、黄景琯参补、黄臣槐等校补，清雍正九年校补刻本。

28. 乾隆《傅溪徐氏族谱》，十二卷，徐景京、徐璟庆编，清乾隆二年木刻本。

29. 乾隆《新安徐氏墓祠规》，不分卷，徐禋纂辑，清乾隆九年刻本。

30. 乾隆《重修古歙东门许氏宗谱》，八卷、首一卷，许登瀛纂修，清乾隆十年刻本。

31. 乾隆《新安程氏统宗补正图纂》，二十一卷，程士培补纂，清乾隆十二年刻本。

32. 乾隆《歙西王充东源洪氏宗谱》，十卷，洪定渭纂修，清乾隆二十一年刻本。

33. 乾隆《重编歙邑棠樾鲍氏三族宗谱》，二百卷、首一卷，鲍光纯等纂修，清乾隆二十五年一本堂刻本。

34. 乾隆《庆源詹氏宗谱》，二十四卷，詹大衡等纂修，清乾隆五十年木活字本。

35. 嘉庆《棠樾鲍氏宣忠堂支谱》，二十二卷，鲍琮纂修，清嘉庆十年家刻本。

36. 嘉庆《桂溪项氏族谱》，二十四卷、首一卷、末一卷，项启鈵等纂修，清嘉庆十六年木活字本。

37. 嘉庆《南屏叶氏族谱》，八卷，首一卷，叶有广等纂修，清嘉庆十七年木活字本。

38. 道光《西递明经胡氏壬派宗谱》，十二卷，胡叔咸纂修，清道光六年刻本。

39. 道光《新安汪氏宗祠通谱》，四卷、首一卷、末一卷，汪鸣相等纂修，清道光二十年木活字本。

40. 道光《新安琅琊王氏宗谱》，八卷、首一卷、末一卷，王大鹄纂修，清道光二十九年怀德堂刻本。

41. 咸丰《历溪琅琊王氏宗谱》，十二卷、首一卷，王修齐等纂修，清咸丰六年刻本。

42. 同治《金山洪氏宗谱》，四卷，洪承科、洪必华修，鲍信林纂，清同治十二年刻本。

43. 同治《祁门营前方氏宗谱》，四卷，方士识、方渭川等重修，清同治八年刻本。

44. 同治《武溪武溪陈氏宗谱》，四卷，胡廷瑞等纂修，清同治十二年敦厚堂刻本。

45. 同治《湖溪孙氏宗谱》，八卷，孙银显、孙银钰纂修，清同治十二年木活字本。

46. 同治《方氏宗谱》，八卷、首一卷、末一卷，方振錩、方炽昌等纂修，清同治十三年敦义堂刻本。

47. 光绪《歙新馆著存堂鲍氏宗谱》，十六卷、首一卷，鲍存良等纂修，清光绪元年木活字本。

48. 光绪《梁安高氏宗谱》，十二卷，高美佩总理、高富浩纂修兼校正，光绪三年刻本。

49. 光绪《星江严田李氏宗谱》，十六卷、首一卷，李元瑞修，清光绪七年刻本。

50. 光绪《荆川明经胡氏五义堂宗谱》，十六卷、首一卷、末一卷，胡学先、胡森顺等纂修，清光绪十年刻本。

51. 光绪《绩溪北门张氏族谱》，十二卷、首一卷、末一卷，张沛泽等纂修，清光绪十三年刻本。

52. 光绪《南关惇叙堂许余氏宗谱》，十卷，许文源等纂修，清光绪十五年木活字本。

53. 光绪《婺源查氏族谱》，八卷、首二卷、尾十二卷，查庆曾总纂，清光绪十八年木活字本。

54. 光绪《绩溪东关冯氏家谱》，八卷、首三卷、末三卷，冯景坡、冯景坊纂修，清光绪二十三年木活字本。

55. 光绪《梅溪本立堂洪氏支谱》，不分卷，洪文翰等纂修，清光绪二十五年刻本。

56. 光绪《祁门善和程氏仁山门支修宗谱》，三十二卷，程际隆纂修，清光绪三十三年刻本。

57. 宣统《仙石周氏宗谱》，二卷，周善鼎等修，清宣统三年木活字本。

58. 宣统《泉塘葛氏宗族》，十六卷、首一卷，葛光汉编修，清宣统三年木活字本。

59. 民国《周氏族谱正宗》，十三卷、首一卷、末一卷，周启海等纂修，1912年刻本。

60. 民国《涧洲许氏宗谱》，十卷，许桂馨、许威编修，1914年木活字本。

61. 民国《余川越国汪氏族谱》，二十卷、首一卷、末一卷，汪立中总理，1916年木活字本。

62. 民国《环山余氏宗谱》，二十二卷、首一卷、末一卷，余攀荣总纂、余旭晟修，1917年刻本。

63. 民国《城南方氏族谱》，二十四卷、首一卷、附城南方氏祠谱四卷，方树等纂修，1919年木活字本。

64. 民国《济阳江氏统宗谱》，八十卷，江峰青总纂，1919年木活字本。

65. 民国《鱼川耿氏宗谱》，八卷、首一卷、末一卷，耿全总理，耿介撰修，1919年木活字本。

66. 民国《屏山朱氏宗谱》，八卷，朱懋麟、朱筱舫等纂修，1920年刻本。

67. 民国《盘川王氏宗谱》，六卷、首三卷、末二卷，王德藩编修，1921五教堂排印本。

68. 民国《洪川程氏宗谱》，十卷、首三卷、末三卷、杂录一卷，程蘭等修，1923年敦睦堂排印本。

69. 民国《韶铿徐氏宗谱》，不分卷，徐宗勉主笔，1924年刻本。

70. 民国《歙西范川谢氏支谱》，十二卷，谢其兴等纂修，1925年活字本。

71. 民国《梅溪洪氏支谱》，不分卷，洪惟木等纂修，1926年木活字本。

72. 民国《旺川曹氏族谱》，十二卷，曹成瑾等修，1927年旺川敦睦堂木活字本。

73. 民国《坦川洪氏宗谱》，十二卷、首一卷、末一卷，胡濬瑞、胡濬伟主修，1927年刻本。

74. 民国《新安易溪琅琊王氏宗谱》七卷、末一卷，王廷效、王安署、王熙前等纂修，1929年刻本。

75. 民国《石潭吴氏宗谱》，十六卷，吴寿根等纂修，民国1930年木活字本。

76. 民国《歙南武担姚氏渔梁上门支谱》，三卷、首一卷、末一卷，姚邦燮纂修，民国1931年刻本。

77. 民国《新安月潭朱氏族谱》，二十二卷、首一卷，朱承铎编纂，1931年木活字本。

78. 民国《京兆金氏统谱》十卷，金可玉等纂修，1931年木活字本。

79. 民国《金川胡氏宗谱》，四卷、首一卷、末一卷，胡国华等纂修，1932年刻本。

80. 民国《绩溪霞间高垂裕堂支谱》，四卷，高秉松等纂修，1934年石印本。

81. 民国《竹马馆东李氏宗谱》，十一卷，李緻瑞等纂修，1935年刻本。

82. 民国《问政方氏宗谱》，四卷，方智松、方智泳纂修，1937年刻本。

83. 民国《歙西王充东源洪氏宗谱》，十三卷，纂修者不详，1937年敏怀堂活字本。

84. 民国《巨川毕氏宗谱》，六卷，毕有知总理、毕德玉纂辑，1944年刻本。

85. 民国《河南方氏宗谱》，十卷、首一卷，方增云主修，1945年梧冈尚礼堂刻本。

86. 民国《歙县许村敦本堂神主簿》，不分卷，许家修等纂，1945年排印本。

87. 民国《绩邑柳川胡氏宗谱》，四卷，曹诚瑾、胡蔚君、胡怡庭、胡尚达等纂修，1946年刻本。

后 记

作为传统徽州人生产与生活的重要空间，徽州传统聚落与各类古建筑遗存非常丰富。这些数量巨丰的传统聚落和古建筑遗存不仅类型繁多，而且内容丰富，蕴藏着极为深刻的文化内涵与信息，既是徽学不可缺少、价值弥足珍贵的研究对象之一，也是徽学研究的第一手实物资料。它在复原与重构徽州过去的物质和精神生产与生活图景、传承与创新徽州建筑关键技术等方面，具有不可替代的学术价值和实践意义。

正因为徽州传统聚落与古建遗存具有如此重要的学术价值和现实意义，故我从2000年起，即主持承担了教育部人文社科重点研究基地重大项目——安徽大学徽学研究中心的《徽州文化遗存的调查与研究》（项目批准号：2000ZDXMZH002），并于2005年鉴定结项（证书号：05JJD0019）。十多年来，我同课题组部分成员一道，几乎走遍了原徽州府歙县、休宁、婺源、祁门、黟县和绩溪六县的山山水水，调查、收集和拍摄了数以万计的徽州聚落及各类古建筑地面文化遗存文字资料及实物图片，并将其与现存的徽州方志、家谱和文书等相关文献资料相结合，对其进行系统而深入的探讨和研究。全方位田野调查的展开，不仅加深了我和课题组成员对徽州文化深层次的认识与理解，而且结识了一批当地的徽学研究者和爱好者，甚至最基层的农民朋友。他们对课题组成员的调查与研究给予了多方面无私的帮助和关照，并与我和课题组成员一道，共同经历和分享了田野调查中的喜悦和艰辛。其间，我还根据田野调查资料，结合徽州文书文献资料，相继撰写和出版了《胡宗宪评传》《徽州古桥》《明清徽州社会研究》《徽州民俗》和《中国最美乡村：江西婺源》等著作。可以说，田野调查使我和课题组成员受益匪浅，收获丰硕。

2011年10月，我在台湾东吴大学讲学期间，承蒙时任安徽大学校长程桦教授的鼎力推荐，我作为子课题《徽州传统建筑营建理念挖掘及新徽派建筑创作关键技术研究》（课题编号：2012BAJ08B03）负责人之一，参加了安徽建筑大学（课题申报时为“安徽建工学院”）科技支撑项目《徽州传统聚落营建与技术挖掘和传承关键技术研究及示范》(项目编号:2012BAJ08B00)的论证与申报,并于2012年成功获准立项。在此,谨向程桦教授致以最衷心的感谢!

本子课题组成员包括黄山市徽州文化博物馆副馆长章望南研究馆员,安徽建筑大学夏淑娟博士,安徽大学历史系周致元教授、江小角教授,安徽大学徽学研究中心副主任胡中生副研究员、张小坡副研究员和付丁群女士。在课题申报期间,胡中生副主任做了大量的组织工作,谨向他表示感谢。由于科研任务繁重,有些课题组成员未能参加本子课题的调查和研究工作,但我依然要向他们致以谢意。感谢他们顾全大局,全力支持本子课题的申报工作!

如今,经过近五年筚路蓝缕的文献研究和田野调查,本子课题业已圆满完成了全部任务,顺利通过了鉴定结项。呈现在读者面前的《徽州传统聚落规划和建筑营建理念研究》和《徽州聚落规划和建筑图录》两部著作,正是以上项目的最终研究成果。

《徽州传统聚落规划和建筑营建理念研究》由我和夏淑娟博士、章望南副研究馆员共同完成。现将其分工进行说明:我本人负责该成果的布局谋篇、全部书稿统稿与最终定稿、图片选录等工作,并独立撰写了绪论、第一章、第四章、第六章、第七章和第十章内容;章望南研究馆员负责了第十一章的撰写任务;夏淑娟博士负责撰写了第二章、第三章、第八章、第九章的撰写任务;第五章是已故歙县博物馆邵国榔先生参加《徽州文化遗存调查与研究》项目时,专门为课题撰写的,因内容非常丰富,符合本子课题的要求,现亦一并收录本书。

《徽州聚落规划和建筑图录》是本子课题的又一重要成果,它与《徽州传统聚落规划和建筑营建理念研究》构成了一个有机的整体,堪称是《徽州传统聚落规划和建筑营建理念研究》的姊妹篇。该成果是本人在阅读近500种徽州家谱的基础上,经过精心选择和认真辑录而成的,其中包括传统徽州聚落特别是村落基址的原始景观民居、祠堂和书院等单体建筑图录。这些珍贵的图录,对徽州建筑的文化理念及关键技术的传承,具有不可估量的学术价值和理论意义。它的出版面世,必将对包括徽州聚落和古建筑研究在内的徽学研究起到重要的推进作用。安徽建筑大学毕业硕士胡建和夏淑娟博士推荐的两位在读硕士生,为本成果图片的修复付出了不少劳动。在此,谨向他(她)们表示感谢!

在该项成果即将出版之际,我还要特别感谢安徽建筑大学的校长方潜生教授和该校建筑规划学院副院长刘仁义教授!在本子课题的论证、立项、调查和研究过程中,他们给予了极为热情而中肯的指导与周到的服务。黄山建筑设计研究院洪祖根院长在协调本子课题研究中，给予了积极支持。在此，也向他致以谢意！安徽人民出版社李莉主任为本成果出版倾注了大量心血，在此，谨向她表示由衷的感谢！

由于时间仓促，资料不全，加之本人和课题组成员大都系历史学等文科专业背景，对建筑规划学知识知之甚少。因此，本书尚存在一定不足和遗漏，甚至讹误之处，敬请广大读者批评指正。

卞 利

2017年7月2日于

南开大学历史学院